交互作用变量旳数据包络分析

纪爱兵　著

科 学 出 版 社

北 京

内 容 简 介

　　数据包络分析是一种应用广泛的绩效评价方法,本书推广了经典数据包络分析方法,构建了具有交互作用多投入(或产出)的绩效评价模型与方法,并给出实际绩效评价应用.主要内容包括具有交互作用信息的融合工具、具有交互作用变量的数据包络分析及其应用、具有交互作用变量的模糊数据包络分析及其应用、不显含投入的数据包络分析、数据包络分析分类机的拓展五部分内容.

　　本书可作为研究数据包络分析的参考书,也可作为数学、管理科学与工程、计量经济学等专业研究生的参考书.

图书在版编目(CIP)数据

交互作用变量的数据包络分析/纪爱兵著. —北京: 科学出版社,2022.5
ISBN 978-7-03-072174-7

Ⅰ. ①交⋯　Ⅱ. ①纪⋯　Ⅲ. ①包络–系统分析　Ⅳ. ①N945.12

中国版本图书馆 CIP 数据核字 (2022) 第 073224 号

责任编辑: 王丽平　孙翠勤 / 责任校对: 杨聪敏
责任印制: 吴兆东 / 封面设计: 无极书装

科 学 出 版 社 出版
北京东黄城根北街 16 号
邮政编码: 100717
http://www.sciencep.com
北京中石油彩色印刷有限责任公司印刷
科学出版社发行　各地新华书店经销
*
2022 年 5 月第 一 版　　开本: B5(720×1000)
2025 年 1 月第二次印刷　　印张: 15 3/4
字数: 320 000
定价: **98.00** 元
(如有印装质量问题, 我社负责调换)

目　录

第 1 章   绪   论

绩效评价是依据一定的投入产出量化指标及评价标准, 通过某种评价方法给出决策单元绩效的一种评价方法, 是评价决策单元实现其职能绩效目标程度的一种评价方法, 同时也可综合评价实现这一绩效目标的预算执行情况. 对决策单元的绩效评价是一种重要的生产系统管理方法, 在生产活动和管理活动中具有广泛的应用.

1.1   绩效的内涵

各个学派对于绩效的定义有着不同的表述, 总的来看, 绩效评价研究的是产出与投入之间或收益和成本之间的数量关系, 其中衡量生产绩效的指标是劳动生产率.

Farrell 是现代绩效评价的开创者, Farrell(1957) 基于生产前沿 (production frontier) 进行绩效评价, 并指出总体绩效包括两方面, 即分析投入与产出之间关系的技术效率 (technical efficiency, TE) 和最适要素配置组合的配置效率 (allocative efficiency, AE). 从投入角度看, 技术效率是指在既定的产出条件下, 生产方所需付出的最少投入能力; 从产出角度看, 技术效率是指在既定的投入条件下, 生产方所获得的最大产出能力. 所谓配置效率, 是指在投入要素价格不变的条件下, 生产方所能选择的最合适的投入要素比例.

所谓规模绩效, 是指在最优规模下 (即固定规模报酬) 的生产情况. 上述定义也就是经济学中的理想化概念, 只有在最优规模假设下, 投入面与产出面所衡量的绩效值才会相等. 在以往的研究中, 学者们为了测度和比较企业之间的经营效率, 构建出很多效率, 例如, 负债率、流动率、资产报酬率等, 然而这些并不能完整地反映出企业的全部情况. 当出现多产出的情况时, 各项产出并没有共同的比较目标存在, 这是测度绩效最大的难点所在, 尤其是在考察公益型单位 (或组织) 时更为明显. 在对两个单位 (或组织) 的绩效进行评价时, 如果仅对现有的效率资料进行比较, 在加权各项效率尚没有一个客观权重时, 或是无法给出一个能够测量效率转换的函数之前, 就不能够判断两个单位 (或组织) 绩效的优劣, 除非一组的各项绩效均优于另一组. 其次, 关于两个单位 (或组织) 函数的选择和权重的设定也缺乏客观根据, 主观因素较多, 体现出传统方法的不足. 最重要的是, 上述模型并未考虑多要素投入产出以及改进的绩效波动的情况. 由于数据包络分析法可以测度多要素投入和产出的问题, 且无需事先设定函数模型的形式, 而在用模型进行分析时, 投入、产出要素权重的设定均来自于数学规划模型, 因此数据包络分析法测度的结果可信度较高.

萨缪尔森在《经济学》中曾说过, 绩效意味着不存在浪费, 即当经济在不减少一种物品生产的情况下, 就不增加另一种物品的生产, 它的运行便是有效率的. 维尔弗雷多·帕累托提出了帕累托绩效 (Pareto efficiency) 的概念, 也被称为帕累托最优 (Pareto optimality), 从资源利用最大化的角度研究分析了经济效率与收入分配之间的关系, 在博弈论、社会科学和经济学中, 帕累托改进与帕累托最优都是绩效中最重要的概念.

1.2 绩 效 评 价

按照语义解释, 绩效 (performance) 就是工作的 "成绩和功效", 从管理学观点看, 绩效是指单位或部门为实现其组织目标所做的不同层面上的预期结果或有效产出, 绩效可理解为对组织成就、效果的全面、系统的表征. 绩效评价是一个多维评价, 测量和观察角度不同, 其结果也会有区别. 一般绩效包括个人绩效和部门绩效两个层面. 从经济学角度来看, 绩效与薪酬是指个人和部门或单位之间构建的一种平等的承诺关系, 其中绩效指个人对部门或单位的对等承诺关系, 薪酬则是指部门或单位对个人承诺的实现.

绩效是指组织或个人为了实现其确定的目标, 采取的各种行动所产生的结果. 绩效评价是组织根据预先设定的评价程序和评价标准, 利用某种评价方法, 对评价对象的工作能力或工作业绩进行综合评价和考核的过程.

从主体层面划分, 绩效可以分为部门绩效、组织绩效和个人绩效三个层面.

针对组织或部门的绩效评价, 是从效益和成就的维度出发, 对某地区、某行业、某单位、某部门在某个时期所取得的事业和工作中的成果进行客观评价的过程.

个人绩效是指在完成预定工作目标与任务的过程中, 个人所做出的体现工作成果的业绩. 针对管理者的绩效评价, 即管理绩效 (management performance) 是管理者在工作中进行计划、决策、授权与协调、指挥与控制等方面的工作的评价.

站在不同角度, 所得出的绩效评价的含义也有所不同, 但总体而言, 绩效评价是管理者运用一定的评价指标体系对部门或单位 (或个人) 的整体运营效果所做的概括性评价, 以发现组织的赢利能力、运营能力、偿债能力和对社会的贡献, 为管理者和利益相关方提供相关信息, 为组织提供组织绩效的改进措施和努力方向.

绩效评价的程序包括确定评价指标、制定评价标准和评价方法. 确定评价指标是绩效评价的基础, 没有评价指标, 就无法给出组织绩效的绩效水平. 非营利性组织的绩效评价较为复杂, 学者们常用一套科学的指标体系进行表示.

以高等学校的绩效评价为例, 作为非营利性组织的高等学校的绩效评价, 对促进高等教育的发展具有非常大的意义. 高等学校的绩效评价, 主要是对高等教育的产出和教育投入之间的对比关系的评价. 高等教育的产出主要体现在高校的科学研究、社会服务等方面的产出成果和高校培养的学生两个方面; 高等教育的投入主要体现在高校办学过程中人力、物力、财力资源的消耗上. 因此, 高校的绩效评价就是对各种符合社会需求的教育产品的产出与各种教育要素的投入所进行的衡量和比较.

教育产出与教育投入的对比关系, 反映出教育教学过程的特点, 也体现了效率的概念. 在教育资源投入既定的条件下, 教育产品的产出越多, 说明效益越好. 反之, 若教育投入较多, 而教育的产出较少, 则表明高校效益不高, 办学质量有待加强.

教育产出必须适应社会经济发展的要求, 这体现出了办学的效果. 如果教育的产出在结构、数量、质量等方面不能够适应社会经济发展的要求, 就无法实现高校办学的宗旨. 因此为了提高高校办学绩效, 不仅需要关注教育产出的社会贡献度和需要度, 更需要关注教育产出与教育投入的对应关系和教育绩效在社会经济发展的实现程度.

1.3 常用的绩效评价方法

绩效评价分部门或单位绩效评价和个人绩效评价, 以下重点介绍部门或单位绩效评价, 部门或单位绩效评价是指部门或单位为了实现组织所确定的目标而进行的绩效目标设定、绩效考核评价、绩效目标提升和绩效结果应用的一整套循环过程, 其目的是为了不断提高部门或组织绩效.

营利性部门或单位常用的绩效评价方法主要包括: 平衡计分卡 (BSC)、关键绩效指标 (KPI)、目标管理导向的绩效管理 (MBO). 除了这三种常用的绩效评价方法以外, 还有许多绩效评价方法. 这些绩效评价方法各有其优越性和适用情形, 在进行绩效评价时, 要充分考虑到部门或单位的具体情况, 以绩效为核心, 秉承定性分析与定量分析相结合的原则, 坚持多因素全面评价原则.

1.3.1 平衡计分卡

平衡计分卡绩效评价方法是根据单位或部门的长期规划, 确定与单位或部门绩效目标密切关联的, 能充分体现部门或单位效益关键指标的业绩评价系统. 该评价系统有助于部门或单位战略目标的实现, 也有助于协助部门或单位发现成功的关键因素, 以建立起一整套绩效衡量指标, 有利于实现部门或单位的战略目标. 作为一种战略绩效评价方法, 平衡计分卡主要从三个方面去评价部门或单位绩效.

(1) 客户角度: 客户从产品性能、质量和服务等方面来考察部门或单位表现, 满足客户需要, 给客户提供满意的、高质量的服务和产品, 提升部门或单位的核心竞争力, 已成为部门或单位可持续发展的关键.

(2) 财务角度: 部门或单位经营的直接结果是创造价值. 虽然部门或单位的战略目标有所不同, 不同周期内对于利润的追求有所区别, 但从长远来看, 部门或单位都有其追求的最终目标.

(3) 学习与创新角度: 部门或单位员工的能力素质对部门或单位发展关系密切, 部门或单位及其员工要不断地进行学习、创新, 才能保障部门或单位战略发展目标更好地实现.

平衡计分卡的绩效评价方法有很多优点, 主要优点如下: ① 能保持动因和结果指标的平衡. 比如客户的满意指标的提升能够促使部门或单位销售量扩大, 进而使部门或单位的利润提高. 其中, 客户满意度就是动因指标, 而利润就是它的一种结果指标. ② 非财务指标与财务指标的平衡. 在平衡计分卡中, 既包括非财务指标, 如员工满意度、客户保持率等, 又包括营业收入、利润等财务指标. ③ 内部指标与外部评价指标的平衡. 例如企业绩效评价中, 员工的培训次数、产品的合格率等是内部评价指标, 而客户满意度指标则是外部评价指标. ④ 短期、长期指标的平衡. 平衡计分卡既有长期指标, 如客户和员工满意度等, 也包括利润、成本等短期指标. ⑤ 客观评价指标与主观评价指标的平衡. 如企业的员工满意度、客户满意度等是主观评价指标, 而企业利润、投资回报率等是客观评价指标.

1.3.2   关键绩效指标评价法

关键绩效指标评价法是一种目标式量化管理指标, 它是对被评价的组织系统内部某一单元的投入端、产出端的关键指标进行设定、取样、计算和分析, 去评价这一流程的绩效, 它将部门或单位的战略目标分解为一系列可运作的远景目标, 关键绩效指标评价法是部门或单位绩效管理系统的基础. 关键绩效指标评价法已普遍地运用于现代企业的绩效评价. 该方法将企业业绩指标与企业的战略紧密联系起来, 是对绩效管理的最大贡献, 也是关键绩效指标评价法绩效评价的核心. 关键绩效指标评价法中的 "关键" 是指某一阶段部门或单位 (包括企业) 战略上要解决和处理的最关键问题.

关键绩效指标评价法有很多优点, 主要包括: 一是可以为各级管理者客观、准确地制定其各级战略目标提供帮助; 二是有利于各级管理者知晓本部门在组织战略目标实现中的地位和职责, 避免部门之间的本位主义, 可以使管理者着眼于全局来分析自己. "金无足赤, 人无完人", 关键绩效指标评价法尽管有着种种的优点, 它也不可避免地存在着缺点. 关键绩效指标评价法的主要缺点也有两个. 一是尽管该方法正确地强调了战略的成功实施, 必须以一整套与战略实施关系密切的关键绩效指标做保证, 但企业绩效目标的分解与其基层管理和操作人员关系较小. 二是关键绩效指标评价法没有提供一套操作性强的具有指导意义的指标框架系统.

1.3.3 目标管理导向的绩效管理法

目标管理导向的绩效管理, 指的是为了实现单位或部门绩效目标, 选取恰当的关键性指标, 将评价过程和管理过程有机结合起来, 通过绩效管理机制严格控制和管理关键环节, 充分调动营销人员的积极性和创造性, 激发营销组织的经营活力, 以实现营销组织中管理与经营的统一.

目标管理导向的绩效管理法有两个优点: 一是将目标管理与绩效评价过程相融合, 形成了绩效管理中计划、考评、指导和激励过程的完整闭环; 二是在严格管理和控制关键环节的基础上, 激发了营销组织的经营活力, 充分发挥了激励和牵引功能, 实现了经营和管理的有机结合. 但是目标管理导向的绩效管理法也存在着三个缺点: 一是要消耗管理者大量的时间和精力去制定各部门、各岗位的工作计划; 二是在公司制度上有明确规定, 目标管理导向的绩效管理法要求部门或单位的员工拥有为实现组织目标而做出贡献的愿望; 三是对企业营销队伍的素质有较高要求. 它明确要求营销人员具备较高的个人素质和学习能力, 同时具有较好的团队合作意识.

以上简单介绍了营利性单位或部门绩效评价的方法, 目前对非营利性的部门和单位的绩效评价方法主要采用数据包络分析 (DEA) 和随机前沿分析 (SFA).

1.3.4 数据包络分析

数据包络分析 (data envelopment analysis, DEA), 是 1978 年由美国著名运筹学家 Charnes 等[1] 首先提出的一种绩效评价方法. DEA 是运用数学模型评价具有多投入、多产出的 "部门" 或 "单位"(称为决策单元, decision making unit, DMU) 之间相对有效性 (即 DEA 有效) 的一种非参数的统计估计方法. 该方法涉及数学、经济学和管理学等多个学科内容, 研究的主要方法是优化, 近年来 DEA 得到了广泛的应用, 发展十分迅速.

DEA 运用线性规划模型去评价同类型组织 (或项目) 工作绩效的相对有效性, 经常被用来衡量具有同目标 DMU 的相对效率, 例如医院、学校、超市的各个营业部、银行的分支机构等各个具有相同投入和相同产出的组织. 通常使用投入产出比指标去衡量 DMU 的绩效水平, 当各个 DMU 的投入产出均可折算成同一单位进行计量时, 可以给出各个 DMU 的评价结果, 并按照大小进行绩效排序.

然而, 当同类型 DMU 具有多投入和多产出的情况时, 则无法简单计算投入产出比的数值, 例如, DMU 有 4 项投入指标 (工资数目、员工规模、广告投入和运作时间), 同时也有 3 项产出指标 (利润、市场份额和成长率). 对于多投入、多产出的生产系统, 当投入数据转换为产出数据时, 管理者难以判断 DMU 的绩效水平.

DEA 方法作为一种绩效评价方法, 它对具有多投入, 特别是多产出的生产系统的绩效评价问题上, 有特殊的优势.

DEA 方法利用数学规划方法和理论, 建立绩效评价的数学模型, 通过绩效评价数学模型, 判断同类型的多投入、多产出的 DMU 的相对有效性 (又称为 DEA 有效).

对某个生产系统, 每个决策单元都有生产要素的投入和产品的产出, 这意味着每个 DMU 均有相同性质的投入和产出, 这样, 我们可以将每个 DMU 看作是相同的实体. 运用 DEA 模型对每个 DMU 的投入和产出数据进行计算与分析, 可以依据 DMU 的绩效结果进行优劣排序, 可以得出 DEA 有效的 DMU, 也可以给出 DEA 无效的 DMU, 并能指出 DEA 无效的原因和程度. DEA 方法除了给出每个 DMU 的绩效评价结果, 还可以给出各个 DMU 投入规模的建议, 比如, 是增加投入, 还是缩小投入, 增加 (缩小) 程度又是多少.

DEA 模型给出了多投入、多产出生产系统绩效评价的一种方法, DEA 方法极大地拓展和丰富了微观经济学的生产函数理论及其相应的应用. 另外, DEA 模型是一种非参数模型, 不用预先估计参数, 这样在进行绩效评价时, 可以规避主观因素的影响. 近年来, 数据包络分析模型被广泛运用于生产系统的绩效评价问题, 如用 DEA 模型进行成本收益分析、城市经济状况分析、资源的有效配置研究等.

结合生产活动的实际特点, 许多学者给出了不同的数据包络分析模型 (见第 3 章).

1.3.5 随机前沿分析

生产前沿分析方法是经济学中常用的一种度量技术效率方法.

在经济学上, 技术效率已被广泛认同和应用. 技术效益也是分析生产系统绩效的一个指标, 技术效率的概念是 Koopmans 首先提出的.

Koopmans 对技术有效做了如下定义: 在技术条件确定的条件下, 若不增加其他投入, 则无法减少任何投入, 或者若不减少其他产出, 则无法增加任何产出, 那么这样的投入、产出就称为技术有效. 技术效率的前沿测定方法由 Farrell 首次提出, 之后得到了学术界的广泛认同, 已成为效率测度的基础.

生产前沿是指在已知的技术条件情况下, 各种比例投入所对应的最大产出的集合, 通常情况下, 生产前沿用生产函数来表示. 一般地, 根据生产函数的具体形式是否已知可把前沿分析方法分为两大类: 前沿分析的非参数和前沿分析的参数方法. 前沿分析的非参数方法以数据包络分析为代表, 前沿分析的参数方法以随机前沿分析为代表.

度量生产率和效率要用到生产函数. DEA 方法将有效的 DMU 连接起来构成生产前沿面, 并用它来包络全部的观测点, 这是一种确定性的前沿分析方法, 忽略了随机因素对效率和生产率的影响, 而随机前沿生产函数则解决了这一难题.

在经济学中, 经常要估计生产函数或成本函数. 生产函数 $f(x)$ 的定义是: 在投入 x 给定的情况下所获得的最大产出. 假设生产商 i 的产量如下:

$$y_i = f(x_i, \beta)\xi_i \tag{3.1}$$

其中, β 为未知参数, ξ_i 表示生产商 i 的水平, 且 $0 < \xi_i \leqslant 1$. 如果 $\xi_i = 1$, 那么生产商 i 处于效率前沿.

考虑到生产函数可能受到随机影响, 将方程 (3.1) 改写为

$$y_i = f(x_i, \beta)\xi_i e^{v_i} \tag{3.2}$$

其中, $e^{v_i} > 0$ 为随机影响. 方程 (3.2) 的模型称为随机前沿模型 (stochastic frontier analysis, SFA). 这一模型最早由 Aigner, Lovell 和 Schmidt 于 1977 年提出, 并在实证领域得到广泛应用.

1.4 几种绩效评价方法的比较

作为部门或单位绩效评价方法, 平衡计分卡、关键绩效指标评价法、目标管理导向的绩效管理法各有其优势和不足, 这几种绩效评价方法在绩效评价指标的选取、指标的量化、权重的确定等方面都带有过多的主观性, 从而评价结果也带有主观性.

数据包络分析和随机前沿分析是通过数学模型的方法来评价部门或单位绩效的, 其确定指标 (投入、产出) 权重的方法和绩效评价结果更科学、客观. 数据包络分析和随机前沿分析在评价单位或部门绩效方面有相同点和不同点, 且各有其优势. 它们的共同点都是前沿度量方法, 它们的绩效评价的基础都是距离函数, 都是在通过构造生产前沿的方法来度量技术效率, 且它们度量出的技术效率是相对效率, 其绩效值在其生产可能集内具有很强的可比性, 但与不在同一生产可能集的决策单元的绩效值可比性不强.

DEA 与 SFA 模型都是基于某种基本假设建立的绩效评价模型, 其基本假设和模型扩展的复杂程度不同. SFA 模型基本假设需要考虑技术效率项分布的具体形式和生产函数, 其基本假设较为复杂, 这直接导致模型很难做进一步扩展. 另外, 因为 SFA 模型假设较为复杂, SFA 模型对投入产出的数据要求更高, 对不符合基本假设要求的投入产出数据, 则易出现评价结果的偏离. 而 DEA 的主要优势是不需要过多考虑生产前沿的具体形式, 只需要考虑投入产出数据, 其模型容易扩展, 目前经典的 DEA 模型已扩展为数十种不同的 DEA 模型.

DEA 与 SFA 对实际产出的处理方法和解释不同. SFA 的主要优点是考虑了随机因素对于产出的影响. 而 DEA 的一个弱点是把实际产出小于前沿产出的原因全部归结于技术效率低下, 忽略了随机因素对于产出的影响. 但 DEA 能直接处理多产出情况, 而 SFA 处理多产出则较为复杂, 需要将多产出合并成一个综合产出或者利用距离函数解决.

DEA 与 SFA 构造生产前沿的方法也有所区别. SFA 是利用生产函数和随机扰动项构造出随机生产前沿, 而 DEA 是根据每个决策单元的投入产出数据, 由有效的决策单元构成生产前沿面. DEA 是通过优化方法计算出效率值, 其结果至少有一个效率值为 1 的决策单元, 而 SFA 是利用极大似然法估计出各个参数值, 然后用技术无效率项的条件期望作为技术效率值, 一般评价结果不会有效率值为 1 的决策单元.

DEA 与 SFA 具有不同分析影响效率因素的方法. 通常在计算出技术效率后会进一步分析影响效率的因素. SFA 分析影响效率因素的方法是将技术无效率项表示成影响因素的线性形式后, 在原有模型中即可完成对影响因素各个参数的估计. 而 DEA 分析影响效率因素的方法, 通常需要分两阶段进行. 第一阶段是计算其技术效率, 第二阶段是以技术效率为因变量以影响因素为自变量通过二元离散选择模型进行分析. 由此可见, 在分析影响效率因素上, SFA 更为方便.

由以上比较可知, DEA 与 SFA 之间在诸多方面具有优缺点互补的特点. 对于同一问题, 可分别用 SFA 和 DEA 来评价, 其结果会有差异. 可综合 DEA 和 SFA 评价结果, 给出一个综合的评价.

1.5   DEA 基本思想与模型研究进展

在单投入、单产出的工程效率定义的基础上, Charnes 等[1] 在 1978 年提出了评价多投入、多产出生产系统绩效的第一个数据包络分析模型——CCR 模型, 主要用于评价某一生产系统的决策单元的规模有效性及技术有效性, 该模型的初始模型是用分式形式表示的. DEA 基本思想是将某一生产系统的每一个被评价单位作为一个决策单元, 所有决策单元的全体构成被评价集合[1-6], 以 DMU 的多投入和多产出指标的加权和的权重为变量进行运算, 通过综合分析产出的加权和与投入加权和的比率, 确定并构造有效生产前沿面, 然后根据各 DMU 与有效生产前沿面的距离情况, 决定各 DMU 是否 DEA 有效. 除此之外, 还可以借助投影方法, 给出弱 DEA 有效 DMU 或非 DEA 有效 DMU 绩效水平低的原因, 并确定应进一步改进的方向和程度.

1.5.1 数据包络分析的 $\mathrm{C}^2\mathrm{R}$ 模型

最常用的是数据包络分析的 CCR 模型 [1-6].

对于某生产系统, 假设有 n 个生产决策单元 $\mathrm{DMU}_j(j = 1, 2, \cdots, n)$, 每个 DMU 都有 s 种属性的产出 (表明成效信息量)$Y_j = (y_{1j}, y_{2j}, \cdots, y_{sj})^{\mathrm{T}}$ 和 m 种属性的投入 (表示资源消耗量)$X_j = (x_{1j}, x_{2j}, \cdots, x_{mj})^{\mathrm{T}}$, 则第 j_0 个 DMU 的绩效评价模型为

$$\max \sum_{i=1}^{m} u_i y_{ij_0}$$

$$\mathrm{s.t.}\ \sum_{i=1}^{m} u_i y_{ik} - \sum_{i=1}^{s} v_i x_{ik} \leqslant 0 \quad (k = 1, 2, \cdots, N)$$

$$\sum_{i=0}^{s} v_i x_{ij_0} = 1$$

$$u_i \geqslant 0, v_j \geqslant 0\ (i = 1, 2, \cdots, m; j = 1, 2, \cdots, n)$$

其对偶形式为

$$\min \{\theta\}$$

$$\mathrm{s.t.}\ \sum_{j=1}^{n} X_j \lambda_j + S^- \leqslant \theta X_{j_0}$$

$$\sum_{j=1}^{n} Y_j \lambda_j - S^+ \leqslant Y_{j_0}$$

$$\lambda_j \geqslant 0, S^- \geqslant 0, S^+ \geqslant 0$$

决策单元线性组合的系数用 λ 表示, 其中 θ 表示投入缩小的比率, S^- 和 S^+ 为松弛变量. 为书写方便起见, 记 $X_{j_0} = X_0, Y_{j_0} = Y_0$.

产出导向的 CCR 模型为

$$\max\{\alpha\}$$

$$\text{s.t.} \sum_{j=1}^{n} X_j \lambda_j + S^- \leqslant X_0$$

$$\sum_{j}^{n} Y_j \lambda_j - S^+ \geqslant \alpha Y_0$$

$$\lambda_j \geqslant 0, S^- \geqslant 0, S^+ \geqslant 0$$

其中, α 表示产出的扩大比率. 若 $\alpha^* = 1$, 且 $S^{-*} = S^{+*} = 0$, 则称 j_0 单元为 DEA 有效; 若存在非零的 S^{-*}, S^{+*}, 使 $\alpha^* = 1$, 则称决策单元 j_0 为 DEA 弱有效; 若 $\alpha^* > 1$, 则称决策单元 j_0 为 DEA 无效. 并且产出导向和投入导向的 CCR 模型的评价结果一致, 即 $\theta^* = 1/\alpha^*$.

该 DEA 模型的生产可能集 $T = \{(X, Y) \text{ 投入 } X \text{ 产出 } Y\}$ 是满足以下四条公理的假设性系统: 锥性、凸性、无效性和最小性的条件.

1.5.2 BCC 模型

从公理化系统出发, Banker 等[7] 于 1984 年提出了描述技术与生产规模有效的另外一种数据包络分析模型——BCC 模型. 在 BCC 模型中, 其生产可能集的锥性假设不满足. 当生产可能集 T 仅仅满足三条公理: 凸性 $\left(\text{加入条件} \sum \lambda_j = 1 \right)$、无效性和最小性时, 则可以得到具有可变规模收益的数据包络分析模型——BCC 模型

$$\min \left[\theta - \varepsilon \left(e^{\mathrm{T}} s^- + e^{\mathrm{T}} s^+ \right) \right]$$

$$\text{s.t.} \sum_{j=1}^{n} X_j \lambda_j + S^- = \theta X_0$$

$$\sum_{j=1}^{n} Y_j \lambda_j - S^+ = Y_0$$

$$\sum_{j=1}^{n} \lambda_j = 1$$

$$\lambda_j \geqslant 0, S^- \geqslant 0, S^+ \geqslant 0 \quad (j = 1, 2, \cdots, n) \tag{5.1}$$

这种模型可以单纯评价 DMU 的技术有效性, 其对偶模型为

$$\max \left(\mu^{\mathrm{T}} Y_0 - u_0 \right)$$

$$\text{s.t.} \ \mu^{\mathrm{T}} Y_j - \omega^{\mathrm{T}} X_j - u_0 \leqslant 0$$

$$\omega^{\mathrm{T}} X_0 = 1$$

$$\omega \geqslant \varepsilon, \mu \geqslant \varepsilon \tag{5.2}$$

式中 ε 为阿基米德无穷小, e 为元素为 1 的向量. u_0 为规模收益指示量, 设 u_0^* 为 (5.2) 式的最优值, 若 $u_0^* < 0$, 则规模收益递增; 若 $u_0^* > 0$, 则规模收益递减; 若 $u_0^* = 0$, 则规模收益不变.

数据包络分析的两个基本模型: CCR 模型和 BCC 模型, 进一步扩大了人们对生产理论的认识, 并且也对多投入、多产出生产系统绩效评价提供了有效的途径, 从而将生产函数理论的研究扩展为参数方法与非参数方法并重, CCR 模型和 BCC 模型是最基本的绩效评价非参数模型.

1.5.3 其他的数据包络分析模型

自 1978 年第一个 DEA 模型问世以来, DEA 的理论和应用都取得了很大发展, 结合实际应用, 产生了许多派生和专用 DEA 模型, 已成为生产系统分析的有力工具, 并显示出它们的重要地位.

为了正确估计有效生产前沿面, 利用目标规划的正、负偏差变量思想, 当用 DEA 判别决策单元是否 Pareto(帕累托) 最优时, 考虑到 C^2R 模型中生产可能集的凸性假设的某些不合理性, Charnes 和 Cooper[8] 提出了另一种评价生产系统的生产技术相对有效的 DEA 模型: C^2S^2 模型.

在一般的 DEA 模型中, 因为表明各指标的重要程度的权重系数之间没有任何限制, 所以 m 个投入指标和 s 个产出指标在评价 DMU 有效性时所处的地位都是一样的. 一般 DEA 模型中, 没能体现出决策者对属性的某种偏好, 这样会出现评价结果不符合实际的情况. 所以, 为了体现决策者投入或产出指标的偏好, 部分学者一直关注 DEA 模型中权重系数的研究.

1986 年, Charnes 等[9] 构建了包含决策者对产出指标或投入指标偏好的 DEA 模型——锥比率 C^2WH 模型. 此模型中, 通过改变锥比率的方式可以反映决策者的偏好, 这样的决策更能反映决策者的愿望.

经典的 DEA 模型研究了具有有限决策单元的绩效评价方法. 借助半无限规划理论, 1987 年, Charnes 等[10] 给出了具有无限多个决策单元的生产系统的绩效评价方法: C^2W 模型, 它将经典 DEA 模型——C^2R 模型拓展到能处理具有无限多个决策单元的情况.

DEA 模型在评价决策单元相对有效性时也有局限性, 为了克服这种局限性, 1988 年, Charnes 等构建了一种综合的数据包络分析模型——C^2WY 模型, 此模型是两个最基本 DEA 模型 (CCR 和 BCC 模型) 的综合, 另外也涵盖 C^2W 模型和 C^2WH 模型. 更进一步, 魏权龄、黄弢等[11,12] 也给出了另外一种综合的 DEA 模型, 此综合 DEA 模型克服了传统 DEA 模型的局限性, 还从生产系统整体最优的角度, 对决策单元相对效率评价和非有效决策单元投入产出改进方面提出了管

理建议, 从而, 可使各决策单元的产出和投入达到整体最优化. 谢艾国等 [13] 研究
了全局 DEA 模型, 它依据投入的各分量的不同压缩效率之和来判断 DEA 的相对
效率并优化各决策单元.

针对某些生产系统的投入、产出数据用欧氏空间处理和表示可能遇到的困难,
Sengupta[15,16] 研究了动态 DEA 模型及考虑随机因素的 DEA 模型; 李树根 [14]
给出了 Banach 空间的 DEA 模型; Boussofiane[17] 给出了具有类别变量的数据包
络分析模型; Banker 等 [18] 研究了对决策单元产出、投入变量修正后的 DEA 模
型; Dyson[19] 给出了具有约束权重系数的 DEA 模型.

针对评价与决策问题中包含的大量不确定性信息, 以及确定型 DEA 模型中
存在的不足, 杨印生等 [20] 给出了基于模糊数学的 DEA 模型, 它可以处理含有
模糊信息的决策以及评价问题, 而李光金等 [21] 利用多目标优化方法研究了 DEA
模型.

2000 年, Wei 等 [22] 给出了一种逆 DEA 模型, 并进一步将其拓展到具有锥结
构逆 DEA 模型; 2004 年, 为了使 C²WY 模型的计算智能化, Yun 等 [23] 给出了
一种综合数据包络分析模型 (多个经典 DEA 模型都涵盖在该模型中), 并给出了
此综合 DEA 模型的具体的智能求解方法.

1.6   DEA 应用研究进展

数据包络分析在许多生产系统相关的绩效评价问题上已取得了广泛应用 [24],
它不像数理统计方法那样要求大的样本量, 因此, 许多数理统计方法不适用的情
况, 有时可以用 DEA 方法来处理. 即便对于投入、产出变量为定性变量的情况,
仍可以使用 DEA 模型来处理. 随着 DEA 理论和应用研究的深入, DEA 的应用
范围越来越大, 不仅可以对公共事业单位绩效进行评价, 而且可以对企业绩效进
行评价, 进一步, 已拓展到对同一决策单元在不同时期的纵向评价.

迄今, 数据包络分析理论和方法在三大领域有着极大的优势, 主要包括: 经济
系统绩效评价、生产系统的预测与预警研究和生产函数与技术进步研究.

1.6.1   生产函数与技术进步研究

生产函数是微观经济学的一个重要工具, 可使用生产函数对经济系统的相对
效率进行评价, 生产函数与 DEA 方法联系密切.

1989 年, 魏权龄等 [25] 研究了利用数据包络分析模型构建生产函数的方法, 并
给出了一个重要结论: 在单一产出的情况下, DEA 有效曲面是生产函数曲
面 [26]. 结合生产函数与 DEA 方法, Chang 和 Guh[27] 研究了线性生产函数问
题. 借助 DEA 方法, 陈瞬贤和马学良 [28] 给出了一种种植业的生产函数. 穆东 [29]

利用 DEA 方法, 给出了外沿生产函数和阶段前沿生产函数的估计. 将回归分析与 DEA 方法相结合, 于维生[30] 给出了 1988 年我国部分省市的农业生产函数.

生产函数与技术进步之间关系密切, 利用数据包络分析方法, 国内外不少学者曾给出了测定技术进步的几种不同方法, Diewert[31] 研究了决策单元的技术进步问题; 利用 DEA 模型确定生产前沿面的方法, 魏权龄[32] 构建了一种测评技术进步水平和技术进步速度的模型, 在文献 [33] 中, 对几种技术进步评价方法进行了总结, 基于 DEA 理论, 研究了技术进步与规模报酬的关系.

1.6.2 经济系统与管理绩效评价

数据包络分析模型的经济含义决定了 DEA 方法可以在生产系统绩效评价中被广泛应用, 目前, DEA 方法在企业管理效益和经济效益的绩效评价中得到了巨大的应用.

许多学者对工业企业的管理效率和经济效益评价进行了研究, 应用 DEA 方法, 1990 年, 魏权龄等[34] 对全国 177 个大中型棉纺织企业的经济效益进行了评价. 进一步地, 应用改进的 DEA 模型, 曲雯毓、冯英俊等[35,36] 给出了工业企业经济效益的评价. 肖承忠等[37] 对我国机床工业管理的相对有效性做了综合评价, 并使用抽样调查方法, 就机床工业企业管理效益问题, 对我国和西欧地区进行了比较研究, 给出了提高效益、改进管理的具体建议. 利用 DEA 方法, 李丽等[38] 对吉林省八大城市的经济运行状况进行了评价, 同时提出了相对和谐度的概念, 并给出了 DEA 有效性与相对和谐的关系.

目前, 物流行业飞速发展, 数据包络分析方法在供应链和物流企业绩效评价中有很多成功的应用. 田宇[39]、杨茂盛[40]、孙瑛[41]、陈芝[42] 等借助 MATLAB 等计算工具, 运用 DEA 模型, 对物流企业的综合绩效进行了研究, Wang 等[43] 对港口企业的效率进行了评价, 杨华龙等[44] 对大陆几大集装箱港口的绩效进行了比较分析和评价, 云俊等[45] 对港口企业绩效进行了研究.

除此之外, 在金融领域 DEA 方法也被大量应用, 在分析了传统评价方法不足的基础上, 曹广喜等[46] 利用 DEA 方法, 实证研究了 33 只基金的业绩情况. 运用 DEA 方法, 丁文恒等[47]、韩泽县[48]、赵旭等[49] 都分别分析了基金公司的投资效益. 除此之外, 秦志强[50] 利用商业银行传统业务和创新业务中几个主要指标, 研究了十家商业银行的综合效益. 曹敏杰[51] 用 C^2R 模型给出了我国中小保险企业核心竞争力的评价方法研究.

以上论述介绍了数据包络分析在经济系统与管理绩效评价中的各种应用. 在利用数据包络分析对经济系统或管理部门绩效评价过程中, 根据绩效评价结果, 可以分析非有效单位或部门的行为, 找出非有效的原因, 并给出进一步改善的有效措施和改进方向; 也可以对生产单元的最小成本和最大收益进行分析, 从而获得投入与产出的最佳组合.

总之, 数据包络分析方法在经济系统与管理实践中应用广泛, 可以应用在资源配置、技术进步与可持续发展、物流与供应链管理等方面, 在应用数据包络分析方法时, 首先确定绩效评价的问题, 给出系统的投入、产出数据, 然后再进行建模计算, 最后对结果进行分析.

1.7 DEA 方法的特点

DEA 方法作为一种新的相对有效性评价方法, 其主要优点如下:

(1) 数据包络分析方法是一种对具有多投入、多产出的复杂生产系统进行有效性评价的方法. 该方法不用具体求出综合产出量和投入量, 因而, 能够避免因各指标量纲等方面不一致给绩效评价带来的诸多困扰.

(2) 可避免绩效评价中的主观性, 客观性较强. 其原因是 DEA 方法是以各项产出、各项投入指标的权重系数为变量, 从最有利于被评价决策单元的角度进行评价. 该方法中的权重由数学规划产生, 各投入或各产出指标的权重系数不受人为主观因素影响, 从而确保了评价结果的客观性.

(3) 投入产出的隐形式表示, 简化了绩效评价过程中的计算. 当一个复杂生产系统的多产出、多投入变量间存在着复杂的数量关系时, 这种生产系统的生产函数的具体形式的估计就非常困难. 使用 DEA 方法, 可以不用具体给出生产函数表达式, 就可以正确地测定此多投入、多产出生产系统的绩效.

(4) 数据包络分析方法可用来估计多产出、多投入生产系统的 "生产函数". 对于这种多投入、多产出的复杂生产系统, 其每一种投入量都可能会影响到一种或多种产出, 传统方法无法估计出以各产出量为应变量的向量形式的生产函数, 而数据包络分析方法具有其自身的优势, 可以给出这种生产函数的隐式表达.

(5) 实用性强, 应用广泛. 数据包络分析方法不仅可以评价生产单位的各种效率, 而且也可评价企事业单位、公共服务部门的工作效率. 在应用的微观层次上, 数据包络分析方法也表现出很强的能力, 它在确定某评价单元为非有效状态 (无论是技术非有效、还是规模非有效) 的同时, 还能指明非有效的原因, 并指明下一步具体的改善办法. 因此对实际的生产管理具有非常大的指导意义.

(6) DEA 也是一种新的 "统计" 方法. 它是通过大量的样本数据, 分析计算出样本集合中处于相对最优状态的样本个体. DEA 方法的本质是最优性, 此特点, 使其在研究经济中的 "生产函数" 问题时, 具有不可取代的优越性. DEA 方法的问世, 为多投入、多产出情况下的 "生产函数" 研究提供了一种新的方法. 同时, 使用相同的数据, DEA 方法还能够正确测定规模效益, 而生产函数却无能为力, 其根本原因在于两种方法不同的数据使用方式, DEA 侧重于单个决策单元的优化, 而非决策单元构成群体的整体统计回归优化.

1.8 数据包络分析方法存在的主要问题

DEA 方法是用来对具有多投入、多产出生产系统的决策单元绩效评价方法, 目前结合实际应用, DEA 模型已进行了很大的扩展研究, 并且己广泛应用于各个领域的绩效评价和生产效率分析. 但 DEA 方法也存在一些缺陷. 首先, DEA 方法研究的是生产前沿面确定的生产函数, 它无法区别随机因素和测量误差的影响; 其次, 极端的投入、产出数据, 极易影响 DEA 方法的绩效评价结果, 而且对投入、产出指标的选择也很容易影响决策单元的绩效评价, 若投入与产出指标选取不当, 则生产前沿面的形状和位置将受到影响, 这样就会影响绩效评估的准确性. 因此, 有效使用 DEA 方法的关键是如何准确地选择投入、产出指标. 另外, 由于 DEA 方法都是从最有利于被评价的决策单元的角度分别计算权重, 这直接导致了权重随着决策单元的不同而不同. 最后, 因为传统的 DEA 评价方法只能判断各个决策单元是否 DEA 有效, 这样 DEA 方法的评价结果, 只能将所有决策单元分为有效和非有效两大类, 但在实际绩效评价中, 可能出现大量甚至全部的决策单元为有效的或无效的情形, 这样的评价结果无法对被评价的决策单元进行排序.

已有的经典数据包络分析中多投入、多产出的组合形式都是线性加权组合, 线性加权组合的应用前提是变量 (多投入、多产出) 是线性独立的, 但在实际应用中, 很多情况下变量是高度相关的, 如在银行绩效评价[9] 中, 投入指标、固定资产、总资产等指标是相关的. 再如, 高校绩效评价中, 产出指标中承担课题数、发表论文数、毕业生数等也是相关的. 在经典 DEA 模型中, 如果对这些具有线性相关的投入或产出, 还是用线性加权组合来累加这些变量, 则评价结果就会失之偏颇. 因此, 研究具有交互作用变量 (投入、产出) 的数据包络分析具有重要的理论意义和应用价值.

1.9 本项目的主要研究成果

我们按照项目 "具有交互作用变量的数据包络分析及其在绩效评价中的应用研究" 的研究计划, 完成项目的全部研究内容, 产出了一批相关研究成果. 本著作一半以上内容为项目 "具有交互作用变量的数据包络分析及其在绩效评价中的应用研究" 所取得的主要研究成果, 但为了保持内容的完整性, 也同时介绍了项目研究相关的基础知识和预备知识, 主要有五部分内容, 第一部分, 给出具有交

互作用变量 (投入或产出) 数据包络分析研究的相关基础知识和预备知识, 相关
基础知识主要包括模糊数学基础知识、信息融合工具、经典数据包络分析和模
糊数据包络分析. 其中信息融合工具一章中, 包括项目的预备研究, 大部分内容
都是本项目的研究成果. 以下四部分是本项目研究的核心内容成果, 第二部分,
给出具有交互作用变量 (投入或产出) 数据包络分析的数学模型、性质和具体求
解方法, 并应用具有交互作用变量 (投入或产出) 数据包络分析对河北省 31 家
三级甲等医院进行绩效评价. 作为特例, 又同时研究了具有交互作用投入的数
据包络分析方法, 并成功应用于河北省 14 家大型公立医院的绩效评价. 第三
部分, 给出具有交互作用模糊变量 (模糊投入或模糊产出) 数据包络分析的数学
模型、性质和具体求解方法, 主要给出两种形式的具有交互作用模糊变量 (模糊
投入或模糊产出) 数据包络分析的数学模型和算法. ① 基于可能性测度的具有
交互作用模糊变量 (模糊投入或模糊产出) 数据包络分析模型和算法; ② 基于
α-截集的具有交互作用模糊变量 (模糊投入或模糊产出) 数据包络分析模型和算
法, 并给出一些应用实例. 第四部分, 给出不显含投入的具有交互作用产出数据
包络分析模型和算法, 并应用不显含投入的具有交互作用产出数据包络分析模型
对高校 "双一流" 中 "一流学科建设" 绩效进行评价. 第五部分, 数据包络分类
机的拓展研究, 给出具有交互作用变量的数据包络分类机, 建立了基于广义 DEA
模型的分段线性判别分析模型和模糊数据包络分类机模型, 并给出一些分类应用
实例.

参 考 文 献

[1] Charnes A, Cooper W W, Rhodes E. Measuring the efficiency of decision making units[J]. European Journal of Operational Research, 1978, 2(6): 429-444.

[2] 郭京福, 杨德礼. 数据包络分析方法综述 [J]. 大连理工大学学报, 1998(3): 237-240.

[3] 魏权龄. 评价相对有效性的数据包络分析模型: DEA 和网络 DEA[M]. 北京: 中国人民大学出版社, 2012.

[4] Charnes A, Cooper W W, Li S. Using data envelopment analysis to evaluate efficiency in the economic performance of Chinese cities[J]. Socio-Economic Planning Sciences, 1989, 23(6): 325-344.

[5] 迟旭. 生产前沿面有效性分析的非参数方法和人力资源发展的研究 [D]. 大连: 大连理工大学, 1995.

[6] 李美娟, 陈国宏. 数据包络分析法 (DEA) 的研究与应用 [J]. 中国工程科学, 2003(7): 88-93.

[7] Banker R D, Charnes A, Cooper W W. Some models for estimating technical and scale inefficiencies in data envelopment analysis[J]. Management Science, 1984, 30(9): 1078-1092.

[8] Charnes A, Cooper W W, Golany B, et al. Foundations of data envelopment analysis for Pareto-Koopmans efficient empirical production functions[J]. Journal of Econometrics,

1985, 30(1-2): 91-107.

[9] Charnes A, Cooper W W, Wei Q L, et al. Cone-ratio data envelopment analysis and multi-objective programming[J].International Journal of Systems Science, 1989, 20(7): 1099-1118.

[10] Charnes A, Cooper W W, Wei Q L. A semi-infinite multicriteria programming approach to data envelopment analysis with infinitely many decision making units[J]. Center for Cybernetic Studies Report CCS, 511-1986.

[11] 魏权龄, 岳明. 综合的 DEA 模型 C^2WY 数据包络分析 (四)[J]. 系统工程理论与实践, 1989(4): 75-80.

[12] 黄羿, 李光金, 陈刚. 综合 DEA 模型的理论研究 [J]. 系统工程理论方法应用, 2000(3): 243-247.

[13] 谢艾国, 罗英, 王应明. 全局 DEA 模型研究 [J]. 系统工程与电子技术, 1999, 21(5): 1-5.

[14] 李树根. Banach 空间的 DEA 模型 [M]. 大连: 大连理工大学出版社, 1996.

[15] Sengupta J K. Dynamic data envelopment analysis[J]. International Journal of Systems Science, 1996, 27(3): 277-284.

[16] Sengupta J K. Data envelopment analysis for efficiency measurement in the stochastic case[J]. Computers and Operations Research, 1987, 14(2): 117-129.

[17] Boussofiane A, Dyson R G, Thanassoulis E. Applied data envelopment analysis[J]. European Journal of Operational Research, 1991, 52(1): 1-15.

[18] Banker R D, Morey R C. Efficiency analysis for exogenously fixed inputs and outputs[J]. Operations Research, 1986, 34(4): 513-521.

[19] Dyson R G, Thanassoulis E. Reducing weight flexibility in data envelopment analysis[J]. Journal of the Operational Research Society, 1988, 39(6): 563-576.

[20] 杨印生, 张德俊, 李树根. 基于 Fuzzy 集理论的数据包络分析模型 [A]. 北京: 中国建筑工业出版社, 1993.

[21] 李光金, 刘永清. 基于多目标规划的 DEA[J]. 系统工程理论与实践, 1997, 17(3): 16-22.

[22] Wei Q, Zhang J, Zhang X. An inverse DEA model for inputs/outputs estimate[J]. European Journal of Operational Research, 2000, 121(1): 151-163.

[23] Yun Y B, Nakayama H, Tanino T. A generalized model for data envelopment analysis[J]. European Journal of Operational Research, 2004, 157(1): 87-105.

[24] 杨印生, 张德俊, 李树根. 发展评价与决策的 DAE 方法及应用 [J]. 吉林大学学报, 1991 年特刊.

[25] 魏权龄, 胡显佑, 肖志杰. DEA 方法与前沿生产函数 [J]. 经济数学, 1989(5): 1-13.

[26] 魏权龄, 肖志杰. 生产函数与综合 DEA 模型 C^2WY[J]. 系统科学, 1991(1): 43-51.

[27] Chang K P, Guh Y Y. Linear production functions and the data envelopment analysis[J].European Journal of Operational Research, 1991, 52(2): 215-223.

[28] 陈舜贤, 马学良. 关于农机化增产效果的探讨 [J]. 农业现代化研究, 1991(5): 56-58.

[29] 穆东. 阶段 C-D 前沿生产函数的 DEA 估计 [J]. 系统工程, 1995(5): 48-51.

[30] 于维生. 应用 DEA 方法估计生产函数 [J]. 东北运筹, 1992(7): 178-181.

[31] Diewert W E. Capital and the theory of productivity measurement[J]. American Economic Review, 1980(5): 260-267.

[32] 魏权龄. 估计技术进步滞后及超前年限的要素增长型 DEA 模型 [J]. 数量经济技术经济研究, 1991, 8(3): 28-34.

[33] 杨仕辉. 技术进步评价比较研究 [J]. 系统工程理论与实践, 1993, 13(5): 59-65.

[34] 魏权龄, 卢刚. DAE 方法与模型的应用 [J]. 系统工程理论与实践, 1990(3): 8-11.

[35] 曲雯毓, 唐焕文, 李克秋. 工业经济效益综合评价的 DEA 方法 [J]. 工程与电子技术, 1995(10): 33-35.

[36] 冯英俊, 李成红. 全国各省市工业企业的相对效益及技术进步增长的测算方法及结果 [J]. 哈尔滨工业大学学报, 1992(4): 1-12.

[37] 肖承忠, 许伟, 周云雁. 用数据包络分析 (DAE) 方法进行企业管理的比较研究 [J]. 上海机械学院学报, 1988(3): 23-30.

[38] 李丽, 陆颖. 相对和谐度与经济系统的效率评价 [J]. 东北运筹, 1992(10): 40-106.

[39] 田宇. 物流效率评价方法研究 [J]. 物流科技, 2000(2): 15-19.

[40] 杨茂盛, 李涛, 白庶. 基于数据包络分析的供应链绩效评价 [J]. 西安工程科技学院学报, 2005, 19(2): 180-182.

[41] 孙瑛, 郝勇. 基于 DEA 的第三方物流运作效率的评价研究 [J]. 商业经济文荟, 2006(5): 45-47.

[42] 陈芝, 单泪源, 顾恒平. 基于 DEA 的企业供应物流系统效率评价的实例分析 [J]. 湖南大学学报第, 2005, 19(6): 69-71.

[43] Wang T F, Kevin C. The relationship between privatizationand DEA estimates of efficiency in the containerport industry[Z]. Procedings of ICLSP, 2004: 433-462.

[44] 杨华龙, 任超, 王清斌, 等. 基于数据包络分析的集装箱港口绩效评价 [J]. 大连海事大学学报, 2005(1): 51-54.

[45] 云俊, 张帆. 基于 DEA 模型的效率评价 [J]. 决策参考, 2006(10): 39-40.

[46] 曹广喜, 夏建伟. 投资基金业绩评价的 DEA 方法, 数学的实践与认识 [J]. 2007(5): 7-13.

[47] 丁文恒, 冯英俊, 康宇虹. 基于 DEA 的投资基金业绩评估 [J]. 数量经济技术经济研究, 2002(3): 98-101.

[48] 韩泽县, 刘斌. 基于数据包络分析 (DEA) 的封闭式基金相对业绩评价 [J], 管理评论, 2003(12): 17-21.

[49] 赵旭, 吴冲锋. 证券投资基金业绩与持续性评价的实证研究 [J], 管理科学, 2004(4): 58-64.

[50] 秦志强. 基于 DEA 分析的中国内地商业银行绩效评价 [J], 西安财经学院学报, 2008(3): 39-42.

[51] 曹敏杰. 基于 DEA 方法的我国中小保险企业核心竞争力研究 [J], 西安电子科技大学学报 (社会科学版), 2008(3): 54-60.

[52] B.Golany, An interation MOLP Procedure for the extension of DEA to effctiveness analysis[J]. Journal of the Operational Research Society, 1988(39): 725-734.

[53] 朱乔. 陈遥一种预测的新方法 [J]. 数理统计与管理, 1991(6): 41-54.

[54] 吴文江, 何静, 有关将弱 DEA 有效性用于预测的探讨 [J]. 系统工程理论与实践, 1996(7): 37-42.

[55] 吴文江, 有关 DEA 有效性用于预测的探讨 [J]. 预测, 1995(4): 58-60.

[56] Liu Yingzhou, The Preguisitise of the input data given to DEA frecast method[J]. Forecasting(in Chinese), 1997(3): 596.

[57] 盛昭瀚, 朱乔, 吴广谋, 区域国民经济 DEA 预警系统 [J]. 系统工程学报, 1992(l): 97-103.

第 2 章　模糊数学相关知识

项目研究内容 "具有交互作用的模糊数据包络分析" 是建立在模糊数学基础之上的, 模糊数学由经典集合论拓展而来, 集合论把数学的抽象能力延伸到人类认识过程的深处, 现代数学是建立在经典集合论基础上的. 经典集合是具有某种确定属性的对象的全体, 一般可以通过属性的描述来表示概念 (内涵). 符合某概念的对象的全体称为外延, 本质上, 外延就是集合. 因此, 集合可以表示概念, 而集合运算和关系又可以表示判断和推理. 但是, 在经典集合论基础上建立起来的现代数学发展也有阶段性, 具有明确外延的概念和事物才能用经典集合论来描述, 且限定明确 (每个集合必须由明确的元素组成), 元素对集合的隶属关系是非常清晰的, 不能模棱两可. 对于外延不明确的概念和事物, 经典集合论无法描述、表达这样的概念和事物. 虽然精确数学及随机数学在对客观世界的定量研究中取得非常显著效果, 但客观世界中还普遍存在着大量的边界不清晰的模糊现象, 且因为现代科技面对的系统越来越复杂, 而模糊性与复杂性总是相伴出现.

1965 年, 美国的 Zadeh 发表 "Fuzzy sets" 标志着模糊集合论这一新的学科诞生, 也标志着模糊数学学科的诞生. 在五十多年中, 模糊集合的理论和应用受到人们的高度重视, 取得了飞速的发展. 模糊数学是经典数学理论的补充和丰富, 为人们处理模糊信息提供了很多实用的方法, 在计算机科学、人工智能、统计学等领域具有广泛的应用 [1-10].

2.1　模　糊　集　合

2.1.1　模糊集合的基本概念

模糊集合是对模糊现象或模糊概念的刻画, 那么它是如何刻画呢?

经典集合表示方法有多种, 主要包括特征函数法、枚举法、描述法等. 其中特征函数法是其中的一种表达方式.

设 A 为论域 U 上的一个子集, 集合 A 的特征函数定义如下:

$$\chi_A(x) = \begin{cases} 1, & x \in A \\ 0, & x \notin A \end{cases}$$

元素 x 与集合 A 的隶属关系仅有两种, 即 $x \in A, x \notin A$, 从而其特征函数的取值仅为 0 或 1, 即值域为 $\{0,1\}$, 另外, 特征函数有下述三个性质:

(1) $\chi_{\bar{A}}(x) = 1 - \chi_A(x)$, 其中 $\bar{A}$ 是 A 的补集;

(2) $\chi_{A \cup B}(x) = \max\{\chi_A(x), \chi_B(x)\}$;

(3) $\chi_{A \cap B}(x) = \min\{\chi_A(x), \chi_B(x)\}$.

将特征函数表示经典集合的方法进行扩展, 即把特征函数的值域由 $\{0,1\}$ 扩大到 $[0,1]$, Zadeh 提出用隶属函数表示模糊集合. 定义如下.

定义 1.1 设 U 为给定的论域, 论域 U 到 $[0,1]$ 的一个映射 $\mu_{\bar{A}}$, 即

$$\mu_{\bar{A}} : U \to [0,1]$$
$$u \mapsto \mu_{\bar{A}}(u)$$

$\mu_{\bar{A}}$ 确定 U 上的一个模糊子集 $\tilde{A}$, $\mu_{\bar{A}}$ 叫做 $\tilde{A}$ 的隶属函数, $\mu_{\bar{A}}(u)$ 叫做 u 对 $\tilde{A}$ 的隶属度. 在不引起混淆的情况下, 模糊子集也简称为模糊集 (合), $\tilde{A}$ 的隶属函数 $\mu_{\bar{A}}(u)$ 简记为 $\tilde{A}(x)$.

为讨论方便, 经典集合用 $A, B, C, \cdots$ 表示; 而模糊集合用 $\tilde{A}, \tilde{B}, \tilde{C}, \cdots$ 表示.

注 1.1 (1) 当 $\mu_{\bar{A}}(u) = 0$ 时, 表示 u 完全不属于 $\tilde{A}$. $\mu_{\bar{A}}(u)$ 的值越接近 0, 表示 u 属于 $\tilde{A}$ 的程度越低; 当 $\mu_{\bar{A}}(u) = 1$ 时, 表示 u 完全属于 $\tilde{A}$, $\mu_{\bar{A}}(u)$ 的值越接近 1, 表示 u 属于 $\tilde{A}$ 的程度越高; 特殊地, 若对于任一 $u \in U$, 都有 $\mu_{\bar{A}}(u) = 0$ 或 1, 则模糊集合 $\tilde{A}$ 退化为经典集合. 由此可见, 经典集合是特殊的模糊集合.

(2) 隶属函数完全决定了模糊集合. 通过隶属函数, 可以用精确的数学方法来处理和分析模糊信息.

通常, 表示模糊集合的方式有下面几种:

(1) 有限集 $U = \{u_1, u_2, \cdots, u_n\}$ 上模糊集的表示方法有如下三种方式:

(i) Zadeh 记号法, 即

$$\tilde{A} = \frac{\mu_{\bar{A}}(u_1)}{u_1} + \frac{\mu_{\bar{A}}(u_2)}{u_2} + \cdots + \frac{\mu_{\bar{A}}(u_n)}{u_n}$$

其中, $\dfrac{\mu_{\bar{A}}(u_i)}{u_i}$ 并不是真正的 "分数", 只是借助 "分数" 的形式, 表示 U 中的元素 u_i 与隶属度 $\mu_{\bar{A}}(u_i)$ 的对应关系. "+" 表示列举, 而不表示 "求和".

Zadeh 记号法可写为

$$\tilde{A} = \sum_{i=1}^{n} \frac{\mu_i}{x_i}$$

也可记作

$$\tilde{A} = \bigcup_{i=1}^{n} \frac{\mu_i}{x_i}$$

此外隶属度为 0 的项可不显示在式子中.

(ii) 序偶表示法

将论域 U 中的元素 u_i 与其隶属度 $\tilde{A}(u_i)$ 构成序偶来表示,

$$\tilde{A} = \{(u_1, \mu_{\tilde{A}}(u_1)), (u_2, \mu_{\tilde{A}}(u_2)), \cdots, (u_n, \mu_{\tilde{A}}(u_n))\}$$

此种方法隶属度为 0 的项可不写入.

(iii) 向量表示法

$$\tilde{A} = (\mu_{\tilde{A}}(u_1), \mu_{\tilde{A}}(u_2), \cdots, \mu_{\tilde{A}}(u_n))$$

在向量表示法中, 隶属度为 0 的项不能省略. 结合上述三种表示方法, 也可表示为

$$\tilde{A} = \left(\frac{\mu_{\tilde{A}}(u_1)}{u_1}, \frac{\mu_{\tilde{A}}(u_2)}{u_2}, \cdots, \frac{\mu_{\tilde{A}}(u_n)}{u_n} \right)$$

(2) 当论域 U 为无限集时, 给出如下 Zadeh 记号法

$$\tilde{A} = \int_U \frac{\mu_{\tilde{A}}(u)}{u}$$

与有限论域上模糊集的 Zadeh 记号法一样, 同样 $\dfrac{\mu_{\tilde{A}}(u)}{u}$ 只是表示论域 U 上的元素 u 与模糊集的隶属度 $\mu_{\tilde{A}}(u)$ 之间的对应关系; "$\int$" 也不是真正 "积分", 仅表示论域 U 上的元素 u 与模糊集的隶属度 $\mu_{\tilde{A}}(u)$ 对应关系的一个整体.

一般, 论域 U 上的所有子集构成的集合用 $P(U)$ 表示; 所有模糊子集构成的集合记为 $F(U)$. 显然, $P(U) \subseteq F(U)$.

例 1.1　以年龄 $U = [0, 200]$ 为论域, "年青" 与 "年老" 显然是两个模糊概念, Zadeh 给出了 "年青"$\tilde{Y}$ 与 "年老"$\tilde{O}$ 两个模糊集合的隶属函数为

$$\mu_{\tilde{Y}}(u) = \begin{cases} 1, & 0 \leqslant u \leqslant 25 \\ \left[1 + \left(\dfrac{u-25}{5} \right)^2 \right]^{-1}, & 25 < u \leqslant 200 \end{cases}$$

$$\mu_{\tilde{O}}(u) = \begin{cases} 0, & 0 \leqslant u \leqslant 50 \\ \left[1 + \left(\dfrac{u-50}{5} \right)^{-2} \right]^{-1}, & 50 < u \leqslant 200 \end{cases}$$

采用 Zadeh 表示法, "年青"$\tilde{Y}$ 与 "年老"$\tilde{O}$ 两个模糊集合可写为

$$\tilde{Y} = \int_{0 \leqslant u \leqslant 25} \frac{1}{u} + \int_{25 < u \leqslant 200} \frac{\left[1 + \left(\dfrac{u-25}{5}\right)^2\right]^{-1}}{u}$$

$$\tilde{O} = \int_{0 \leqslant u \leqslant 50} \frac{0}{u} + \int_{50 < u \leqslant 200} \frac{\left[1 + \left(\dfrac{u-50}{5}\right)^{-2}\right]^{-1}}{u}$$

$$= \int_{50 < u \leqslant 200} \frac{\left[1 + \left(\dfrac{u-50}{5}\right)^{-2}\right]^{-1}}{u}$$

按照上式计算, $\mu_{\tilde{Y}}(30) = 0.5, \mu_{\tilde{Y}}(35) = 0.2$, 故可认为 30 岁的人属于年轻人的程度为 0.5, 35 岁属于年轻人的程度为 0.2. 显然, 这种表达方式比经典集合更能客观地表示实际情况.

例 1.2 某小组有六个观众, 亦即 $x_1, x_2, x_3, x_4, x_5, x_6$, 设论域 $U = \{x_1, x_2, x_3, x_4, x_5, x_6\}$, 现分别就每个观众对某电视教学节目内容的理解程度打分, 按百分制给分, 再除以 100, 这就可以确定各元素的隶属度:

$$x_1 = 85 \text{ 分, 即 } \mu_{\tilde{A}}(x_1) = 0.85$$
$$x_2 = 75 \text{ 分, 即 } \mu_{\tilde{A}}(x_2) = 0.75$$
$$x_3 = 98 \text{ 分, 即 } \mu_{\tilde{A}}(x_3) = 0.98$$
$$x_4 = 30 \text{ 分, 即 } \mu_{\tilde{A}}(x_4) = 0.30$$
$$x_5 = 60 \text{ 分, 即 } \mu_{\tilde{A}}(x_5) = 0.60$$
$$x_6 = 10 \text{ 分, 即 } \mu_{\tilde{A}}(x_6) = 0.10$$

这样就确定了一个模糊子集 $\tilde{A}$, 它表示出小组观众对 "对某电视教学节目内容的理解程度" 这个模糊概念的符合程度. 此集合的各元素, 已不再是简单、绝对地属于 (等于 1) 或不属于 (等于 0) 集合, 而是分别出现从 0.10 到 0.98 高低不同的隶属程度.

例 1.3 如果我们将考试成绩分为四个等级:

优 85——100

良 75——85

中 60——75

差 60 以下

则我们可以确定成绩为优的模糊子集 $\tilde{A}$ 的隶属函数为

$$\mu_{\tilde{A}}(x) = \begin{cases} 0, & 0 \leqslant x < 85 \\ \dfrac{x-85}{15}, & 85 \leqslant x < 100 \\ 1, & x = 100 \end{cases}$$

2.1.2 模糊集合的运算及性质

模糊集合是在经典集合基础上定义的, 同样, 也可以在经典集合关系和运算基础上, 定义模糊集合的关系和运算.

(1) 模糊子集的包含和相等关系.

定义 1.2 设 $\tilde{A}, \tilde{B}$ 为论域 U 上的模糊集, 如果对于任何 $u \in U$, 都有 $\mu_{\tilde{A}}(u) \geqslant \mu_{\tilde{B}}(u)$, 则称 $\tilde{A}$ 包含 $\tilde{B}$, 记作 $\tilde{A} \supseteq \tilde{B}$.

如果 $\tilde{A} \supseteq \tilde{B}$ 且 $\tilde{A} \subseteq \tilde{B}$, 则称 $\tilde{A}$ 与 $\tilde{B}$ 相等, 记作 $\tilde{A} = \tilde{B}$.

因为模糊集合完全由其隶属函数决定, 所以也可以用隶属函数来定义两个模糊集相等.

若对任何元素 $u \in U$, 都有

$$\mu_{\tilde{A}}(u) = \mu_{\tilde{B}}(u)$$

则称 $\tilde{A} = \tilde{B}$.

(2) 模糊子集的交、并、补运算.

设 $\tilde{A}, \tilde{B}$ 为论域 U 上的两个模糊子集, 模糊集合 $\tilde{A}, \tilde{B}$ 的 "并" $\tilde{A} \cup \tilde{B}$、"交" $\tilde{A} \cap \tilde{B}$ 和 "补" $\tilde{A}^c$ 的隶属函数分别为 $\mu_{\tilde{A} \cup \tilde{B}}, \mu_{\tilde{A} \cap \tilde{B}}$ 和 $\mu_{\tilde{A}^c}$, 并且对于每一个元素 u, 都有

$$\mu_{\tilde{A} \cup \tilde{B}}(u) \triangleq \mu_{\tilde{A}}(u) \vee \mu_{\tilde{B}}(u)$$

$$\mu_{\tilde{A} \cap \tilde{B}}(u) \triangleq \mu_{\tilde{A}}(u) \wedge \mu_{\tilde{B}}(u)$$

$$\mu_{\tilde{A}^c}(u) \triangleq 1 - \mu_{\tilde{A}}(u)$$

以上三式分别为 $\tilde{A}, \tilde{B}$ 的并集、交集和 $\tilde{A}$ 的补集. 式中 "$\vee$" 为取大符号, "$\wedge$" 表示取小符号, 它们都称为 Zadeh 算子. 当论域有限时, "$\vee$" 与 "$\wedge$" 分别表示取最大值和最小值; 当论域无限时, 分别表示取上确界、下确界. 因此两个模糊子集的并、交可写成

$$\mu_{\tilde{A}}(u) \vee \mu_{\tilde{B}}(u) = \max[\mu_{\tilde{A}}(u), \mu_{\tilde{B}}(u)]$$

$$\mu_{\tilde{A}}(u) \wedge \mu_{\tilde{B}}(u) = \min[\mu_{\tilde{A}}(u), \mu_{\tilde{B}}(u)]$$

模糊集合的交、并运算都能推广至任意有限个模糊集合的运算.

很多模糊集合的运算和基本性质与经典集合是一致的, 但是具有经典集合满足, 模糊集合不满足的性质, 如模糊集合不满足互补律, 因为模糊子集 $\tilde{A}$ 及其补集 $\tilde{A}^c$ 都没有明确的外延. 因此可以说对不清晰的概念, 模糊集合比经典集合能更客观地反映实际情况.

2.2 模糊集合隶属函数的确定方法

隶属函数在模糊数学中占有突出地位, 本节主要讨论确定隶属函数的原则和方法, 确定隶属函数是应用的基础. 确定隶属函数是一个客观的过程, 由于对同一个模糊概念, 不同人可能理解、认识又有区别, 因而, 确定隶属函数又带有一定的主观因素. 目前, 确定隶属函数还没有一套有效、成熟的方法, 已有确立隶属函数方法主要建立在经验和试验基础上.

模糊数学和概率论都是研究不确定性规律的数学学科, 但它们有很大区别. 首先, 要说明隶属函数和概率的区别, 也就是可能性和随机性问题; 其次再介绍模糊统计方法, 最后给出在实际中常用的隶属函数.

2.2.1 随机性与可能性

初学者常常分不清模糊数学和概率论的区别, 甚至把它们混为一谈, 这主要是因为它们都是研究不确定现象, 而度量这种不确定性又都是在闭区间 [0, 1] 上取值. 但这两种不确定现象是有着本质区别的.

概率论是研究和处理随机现象的数学学科, 其事件本身是确定的, 由于发生的条件不充分, 导致事件发生与否具有不确定性, 这种不确定性称为随机性.

模糊数学是研究和处理模糊现象的数学学科, 它所要处理的事物的概念具有不清晰的外延, 导致无法确定一个对象是否符合这个概念, 我们称这种不确定性为模糊性, 也就是习惯上常说的可能性.

1978 年, Zadeh 给出了可能性理论, 其中也论述了随机性和可能性与隶属度的区别, 可能性理论被誉为模糊数学发展的第二个里程碑. 这里, 我们只摘录原文的两个例子来说明这个问题.

例如, 考虑汉斯 (Hans) 吃 x 个鸡蛋的早餐问题, 这里论域

$$U = \{1, 2, 3, 4, 5, 6, 7, 8\}$$

对 $x \in U$, 设 $p(x)$ 为汉斯吃 x 个鸡蛋的概率, $\pi(x)$ 表示汉斯吃 x 个鸡蛋的可能性, 现列表如下:

x	1	2	3	4	5	6	7	8
$p(x)$	0.1	0.8	0.1	0	0	0	0	0
$\pi(x)$	1	1	1	1	0.8	0.6	0.4	0.2

我们看到, 尽管汉斯早餐吃三个鸡蛋的可能性是 1, 而他会这样做的概率是 0.1, 是很小的. 可见可能性程度大并不意味着概率大, 反之概率小也不意味着可能性程度小. 然而, 若一事件是不可能的, 则它必定不会发生.

Zadeh 在文章中还指出, 可能性和概率之间的这种直观的联系, 可叙述成所谓可能性概率相容原理, 从而导出模糊事件的概率问题.

那么什么叫可能性呢? 我们用下面的例子来说明:

"约翰是个年轻人吗? "

要回答这个问题涉及的因素很多, 但经过因素的压缩后, 我们抓住年龄这个主要因素, 若约翰的年龄为 x_0, 而 "年轻人" 又是以年龄 $[0, 100]$(岁) 为论域的一个模糊子集 $\tilde{A}$, 则

$$\mu_{\tilde{A}}(x_0) = \lambda$$

Zadeh 就把 λ 叫做 x_0 的可能度, 即是命题 "约翰是个年轻人" 成立的可能性.

如果忽略约翰和约翰的年龄差异, 直接把约翰的年龄作为考察对象, 则可能度就是隶属度, 今后为简单起见, 除特殊声明外, 一般都只考虑隶属度.

2.2.2 概率统计与模糊统计

我们知道, 事件发生的概率可以通过概率统计方法而得到, 这就要做大量的随机试验, 然后得出统计规律.

随机试验最基本的一项要求就是: 在每次试验下, 事件 A 发生与否, 必须是确定的, 这也就是说, 它必须符合经典集合论的要求, 要么发生, 要么不发生, 决不允许模棱两可, 为此可得

$$A发生的概率 = \lim_{n \to \infty} \frac{事件\ A\ 发生的次数}{n}$$

其中, n 表示试验的次数, $n \to \infty$ 是不可能达到的, 为此在实际上只要求 n 充分大就行了. 实践证明, 随着 n 的增大, 上式的值逐渐稳定, 最后趋向一个 $[0, 1]$ 闭区间的数 p, 这个 p 就是事件 A 发生的概率.

在很多情况下, 可以通过模糊统计来确定隶属函数, 下面介绍模糊统计方法.

确定模糊集的隶属函数要通过模糊统计试验来完成, 首先选取一论域 U, 例如某些人构成的集合. 在 U 中确定一个元素 $u_0 \in U$, 例如张三 (身高 186cm). 然后再考虑 U 的一个边界可变的普通集合 A^*, 例如 "高个子", 这个概念是模糊的, 它是随着不同的条件、场合等而改变的. 而比如每次试验是这样的, 让不同观点的人评论张三是不是属于 "高个子" 这个集合 A^*, 当然有人认为 "张三属于高个子", 即 $u_0 \in A^*$; 但有的人认为 "张三不属于高个子", 即 $u_0 \notin A^*$. 而 u_0 对高个子的隶属度 $\mu(u_0)$ 也可表为

$$\mu(u_0) = \lim_{n \to \infty} \frac{u_0 \in A^*\ 的次数}{n}$$

其中, n 表示总的试验次数, 要求 n 越大越好. 随着 n 的增大, $\mu(u_0)$ 也会趋向于一个 $[0, 1]$ 闭区间的一个数, 这个数就是张三隶属于模糊集 "高个子" 的隶属度.

2.2.3 确定隶属函数的统计方法

常用的确定模糊集合隶属函数方法是模糊统计法, 以模糊集 "年轻人" 的隶属函数确定为例, 模糊统计法的基本方法如下.

以 $[0, 100]$ (单位：岁) 为论域 U, 则论域 U 上 "年轻人" 的模糊集用 $\tilde{A}$ 来表示, 现任取一年龄 $x_0 = 27$ 岁, $x_0 \in U$, 下面我们用模糊统计方法来确定 x_0 对 $\tilde{A}$ 的隶属度 $\mu_{\tilde{A}}(x_0)$.

张南纶在某大学抽样试验中, 选择了 129 位合适的人选, 在独立并认真地考虑了 "年轻人" 的含义之后, 提出了 "年轻人" 的最适宜的年龄. 这每次试验相当于给出了一个具体的 A^*, 实验数据如表 2.1 所示. 它是取 $n=129$ 次试验所得, 其中的单位是岁, 例如 18—25 表示 18—25 岁.

表 2.1 某大学的抽样情况

样本总数 $n = 129$ (无作废数据)

全体数据如下：

18—25	17—30	17—28	18—25	16—35	14—25
18—30	18—35	18—35	16—25	15—30	18—35
17—30	18—25	18—35	20—30	18—30	16—30
20—35	18—30	18—25	18—35	15—25	18—30
15—28	16—28	18—30	18—30	16—30	18—35
18—25	18—30	16—28	18—30	16—30	16—28
18—35	18—35	17—27	16—28	15—28	18—25
19—28	15—30	15—26	17—25	15—36	18—30
17—30	18—35	16—35	16—30	15—25	18—28
16—30	18—28	18—35	18—30	17—28	18—35
15—28	15—25	15—25	15—25	18—30	16—24
15—25	16—32	15—27	18—35	16—25	18—30
16—28	18—30	18—35	18—30	18—30	17—30
18—30	18—35	16—30	18—28	17—25	15—30
18—25	17—30	14—25	18—26	18—29	18—35
18—28	18—35	18—25	16—35	17—29	18—25
17—30	16—28	18—30	16—28	15—30	18—30
15—30	20—30	20—30	16—25	17—30	15—30
18—30	16—30	18—28	15—35	16—30	15—30
18—35	18—35	18—30	17—30	16—35	17—30
15—25	18—35	15—30	15—25	15—30	18—30
17—25	18—29	18—28			

再将表 2.1 所列数据按岁数分组, 并计算出频数, 因为试验了 $n = 129$ 次, 故最高频数为 129, 设 13.5—14.5 中的 14 岁共出现了 2 次, 故频数 $m = 2$, 而相对频率数 $m/129$, 现以每隔一岁计算一次, 并列表如表 2.2 所示.

表 2.2　频率分布

序号	分组	频数	相对频数
1	13.5—14.5	2	0.0155
2	14.5—15.5	27	0.2093
3	15.5—16.5	51	0.3953
4	16.5—17.5	67	0.5194
5	17.5—18.5	124	0.9612
6	18.5—19.5	125	0.9690
7	19.5—20.5	129	1.0
8	20.5—21.5	129	1.0
9	21.5—22.5	129	1.0
10	22.5—23.5	129	1.0
11	23.5—24.5	129	1.0
12	24.5—25.5	128	0.9922
13	25.5—26.5	103	0.7984
14	26.5—27.5	101	0.7829
15	27.5—28.5	99	0.7674
16	28.5—29.5	80	0.6202
17	29.5—30.5	77	0.5969
18	30.5—31.5	27	0.2093
19	31.5—32.5	27	0.2093
20	32.5—33.5	26	0.2106
21	33.5—34.5	26	0.2106
22	34.5—35.5	26	0.2106
23	35.5—36.5	1	0.0078
总计		13.6589	

再根据表 2.1 的统计数据, 求出相应的中值, (如 18—25 的中值为 21.5) 把这些中值列入表 2.3.

表 2.3　中值

26.5	25	24	23	27.5	24	24	25
21.5	26.5	20	24	21.5	22	24	24
23	26.5	25	23	21.5	24	22	24
23	22	26.5	26.5	22	22	25	25
21.5	21.5	23.5	25	20.5	21	25.5	24
23.5	26.5	25	26.5	25.5	23	20	23
23	21.5	26.5	24	25	26.5	20.5	26.5
21.5	20	20	20	24	20	20	24
21	26.5	23.5	24	20.5	24	22	24
26.5	24	24	23.5	24	26.5	25	23.5
23	23	21	25	21.5	23.5	19.5	22
23.5	26.5	24	25.5	23	26.5	21.5	25.5
23	21.5	23.5	22	24	22	23	23.5
20	26.5	25	20	25	24	21	23.5
23							

对表 2.3 所示的中值作出频率分布表, 例如出现在 17.75—19.75 岁之中值仅 2 次, 故频率为 2, 再除以 $n=129$ 的相对频率, 如表 2.4 所示.

表 2.4 中值频率数分布

序号	分组	频数	相对频数	累计频率/%
1	17.75—19.75	2	0.0155	1.55
2	19.75—21.75	30	0.2326	24.81
3	21.75—23.75	46	0.3566	60.47
4	23.75—25.75	31	0.2403	84.5
5	25.75—27.75	20	0.1550	100
总频数		129		

根据以上数据, 可画出隶属函数如图 2.1 所示.

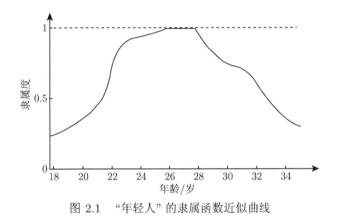

图 2.1 "年轻人"的隶属函数近似曲线

由图 2.1 的隶属曲线可得在 $x_0 = 27$ 岁时, 对应的隶属度 $\mu_{\underset{\sim}{A}}(x_0) = 0.78$.

2.2.4 二元对比排序法

二元对比排序法是在应用模糊集时, 确定模糊集隶属函数的一种常用且较实用的方法. 它根据对多个事物之间的两两相互比较, 来排列在某种属性下事物的顺序, 最终确定在该属性上模糊集隶属函数的大概形态.

虽然人们在开始认识事物时, 往往从二元对比开始, 但这种方法是有缺点的, 例如我们对比张三、李四、王五三人性格好坏时, 经常会出现这种结论:

"张三比李四性格好".

"李四比王五性格好".

而又觉得: "王五的性格比张三好", 出现这种情况的原因主要是其涉及的因素众多, 不能满足所谓的传递性.

二元对比排序法可以根据不同对比测度, 有四种不同的方法, 分别是: 优先关系定序法、相对比较法、相似优先对比法和对比平均法等. 这里只介绍较常用的相对比较法和对比平均法.

设给定论域 U, 对 U 中的元素 $x, y, \cdots$ 需要按某种属性进行排序, 这需要我们在二元对比中建立比较级, 再按一定方法将其转化为总体排序.

设给定一元素对 (x, y), 所谓二元比较级就是指 "数对"$(f_y(x), f_x(y))$ 需满足:

$$0 \leqslant f_y(x) \leqslant 1, \quad 0 \leqslant f_x(y) \leqslant 1$$

其意义为: 在 x 和 y 的两两对比中, 假如 x 满足某种属性的程度定为 $f_y(x)$, 则 y 具有该属性的程度, 则为 $f_x(y)$.

设论域 $U = \{x_1, x_2, x_3, z\}$, 其中 x_1 表示长子, x_2 表示次子, x_3 表示三子, z 表示父亲, 如果仅考虑长子和次子与父亲的相似问题, 则长子相似于父亲的程度为 0.8, 次子相似于父亲的程度为 0.5. 如果仅考虑次子和三子, 则次子相似于父亲的程度为 0.4, 三子相似于父亲的程度为 0.7. 如果仅考虑长子和三子, 则长子相似于父亲的程度为 0.5, 三子为 0.3, 这时建立如下关系是

$$g(x_1, x_1) = 1, \quad g(x_1, x_2) = 0.8, \quad g(x_1, x_3) = 0.5$$

$$g(x_2, x_1) = 0.5, \quad g(x_2, x_2) = 1, \quad g(x_2, x_3) = 0.4$$

$$g(x_3, x_1) = 0.3, \quad g(x_3, x_2) = 0.7, \quad g(x_3, x_3) = 1$$

其中 $g(x_i, x_j) = f_{x_j}(x_i)\,(i, j = 1, 2, 3)$ 表示前述相似程度, 我们把它列为表 2.5.

表 2.5 二元相对比较级

	x_1	x_2	x_3
x_1	1	0.8	0.5
x_2	0.5	1	0.4
x_3	0.3	0.7	1

按照 "谁最像父亲" 之一标准排序, 可得

$$(f_{x_2}(x_1), f_{x_1}(x_2)) = (0.8, 0.5)$$

$$(f_{x_3}(x_2), f_{x_2}(x_3)) = (0.4, 0.7)$$

$$(f_{x_1}(x_3), f_{x_3}(x_1)) = (0.3, 0.5)$$

在上述例子中, 长子 x_1 和次子 x_2 相对比, 假设将长子像父亲的程度定为 0.8, 则次子像父亲的程度就应该为 0.5, 显然, 0.8 与 0.5 并不是他们像父亲的绝对度量, 而是具有相对性.

令 $f(x/y) = \dfrac{f_y(x)}{\max(f_x(y), f_y(x))}$

显然有

$$f(x/y) = \begin{cases} f_y(x)/f_x(y), & f_y(x) \leqslant f_x(y) \\ 1, & f_y(x) > f_x(y) \end{cases}$$

此处 $x, y \in U$. 以 $f(x/y)$ 为元素作成矩阵, 并 $f(x/x)$ 取为 1, 这叫做 "相似矩阵". 对此问题形式如下:

$$\begin{array}{c} \begin{array}{ccc} x_1 & x_2 & x_3 \end{array} \\ \begin{array}{c} x_1 \\ x_2 \\ x_3 \end{array} \begin{pmatrix} 1 & 1 & 1 \\ \dfrac{5}{8} & 1 & \dfrac{4}{7} \\ \dfrac{3}{5} & 1 & 1 \end{pmatrix} \end{array}$$

在相似矩阵中, 每一行取最小值, 按所得数值从大到小排列得

$$1 > \frac{3}{5} > \frac{4}{7}$$

亦即 $1 > 0.6 > 0.57$.

结论是长子最像父亲 (相似度 1), 幼子次之 (相似度 0.6), 次子最不像父亲 (相似度 0.57).

现在再介绍对比平均法, 仍借助前面的表示相似程度 $g(x, y)$ 的符号.

若 $g(x, y) = f_y(x)$, 则 $g(y, x) = f_x(y)$.

这里, 我们可以得出前面所述之 x 与 y 的二元比较级

$$(f_y(x), f_x(y))$$

以下面例子来说明, 设论域 E 是美丽的花的集合, 设

$$E = \{\text{樱花, 菊花, 蒲公英}\}$$

并分别按顺序表示为 x, y, z, 如设樱花的美丽度为 0.8, 菊花的美丽度为 0.7, 则可表示为 $g(x, y) = 0.8, g(y, x) = 0.7$.

如果考虑樱花和蒲公英时, 有

$$g(x, z) = 0.9, \quad g(z, x) = 0.5$$

同理, 考虑菊花和蒲公英时, 有 $g(y, z) = 0.8, g(z, y) = 0.4$.

我们以表 2.6 表示如下.

表 2.6　樱花、菊花、蒲公英的相似程度 $g(x, y)$ 比较

	x	y	z
x	1	0.8	0.9
y	0.7	1	0.8
z	0.5	0.4	1

如果没有任何偏好或特别的个人兴趣, 即权重一样, 则我们可得

樱花对 "美" 的隶属度 $= [g(x, x) + g(x, y) + g(x, z)]/3 = 0.9$

菊花对 "美" 的隶属度 $= [g(y, x) + g(y, y) + g(y, z)]/3 = 0.83$

蒲公英对 "美" 的隶属度 $= [g(z, x) + g(z, y) + g(z, z)]/3 = 0.63$

在以上三式中, 1/3 是权数, $g(x, x), g(x, y), g(x, z)$ 分别是 x 和 y, z 相比的二元比较级, 同样可把 y 和 x, z 相比, z 和 x, y 相比, 这里仍然规定:

$$g(x, x) = g(y, y) = g(z, z) = 1$$

每一种 "花" 和自身相比, 美丽度都为 1.

由此可得, 在权重相等的情况下, 论域 E 上的模糊集 "美丽"$\underset{\sim}{A}$ 为

$$\underset{\sim}{A} = 0.9/\text{樱花} + 0.83/\text{菊花} + 0.63/\text{蒲公英}$$

如果在上例中, 权重不相等, 也就是考虑特殊兴趣或偏爱, 例如给樱花、菊花、蒲公英分别赋权数为 0.1, 0.8, 0.1, 则得

樱花对 "美" 的隶属度 $= 0.1 \times g(x, x) + 0.8 \times g(x, y) + 0.1 \times g(x, z) = 0.83$

菊花对 "美" 的隶属度 $= 0.1 \times g(y, x) + 0.8 \times g(y, y) + 0.1 \times g(y, z) = 0.95$

蒲公英对 "美" 的隶属度 $= 0.1 \times g(z, x) + 0.8 \times g(z, y) + 0.1 \times g(z, z) = 0.47$

这就得到: 论域 E 的模糊集 "美丽"$\underset{\sim}{B}$ 为

$$\underset{\sim}{B} = 0.83/\text{樱花} + 0.95/\text{菊花} + 0.47/\text{蒲公英}$$

菊花在此夺魁的原因, 正是由于偏爱者给它加了很大的权数.

2.2.5　确定隶属函数的原则

本质上, 确定隶属函数的过程是客观的, 但实际上, 现在还没有一个确定隶属函数的客观评定标准. 多数情况下, 往往是先初步设定隶属函数大概形态, 然后通过在实践中 "检验" 和 "学习", 再对隶属函数进行逐步修改和完善, 而实际的应用, 正是检验和调整模糊集隶属函数的根本依据.

模糊统计法是一种常用的确定隶属函数的方法, 此方法需要做大量的重复试验, 工作量比较大.

具体应用时, 可根据模糊事件的特点, 经常选用以下几种常见的模糊分布.

若以实数域 R 为论域, 则隶属函数便称为模糊分布, 这是最重要也是最常见的隶属函数形式. 一般有以下四种类型:

(1) 正态型隶属函数 $\mu(x) = \mathrm{e}^{-\left(\frac{x-a}{b}\right)^2} (b > 0)$.

如图 2.2 所示, 这是最常见的一种分布.

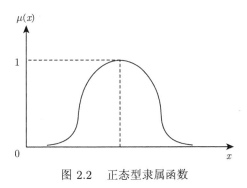

图 2.2　正态型隶属函数

如果以波长 λ 为论域, $U = [4000, 8000]$, 单位: 埃. 则 "红色"、"绿色" 和 "蓝色" 等都是论域 U 上的模糊子集:

$$\text{"红色"}(\lambda) = \mathrm{e}^{-\left(\frac{\lambda - 7000}{600}\right)^2}$$

$$\text{"绿色"}(\lambda) = \mathrm{e}^{-\left(\frac{\lambda - 5400}{300}\right)^2}$$

$$\text{"蓝色"}(\lambda) = \mathrm{e}^{-\left(\frac{\lambda - 4600}{200}\right)^2}$$

(2) 戒上型

$$\mu(x) = \begin{cases} \dfrac{1}{1 + [a(x-c)]^b}, & x > c, \\ 1, & x \leqslant c, \end{cases} \quad a > 0, b > 0$$

特例: $a = \dfrac{1}{5}, b = 2, c = 25$ 时, 即表示 "年轻" 的隶属函数.

(3) 戒下型

$$\mu(x) = \begin{cases} \dfrac{1}{1 + [a(x-c)]^b}, & x > c, \\ 0, & x \leqslant c, \end{cases} \quad a > 0, b < 0$$

特例: $a = \dfrac{1}{5}, b = -2, c = 50$ 时, 即表示 "年老" 的隶属函数.

(4) Γ 型

$$\mu(x) = \begin{cases} 0, & x < 0, \\ \left(\dfrac{x}{\lambda\nu}\right)^{\nu} \mathrm{e}^{\nu - \frac{x}{\lambda}}, & x \geqslant 0, \end{cases} \quad \lambda > 0, \nu > 0$$

当 $\nu - \dfrac{x}{\lambda} = 0$, 即 $x = \lambda\nu$ 时隶属度为 1.

2.3　模糊集的截集及性质

由模糊子集的概念可知, 元素与模糊子集的关系是不确定的. 如果规定: 当 u 对 $\tilde{A}$ 的隶属度不低于水平 $\lambda(\lambda \in [0,1])$ 就算成 $\tilde{A}$ 的成员, 则模糊集合 $\tilde{A}$ 就退化为经典子集 A_λ. 例如, "矮个子" 是个模糊集合, 而 "身高 1.6m 以下的人" 却是经典集合.

在模糊集合与普通集合相互转化中, λ 水平截集是一个很重要的概念, 先看一个实例.

某个小组共有 60 名学生, 显然 "所有数学成绩好的学生" 是一个模糊集合, 记为 $\tilde{A}$. 但是如果规定数学成绩大于 85 分, 即为 "数学成绩好的学生", 则 "所有数学成绩好的学生" 是一经典集合.

这个例子表明, 如果我们对模糊集合给出某种特殊规定, 则可将模糊集合转化成经典集合. 由此引出模糊集合的截集概念.

定义 3.1　设 $\tilde{A} \in F(U)$, 对于任一 $\lambda \in [0,1]$,

(1) $(A)_\lambda = A_\lambda = \{u \mid \mu_{\tilde{A}}(u) \geqslant \lambda, u \in U\}$, 称 A_λ 为 $\tilde{A}$ 的 λ 水平截集, λ 称为水平.

(2) $(A)_{\underline{\lambda}} = A_{\underline{\lambda}} = \{u \mid \mu_{\tilde{A}}(u) > \lambda, u \in U\}$, 称 $A_{\underline{\lambda}}$ 为 $\tilde{A}$ 的 λ 水平强截集.

由定义 3.1 可知, $A_\lambda(A_{\underline{\lambda}})$ 是一经典集合. 因为对于任一元素 $u \in U$, 当 $\mu_{\tilde{A}}(u) \geqslant \lambda(\mu_{\tilde{A}}(u) > \lambda)$ 时, $u \in A_\lambda(u \in A_{\underline{\lambda}})$, 否则 $u \notin A_\lambda(u \notin A_{\underline{\lambda}})$.

性质 3.1　λ 水平截集、λ 水平强截集具有如下性质.

(1) $\tilde{A} \subseteq \tilde{B} \Rightarrow A_\lambda \subseteq B_\lambda, A_{\underline{\lambda}} \subseteq B_{\underline{\lambda}}$,

(2) $(\tilde{A} \cap \tilde{B})_\lambda = A_\lambda \cap B_\lambda, (\tilde{A} \cup \tilde{B})_\lambda = A_\lambda \cup B_\lambda$,

$$(\tilde{A} \cap \tilde{B})_{\underline{\lambda}} = A_{\underline{\lambda}} \cap B_{\underline{\lambda}}; \quad (\tilde{A} \cup \tilde{B})_{\underline{\lambda}} = A_{\underline{\lambda}} \cup B_{\underline{\lambda}}$$

(3) $A_{\underline{\lambda}} \subseteq A_\lambda$;

(4) $\lambda_1 \leqslant \lambda_2 \Rightarrow A_{\lambda_1} \supseteq A_{\lambda_2}, A_{\underline{\lambda_1}} \supseteq A_{\underline{\lambda_2}}$;

(5) $\displaystyle\bigcup_{t\in T} A_\lambda^{(t)} \subseteq \left(\bigcup_{t\in T} A^{(t)}\right)_\lambda$, $\displaystyle\bigcap_{t\in T} A_\lambda^{(t)} = \left(\bigcap_{t\in T} A^{(t)}\right)_\lambda$,

$$\bigcup_{t\in T} A_{\underline\lambda}^{(t)} = \left(\bigcup_{t\in T} A^{(t)}\right)_{\underline\lambda}, \quad \bigcap_{t\in T} A_{\underline\lambda}^{(t)} \supseteq \left(\bigcap_{t\in T} A^{(t)}\right)_{\underline\lambda}$$

其中, T 为指标集.

(6) $\displaystyle A_\alpha = \bigcap_{\beta<\alpha} A_\beta, A_{\underline\alpha} = \bigcup_{\beta>\alpha} A_\beta$;

(7) $A_0 = U, A_{\underline 1} = \varnothing$;

(8) $(A^c)_\alpha = (A_{\underline{1-\alpha}})^c, (A^c)_{\underline\alpha} = (A_{1-\alpha})^c$.

注 3.1 (1) 性质 (5) 和 (7) 是针对隶属函数为连续函数情形, 其中的包含关系不能换成等号. 但是对于有限个模糊子集, 上述包含关系可换成等号. 即

$$\bigcup_{t\in T} A_\lambda^{(t)} = \left(\bigcup_{t\in T} A^{(t)}\right)\lambda, \quad \bigcap_{t\in T} A_{\underline\lambda}^{(t)} = \left(\bigcap_{t\in T} A^{(t)}\right)_{\underline\lambda}$$

(2) A_0 不一定等于 U, $A_{\underline 1}$ 不一定等于 $\varnothing$.

(3) $(A^c)_\lambda \neq (A_{\underline\lambda})^c$.

定义 3.2 设 $\tilde A \in F(U)$, 称 A_0 为 $\tilde A$ 的支撑集, 记作 $\operatorname{Supp}\tilde A$, A_1 为 $\tilde A$ 的核, 记作 $\operatorname{Ker}\tilde A$. 分别表示如下:

$$\operatorname{Supp}\tilde A = \{u\,|\,\mu_{\tilde A}(u) > 0\}$$

$$\operatorname{Ker}\tilde A = \{u\,|\,\mu_{\tilde A}(u) = 1\}$$

另外, 称 $A_0 - A_1$ 为 $\tilde A$ 的边界.

定义 3.3 设 $\tilde A \in F(U)$, $\lambda \in [0,1]$, 若对任一 $u \in U$, 均有 $\mu_{\lambda\tilde A}(u) = \lambda \wedge \mu_{\tilde A}(u)$, 则称 $\lambda\tilde A$ 为数乘模糊集.

根据定义, 显然成立如下性质:

(1) $\lambda_1 \leqslant \lambda_2 \Rightarrow \lambda_1\tilde A \leqslant \lambda_2\tilde A$;

(2) $\tilde A \subseteq \tilde B \Rightarrow \lambda\tilde A \subseteq \lambda\tilde B, \forall\lambda \in [0,1]$;

(3) 若 $\tilde A$ 为经典集合, 则

$$\mu_{\lambda\tilde A}(u) = \lambda \wedge \mu_{\tilde A}(u)$$

定理 3.1(分解定理) 设 $\tilde A \in F(U)$, 则

$$\tilde A = \bigcup_{\lambda\in[0,1]} \lambda A_\lambda, \quad \tilde A = \bigcup_{\lambda\in[0,1]} \lambda A_{\underline\lambda}$$

其中, λA_λ 表示一个模糊子集, 其隶属函数规定为

$$\mu_{\lambda A_\lambda}(u) = \begin{cases} \lambda, & u \in A_\lambda \\ 0, & u \notin A_\lambda \end{cases}$$

证明　因 A_λ 是普通集合, 且其特征函数

$$C_{A_\lambda}(u) = \begin{cases} 1, & A(u) \geqslant \lambda \\ 0, & A(u) < \lambda \end{cases}$$

于是, 对任意 $u \in U$, 有

$$\left(\bigcup_{\lambda \in [0,1]} \lambda A_\lambda \right)(u) = \bigvee_{\lambda \in [0,1]} (\lambda \wedge C_{A_\lambda}(u))$$

$$= \max \left(\bigvee_{\lambda \leqslant A(u)} (\lambda \wedge C_{A_\lambda}(u)), \bigvee_{A(u) < \lambda} (\lambda \wedge C_{A_\lambda}(u)) \right)$$

$$= \max \left(\bigvee_{\lambda \leqslant A(u)} (\lambda \wedge 1), \bigvee_{A(u) < \lambda} (\lambda \wedge 0) \right)$$

$$= \max \left(\bigvee_{\lambda \leqslant A(u)} \lambda, \bigvee_{A(u) < \lambda} 0 \right) = \max(A(u), 0) = \tilde{A}(u)$$

即 $\tilde{A} = \bigcup_{\lambda \in [0,1]} \lambda A_\lambda$.

同理可证 $\tilde{A} = \bigcup_{\lambda \in [0,1]} \lambda A_{\underline{\lambda}}$.

模糊集 λA_λ 的隶属函数

$$(\lambda A_\lambda)(u) = \begin{cases} \lambda, & u \in A_\lambda \\ 0, & u \notin A_\lambda \end{cases}$$

如图 2.3 中的粗线所示.

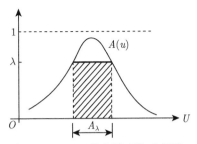

图 2.3 λA_λ 的隶属函数示意图

分解定理反映了模糊集与普通集的相互转化关系.

例如, 设模糊集 $A = \dfrac{0.5}{u_1} + \dfrac{0.6}{u_2} + \dfrac{1}{u_3} + \dfrac{0.7}{u_4} + \dfrac{0.3}{u_5}$, 取 λ 截集, 得到

$$A_1 = \{u_3\}$$

$$A_{0.7} = \{u_3, u_4\}$$

$$A_{0.6} = \{u_2, u_3, u_4\}$$

$$A_{0.5} = \{u_1, u_2, u_3, u_4\}$$

$$A_{0.3} = \{u_1, u_2, u_3, u_4, u_5\}$$

将 λ 截集写成模糊集的形式, 例如

$$A_{0.7} = \frac{1}{u_3} + \frac{1}{u_4}$$

于是按数乘模糊集的定义, 得

$$1A_1 = \frac{1}{u_3}$$

$$0.7A_{0.7} = \frac{0.7}{u_3} + \frac{0.7}{u_4}$$

$$0.6A_{0.6} = \frac{0.6}{u_2} + \frac{0.6}{u_3} + \frac{0.6}{u_4}$$

$$0.5A_{0.5} = \frac{0.5}{u_1} + \frac{0.5}{u_2} + \frac{0.5}{u_3} + \frac{0.5}{u_4}$$

$$0.3A_{0.3} = \frac{0.3}{u_1} + \frac{0.3}{u_2} + \frac{0.3}{u_3} + \frac{0.3}{u_4} + \frac{0.3}{u_5}$$

应用分解定理 (定理 3.1) 构成原来的模糊集

$$\tilde{A} = \bigcup_{\lambda \in [0,1]} \lambda A_\lambda = 1A_1 \cup 0.7A_{0.7} \cup 0.6A_{0.6} \cup 0.5A_{0.5} \cup 0.3A_{0.3}$$

$$= \frac{1}{u_3} \cup \left(\frac{0.7}{u_3} + \frac{0.7}{u_4} \right) \cup \left(\frac{0.6}{u_2} + \frac{0.6}{u_3} + \frac{0.6}{u_4} \right) \cup \left(\frac{0.5}{u_1} + \frac{0.5}{u_2} + \frac{0.5}{u_3} + \frac{0.5}{u_4} \right)$$

$$\cup \left(\frac{0.3}{u_1} + \frac{0.3}{u_2} + \frac{0.3}{u_3} + \frac{0.3}{u_4} + \frac{0.3}{u_5} \right)$$

$$= \frac{0.3 \vee 0.5}{u_1} + \frac{0.3 \vee 0.5 \vee 0.6}{u_2} + \frac{0.3 \vee 0.5 \vee 0.6 \vee 0.7 \vee 1}{u_3}$$

$$+ \frac{0.3 \vee 0.5 \vee 0.6 \vee 0.7}{u_4} + \frac{0.3}{u_5}$$

$$= \frac{0.5}{u_1} + \frac{0.6}{u_2} + \frac{1}{u_3} + \frac{0.7}{u_4} + \frac{0.3}{u_5}$$

分解定理的直观表示如图 2.4 所示.

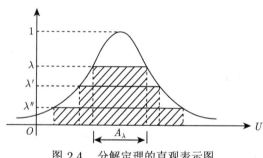

图 2.4　分解定理的直观表示图

图 2.4 中给出了三个不同水平的 λ, λ', λ'' 的 $(\lambda A_\lambda)(u)$ 的图形, 由图可见, 当 λ 取遍 $[0, 1]$ 时, $\forall u \in U$, $A(u)$ 的值就是含有元素 u 的一切 A_λ 中最大的 λ 值. 因此, 分解定理给出了用普通集 A_λ 表示模糊集合 $\tilde{A}$ 的方法, 是对模糊集合研究的一个有力工具.

推论 1　已知模糊集 A 的各 λ 截集为 A_λ, $\lambda \in [0,1]$, 则 $\forall u \in U$, 有

$$\tilde{A}(u) = \sup\{\lambda | u \in A_\lambda\} = \bigvee_{u \in A_\lambda} \lambda$$

例 3.1　设 $U = \{u_1, u_2, u_3, u_4, u_5\}$,

$$A_\lambda = \begin{cases} \{u_1,u_2,u_3,u_4,u_5\}, & 0 \leqslant \lambda \leqslant 0.2 \\ \{u_1,u_2,u_3,u_5\}, & 0.2 < \lambda \leqslant 0.5 \\ \{u_1,u_3,u_5\}, & 0.5 < \lambda \leqslant 0.6 \\ \{u_1,u_3\}, & 0.6 < \lambda \leqslant 0.7 \\ \{u_3\}, & 0.7 < \lambda \leqslant 1 \end{cases}$$

试求出模糊集 $\tilde{A}$.

解 由于含有元素 u_1 的一切 A_λ 中, 最大的 λ 值为 0.7, 所以 $A(u_1) = 0.7$; 含有元素 u_2 的一切 A_λ 中, 最大的 λ 值为 0.5, 所以 $A(u_2) = 0.5$; 类似可得 $A(u_3) = 1, A(u_4) = 0.2, A(u_5) = 0.6$, 于是模糊集 $\tilde{A}$ 可表示为 $\tilde{A} = \dfrac{0.7}{u_1} + \dfrac{0.5}{u_2} + \dfrac{1}{u_3} + \dfrac{0.2}{u_4} + \dfrac{0.6}{u_5}$.

例 3.2 设论域 $U=[0,5]$, $A \in F(U)$, 且 $\forall \lambda \in [0,1]$, 有

$$A_\lambda = \begin{cases} [0,5], & \lambda = 0 \\ [3\lambda,5], & 0 < \lambda \leqslant \dfrac{2}{3} \\ [3,5], & \dfrac{2}{3} < \lambda \leqslant 1 \end{cases}$$

求 $\tilde{A}$.

解 按推论 1, $A(x) = \bigvee\limits_{x \in A_\lambda} \lambda$, 得

当 $0 \leqslant x \leqslant 5$ 时, $A(x) = \bigvee\limits_{\lambda=0} \lambda = 0$;

当 $x = 3\lambda$, 即 $0 < x \leqslant 2$ 时, $A(x) = \bigvee\limits_{\lambda=\frac{x}{3}} \lambda = \dfrac{x}{3}$;

当 $2 \leqslant x \leqslant 3$ 时, $A(x) = \bigvee\limits_{0<\lambda\leqslant\frac{2}{3}} \lambda = \dfrac{2}{3}$;

当 $3 \leqslant x \leqslant 5$ 时, $A(x) = \bigvee\limits_{\frac{2}{3}<\lambda\leqslant 1} \lambda = 1$.

于是

$$A(x) = \begin{cases} 0, & x = 0 \\ \dfrac{x}{3}, & 0 < x \leqslant 2 \\ \dfrac{2}{3}, & 2 < x \leqslant 3 \\ 1, & 3 < x \leqslant 5 \end{cases}$$

推论 2　$\forall u \in U, A(u) = \sup\{\lambda | u \in A_\lambda\} = \bigvee\limits_{u \in A_\lambda} \lambda.$

例 3.3　设 $U = \{u_1, u_2, u_3, u_4, u_5\}$，模糊集的强截集为

$$A_\lambda = \begin{cases} (1,1,1,1,1), & 0 \leqslant \lambda < 0.2 \\ (1,0,1,1,1), & 0.2 \leqslant \lambda < 0.5 \\ (1,0,1,1,0), & 0.5 \leqslant \lambda < 0.7 \\ (0,0,1,0,0), & 0.7 \leqslant \lambda < 1 \end{cases}$$

求出模糊集 A.

解　根据 $A(u) = \sup\{\lambda | u \in A_\lambda\}$，并注意到 A_λ 是按模糊集的形式给出，不难知道，含 u_1 的一切 A_λ 中，λ 没有最大值 (因为 $A(u_1) > \lambda$)，上确界是 0.7，所以 $A(u_1) = 0.7$. 类似可得 $A(u_2) = 0.2, A(u_3) = 1, A(u_4) = 0.7, A(u_5) = 0.5$，于是得

$$A = \frac{0.7}{u_1} + \frac{0.2}{u_2} + \frac{1}{u_3} + \frac{0.7}{u_4} + \frac{0.5}{u_5}$$

扩展原理是模糊数学上的一个重要定理，经典实数的很多运算可以通过扩展原理扩展为模糊数的运算.

定理 3.2(扩展原理)　设 X, Y 为经典集合，映射 $f : X \to Y$ 可以诱导一个 $F(X)$ 到 $F(Y)$ 的映射

$$f : F(X) \to F(Y), \quad \tilde{A} \to f\left(\tilde{A}\right)$$

以及 $F(Y)$ 到 $F(X)$ 的映射

$$f^{-1} : F(Y) \to F(X), \quad \tilde{B} \to f^{-1}\left(\tilde{B}\right)$$

其中 $f(\tilde{A}), f^{-1}\left(\tilde{B}\right)$ 的隶属函数分别定义如下.

$$\mu_{f(\tilde{A})}(y) = \begin{cases} \bigvee\limits_{x \in f^{-1}(y), y = f(x)} \mu_{\tilde{A}}(x), & f^{-1}(y) \neq \varnothing \\ 0, & f^{-1}(y) = \varnothing \end{cases}$$

$$\mu_{f^{-1}(\tilde{B})}(x) = \mu_{\tilde{B}}(f(x))$$

以上两个映射又称为扩展映射.

2.4 模糊集的集合套定理与表现定理

本节主要介绍表现定理, 它是模糊集三个基本定理 (分解定理、表现定理和扩展原理) 之一, 它以代数观点给出了用普通集表示模糊集的方法, 并且提出了在同构意义下的等价类, 这有助于更深刻地认识模糊集的本质.

由分解定理可见, 集合族 $\{H(\lambda)|\lambda \in [0,1]\}$ 随 λ 而一个套一个地变化, 即成为集合套, 于是有以下定义.

定义 4.1 若集值映射 $H : [0,1] \to p(U)$ 满足 $\forall \lambda_1, \lambda_2 \in [0,1]$,

$$\lambda_1 < \lambda_2 \Rightarrow H(\lambda_1) \supseteq H(\lambda_2)$$

则称 H 为 U 上的集合套.

U 上所有集合套构成的集合, 记作 $u(U)$.

例 4.1 设 $A \in f(U), \forall \lambda \in [0,1]$, 令

$$H_1(\lambda) = A_{\underline{\lambda}} = \{u|u \in U, A(u) > \lambda\}$$

$$H_2(\lambda) = A_\lambda = \{u|u \in U, A(u) \geqslant \lambda\}$$

$$H_3(\lambda)\text{满足条件 } A_{\underline{\lambda}} \subseteq H_3(\lambda) \subseteq A_\lambda$$

$A_{\underline{\lambda}}$, A_λ 都是集合套; 同样 $H_3(\lambda)$ 也是集合套, 因此, $H_i(\lambda) \in u(U), i = 1, 2, 3$.

例 4.2 设 $U = \{u_1, u_2, u_3, u_4, u_5\}$, 则 U 上的集值映射 H_1 和 H_2 为

$$H_1(\lambda) = \begin{cases} (1,1,1,1,1), & 0 \leqslant \lambda < 0.2 \\ (1,0,1,1,1), & 0.2 \leqslant \lambda < 0.5 \\ (1,0,1,1,0), & 0.5 \leqslant \lambda < 0.6 \\ (0,0,0,1,0), & 0.6 \leqslant \lambda < 0.8 \\ (0,0,0,0,0), & 0.8 \leqslant \lambda < 1 \end{cases}$$

$$H_2(\lambda) = \begin{cases} (1,1,1,1,1), & 0 \leqslant \lambda < 0.4 \\ (1,0,1,1,1), & 0.4 \leqslant \lambda < 0.5 \\ (1,1,1,1,0), & 0.5 \leqslant \lambda < 0.6 \\ (1,1,1,0,0), & 0.6 \leqslant \lambda < 0.8 \\ (0,1,0,1,0,0), & 0.8 \leqslant \lambda \leqslant 1 \end{cases}$$

判断 H_1 和 H_2 哪一个是集合套.

利用普通集合的表示法, $H_1(\lambda)$ 中各集合可记为

$$
H_1(\lambda) = \begin{cases}
\{u_1, u_2, u_3, u_4, u_5\}, & 0 \leqslant \lambda < 0.2 \\
\{u_1, u_3, u_4, u_5\}, & 0.2 \leqslant \lambda < 0.5 \\
\{u_1, u_3, u_4\}, & 0.5 \leqslant \lambda < 0.6 \\
\{u_4\}, & 0.6 \leqslant \lambda < 0.8 \\
\varnothing, & 0.8 \leqslant \lambda < 1
\end{cases}
$$

随着 λ 值的增加, 集合一个包含一个, 故 $H_1(\lambda)$ 是集合套; 类似地, 不难看出, $H_2(\lambda)$ 不是集合套.

注意: 集合套 H 不是模糊集, 也不是普通集, 只是当 λ 取确定值时, $H(\lambda)$ 才成为普通集, 因此, 对集合套作如下规定.

定义 4.2　在 $u(U)$ 中, 规定运算 "并"、"交" 和 "补" 如下:

并: $(H_1 \cup H_2)(\lambda) \triangleq H_1(\lambda) \cup H_2(\lambda)$,

$$
\left(\bigcup_{t \in T} H_t \right)(\lambda) \triangleq \bigcup_{t \in T} H_t(\lambda)
$$

交: $(H_1 \cap H_2)(\lambda) \triangleq H_1(\lambda) \cap H_2(\lambda)$,

$$
\left(\bigcup_{t \in T} H_t \right)(\lambda) \triangleq \bigcup_{t \in T} H_t(\lambda)
$$

补: $H^c(\lambda) \triangleq (H(1 - \lambda))^c$

易见, 集合套经过并、交、补运算, 仍是集合套, 由于集合套的 $\cup, \cap$ 运算只是对每个 λ 值计算普通集合的 $\cup, \cap$ 运算, 因此普通集合关于 $\cup, \cap$ 运算的性质, 在 $(u(U), \cup, \cap)$ 中仍保持.

分解定理说明, 一个模糊集可以由它自己分解出的集合套来表示, 那么, 任给一个集合套能否表示一个模糊集呢? 表现定理给出了肯定的回答.

定理 4.1(表现定理 I)　设 $H \in u(U)$, 则 $\bigcup\limits_{\lambda \in [0,1]} \lambda H(\lambda)$ 是 U 上一个模糊集, 记作 A, 并且 $\forall \alpha, \lambda \in [0,1]$, 有

(1) $A_\lambda = \bigcap\limits_{\alpha < \lambda} H(\alpha), \lambda \neq 0$;

(2) $A_\lambda = \bigcup\limits_{\alpha > \lambda} H(\alpha), \lambda \neq 1$.

证明 按数与集合乘积定义, $\forall \lambda \in [0,1], H(\lambda) \in f(U)$, 则 $\lambda H(\lambda) \in f(U)$, 故 $\bigcup\limits_{\lambda \in [0,1]} \lambda H(\lambda) \in f(U)$, 记

$$A = \bigcup\limits_{\lambda \in [0,1]} \lambda H(\lambda)$$

按分解定理, 若满足条件 $A_{\underline{\lambda}} \subseteq H(\lambda) \subseteq A_\lambda$, 便可得 (1) 和 (2), 下面证明此条件成立, $\forall \lambda \in [0,1]$, 有

$$u \in A_\lambda \Rightarrow A(u) > \lambda \Rightarrow \left(\bigcup\limits_{\alpha \in [0,1]} \alpha H(\alpha) \right)(u) > \lambda$$

$$\Rightarrow \bigvee\limits_{\alpha \in [0,1]} \alpha \wedge H(\alpha)(u) > \lambda$$

$$\Rightarrow \exists \lambda_0 \in [0,1], \ 使得 \lambda_0 \wedge H(\lambda_0)(u) > \lambda$$

$$\Rightarrow \lambda_0 > \lambda \ 且 \ H(\lambda_0)(u) = 1$$

$$\Rightarrow u \in H(\lambda_0) \subseteq H(\lambda)(\lambda \neq 1)$$

$$u \in (H)_\lambda \Rightarrow H(\lambda)(u) = 1$$

$$\Rightarrow \bigvee\limits_{\alpha \in [0,1]} \alpha \wedge H(\alpha)(u) \geqslant \lambda \wedge H(\lambda)(u) = \lambda$$

$$\Rightarrow A(u) \geqslant \lambda \Rightarrow u \in A_\lambda$$

因此, 条件 $A_{\underline{\lambda}} \subseteq H(\lambda) \subseteq A_\lambda$ 成立.

推论 设 $H \in u(U)$, 记

$$A = \bigcup\limits_{\lambda \in [0,1]} \lambda H(\lambda)$$

则

(1) $\forall \lambda \in [0,1], A_{\underline{\lambda}} \subseteq H(\lambda) \subseteq A_\lambda$;

(2) $A(u) = \sup\{\lambda | u \in H(\lambda), \lambda \in [0,1]\} = \bigvee\limits_{u \in H(\lambda)} \lambda$;

表现定理为构造模糊集提供了方便, 这对于从事理论研究和实际应用都有重要意义.

例 4.3 设论域 $X = [-1,1]$, 集合套为

$$H(\lambda) = [\lambda - 1, 1 - \lambda], \quad \lambda \in [0,1]$$

求由 H 所得模糊集 A 的隶属函数.

解　由推论 (2), $A(x) = \bigvee\limits_{x \in H(\lambda)} \lambda, \quad \lambda \in [0,1],$

当 $-1 \leqslant x \leqslant 0$, 即 $x = \lambda - 1$ 时,

$$A(x) = \bigvee\limits_{\lambda = x+1} \lambda = x + 1$$

当 $0 < x \leqslant 1$, 即 $x = 1 - \lambda$ 时,

$$A(x) = \bigvee\limits_{\lambda = 1-x} \lambda = 1 - x$$

所以 $A(x) = \begin{cases} x + 1, & -1 \leqslant x \leqslant 0, \\ 1 - x, & 0 < x \leqslant 1. \end{cases}$

2.5　模糊数及其运算

2.5.1　模糊数的概念

定义 5.1　设 X 是欧氏空间, $\tilde{A} \in F(X)$

(1) 若 $\forall \lambda \in (0,1]$, A_λ 是 X 的 (经典) 凸子集, (即若 $x_1, x_2 \in A_\lambda$, $k \in [0,1]$, 有 $kx_1 + (1-k)x_2 \in A_\lambda$), 则称 $\tilde{A}$ 为凸模糊集.

(2) 若 $\forall \lambda \in (0,1]$, A_λ 是 X 的闭子集, (即若 A_λ 内序列 $\{x_k\}$ 收敛于 x, 有 $x \in A_\lambda$). 则称 $\tilde{A}$ 为闭模糊集.

(3) 若 $\tilde{A}$ 既是闭的又是凸的模糊集, 则称 $\tilde{A}$ 为闭凸模糊集.

定义 5.2　设 $\tilde{A}$ 是实数集 R 上的模糊集, 即 $\tilde{A} \in F(R)$. 如果 $\tilde{A}$ 是正规的 (即存在 $x \in R$ 有 $\tilde{A}(x) = 1$), 且对任意 $\lambda \in (0,1]$. A_λ 是闭区间, 则称 A 是一个模糊数.

实数域上模糊数的全体记为 $F(R)$, 若模糊数 $\tilde{A}$ 的支集 $\mathrm{Supp}\tilde{A}$ 有界, 则称 $\tilde{A}$ 为有界模糊数.

命题 5.1　设 X 是欧氏空间, $\tilde{A} \in F(X)$, 则 $\tilde{A}$ 是凸模糊集的充要条件是 $\forall x_1, x_2 \in X, \forall k \in [0,1]$, 有

$$\tilde{A}(kx_1 + (1-k)x_2) \geqslant \tilde{A}(x_1) \wedge \tilde{A}(x_2) \tag{5.1}$$

证明　先证充分性. 为此, 需 $\forall k \in [0,1]$, 证明 $\tilde{A}$ 是 X 的凸子集. 对 $\forall \lambda \in [0,1]$, 若 $\tilde{A} = \varnothing$ 或 A_λ 为单元集, A_λ 显然为凸子集. 若 $\tilde{A} \neq \varnothing$ 且不为单元集, $\forall x_1, x_2 \in A_\lambda$, 则 $\tilde{A}(x_1) \wedge \tilde{A}(x_2) \geqslant \lambda$. 于是 $\forall k \in [0,1]$, 由条件 (5.1), 有

$$\tilde{A}(kx_1 + (1-k)x_2) \geqslant \tilde{A}(x_1) \wedge \tilde{A}(x_2) \geqslant \lambda$$

所以 $kx_1 + (1-k)x_2 \in A_\lambda$. 从而 $\tilde{A}$ 是 X 的凸子集.

再证必要性. 设 $\forall \lambda \in (0,1]$, $\tilde{A}$ 是 X 的凸子集. 若 $\forall x_1, x_2 \in X$, 令 $\lambda_0 = \tilde{A}(x_1) \wedge \tilde{A}(x_2)$, (不妨设 $\lambda_0 = 0$). 则 $x_1 \in A_{\lambda_0}$, 且 $x_2 \in A_{\lambda_0}$. 由于 A_{λ_0} 是凸的, 所以

$$kx_1 + (1-k)x_2 \in A_{\lambda_0} \quad (k \in [0,1])$$

于是 $\tilde{A}(kx_1 + (1-k)x_2) \geqslant \lambda_0 = \tilde{A}(x_1) \wedge \tilde{A}(x_2)$, 从而 (5.1) 式成立.

将模糊集的扩展原理应用于模糊数集合上, 可得到模糊数的运算.

定义 5.3 设 $\tilde{A}, \tilde{B} \in \tilde{R}$, $*$ 是 R 上的二元运算, 其扩展运算 $*$ 为

$$(\tilde{A} * \tilde{B})(z) = \sup_{x*y=z} \min[\tilde{A}(x), \tilde{B}(y)]$$

分别称 $\tilde{A} \oplus \tilde{B}, \tilde{A} \sim \tilde{B}, \tilde{A} \otimes \tilde{B}$ 为 $\tilde{A}$ 与 $\tilde{B}$ 的扩张加法、扩张减法和扩张乘法.

定义 5.4[11] 若模糊数 $\tilde{A}$ 的隶属函数为

$$\tilde{A}(x) = \begin{cases} \dfrac{x-a}{b-a}, & a \leqslant x \leqslant b \\[2mm] \dfrac{c-x}{c-b}, & b < x \leqslant c \\[2mm] 0, & \text{其他} \end{cases} \tag{5.2}$$

称 $\tilde{A}$ 为三角模糊数, 表示为 (a, b, c). 由三角模糊数全体构成的集合记为 $\tilde{R}_T$.

命题 5.2 设 $\tilde{\alpha} = (l, m, r), \tilde{\beta} = (l', m', r') \in \tilde{R}_T, k \in R$, 则

(1) $k \otimes \tilde{\alpha} = \begin{cases} (kl, km, kr) & k \geqslant 0, \\ (kr, km, kl) & k < 0; \end{cases}$

(2) $\tilde{\alpha} \oplus \tilde{\beta} = (l + l', m + m', r + r')$;

(3) $\tilde{\alpha} \odot \tilde{\beta} = (l - r', m - m', r - l')$.

2.5.2 模糊数间的距离

定义 5.5 设 $\tilde{A}, \tilde{B} \in \tilde{R}$, 作 α_k-水平截集, 分别记作 $A^l_{\alpha_k}, A^r_{\alpha_k}$ 和 $B_{\alpha_k} = [B^l_{\alpha_k}, B^r_{\alpha_k}], k = 0, 1, \cdots, m-1; m \in N$, 则 $\tilde{A}$ 与 $\tilde{B}$ 间的距离为

$$D(\tilde{A}, \tilde{B}) = \sqrt{\frac{1}{2m} \sum_{k=0}^{m-1} [(A^l_{\alpha_k} - B^l_{\alpha_k})^2 + (A^r_{\alpha_k} - B^r_{\alpha_k})^2]} \tag{5.3}$$

容易验证, (5.3) 式定义的模糊数的距离 $D(\tilde{A}, \tilde{B})$ 满足: 非负性、对称性, 且满足三角不等式, 所以 $(\tilde{R}, D)$ 是距离空间.

命题 5.3　设 $\tilde{A}, \tilde{B}, \tilde{C} \in \tilde{R}$，距离 D 有如下性质：

(1) 若 $\tilde{A} \subseteq \tilde{B} \subseteq \tilde{C}$，则 $D(\tilde{A}, \tilde{C}) \geqslant \max[D(\tilde{A}, \tilde{B}), D(\tilde{B}, \tilde{C})]$.

(2) 若 $D(\tilde{A}, \tilde{B}) < \varepsilon$，则 $|D(\tilde{A}, \tilde{C}) - D(\tilde{B}, \tilde{C})| < \varepsilon, \varepsilon > 0$.

(3) $D(\tilde{A} + \tilde{C}, \tilde{B} + \tilde{C}) = D(\tilde{A}, \tilde{B})$.

2.6　可能性测度

在经典集合理论中，任何元素与集合 A 的关系是确定的：或者属于集合 A，或者不属于集合 A. 但是，在实际问题中，这种隶属关系并不是十分明确的. 例如，"高个子"、"相似"、"著名"、"大数"、"满意" 和 "大约等于 10" 等. 经典集合论不能表示或处理这种情形. 为了处理这类问题，我们首先引入模糊集的概念.

如今，模糊集理论已经得到快速的发展，以模糊集理论为基础的模糊技术已成功应用到许多领域. 模糊变量是 Kaufmann[8] 首先提出的概念，对此概念，已有许多学者进行了研究，如 Zadeh[1,9-11] 和 Nahmias[12]. 可能性理论由 Zadeh[9] 提出，其后如 Dubois 和 Prade[13,14] 等许多学者对其发展起了非常关键的作用. Liu[16] 以可能性理论为基础，发展了一套类似于概率论的公理系统，这便是 "可信性理论".

本章重点介绍模糊变量、模糊运算、可能性测度、可能性空间、必要性测度、可信性测度. 这些概念和结论是研究模糊数据包络分析的重要理论工具.

2.6.1　可能性的公理化定义

在模糊数学的可信性集理论中，用可能性测度 $\text{Pos}\{A\}$ 来描述事件 A 发生可能性大小. 为了确保可能性测度 $\text{Pos}\{A\}$ 的合理性，它需要满足数学中一些基本的公理系统，主要需满足 4 条公理. 设 X 为非空集合，$P(X)$ 为 X 上子集的全体.

公理 1　$\text{Pos}\{\varnothing\}=0$.

公理 2　$\text{Pos}\{X\}=1$.

公理 3　对于任意 $P(X)$ 中的子集 $\{A_i\}$，$\text{Pos}\left(\bigcup_i A_i\right) = \sup_i\{\text{Pos}(A_i)\}$.

公理 4　设 X_i 是非空集合，定义在 X_i 上的可能性测度为 $\text{Pos}_i\{\}, i = 1, 2, \cdots, n$，满足以上三条公理，并且 $X = X_1 \times X_2 \times \cdots \times X_n$，则对于任何 $A \in P(X)$，

$$\text{Pos}\{A\}= \sup_{(\theta_1,\theta_2,\cdots,\theta_n)\in A} \{\text{Pos}_1\{X_1\} \wedge \text{Pos}_2\{X_2\} \wedge \cdots \wedge \text{Pos}_n\{X_n\}\} \tag{6.1}$$

记作 $\text{Pos} = \text{Pos}_1 \cap \text{Pos}_2 \cap \cdots \cap \text{Pos}_n$.

在定义可能性测度过程中, Nahmias[12] 提出了前三条公理. 在给出乘积空间上乘积可能性测度定义时, Liu[16] 提出了第四条公理, 同时证明了 $\text{Pos} = \text{Pos}_1 \cap \text{Pos}_2 \cap \cdots \cap \text{Pos}_n$ 满足前面三条公理. 可信性理论是建立在这四条公理基础上的.

定义 6.1 设 X 为非空集合, $P(X)$ 是 X 上的幂集. $P(X)$ 上的集函数 Pos, 如果满足公理 1、公理 2 和公理 3, 则称 Pos 为 X 上的可能性测度.

定义 6.2 设 X 为非空集合, $P(X)$ 是 X 上的幂集. 若 Pos 是 X 上的可能性测度, 则称三元组 $(X, P(X), \text{Pos})$ 为可能性空间.

定理 6.1 $(X, P(X), \text{Pos})$ 是一个可能性空间, 我们有

(i) 对于 $\forall A \in P(X), 0 \leqslant \text{Pos}\{A\} \leqslant 1$;

(ii) 如果 $\forall A \subset B$, 则有 $\text{Pos}\{A\} \leqslant \text{Pos}\{B\}$;

(iii) 对于 $\forall A, B \in P(X), \text{Pos}\{A \cup B\} \leqslant \text{Pos}\{A\} + \text{Pos}\{B\}$ (次可加性).

证明 (i) 由 $X = A \cup A^c$ 可知 $\text{Pos}\{A\} \vee \text{Pos}\{A^c\} = \text{Pos}\{X\} = 1$, 从而 $\text{Pos}\{A\} \leqslant 1$. 另一方面, 由 $A = A \cup \varnothing$ 可知 $\text{Pos}\{A\} \vee 0 = \text{Pos}\{A\}$, 从而 $\text{Pos}\{A\} \geqslant 0$. 因此, 对于 $A \in P(X), 0 \leqslant \text{Pos}\{A\} \leqslant 1$.

(ii) 如果 $A \subset B$, 则存在集合 C 满足 $B = A \cup C$. 由 $\text{Pos}\{A\} \vee \text{Pos}\{C\} = \text{Pos}\{B\}$ 可知 $\text{Pos}\{A\} \leqslant \text{Pos}\{B\}$.

(iii) $\text{Pos}\{A \cup B\} = \text{Pos}\{A\} \vee \text{Pos}\{B\} \leqslant \text{Pos}\{A\} + \text{Pos}\{B\}$. 定理完毕.

定理 6.2 假设 $(X_i, P(X_i), \text{Pos}_i), i = 1, 2, \cdots, n$ 是可能性空间. 如果 $X = X_1 \times X_2 \times \cdots \times X_n$, $\text{Pos} = \text{Pos}_1 \wedge \text{Pos}_2 \wedge \cdots \wedge \text{Pos}_n$, 那么集函数 Pos 是 $P(X)$ 上的可能性测度, 并且 $(X, P(X), \text{Pos})$ 是一个可能性空间.

证明 只需证明 Pos 满足前三条公理. 易知, $\text{Pos}\{\varnothing\} = 0$, $\text{Pos}\{X\} = 1$. 其次, 对于 $P(X)$ 中的任何集合 $\{A_i\}$,

$$\text{Pos}\left\{\bigcup_i A_i\right\} = \sup_{(\theta_1, \theta_2, \cdots, \theta_n) \in \bigcup_i A_i} \text{Pos}_1\{\theta_1\} \wedge \text{Pos}_2\{\theta_2\} \wedge \cdots \wedge \text{Pos}_n\{\theta_n\}$$

$$= \sup_i \sup_{(\theta_1, \theta_2, \cdots, \theta_n) \in A_i} \text{Pos}_1\{\theta_1\} \wedge \text{Pos}_2\{\theta_2\} \wedge \cdots \wedge \text{Pos}_n\{\theta_n\}$$

$$= \sup_i \{\text{Pos}\{A_i\}\}.$$

因此, 由定义 6.2, 集函数 Pos 是可能性测度, $(X, P(X), \text{Pos})$ 是一个可能性空间. 定理完毕.

定义 6.3(Liu[16]) 假设 $(X_i, P(X_i), \text{Pos}_i), i = 1, 2, \cdots, n$ 是可能性空间. 如果 $X = X_1 \times X_2 \times \cdots \times X_n$, $\text{Pos} = \text{Pos}_1 \wedge \text{Pos}_2 \wedge \cdots \wedge \text{Pos}_n$, 那么 $(X, P(X), \text{Pos})$ 称为 $(X_i, P(X_i), \text{Pos}_i), i = 1, 2, \cdots, n$ 的乘积可能性空间.

集合 A 的必要性测度定义为：对立集合 A^c 的不可能性.

定义 6.4　设 $(X, P(X), \mathrm{Pos})$ 为可能性空间, A 是幂集 $P(X)$ 中的一个元素, 则

$$\mathrm{Nec}\{A\} = 1 - \mathrm{Pos}\{A^c\} \tag{6.2}$$

称为事件 A 的必要性测度.

定理 6.3　假设 $(X, P(X), \mathrm{Pos})$ 是一个可能性空间. 我们有

(i) $\mathrm{Nec}\{X\} = 1$;

(ii) $\mathrm{Nec}\{\varnothing\} = 0$;

(iii) 如果 $\mathrm{Pos}\{A\} < 1$, 则有 $\mathrm{Nec}\{A\} = 0$;

(iv) 如果 $A \subset B$, 则有 $\mathrm{Nec}\{A\} \leqslant \mathrm{Nec}\{B\}$;

(v) 对于任何 $A \in P(X)$, $\mathrm{Nec}\{A\} + \mathrm{Pos}\{A^c\} = 1$.

证明　由必要性的定义, 易证结论成立. 定理完毕.

必要性测度 Nec 不满足次可加性. 设 $X = \{X_1, X_2\}$, 如果 $\mathrm{Pos}\{X_1\} = 1$, $\mathrm{Pos}\{X_2\} = 0.8$, 则有 $\mathrm{Nec}\{X_1\} + \mathrm{Nec}\{X_2\} = (1 - 0.8) + 0 < 1 = \mathrm{Nec}\{X_1, X_2\}$.

一个事件 A 的可信性定义为可能性和必要性的平均值.

定义 6.5(Liu B 和 Liu Y K[17])　设 $(X, P(X), \mathrm{Pos})$ 为可能性空间, A 是幂集 $P(X)$ 中的一个元素, 则

$$\mathrm{Cr}\{A\} = \frac{1}{2}(\mathrm{Pos}\{A\} + \mathrm{Nec}\{A\}) \tag{6.3}$$

称为事件 A 的可信性测度.

注 6.1　当事件的必要性测度为 0 时, 该事件也可能成立. 同样, 当一个模糊事件的可能性为 1 时, 该事件未必成立. 但是, 若可信性为 0, 则必不成立. 反之, 若该事件的可能性为 1, 则必然成立. 有很多证据表明, 在模糊集理论中扮演概率测度的是可信性测度, 而非可能性测度.

定理 6.4　设 $(X, P(X), \mathrm{Pos})$ 是可能性空间, A 是幂集 $P(X)$ 中的一个元素, 我们有

$$\mathrm{Pos}\{A\} \geqslant \mathrm{Cr}\{A\} \geqslant \mathrm{Nec}\{A\} \tag{6.4}$$

证明　首先, 我们证明 $\mathrm{Pos}\{A\} \geqslant \mathrm{Nec}\{A\}$. 如果 $\mathrm{Pos}\{A\} = 1$, 显然有 $\mathrm{Pos}\{A\} \geqslant \mathrm{Nec}\{A\}$. 否则, 必有 $\mathrm{Pos}\{A^c\} = 1$, 从而 $\mathrm{Nec}\{A\} = 1 - \mathrm{Pos}\{A^c\} = 0$. 不等式 $\mathrm{Pos}\{A\} \geqslant \mathrm{Nec}\{A\}$ 成立.

定理 6.5　假设 $(X, P(X), \mathrm{Pos})$ 是可能性空间, 我们有

(i) $\mathrm{Cr}\{X\} = 1$;

(ii) $\mathrm{Cr}\{\varnothing\} = 0$;

(iii) 如果 $A \subset B$, 则有 $\mathrm{Cr}\{A\} \leqslant \mathrm{Cr}\{B\}$;

(iv) Cr 是自对偶的, 也就是, 对于任何的 $A \in P(X)$, $\mathrm{Cr}\{A\} + \mathrm{Cr}\{A^c\} = 1$;

(v) Cr 是次可加性的, 即对于任何 $A, B \in P(X)$, $\mathrm{Cr}\{A \cup B\} \leqslant \mathrm{Cr}\{A\} + \mathrm{Cr}\{B\}$.

证明 显然, 命题 (i)、(ii)、(iii) 和 (iv) 可以由定义 6.5 直接得到. 下面, 我们分 4 种情形证明命题 (v) 成立.

情形 1 当 $\mathrm{Pos}\{A\}=1$ 和 $\mathrm{Pos}\{B\}=1$ 时,

$$\mathrm{Cr}\{A\} + \mathrm{Cr}\{B\} \geqslant \frac{1}{2} + \frac{1}{2} = 1 \geqslant \mathrm{Cr}\{A \cup B\}$$

情形 2 当 $\mathrm{Pos}\{B\}<1$, $\mathrm{Pos}\{A\}<1$ 时, $\mathrm{Pos}\{B \cup A\} = \mathrm{Pos}\{B\} \vee \mathrm{Pos}\{A\} < 1$. 从而

$$\mathrm{Cr}\{B\} + \mathrm{Cr}\{A\} = \frac{1}{2}\mathrm{Pos}\{B\} + \frac{1}{2}\mathrm{Pos}\{A\}$$

$$\geqslant \frac{1}{2}(\mathrm{Pos}\{B\} \vee \mathrm{Pos}\{A\})$$

$$= \frac{1}{2}\mathrm{Pos}\{B \cup A\}$$

$$= \mathrm{Cr}\{B \cup A\}$$

情形 3 当 $\mathrm{Pos}\{A\}=1$ 和 $\mathrm{Pos}\{B\}<1$ 时, $\mathrm{Pos}\{A \cup B\} = \mathrm{Pos}\{A\} \vee \mathrm{Pos}\{B\} = 1$. 从而

$$\mathrm{Pos}\{A^c\} = \mathrm{Pos}\{A^c \cap B\} \vee \mathrm{Pos}\{A^c \cap B^c\}$$

$$\leqslant \mathrm{Pos}\{A^c \cap B\} + \mathrm{Pos}\{A^c \cap B^c\}$$

$$\leqslant \mathrm{Pos}\{B\} + \mathrm{Pos}\{A^c \cap B^c\}$$

利用这个不等式, 我们有

$$\mathrm{Cr}\{A\} + \mathrm{Cr}\{B\} = 1 - \frac{1}{2}\mathrm{Pos}\{A^c\} + \frac{1}{2}\mathrm{Pos}\{B\}$$

$$\geqslant 1 - \frac{1}{2}\left(\mathrm{Pos}\{B\} + \mathrm{Pos}\{A^c \cap B^c\} + \frac{1}{2}\mathrm{Pos}\{B\}\right)$$

$$= 1 - \frac{1}{2}\mathrm{Pos}\{A^c \cap B^c\}$$

$$= \mathrm{Cr}\{A \vee B\}$$

情形 4　当 $\mathrm{Pos}\{A\}<1$ 和 $\mathrm{Pos}\{B\}=1$ 时, 与情形 3 的证明一样可证.

通常来说, 可信性测度既不是下半连续的, 也不是上半连续的. 但是对于可信性测度我们有如下四个半连续性法则.

定理 6.6(Liu[16] 可信性半连续性法则)　假设 $(X,P(X),\mathrm{Pos})$ 是可能性空间, 并且 $A_1,A_2,\cdots,A\in P(X)$. 我们有

$$\lim_{i\to\infty}\mathrm{Cr}\{A_i\}=\mathrm{Cr}\{A\}\tag{6.5}$$

只要以下任何一个条件成立.

(i) $\mathrm{Cr}\{A\}\leqslant 0.5, A_i\uparrow A;$

(ii) $\lim\limits_{i\to\infty}\mathrm{Cr}\{A_i\}<0.5, A_i\uparrow A;$

(iii) $\mathrm{Cr}\{A\}\geqslant 0.5, A_i\downarrow A;$

(iv) $\lim\limits_{i\to\infty}\mathrm{Cr}\{A_i\}>0.5, A_i\downarrow A.$

证明　(i) 如果 $\mathrm{Cr}\{A\}\leqslant 0.5$, 那么对于任何 i 有 $\mathrm{Cr}\{A_i\}\leqslant 0.5$, 从而 $\mathrm{Cr}\{A\}=\dfrac{\mathrm{Pos}\{A\}}{2}$ 和 $\mathrm{Cr}\{A_i\}=\dfrac{\mathrm{Pos}\{A_i\}}{2}$, 根据可能性测度的下半连续性定理, 我们有 $\mathrm{Cr}\{A_i\}\to\mathrm{Cr}\{A\}$.

(ii) 因为 $\lim\limits_{i\to\infty}\mathrm{Cr}\{A_i\}<0.5$, 对于任何 i 有 $\mathrm{Cr}\{A_i\}<0.5$, 从而 $\mathrm{Pos}\{A_i\}=2\mathrm{Cr}\{A_i\}$, 并且

$$\mathrm{Pos}\{A\}=\mathrm{Pos}\left\{\bigcup_{i=1}^{\infty}A_i\right\}=\lim_{i\to\infty}\mathrm{Pos}\{A_i\}=\lim_{i\to\infty}2\mathrm{Cr}\{A_i\}<1$$

这说明 $\mathrm{Cr}\{A_i\}<0.5$. 由 (i) 可知当 $i\to\infty$ 时, $\mathrm{Cr}\{A_i\}\to\mathrm{Cr}\{A\}$.

(iii) 因为 $\mathrm{Cr}\{A\}\geqslant 0.5, A_i\downarrow A$, 根据可信性测度的自对偶性, 我们有 $\mathrm{Cr}\{A^c\}\leqslant 0.5$ 和 $A_i^c\uparrow A^c$. 当 $i\to\infty$ 时, $\mathrm{Cr}\{A_i\}=1-\mathrm{Cr}\{A_i^c\}\to 1-\mathrm{Cr}\{A^c\}=\mathrm{Cr}\{A\}$.

(iv) 因为 $\lim\limits_{i\to\infty}\mathrm{Cr}\{A_i\}>0.5, A_i\downarrow A$, 根据可信性测度的自对偶性, 我们有

$$\lim_{i\to\infty}\mathrm{Cr}\{A_i^c\}=\lim_{i\to\infty}(1-\mathrm{Cr}\{A_i\})<0.5$$

和 $A_i^c\uparrow A^c$. 当 $i\to\infty$ 时, $\mathrm{Cr}\{A_i\}=1-\mathrm{Cr}\{A_i^c\}\to 1-\mathrm{Cr}\{A^c\}=\mathrm{Cr}\{A\}$. 定理完毕.

2.6.2　模糊变量

定义 6.6　如果 ξ 是从可能性空间 $(X,P(X),\mathrm{Pos})$ 到直线 R 上的函数, 则称 ξ 是一个模糊变量.

定义 6.7　设 ξ 为可能性空间 $(X,P(X),\mathrm{Pos})$ 上的模糊变量. 我们称

$$\xi_\alpha = \{\xi(x) | x \in X, \text{Pos}\{x\} \geqslant \alpha\} \tag{6.6}$$

是 ξ 的 α 水平集, 而集合 $\{\xi(x) | x \in X, \text{Pos}\{x\} > 0\}$ 称为 ξ 的支持.

定义 6.8 如果 ξ 是由可能性空间 $(X, P(X), \text{Pos})$ 到 n 维欧氏空间上的函数, 则 ξ 称为 X 上的模糊向量.

定义 6.9 设 ξ 是可能性空间 $(X, P(X), \text{Pos})$ 上的模糊变量. 它的隶属函数可由可能性测度 Pos 表示, 即

$$\mu(t) = \text{Pos}\{x \in X | \xi(x) = t\}, t \in R. \tag{6.7}$$

注 6.2 如果 $\xi = (\xi_1, \xi_2, \cdots, \xi_n)$ 是可能性空间 $(X, P(X), \text{Pos})$ 上的模糊向量, 则它的联合隶属函数由可能性测度 Pos 导出, 即

$$\mu(t) = \text{Pos}\{x \in X | \xi(x) = t\}, \quad t \in R^n$$

例 6.1 梯形模糊变量由清晰数构成的一个四元组 $(r_1, r_2, r_3, r_4), r_1 < r_2 \leqslant r_3 < r_4$ 表示, 其隶属函数为

$$\mu(x) = \begin{cases} \dfrac{x - r_1}{r_2 - r_1}, & r_1 \leqslant x \leqslant r_2 \\ 1, & r_2 \leqslant x \leqslant r_3 \\ \dfrac{x - r_4}{r_3 - r_4}, & r_3 \leqslant x \leqslant r_4 \\ 0, & 其他 \end{cases}$$

当 $r_2 = r_3$ 时, 梯形模糊变量退化为一个三角模糊变量, 记作 (r_1, r_2, r_4). 下面, 主要考察梯形模糊变量 $\xi = (r_1, r_2, r_3, r_4)$. 由可能性、必要性以及可信性的定义, 我们容易推出

$$\text{Pos}\{\xi \leqslant 0\} = \begin{cases} 1, & 若 r_2 \leqslant 0 \\ \dfrac{r_1}{r_1 - r_2}, & 若 r_1 \leqslant 0 \leqslant r_2 \\ 0, & 其他 \end{cases} \tag{6.8}$$

$$\text{Nec}\{\xi \leqslant 0\} = \begin{cases} 1, & r_4 \leqslant 0 \\ \dfrac{r_3}{r_3 - r_4}, & r_3 \leqslant 0 \leqslant r_4 \\ 0, & 其他 \end{cases} \tag{6.9}$$

$$\mathrm{Cr}\left\{\xi \leqslant 0\right\} = \begin{cases} 1, & r_4 \leqslant 0 \\ \dfrac{2r_3 - r_4}{2\left(r_3 - r_4\right)}, & r_3 \leqslant 0 \leqslant r_4 \\ \dfrac{1}{2}, & r_2 \leqslant 0 \leqslant r_3 \\ \dfrac{r_1}{2\left(r_1 - r_2\right)}, & r_1 \leqslant 0 \leqslant r_2 \\ 0, & 其他 \end{cases} \tag{6.10}$$

定理 6.7(Liu[16])　设 $\xi = (r_1, r_2, r_3, r_4)$ 为一梯形模糊变量, 则对任意给定的置信水平 $a, 0 < a \leqslant 1$, 有

(i) 若 $a \leqslant 1/2$, $\mathrm{Cr}\{\xi \leqslant 0\} \geqslant a$ 当且仅当 $(1 - 2a)r_1 + 2ar_2 \leqslant 0$;

(ii) 若 $a > 1/2$, $\mathrm{Cr}\{\xi \leqslant 0\} \geqslant a$ 当且仅当 $(2 - 2a)r_3 + (2a - 1)r_4 \leqslant 0$;

证明　(i) 若 $a \leqslant 1/2$, $\mathrm{Cr}\{\xi \leqslant 0\} \geqslant a$, 则有 $r_2 \leqslant 0 \leqslant r_3$ 或 $r_1/2(r_1 - r_2) \geqslant a$.

当 $r_2 \leqslant 0 \leqslant r_3$ 时, 既然 $a \leqslant 1/2$, 从而 $(1 - 2a)r_1 + 2ar_2 \leqslant 0$. 当 $r_1/2(r_1 - r_2) \geqslant a$ 时, 因 $r_1 < r_2$, 同样有 $(1 - 2a)r_1 + 2ar_2 \leqslant 0$. 反之, 若 $r_2 \leqslant 0$. 则 $\mathrm{Cr}\{\xi \leqslant 0\} \geqslant 1/2 \geqslant a$. 若 $(1 - 2a)r_1 + 2ar_2 \leqslant 0$, 则 $r_1/2(r_1 - r_2) \geqslant a$. 这样, $\mathrm{Cr}\{\xi \leqslant 0\} \geqslant a$.

(ii) 若 $a > 1/2$, $\mathrm{Cr}\{\xi \leqslant 0\} \geqslant a$, 则有 $r_4 \leqslant 0$ 或 $(2r_3 - r_4)/2(r_3 - r_4) \geqslant a$. 容易证明 $(2 - 2a)r_3 + (2a - 1)r_4 \leqslant 0$. 反之, 若 $r_4 \leqslant 0$, 则 $\mathrm{Cr}\{\xi \leqslant 0\} = 1 \geqslant a$. 若 $(2 - 2a)r_3 + (2a - 1)r_4 \leqslant 0$, 则同样有 $(2r_3 - r_4)/2(r_3 - r_4) \geqslant a$. 这样, $\mathrm{Cr}\{\xi \leqslant 0\} \geqslant a$. 定理证毕.

参 考 文 献

[1] Zadeh L A. The concept of a linguistic variable and its application to approximate reasoning[J]. Inform. Sci., 1975(8): 199-244, 301-357.

[2] Zadeh L A. Fuzzy sets as a basis for a theory of possibility [J]. Fuzzy Sets and Systems, 1978(1): 3-28.

[3] Bertoluzza C, Corral N, Salas A. On a new class ofdistances between fuzzy numbers[J]. Mathware SoftComput, 1995(2): 71-78.

[4] Diamond P. Fuzzy least square[J]. Information Control, 1988(46): 141-152.

[5] 曾文艺. Fuzzy 数的 Fuzzy 度量空间 [J]. 北京师范大学学报, 1999, 35(2): 162-166.

[6] 汪培庄, 韩立岩. 应用模糊数学 [M]. 北京：北京经济学院出版社, 1989.

[7] 胡宝清. 模糊理论基础 [M]. 武汉：武汉大学出版社, 2004.

[8] Kaufmann A. Introduction to The Theory of Fuzzy Subsets[M]. New York-London: Academic Press, 1975.

[9] Zadeh L A. Fuzzy sets as a basis for a theory of possibility[J]. Fuzzy Sets and Systems, 1978, 1: 3-28.

[10] Zadeh L A. Fuzzy sets[J]. Information and Control, 1965, 8: 338-353.

[11] Zadeh L A. A theory of approximate reasoning[J], Machine Intelligence. 1979, 19: 149-194.

[12] Nahmias S. Fuzzy variables[J]. Fuzzy Sets and Systems, 1978, 1(2): 97-110.

[13] Dubois D, Prade H. Possibility theory: an approach to computerized processing of uncertainty[J]. Plenum, New York, 1988.

[14] Dubois D, Prade H. Fuzzy Numbers[J]. Fuzzy Sets and Systems, 1987, 24(3): 259-262.

[15] Dubois D, Prade H M. Fuzzy Sets and Systems: Theory and Applications[M]. New York: Academic Press, 1980.

[16] Liu B. Theory and Practice of Uncertain Programming[M]. 2nd ed. Berlin: SpringerVerlag, 2009.

[17] Liu B, Liu Y K. Expected value of fuzzy variable and fuzzy expected value models[J]. IEEE Transactions on Fuzzy Systems, 2002, 10(4): 445-450.

第 3 章　数据融合工具

数据融合是将多信息源的数据和信息加以联合、相关及组合, 以完成进行决策和评估任务所做的信息处理技术. 数据融合工具和方法有很多, 对于经典实数数据, 我们主要介绍变量相互独立的线性融合工具——线性回归分析, 对于变量非相互独立, 即变量之间具有交互作用的数据, 我们给出新的基于 Choquet 积分的非线性回归分析. 针对带有模糊性的模糊数据源, 主要给出三种模糊数据的数据融合工具: 模糊线性回归、基于支持向量机的模糊非线性回归和基于模糊 Choquet 积分的模糊非线性回归.

3.1　线性累积算子——线性回归

回归分析和相关分析是数据融合常用的两种工具, 是进行变量之间关系研究时常用的一种统计方法, 两种分析方法在实际应用中常常互相结合和交叉使用. 回归分析主要用于研究自变量与因变量之间数量的变化规律, 是利用某种数学关系式, 去描述因变量与自变量之间的关系, 并通过回归关系式确定自变量的变化对因变量的影响程度; 而相关分析则是衡量变量之间的关系密切程度的一种方法, 主要的度量工具是相关系数.

一般来说, 回归分析主要考虑如下三个方面的问题.

(1) 依据统计分析所得的样本数据, 给出因变量、自变量之间的数学关系式.

(2) 运用概率统计方法, 统计检验上述数学关系式的可信度, 给出对因变量影响较为显著、不显著的自变量.

(3) 在数学关系式中, 可以依据自变量的数值来预测或控制因变量的取值, 此外, 还能给出因变量预测或控制的精确度.

回归分析主要包括以下几种类型, 依据变量的个数, 回归分析可分为一元线性回归分析、多元线性回归分析; 依据变量的类型和变量之间的相关关系, 可将回归分析分为如下类型: 非线性回归分析、时间序列的曲线估计、曲线估计和逻辑回归分析等.

3.1.1　线性累积工具——多元线性回归分析

一元线性回归分析是分析某一事物 (自变量) 是怎样影响另一事物 (因变量) 的方法, 是在一定的假设条件下进行的分析. 然而在实际生产实践生活中, 事物

(因变量) 总是会受到其他许多事物 (多个自变量) 的影响, 因此, 在很多情况下, 一元线性回归分析是不够用的, 还需要对因变量与多个自变量之间的关系进行研究, 即需要探讨多因素之间的相关关系.

所谓多元线性回归分析, 是指以多个变量线性相关为条件, 研究两个及以上 (包括两个) 自变量影响一个因变量数量变化关系的方法, 其中数量变化关系的数学公式, 称为多元线性回归模型.

多元线性回归分析是基于一元线性回归分析的基础上发展而来的, 与一元线性回归分析的基本方法相类似, 但与之相比, 多元线性回归分析的计算更复杂一些.

假设 y 为一个可观测随机变量, y 与 n 个独立的非随机因素 $x_1, x_2, \cdots, x_p$ 和随机因素 ε 有关系, 设 y 与变量 $x_1, x_2, \cdots, x_p$ 有如下线性关系:

$$y = \beta_0 + \beta_1 x_1 + \cdots + \beta_p x_p + \varepsilon \tag{1.1}$$

其中 $\beta_0, \beta_1, \cdots, \beta_p$ 为 $p+1$ 个未知的参数, ε 为不可测的随机误差, 一般假定 $\varepsilon \sim N(0, \sigma^2)$. (1.1) 式称为多元线性回归模型. y 称为被解释变量 (因变量), $x_i(i = 1, 2, \cdots, p)$ 称为解释变量 (自变量).

显然

$$E(y) = \beta_0 + \beta_1 x_1 + \cdots + \beta_p x_p \tag{1.2}$$

其中, $E(y)$ 表示随机变量 y 的数学期望, 称 (1.2) 式为回归方程.

在实际应用中, 要建立多元回归方程, 首先要对回归方程中的未知参数 β_0, $\beta_1, \cdots, \beta_n$ 进行估计, 即需要对样本进行 n 次独立观测 (试验), 可以得到 n 组样本数据 $(x_{i1}, x_{i2}, \cdots, x_{in}; y_i)$, $i = 1, 2, \cdots, n$, 它们满足 (1.1) 式, 即有

$$\begin{cases} y_1 = \beta_0 + \beta_1 x_{11} + \beta_2 x_{12} + \cdots + \beta_p x_{1p} + \varepsilon_1 \\ y_2 = \beta_0 + \beta_1 x_{21} + \beta_2 x_{22} + \cdots + \beta_p x_{2p} + \varepsilon_2 \\ \qquad\qquad \cdots\cdots\cdots \\ y_n = \beta_0 + \beta_1 x_{n1} + \beta_2 x_{n2} + \cdots + \beta_p x_{np} + \varepsilon_n \end{cases} \tag{1.3}$$

其中, $\varepsilon_1, \varepsilon_2, \cdots, \varepsilon_n$ 相互独立且都服从 $N(0, \sigma^2)$.

(1.3) 式的矩阵形式为

$$Y = X\beta + \varepsilon \tag{1.4}$$

这里, $Y = (y_1, y_2, \cdots, y_n)^{\mathrm{T}}$, $\beta = (\beta_0, \beta_1, \cdots, \beta_p)^{\mathrm{T}}$, $\varepsilon = (\varepsilon_1, \varepsilon_2, \cdots, \varepsilon_n)^{\mathrm{T}}$, $\varepsilon \sim N_n(0, \sigma^2 I_n)$, I_n 表示 n 阶单位矩阵.

$$X = \begin{bmatrix} 1 & x_{11} & x_{12} & \cdots & x_{1p} \\ 1 & x_{21} & x_{22} & \cdots & x_{2p} \\ \vdots & \vdots & \vdots & & \vdots \\ 1 & x_{n1} & x_{n2} & \cdots & x_{np} \end{bmatrix}$$

矩阵 X 称为 $n \times (p+1)$ 阶设计矩阵或资料矩阵, 并假定 X 为列满秩矩阵, 即 $\mathrm{rank}(X) = p+1$.

根据多元正态分布的性质, Y 也服从 n 维正态分布, Y 的数学期望向量为 $X\beta$, Y 的协方差和方差阵均为 $\sigma^2 I_n$, 即 $Y \sim N_n(X\beta, \sigma^2 I_n)$.

3.1.2   多元线性回归模型参数估计的最小二乘法

与一元线性回归类似, 我们依然用最小二乘法估计多元线性回归方程中的未知参数 $\beta_0, \beta_1, \cdots, \beta_p$, 即我们根据误差平方和最小的原则, 选择 $\beta = (\beta_0, \beta_1, \cdots, \beta_p)^{\mathrm{T}}$, 即使

$$Q(\beta) \triangleq \sum_{i=1}^n \varepsilon_i^2 = (Y - X\beta)^{\mathrm{T}}(Y - X\beta)$$
$$= \sum_{i=1}^n (y_i - \beta_0 - \beta_1 x_{i1} - \beta_2 x_{i2} - \cdots - \beta_p x_{ip})^2$$

达到最小. 这里, $Q(\beta)$ 为关于 $\beta_0, \beta_1, \cdots, \beta_p$ 的非负二次函数, 由微积分极值理论, 它必定存在最小值, 且有

$$\begin{cases} \dfrac{\partial Q(\hat{\beta})}{\partial \beta_0} = -2\sum_{i=1}^n (y_i - \hat{\beta}_0 - \hat{\beta}_1 x_{i1} - \hat{\beta}_2 x_{i2} - \cdots - \hat{\beta}_p x_{ip}) = 0 \\ \dfrac{\partial Q(\hat{\beta})}{\partial \beta_1} = -2\sum_{i=1}^n (y_i - \hat{\beta}_0 - \hat{\beta}_1 x_{i1} - \hat{\beta}_2 x_{i2} - \cdots - \hat{\beta}_p x_{ip})x_{i1} = 0 \\ \qquad\qquad \cdots\cdots\cdots \\ \dfrac{\partial Q(\hat{\beta})}{\partial \beta_k} = -2\sum_{i=1}^n (y_i - \hat{\beta}_0 - \hat{\beta}_1 x_{i1} - \hat{\beta}_2 x_{i2} - \cdots - \hat{\beta}_p x_{ip})x_{ik} = 0 \\ \qquad\qquad \cdots\cdots\cdots \\ \dfrac{\partial Q(\hat{\beta})}{\partial \beta_p} = -2\sum_{i=1}^n (y_i - \hat{\beta}_0 - \hat{\beta}_1 x_{i1} - \hat{\beta}_2 x_{i2} - \cdots - \hat{\beta}_p x_{ip})x_{ip} = 0 \end{cases}$$

这里 $\hat{\beta}_i (i = 0, 1, \cdots, p)$ 是 $\beta_i (i = 0, 1, \cdots, p)$ 的最小二乘估计. 利用上述非负二次函数 $Q(\beta)$ 依次求关于未知参数变量的偏导, 并给出了正规方程组, 其矩阵表示

形式为

$$X^{\mathrm{T}}(Y - X\hat{\beta}) = 0$$

移项得

$$X^{\mathrm{T}}X\hat{\beta} = X^{\mathrm{T}}Y \tag{1.5}$$

方程组 (1.5) 称为正规方程组.

依据假设 $R(X) = p + 1$, 因此 $R(X^{\mathrm{T}}X) = R(X) = p + 1$, 故 $(X^{\mathrm{T}}X)^{-1}$ 存在. 解正规方程组 (1.5) 得

$$\hat{\beta} = (X^{\mathrm{T}}X)^{-1}X^{\mathrm{T}}Y \tag{1.6}$$

称 $\hat{y} = \hat{\beta}_0 + \hat{\beta}_1 x_1 + \hat{\beta}_2 x_2 + \cdots + \hat{\beta}_p x_p$ 为经验回归方程.

3.1.3 数据的中心化和标准化

在进行多元线性回归分析时, 考虑到涉及的诸多自变量量纲的不同, 为多元回归方程分析带来了一定难度. 因此, 在做多元线性回归之前, 常常先对数据做中心化和标准化处理, 再利用中心化标准化后的数据建立回归方程[1-3].

数据的中心化方法具体为: 记 $\bar{x}_j$, $\bar{y}$ 为各个自变量与因变量的样本中心值, 令

$$\bar{x}_{ij} = x_{ij} - \bar{x}_j, \quad i = 1, 2, \cdots, n; \quad j = 1, 2, \cdots, p, \quad y_i' = y_i - \bar{y}, \quad i = 1, 2, \cdots, n$$

假如没有中心化处理之前的数据建立的多元回归方程为

$$\hat{y} = \hat{\beta}_0 + \hat{\beta}_1 x_1 + \hat{\beta}_2 x_2 + \cdots + \hat{\beta}_p x_p \tag{1.7}$$

则利用中心化处理的数据建立的回归方程为

$$\hat{y}' = \hat{\beta}_0 + \hat{\beta}_1 x_1' + \hat{\beta}_2 x_2' + \cdots + \hat{\beta}_p x_p' \tag{1.8}$$

其原因是, 数据的中心化处理就是将坐标原点移至了样本中心, 也就是说仅仅做了一下坐标平移, 坐标平移并不改变直线的斜率, 而只是改变截距.

数据的标准化处理方法如下:

$$x_{ij}^* = \frac{x_{ij} - \bar{x}_j}{\sqrt{\sum\limits_{i=1}^{n} (x_{ij} - \bar{x}_j)^2}}, \quad i = 1, 2, \cdots, n; \quad j = 1, 2, \cdots, p$$

$$y_i^* = \frac{y_i - \bar{y}}{\sqrt{\sum\limits_{i=1}^{n} (y_i - \bar{y})^2}}, \quad i = 1, 2, \cdots, n$$

标准化的数据建立的回归方程记为

$$\hat{y}^* = \hat{\beta}_1^* x_1^* + \hat{\beta}_2^* x_2^* + \cdots + \hat{\beta}_p^* x_p^* \tag{1.9}$$

容易验证方程 (1.9) 与 (1.6) 的系数之间存在关系式:

$$\hat{\beta}_j^* = \frac{\sqrt{\sum\limits_{i=1}^{n}\left(x_{ij} - \bar{x}_j\right)^2}}{\sqrt{\sum\limits_{i=1}^{n}\left(y_i - \bar{y}\right)^2}} \cdot \hat{\beta}_j, \quad j = 1, 2, \cdots, p$$

例 1.1　为了估计某养猪场猪的毛重, 测得 14 头猪的体重 y(kg), 体长 x_1(cm)、胸围 x_2(cm), 数据见表 3.1, 试构建 y 与 x_1 及 x_2 的预测回归方程.

表 3.1　养猪场猪的数据

序号	体长 x_1	胸围 x_2	体重 y
1	51	62	41
2	45	58	39
3	59	62	43
4	52	71	44
5	69	71	51
6	62	74	50
7	80	84	66
8	72	74	57
9	92	94	76
10	78	79	63
11	90	85	70
12	103	95	81
13	98	91	80
14	41	49	28

计算可得

$$\bar{x}_1 = 70.86, \quad \bar{x}_2 = 74.93, \quad \bar{y} = 56.36, \quad n = 14$$

$$s_{11} = \sum_{k=1}^{14}\left(x_{k1} - \bar{x}_1\right)^2 = 5251.7, \quad s_{12} = s_{21} = \sum_{k=1}^{14}\left(x_{k1} - \bar{x}_1\right)\left(x_{k2} - \bar{x}_2\right) = 3499.9$$

$$s_{22} = \sum_{k=1}^{14}\left(x_{k2} - \bar{x}_2\right)^2 = 2550.9$$

$$s_{1y} = \sum_{k=1}^{14}\left(x_{k1} - \bar{x}_1\right)\left(y_k - \bar{y}\right) = 4401.1, \quad s_{2y} = \sum_{k=1}^{14}\left(x_{k2} - \bar{x}_2\right)\left(y_k - \bar{y}\right) = 3036.6$$

则得正规方程组为 $\begin{cases} 5251.7b_1 + 3499.9b_2 = 4401.1, \\ 3499.9b_1 + 2550.9b_2 = 3036.6. \end{cases}$

方程组的解为 $b_1 = 0.5221, b_2 = 0.4741, b_0 = \bar{y} - b_1\bar{x}_1 - b_2\bar{x}_2 = -16.011$. 因此得预测回归方程：$\hat{y} = -16.011 + 0.5221x_1 + 0.4741x_2$.

3.2 模糊数据的线性累积工具——模糊线性回归分析

在研究很多复杂系统时, 因为系统自身的模糊性以及外界环境的影响, 系统的投入或者产出数据常常难以用精确数字给出. 如何处理及分析这类不精确的数据越来越受到人们的重视, 而模糊回归分析是解决这类问题的有力工具. 所谓模糊线性回归分析, 是指运用一定的模糊统计方法去确定两种及以上 (包括两种) 模糊变量之间相互依赖的定量关系的一种统计分析方法.

模糊回归分析是分析模糊系统的因变量与自变量之间关系的一种实用工具, 它已广泛应用于经济与金融、社会科学领域以及工程科学上. 1982 年, Tanaka 等 [4] 提出第一个模糊线性回归模型, 研究了经典自变量和模糊因变量的关系, 其模糊回归模型的目标函数为模糊回归系数的边宽度总和最小的带约束条件的线性规划模型, 称此模糊回归模型为可能性方法. 其后, Tanaka 等 [5-7] 改进了该方法; Phil 等 [8] 给出了基于模糊数距离的模糊回归系数估计的最小二乘法, 此方法常常被称为最小二乘方法; Chang 等 [9] 研究了混合回归分析模型, 它利用最小二乘拟合准则和加权模糊算术, 对模糊回归系数进行最小二乘估计; Xu 等 [10] 给出了正态模糊回归系数的最小二乘估计; D'Urso 等 [11] 对 LR 型模糊回归系数利用最小二乘法进行了估计; 因为模糊数往往可以用梯形模糊数来逼近 [12-14], 文献 [15-16] 采用的可能性方法对梯形模糊数的模糊回归模型进行了研究.

国内外学者对模糊线性回归理论和应用做了大量研究 [17], 并且已经在许多方面显示出其应用潜力 [18-21]. 模糊回归分析主要包括模糊线性回归分析和模糊非线性回归分析. 依照变量来划分, 又分为因变量为模糊数, 自变量为实数的模糊回归分析和因变量和自变量均为模糊数的模糊回归分析. 下面重点介绍模糊线性回归分析方法, 主要包括：基于模糊最小二乘法的模糊线性回归分析 [22], 基于模糊支持向量机的模糊线性回归分析 [23].

以下介绍基于最小二乘法的多元线性回归模型及其参数估计.

3.2.1 基于模糊最小二乘法的模糊多元线性回归模型

本部分主要参考卢佩、陆秋君 [22] 的工作.

考虑自变量和因变量皆为模糊的线性回归模型, 即

$$\hat{\tilde{Y}}_i = b_0 + b_1\tilde{X}_{i1} + b_2\tilde{X}_{i2} + \cdots + b_p\tilde{X}_{ip} \quad (i = 1, 2, \cdots, n) \qquad (2.1)$$

其中, $\hat{\tilde{Y}}_i, \tilde{X}_{ij}(1 \leqslant j \leqslant p) \in \tilde{R}, \hat{\tilde{Y}}_i$ 是因变量的估计值, $b_0, b_1, \cdots, b_p$ 为回归系数, 考虑到自变量 $\tilde{X}_{ij}$ 可能退化为经典的数值变量的特殊情况, 在进行回归分析时, 引

入了模糊调整项 $\tilde{\delta} \in \tilde{R}$ 的概念, 其线性回归模型为

$$\hat{\tilde{Y}}_i = b_0 + b_1 \tilde{X}_{i1} + b_2 \tilde{X}_{i2} + \cdots + b_p \tilde{X}_{ip} + \tilde{\delta} \quad (i = 1, 2, \cdots, n) \tag{2.2}$$

对 $\hat{\tilde{Y}}_i, \tilde{X}_{ij}$ 及 $\tilde{\delta}$ 取 α-水平截集, 记作 $(Y_i)_\alpha, (X_{ij})_\alpha$ 和 $(\delta)_\alpha$:

$$(Y_i)_\alpha = \left[(Y_i)_\alpha^l, (Y_i)_\alpha^r \right] = \left[\min\left\{ y_i \mid \tilde{Y}(y_i) \geqslant \alpha \right\}, \max\left\{ y_i \mid \tilde{Y}(y_i) \geqslant \alpha \right\} \right] \tag{2.3}$$

$$(x_{ij})_\alpha = \left[\left(\hat{X}_{ij} \right)_\alpha^l, \left(\hat{X}_{ij} \right)_\alpha^r \right]$$
$$= \left[\min\left\{ x_{ij} \mid \tilde{X}(x_{ij}) \geqslant \alpha \right\}, \max\left\{ x_{ij} \mid \tilde{X}(x_{ij}) \geqslant \alpha \right\} \right] \tag{2.4}$$

$$(\delta)_\alpha = \left[(\delta)_\alpha^l, (\delta)_\alpha^r \right] = \left[\min\{ \delta \mid \tilde{\delta}(\delta) \geqslant \alpha \}, \max\{ \delta \mid \tilde{\delta}(\delta) \geqslant \alpha \} \right] \tag{2.5}$$

因此在 α_k-水平截集下, 模型 (2.2) 转化为两个传统回归模型:

$$\begin{cases} \left(\hat{Y}_i \right)_{\alpha_k}^l = b_0 + b_1 (X_{i1})_{\alpha_k}^l + b_2 (X_{i2})_{\alpha_k}^l + \cdots + b_p (X_{ip})_{\alpha_k}^l + (\tilde{\delta})_{\alpha_k}^l \\ \left(\hat{Y}_i \right)_{\alpha_k}^r = b_0 + b_1 (X_{i1})_{\alpha_k}^r + b_2 (X_{i2})_{\alpha_k}^r + \cdots + b_p (X_{ip})_{\alpha_k}^r + (\tilde{\delta})_{\alpha_k}^r \end{cases} \tag{2.6}$$

注意到 $b_j(j = 1, 2, \cdots, p)$ 的符号会影响到截集区间左、右端点的选择, 所以取

$$\begin{cases} (X_{ij})_\alpha^l = (X_{ij})_\alpha^l, \quad (X_{ij})_\alpha^r = (X_{ij})_\alpha^r \quad (b_j \geqslant 0) \\ (X_{ij})_\alpha^l = (X_{ij})_\alpha^r, \quad (X_{ij})_\alpha^r = (X_{ij})_\alpha^l \quad (b_j < 0) \end{cases} \tag{2.7}$$

3.2.2   模糊线性回归模型的参数估计

为简单起见, 以下均假设模糊数为三角模糊数. 根据模糊数之间距离 D 的定义, 模糊因变量中观测值与估计值之间的均方误差可表示为

$$E = \sum_{i=1}^n D^2(\tilde{Y}_i, \hat{\tilde{Y}}_i) = \frac{1}{2m} \sum_{i=1}^n \sum_{k=1}^{m-1} [((\hat{y})_{\alpha_k}^l - (Y_i)_{\alpha_k}^l)^2 + ((\hat{Y}_i)_{\alpha_k}^r - (Y_i)_{\alpha_k}^r)^2] \tag{2.8}$$

将 (2.6) 式代入 (2.8) 式得

$$E = \frac{1}{2m} \sum_{i=1}^n \sum_{k=0}^{m-1} \left[\left(b_0 + b_1 (X_{i1})_{\alpha_k}^l + \cdots + b_p (X_{ip})_{\alpha_k}^l + (\delta)_{\alpha_k}^l - (Y_i)_{\alpha_k}^l \right)^2 \right.$$
$$\left. + \left(b_0 + b_1 (X_{i1})_{\alpha_k}^r + \cdots + b_p (X_{ip})_{\alpha_k}^r + (\delta)_{\alpha_k}^r - (Y_i)_{\alpha_k}^r \right)^2 \right] \tag{2.9}$$

取 $\alpha_k = k/(m-1)(k=0,1,\cdots,m-1)$, 则调整项 $\tilde{\delta} = (\delta_l, \delta_m, \delta_r)$ 截集区间左、右端点为

$$\begin{cases} (\delta)_{\alpha_k}^l = \delta_l + \dfrac{k}{m-1}(\delta_m - \delta_l) \\[2mm] (\delta)_{\alpha_k}^r = \delta_r - \dfrac{k}{m-1}(\delta_r - \delta_m) \end{cases} \tag{2.10}$$

于是均方误差为

$$\begin{aligned} E = \frac{1}{2m} \sum_{i=1}^{n} \sum_{k=0}^{m-1} &\left[\left(b_0 + b_1 (x_{i1})_{\alpha_k}^l + \cdots + b_p (x_{ip})_{\alpha_k}^l \right. \right. \\ &\left. + \delta_l + \frac{l}{m-1} + (\delta_m - \delta_l) - (Y_i)_{\alpha_k}^l \right)^2 \\ &\left. + \left(b_0 + b_1 (x_{i1})_{\alpha_k}^r + \cdots + b_p (x_{ip})_{\alpha_k}^r + \delta_r - (\delta_r - \delta_m) - (Y_i)_{\alpha_k}^r \right)^2 \right] \end{aligned} \tag{2.11}$$

根据最小二乘法, 令

$$\begin{cases} \dfrac{\partial E}{\partial \delta_l} = \sum\limits_{i=1}^{n} \dfrac{1}{2m} \sum\limits_{k=0}^{m-1} 2 \left[\left(\left(\hat{Y}_i \right)_{\alpha_k}^l - (Y_i)_{\alpha_k}^l \right) + \left(1 - \dfrac{k}{m-1} \right) \right] = 0 \\[4mm] \dfrac{\partial E}{\partial \delta_m} = \sum\limits_{i=1}^{n} \dfrac{1}{2m} \sum\limits_{k=0}^{m-1} 2 \left[\left(\left(\hat{Y}_i \right)_{\alpha_k}^l - (Y_i)_{\alpha_k}^l \right) \left(\dfrac{k}{m-1} \right) \right. \\ \qquad\qquad \left. + \left(\left(\hat{Y}_i \right)_{\alpha_k}^r - (Y_i)_{\alpha_k}^r \right) \left(\dfrac{k}{m-1} \right) \right] = 0 \\[4mm] \dfrac{\partial E}{\partial \delta_r} = \sum\limits_{i=1}^{n} \dfrac{1}{2m} \sum\limits_{k=0}^{m-1} 2 \left[\left(\left(\hat{Y}_i \right)_{\alpha_k}^r - (Y_i)_{\alpha_k}^r \right) \left(1 - \dfrac{k}{m-1} \right) \right] = 0 \\[4mm] \dfrac{\partial E}{\partial b_j} = \sum\limits_{i=1}^{n} \dfrac{1}{2m} \sum\limits_{k=0}^{m-1} 2 \left[\left(\left(\hat{Y}_i \right)_{\alpha_k}^l - (Y_i)_{\alpha_k}^l \right) (X_{ij})_{\alpha_k}^l \right. \\ \qquad \left. + \left(\left(\hat{Y}_i \right)_{\alpha_k}^r - (Y_i)_{\alpha_k}^r \right) (X_{ij})_{\alpha_k}^r \right] = 0 \end{cases} \tag{2.12}$$

引入如下记号:

$$B = \begin{bmatrix} b_0 \\ b_1 \\ \vdots \\ b_0 \end{bmatrix}, \quad I = \begin{bmatrix} 1 \\ 1 \\ \vdots \\ 1 \end{bmatrix}_{n \times 1}$$

$$X_{\alpha_k}^L = \begin{bmatrix} 1 & (X_{11})_{\alpha_k}^l & \cdots & (X_{1p})_{\alpha_k}^l \\ 1 & (X_{21})_{\alpha k}^l & \cdots & (X_{2p})_{\alpha_k}^l \\ \vdots & \vdots & & \vdots \\ 1 & (X_{n1})_{\alpha k}^l & \cdots & (X_{np})_{\alpha_k}^l \end{bmatrix}_{n \times (p+1)}$$

$$Y_{\alpha_k}^L = \begin{bmatrix} (Y_1)_{\alpha_k}^l \\ (Y_2)_{\alpha_k}^l \\ \vdots \\ (Y_n)_{\alpha_k}^l \end{bmatrix}_{n \times 1}, \quad Y_{\alpha_k}^R = \begin{bmatrix} (Y_1)_{\alpha_k}^r \\ (Y_2)_{\alpha_k}^r \\ \vdots \\ (Y_n)_{\alpha_k}^r \end{bmatrix}_{n \times 1}$$

$$X_{\alpha_k}^R = \begin{bmatrix} 1 & (X_{11})_{\alpha_k}^r & \cdots & (X_{1p})_{\alpha_k}^r \\ 1 & (X_{21})_{\alpha_k}^r & \cdots & (X_{2p})_{\alpha_k}^r \\ \vdots & \vdots & & \vdots \\ 1 & (X_{n1})_{\alpha_k}^r & \cdots & (X_{np})_{\alpha_k}^r \end{bmatrix}_{n \times (p+1)}$$

$$(\bar{X}_j)_{\alpha_k}^L = \frac{1}{n} \sum_{i=1}^{n} (X_{ij})_{\alpha_k}^l, \quad (\bar{X}_j)_{\alpha_k}^R = \frac{1}{n} \sum_{i=1}^{n} (X_{ij})_{\alpha_k}^r$$

$$\bar{Y}_{\alpha_k}^L = \frac{1}{n} \sum_{i=1}^{n} (Y_i)_{\alpha_k}^l \quad \bar{Y}_{\alpha_k}^R = \frac{1}{n} \sum_{i=1}^{n} (Y_i)_{\alpha_k}^r$$

$$\bar{Y}_{\alpha_k}^L = \begin{bmatrix} 1 & (\bar{X}_1)_{\alpha_k}^L & \cdots & (\bar{X}_p)_{\alpha_k}^L \end{bmatrix}, \quad \bar{Y}_{\alpha_k}^R = \begin{bmatrix} 1 & (\bar{X}_1)_{\alpha_k}^R & \cdots & (\bar{X}_p)_{\alpha_k}^R \end{bmatrix}$$

求解方程得

$$\begin{cases} (2m-1)\delta_l + (m-2)\delta_m = \sum_{k=0}^{m-1} \frac{6(m-1-k)}{m} \left(\bar{Y}_{\alpha_k}^L - \bar{X}_{\alpha_k}^L B \right) \\ (2m-1)\delta_r + (m-2)\delta_m = \sum_{k=0}^{m-1} \frac{6(m-1-k)}{m} \left(\bar{Y}_{\alpha_k}^R - \bar{X}_{\alpha_k}^R B \right) \\ (m-2)\delta_l + 2(2m-1)\delta_m + (m-2)\delta_r \\ \quad = \sum_{k=0}^{m-1} \frac{6k}{m} \left[\left(\bar{Y}_{a_k}^L - \bar{X}_{\alpha_k}^L B \right) + \left(\bar{Y}_{\alpha_k}^R - \bar{X}_{\alpha_k}^R B \right) \right] \end{cases}$$

$$B = \left[\sum_{k=0}^{m-1} \left((X_{\alpha_k}^L)' X_{\alpha_k}^L + (X_{\alpha_k}^R)' X_{\alpha_k}^R \right) \right]^{-1}$$

$$\cdot \sum_{k=0}^{m-1} \left\{ (X_{\alpha_k}^L)' Y_{\alpha_k}^L + (X_{\alpha_k}^R)' Y_{\alpha_k}^R - \frac{m-k-1}{m-1} [(X_{\alpha_k}^L)' \delta_l I + (X_{\alpha_k}^R)' \delta_r I] \right.$$

$$- \frac{k}{m-1}[(X_{\alpha_k}^L)' + (X_{\alpha_k}^R)']\delta_m I \bigg\} \tag{2.13}$$

$$\begin{cases} \delta_l = \bar{Y}_{\alpha_0}^L - \bar{X}_{\alpha_0}^L B \\ \delta_r = \bar{Y}_{\alpha_0}^r - \bar{X}_{\alpha_0}^R B \\ \delta_m = \frac{1}{2}\left[(\bar{Y}_{\alpha_1}^L - \bar{X}_{\alpha_1}^L B) + (\bar{Y}_{\alpha_1}^R - \bar{X}_{\alpha_1}^R B)\right] \\ B = \left[(X_{\alpha_0}^L)' X_{\alpha_0}^L + (X_{\alpha_1}^L)' X_{\alpha_1}^L + (X_{\alpha_0}^R)' X_{\alpha_0}^R \right. \\ \qquad + (X_{\alpha_1}^R)' X_{\alpha_1}^R \big]^{-1} \left[(X_{\alpha_0}^L)' Y_{\alpha_0}^L + (X_{\alpha_0}^R)' Y_{\alpha_0}^R \right. \\ \qquad - (X_{\alpha_0}^L)' \delta_l I - (X_{\alpha_0}^R)' \delta_r I + (X_{\alpha_1}^L)' Y_{\alpha_1}^L \\ \qquad + (X_{\alpha_1}^R)' Y_{\alpha_1}^R - (X_{\alpha_1}^L)' \delta_m I - (X_{\alpha_1}^R)' \delta_m I \big] \end{cases}$$

以上求解基于最小二乘法的模糊线性回归模型的参数估计的具体步骤为:

步骤 1 对 $\tilde{Y}_i$ 和 $\tilde{X}_{ij}$ 进行去模糊化处理, 可得 Y_i 和 X_{ij}, 计算 Y 与 X_j 的相关系数 ρ_{XY}. 取 $\hat{B}^{(0)} = [\rho_{X_0 Y}, \rho_{X_1 Y}, \cdots, \rho_{X_p Y}]^T$, 其中, $X_{i0} \equiv 1$.

步骤 2 结合 (2.7) 式, 将 $\hat{B}^{(0)}$ 代入 (2.13) 式得 $\hat{B}^{(1)}$.

步骤 3 比较 $\hat{B}^{(0)}$ 与 $\hat{B}^{(1)}$ 各个分量的符号. 如果符号相同, 表明 $\hat{B}^{(1)}$ 即为所求; 如果符号不相同, 则仿照 (2.7) 式将 $\hat{B}^{(1)}$ 代入到 (2.13) 式, 并得到新的估计值 $\hat{B}^{(2)}$, 之后再次进行比较, 直到各个分量的符号与上一次各个分量估计值的符号相同为止.

3.2.3 应用实例

1. 模糊线性回归分析模型的评价

评价模糊回归分析模型参数估计的拟合效果优劣是我们关注的问题. 其中, 经典的回归分析方法主要考虑拟合值与观测值之间的距离, 给出拟合效果的评价, 而模糊回归分析方法的拟合主要考虑估计的隶属函数与实际的隶属函数之间的差距, 因此, 无法用评价经典回归分析拟合效果的方法来衡量模糊回归分析方法的拟合效果. 除了均方误差指标以外, 也可以用 Kim 和 Bishu 测度[5]:

$$\Phi = \int_{S_{\tilde{Y}} \cup S_{\hat{\tilde{Y}}}} |\tilde{Y}(y) - \hat{\tilde{Y}}(y)|\mathrm{d}y \tag{2.14}$$

其中, $S_{\tilde{Y}}$ 和 $S_{\hat{\tilde{Y}}}$ 分别代表 $\tilde{Y}$ 和 $\hat{\tilde{Y}}$ 的支集. 若是模糊回归方程拟合所得的隶属函数具有较小的 Φ, 则该模型较理想; 若估计值与实际的模糊数支集不相交, 则 Φ 为常数, 这时难以利用测度 Φ 去区分拟合值与实际值的差距. 因此, 在测度 Φ 的基础上, 本节引入了均方误差指标 E 这一概念来衡量拟合结果的优劣, 在模糊环境的条件下, 计算均方误差指标 E 的公式详见 (2.8) 式.

2. 员工工作绩效评价

绩效评价是企业、事业单位人力资源管理中的重要工作之一, 是评价部门或个人取得成绩的重要工具, 评价的结果将作为工资分配、干部使用等工作的依据. 本节选择表 3.2 中的数据来检验本节所提出的模糊线性回归模型的可行性, 样本的容量为 30, 其中, 因变量包括工作绩效 ($\widetilde{Y}$); 自变量包括工作能力 ($\widetilde{X}_1$)、弱抗压性 ($\widetilde{X}_2$)、拖延频率 ($\widetilde{X}_3$)、沟通协调能力 ($\widetilde{X}_4$). 各变量的模糊数据均为论域 [0,100] 的三角模糊数[16].

表 3.2   绩效评估的自变量与因变量

$\widetilde{Y}$	$\widetilde{X}_1$	$\widetilde{X}_2$	$\widetilde{X}_3$	$\widetilde{X}_4$
(14,25,37)	(33,41,49)	(82,88,90)	(64,73,84)	(47,58,71)
(7,20,30)	(21,29,37)	(70,76,78)	(52,61,72)	(35,46,59)
(19,30,39)	(42,50,58)	(92,98,100)	(62,71,82)	(59,70,83)
(32,43,52)	(50,59,66)	(51,60,70)	(76,85,91)	(56,64,73)
(26,38,46)	(40,49,56)	(41,50,60)	(66,75,81)	(46,54,63)
(33,45,55)	(51,60,67)	(53,62,72)	(70,79,85)	(58,66,75)
(49,59,68)	(61,69,76)	(46,63,74)	(41,49,58)	(73,87,98)
(27,38,50)	(49,58,69)	(67,75,81)	(77,82,90)	(9,16,29)
(23,40,51)	(52,61,72)	(69,77,83)	(80,85,93)	(11,18,31)
(49,60,72)	(58,66,73)	(42,59,70)	(31,39,48)	(69,83,94)
(25,37,49)	(46,55,66)	(64,72,78)	(74,79,87)	(6,13,26)
(24,34,42)	(37,41,47)	(46,57,62)	(46,58,71)	(36,50,60)
(47,61,64)	(70,74,80)	(78,89,94)	(58,70,83)	(68,82,92)
(43,54,62)	(51,59,66)	(36,53,64)	(31,39,48)	(63,77,88)
(37,49,58)	(51,58,66)	(39,45,51)	(51,62,73)	(36,44,56)
(48,64,73)	(68,76,83)	(65,75,83)	(29,37,48)	(70,75,85)
(29,38,47)	(45,49,55)	(54,65,70)	(54,66,79)	(44,58,68)
(57,70,77)	(84,92,98)	(70,76,85)	(68,78,84)	(18,27,42)
(50,66,71)	(71,78,86)	(59,65,71)	(71,82,93)	(56,64,76)
(52,63,72)	(64,72,79)	(61,71,79)	(25,33,44)	(66,71,81)
(43,56,63)	(49,57,64)	(46,56,64)	(10,18,29)	(51,56,66)
(56,67,81)	(82,90,95)	(82,95,98)	(69,80,88)	(65,72,85)
(45,55,67)	(65,72,80)	(53,59,65)	(65,76,87)	(50,58,70)
(45,54,64)	(63,71,76)	(63,76,79)	(50,61,69)	(46,53,66)
(43,53,62)	(60,68,73)	(60,73,76)	(47,58,66)	(43,50,63)
(68,80,86)	(80,86,91)	(34,43,51)	(13,22,33)	(12,21,37)
(74,84,91)	(89,95,100)	(43,52,60)	(22,31,42)	(21,30,46)
(70,75,89)	(88,94,99)	(42,51,59)	(21,30,41)	(20,29,45)
(55,65,74)	(79,87,93)	(65,71,80)	(63,73,79)	(13,22,37)
(59,68,78)	(86,94,100)	(72,78,87)	(70,80,86)	(20,29,44)

使用 TUA、DM、SY、NN、WT、HBS、LS 模型和本节的基于最小二乘的模糊回归模型 (记为 LL)[4,11,17-20], 对表 3.2 中的数据进行拟合, 得到模糊回归方程如下:

$$\hat{\tilde{Y}}_{\text{TUA}} = 18.2931 + (0.7205, 0.7994, 0.8783)\tilde{X}_1 + (-0.2878, -0.1895, -0.0912)\tilde{X}_2$$
$$+ (-0.2033, -0.1779, -0.1525)\tilde{X}_3 + 0.0822\tilde{X}_4 \quad (H = 0)$$

$$\hat{\tilde{Y}}_{\text{SY}} = 17.1889 + 0.6527\tilde{X}_1 - 0.3978\tilde{X}_2 - 0.0020\tilde{X}_3 + 0.4138\tilde{X}_4 \quad (H = 0)$$

$$\hat{\tilde{Y}}_{\text{DM}} = 10.6155 + 0.8764\tilde{X}_1 - 0.1815\tilde{X}_2 - 0.1489\tilde{X}_3 + 0.0824\tilde{X}_4$$

$$\hat{\tilde{Y}}_{\text{HBS}} = (-1.8015, 0.0033, 1.8081) + (0.1593, 0.2048, 0.2504)\tilde{X}_1$$
$$+ (0.2201, 0.2374, 0.2548)\tilde{X}_2 + (0.2068, 0.2230, 0.2391)\tilde{X}_3$$
$$+ (0.0708, 0.2322, 0.1515)\tilde{X}_4$$

$$\hat{\tilde{Y}}_{\text{WT}} = (6.9429, 11.6394, 16.3359) + (0.18553, 0.8684, 0.8815)\tilde{X}_1 - 0.1816\tilde{X}_2$$
$$- 0.1596\tilde{X}_3 + (0.0521, 0.0742, 0.0963)\tilde{X}_4 \quad (H = 0)$$

$$\hat{\tilde{Y}}_{\text{NN}} = (59.8936, 66.9948, 74.0960) + (-0.0998, 0.6254, 1.3506)\tilde{X}_1$$
$$- 0.4902\tilde{X}_2 - 0.4872\tilde{X}_3 + 0.1565\tilde{X}_4$$

$$\hat{Y}_{\text{LS}} = 12.8733 + 0.8520\tilde{X}_1 - 0.1737\tilde{X}_2 - 0.1545\tilde{X}_3 + 0.0829\tilde{X}_4$$

$$\hat{Y}_{\text{LL}} = 68.5163 + 0.8598\tilde{X}_1 - 0.1713\tilde{X}_2 - 0.1599\tilde{X}_3 + 0.0773\tilde{X}_4$$
$$+ (-157.2772, -155.7047, -155.7047) \quad (\alpha_0 = 0, \alpha_1 = 1)$$

通过 Kim 和 Bishu 指标以及均方误差指标, 给出上述各个模型的拟合效果, 评价结果详见表 3.3.

表 3.3 拟合效果评价测度表

	DM	HBS	WT	LS	TUA	SY	NN	LL
E	1161.75	11156.82	84.42	1260.56	2487.30	29498	35090	121.38
Φ	87.14	471.98	71.18	81.06	107.82	385.58	388.47	65.16

Kim 及 Bishu 指标看, 就拟合误差而言, 本节提出的模型、LS、DM 和 WT 模型的拟合效果好, 其中本节提出模型的拟合效果最好. 从均方误差指标看, 本节提出的模糊线性回归模型与 WT 模型拟合误差偏小. 综合以上两种拟合指标, 本节给出的模糊线性回归模型拟合效果最好.

对建立的模糊线性回归方程, 通过求取其截集, 可以转化为经典线性回归模型. 为了考察不同截集水平个数对模型估计效果的影响, 分别构建不同水平的截集的拟合模型, 并计算相应的均方误差, 见表 3.4.

表 3.4　不同截集水平下模型及其均方误差表

截集个数	模糊回归方程	均方误差
13	$\hat{\tilde{Y}}_{\mathrm{LL}} = 203.8651 + 0.8603\tilde{X}_1 - 0.1728\tilde{X}_2 - 0.1590\tilde{X}_3$ $+ 0.0775\tilde{X}_4 + (-192.6220, -191.0567, -191.0567)$	94.5870
11	$\hat{\tilde{Y}}_{\mathrm{LL}} = 203.0813 + 0.8603\tilde{X}_1 - 0.1727\tilde{X}_2 - 0.1590\tilde{X}_3$ $+ 0.0775\tilde{X}_4 + (-190.8383, -190.2728, -190.2728)$	95.0750
9	$\hat{\tilde{Y}}_{\mathrm{LL}} = 201.9175 + 0.8603\tilde{X}_1 - 0.1727\tilde{X}_2 - 0.1591\tilde{X}_3$ $+ 0.0775\tilde{X}_4 + (-190.6746, -189.1089, -189.1089)$	95.8069
7	$\hat{\tilde{Y}}_{\mathrm{LL}} = 200.0088 + 0.8603\tilde{X}_1 - 0.1726\tilde{X}_2 - 0.1591\tilde{X}_3$ $+ 0.0774\tilde{X}_4 + (-188.7661, -187.2001, -187.2001)$	97.0266
5	$\hat{\tilde{Y}}_{\mathrm{LL}} = 196.3037 + 0.8602\tilde{X}_1 - 0.1725\tilde{X}_2 - 0.1592\tilde{X}_3$ $+ 0.0774\tilde{X}_4 + (-185.0613, -183.4947, 183.4947)$	99.4654
2	$\tilde{Y}_{\mathrm{LL}} = 168.5163 + 0.8598\tilde{X}_1 - 0.1713\tilde{X}_2 - 0.1599\tilde{X}_3$ $+ 0.0773\tilde{X}_4 + (-157.2772, -155.7047, -155.7047)$	1213773

3.3　基于模糊支持向量机的模糊线性回归

本节的研究是在文献 [23] 的基础上开展的. **支持向量机** (support vector machine, SVM) 是 Vapnik 等[28-30] 基于统计学习理论, 提出的一种新的机器学习算法, SVM 是以统计学习理论的结构风险最小原理和 VC 维理论为基础建立的一种新的机器学习方法, 它具有稀疏性, 能较好地解决非线性、高维数和局部极小点等机器学习的一些实际问题, 且可提高学习机的泛化能力, 是机器学习界的研究热点和应用最广的机器学习算法, 并广泛应用于图像分类问题、人脸识别、函数逼近和时间序列预测等方面.

支持向量机分为分类型支持向量机和回归型支持向量机, 在分类型支持向量机中, 训练样本的投入是实数值向量, 产出是类别, 用 $y = \pm 1$ 表示, 考虑到训练样本集中的噪声, Lin[31] 引入了一种模糊支持向量机, 其训练样本的投入仍是实数值向量, 产出是带有隶属度的类别, 他用一个隶属度来表示一个训练样本隶属于正类或负类的程度, 但本质上来说, 它还是 Vapnik 意义上的普通支持向量机.

事实上, 由于噪声和测量误差, 训练样本数据常常是不确定的或是模糊的, 对于训练数据是模糊数据的情况迄今尚无人研究, 因此研究基于模糊训练数据的支持向量机非常有意义.

在本书中, 首先引入训练数据是模糊数的分类型支持向量机的理论[23], 主要包括模糊线性可分和模糊近似线性可分的概念以及基于模糊训练样本的支持向量机的数学模型, 并给出它的求解方法, 而普通的支持向量机是它的一个特殊情况. 然后通过将此方法应用于冠心病的鉴别诊断, 说明我们给出的模糊训练数据支持向量机的有效性. 最后, 基于模糊训练数据的支持向量机方法, 来研究模糊线性回归问题, 给出了模糊投入、模糊产出的模糊线性回归问题的一种新的解法.

3.3.1 支持向量机

这里主要给出类型支持向量机的有关知识, 对于训练样本集: (x_1, y_1), $(x_2, y_2), \cdots, (x_k, y_k) \in R^n \times \{\pm 1\}$, $y_i = +1, -1$ 分别表示正类和负类. 如果存在 (w, b) 使得

$$
\begin{aligned}
w^{\mathrm{T}}x_i + b &\geqslant 1, \quad \forall y_i = +1 \\
w^{\mathrm{T}}x_i + b &\leqslant -1, \quad \forall y_i = -1
\end{aligned}
\tag{3.1}
$$

则称训练样本是线性可分的. (3.1) 式可以简化为

$$
y_i(w^{\mathrm{T}}x_i + b) \geqslant 1
\tag{3.2}
$$

分类的决策规则为 $f_{w,b}(x) = \operatorname{sgn}(w^{\mathrm{T}}x + b)$.

为了使决策规则具有好的推广能力, 我们应尽量使分类间隔最大, 则这个机器学习问题可转化为一个凸二次规划问题:

$$
\begin{aligned}
&\underset{w,b}{\operatorname{Minimize}} \, \Phi(w) = \frac{1}{2}\|w\|^2 \\
&\text{s.t.} \quad y_i(w^{\mathrm{T}}x_i + b) \geqslant 1, \quad i = 1, \cdots, l.
\end{aligned}
\tag{3.3}
$$

此问题有全局最优解, 它的对偶问题为

$$
\begin{aligned}
&\operatorname{Maximize} Q(\lambda) = \sum_{i=1}^{l}\lambda_i - \frac{1}{2}\sum_{i=1}^{l}\sum_{j=1}^{l}\lambda_i\lambda_j y_i y_j x_i^{\mathrm{T}} x_j \\
&\text{s.t.} \quad \begin{cases} \displaystyle\sum_{i=1}^{l}\lambda_i y_i = 0 \\ \lambda_i \geqslant 0 \end{cases}
\end{aligned}
\tag{3.4}
$$

则决策函数为

$$
f(x) = \operatorname{sgn}\left(\sum_{i=1}^{l} y_i \lambda_i^* x^{\mathrm{T}} x_i + b^*\right)
\tag{3.5}
$$

当样本不是线性可分时, 我们可以利用一个映射, 将原始数据映射到一个高维特征空间 H, 并在高维特征空间 H 上, 构建分类超平面.

记

$$X \to H$$
$$x \mapsto \phi(x)$$

称 $K(x, z) \equiv \phi(x)^{\mathrm{T}} \phi(z)$ 为核函数.

考虑到一些样本可能被错分, 我们引进松弛变量 $\xi = (\xi_1, \cdots, \xi_l)^{\mathrm{T}}$. 则此分类问题可转化为

$$
\begin{aligned}
\underset{w,b}{\text{Minimize }} \Phi(w,b) &= \frac{1}{2}\|w\|^2 + C\sum_{i=1}^{l}\xi_i \\
\text{s.t.} &\begin{cases} y_i(w^{\mathrm{T}}\phi(x_i) + b) \geqslant 1 - \xi_i, \\ \xi_i \geqslant 0, \quad i = 1, \cdots, l \end{cases}
\end{aligned}
\tag{3.6}
$$

这里 C 为惩罚参数, 它可以平衡最大间隔和错分样本.

二次规划 (3.6) 的对偶问题为

$$
\begin{aligned}
\text{Maximize } Q(\lambda) &= \sum_{i=1}^{l}\lambda_i - \frac{1}{2}\sum_{i=1}^{l}\sum_{j=1}^{l}\lambda_i\lambda_j y_i y_j K(x_i, x_j) \\
\text{s.t.} &\begin{cases} \displaystyle\sum_{i=1}^{l}\lambda_i y_i = 0 \\ 0 \leqslant \lambda_i \leqslant C \end{cases}
\end{aligned}
\tag{3.7}
$$

此时的决策函数为 $f(x) = \operatorname{sgn}\left(\displaystyle\sum_{i=1}^{l} y_i \lambda_i^* K(x, x_i) + b^*\right)$.

3.3.2 可能性测度

定义 3.1 设 X 为非空论域, $P(X)$ 为 X 上所有子集构成的集合, 如果映射 $\mathrm{Pos}: X \to [0, 1]$ 满足:

(1) $\mathrm{Pos}(\varnothing) = 0$; (2) $\mathrm{Pos}(X) = 1$; (3) $\mathrm{Pos}\left(\bigcup_{t \in T} A_t\right) = \sup_{t \in T} \mathrm{Pos}(A_t)$

则称 Pos 为 X 上的可能性测度.

定义 3.2 设 $\tilde{a}, \tilde{b}$ 为模糊数, 模糊事件 $\tilde{a} \leqslant \tilde{b}$ 的可能性测度定义为

$$\mathrm{Pos}\left(\tilde{a} \leqslant \tilde{b}\right) = \sup\left\{\mu_{\tilde{a}}(x) \wedge \mu_{\tilde{b}}(y) \mid x \in R, y \in R, x \leqslant y\right\}$$

特殊地, 当 b 为实数时, 模糊事件 $\tilde{a} \leqslant b$ 的可能性测度为

$$\text{Pos}\,(\tilde{a} \leqslant b) = \sup\{\mu_{\tilde{a}}\,(x)\,|\,x \in R, x \leqslant b\}$$

类似地,

$$\text{Pos}\left(\tilde{a} \leqslant \tilde{b}\right) = \sup\{\mu_{\tilde{a}}\,(x)\,\wedge\mu_{\tilde{b}}\,(y)\,|\,x \in R, y \in R, x < y\}$$

$$\text{Pos}\left(\tilde{a} = \tilde{b}\right) = \sup\{\mu_{\tilde{a}}\,(x)\,\wedge\mu_{\tilde{b}}\,(y)\,|\,x \in R, y \in R, x = y\}$$

如果 $\tilde{x}_i(i = 1, 2, \cdots, n)$ 均为模糊数, 则称 $\tilde{X} = (\tilde{x}_1, \tilde{x}_2, \cdots, \tilde{x}_n)$ 为 n 维模糊数向量, $F^n\,(R)$ 表示 n 维模糊数向量的全体组成的集合. 特别地, 若 $\tilde{x}_i(i = 1, 2, \cdots, n)$ 都是三角模糊数, 则称 $\tilde{X} = (\tilde{x}_1, \tilde{x}_2, \cdots, \tilde{x}_n)$ 为 n 维三角模糊数向量. 以 $T^n(R)$ 表示 n 维三角模糊数向量的全体.

借助模糊数的 Zadeh 扩展原则, 可以将 n 元函数 $f : R^n \to R$ 扩展为 n 维模糊数空间上的模糊值函数, 对模糊数向量 $\tilde{X} = (\tilde{x}_1, \tilde{x}_2, \cdots, \tilde{x}_n)$, $\tilde{y} = f(\tilde{x}_1, \tilde{x}_2, \cdots, \tilde{x}_n)$ 为模糊数, 其隶属函数为

$$\mu_{\tilde{y}}\,(v) = \sup_{u_1, u_2, \cdots, u_n \in R}\left\{\min_{1 \leqslant i \leqslant n}\mu_{\tilde{x}_i}\,(u_i)\,|\,v = f\,(u_1, u_2, \cdots, u_n)\right\}$$

特别地, 当 $\tilde{a}, \tilde{b}$ 为模糊数时, 类似可定义 $\tilde{c} = f\left(\tilde{a}, \tilde{b}\right)$ 且易得以下定理.

定理 3.1[45] 设 $\tilde{a} = (r_1, r_2, r_3)$, $\tilde{b} = (t_1, t_2, t_3)$ 为三角模糊数, ρ 为实数, 则

(1) $\tilde{a} + \tilde{b} = (r_1 + t_1, r_2 + t_2, r_3 + t_3)$; (2) $\rho\tilde{a} = \begin{cases} (\rho r_1, \rho r_2, \rho r_3), & \rho \geqslant 0, \\ (\rho r_3, \rho r_2, \rho r_1), & \rho < 0. \end{cases}$

定理 3.2[45] 设 $\tilde{a} = (r_1, r_2, r_3)$ 为三角模糊数, 则

$$\text{Pos}\{\tilde{a} \leqslant 0\} = \begin{cases} 1 & r_2 \leqslant 0 \\ \dfrac{r_1}{r_1 - r_2}, & r_1 \leqslant 0, r_2 > 0 \\ 0, & r_1 > 0 \end{cases}$$

定理 3.3[45] 设 $\tilde{a} = (r_1, r_2, r_3)$ 为三角模糊数, 则对给定的置信水平 $\lambda(0 < \lambda \leqslant 1)$, $\text{Pos}\,\{\tilde{a} \leqslant 0\} \geqslant \lambda$ 等价于 $(1 - \lambda)\,r_1 + \lambda r_2 \leqslant 0$.

证明 如果 $\text{Pos}\,\{\tilde{a} \leqslant 0\} \geqslant \lambda$, 则或者 $r_2 \leqslant 0$, 或者 $\dfrac{r_1}{r_1 - r_2} \geqslant \lambda$. 当 $r_2 \leqslant 0$ 时, $r_1 \leqslant r_2 \leqslant 0$, 因此 $(1 - \lambda)\,r_1 + \lambda r_2 \leqslant 0$. 当 $\dfrac{r_1}{r_1 - r_2} \geqslant \lambda$ 时, $r_1 \leqslant \lambda(r_1 - r_2)$, 即 $(1 - \lambda)\,r_1 + \lambda r_2 \leqslant 0$.

另一方面, 若 $(1-\lambda)r_1+\lambda r_2 \leqslant 0$, 当 $r_2 \leqslant 0$ 时, 则有 $\mathrm{Pos}\{\tilde{a}\leqslant 0\}=1\geqslant\lambda$; 当 $r_2 \geqslant 0$ 时, 则 $r_1-r_2<0$, 由 $(1-\lambda)r_1+\lambda r_2\leqslant 0$, 则得 $\dfrac{r_1}{r_1-r_2}\geqslant\lambda$, 即 $\mathrm{Pos}\{\tilde{a}\leqslant 0\}\geqslant\lambda$.

类似地可以证明: 对 $\tilde{a}=(r_1,r_2,r_3)$ 和给定的置信水平 $\lambda\,(0<\lambda\leqslant 1)$, $\mathrm{Pos}\{\tilde{a}\geqslant 0\}\geqslant\lambda$ 等价于: $(1-\lambda)r_3+\lambda r_2\geqslant 0$.

3.3.3   基于模糊训练数据的分类型模糊支持向量机

考虑模糊训练样本 $S=\left\{\left(\tilde{X}_1,y_1\right),\left(\tilde{X}_2,y_2\right),\cdots,\left(\tilde{X}_l,y_l\right)\right\}$, 其中 $\tilde{X}_j\in T^n(R),y_j\in\{-1,1\},j=1,2,\cdots,l$, 当 $y_i=1$, $\left(\tilde{X}_i,y_i\right)$ 称为正类; 当 $y_i=-1$, 则称 $\left(\tilde{X}_i,y_i\right)$ 为负类, 基于模糊训练样本集 $S=\left\{\left(\tilde{X}_1,y_1\right),\left(\tilde{X}_2,y_2\right),\cdots,\left(\tilde{X}_l,y_l\right)\right\}$ 的分类就是求出一个分类判别模糊值函数 $g\left(\tilde{X}\right)$, 它能以最低的分类错误把正类和负类分开, 并且对于未知类别的模糊样本, 具有好的预测准确率.

1. 基于模糊线性可分训练样本集的模糊支持向量机

定义 3.3   设有模糊训练样本集 $S=\left\{\left(\tilde{X}_1,y_1\right),\left(\tilde{X}_2,y_2\right),\cdots,\left(\tilde{X}_l,y_l\right)\right\}$, 如果对给定的置信水平 $\lambda\,(0<\lambda\leqslant 1)$, 存在 $w\in R^n, b\in R$, 使得

$$\mathrm{Pos}\left\{y_i\left(w\cdot\tilde{X}_i+b\right)\geqslant 1\right\}\geqslant\lambda,\quad i=1,2,\cdots,l \tag{3.8}$$

则模糊训练样本集 $S=\left\{\left(\tilde{X}_1,y_1\right),\left(\tilde{X}_2,y_2\right),\cdots,\left(\tilde{X}_l,y_l\right)\right\}$ 称为关于置信水平 λ 模糊线性可分.

定理 3.4   如果模糊训练样本集 $S=\left\{\left(\tilde{X}_1,y_1\right),\left(\tilde{X}_2,y_2\right),\cdots,\left(\tilde{X}_l,y_l\right)\right\}$ 是关于置信水平 λ 为模糊线性可分的, 其中 $\tilde{X}_i=(\tilde{x}_{i1},\tilde{x}_{i2},\cdots,\tilde{x}_{in})$ 且 $\tilde{x}_{ij}=(l_{ij},m_{ij},r_{ij})$ 为三角模糊数, 则 (3.8) 式等价于

$$\begin{cases} l_{ij}(1-\lambda)+\lambda m_{ij}\leqslant t_{ij}\leqslant\lambda m_{ij}+r_{ij}(1-\lambda) & (j=1,2,\cdots,n;\ i=1,2,\cdots,l) \\ y_i\left(w_1t_{i1}+w_2t_{i2}+\cdots+w_nt_{in}+b\right)\geqslant 1 & (i=1,2,\cdots,l) \end{cases}$$
$$\tag{3.9}$$

证明   因为

$$\mathrm{Pos}\left\{y_i\left(w\cdot\tilde{X}_i+b\right)\geqslant 1\right\}=\mathrm{Pos}\left\{y_i\left(w_1\tilde{x}_{i1}+w_2\tilde{x}_{i2}+\cdots+w_n\tilde{x}_{in}+b\right)\geqslant 1\right\}$$
$$=\sup_{t_{i1},t_{i2},\cdots,t_{in}\in R}\left\{\min_{1\leqslant j\leqslant n}\mu_{\tilde{x}_{ij}}(t_{ij})\,|\,y_i\left((w_1t_{i1}+w_2t_{i2}+\cdots+w_nt_{in}+b)\geqslant 1\right)\right\}\geqslant\lambda$$

所以存在 $T_i = (t_{i1}, t_{i2}, \cdots, t_{in}) \in R^n$, 使得对 $1 \leqslant j \leqslant n$, 有 $\mu_{\tilde{x}_{ij}}(t_{ij}) \geqslant \lambda$ 且 $y_i(w \cdot T_i + b) = y_i(w_1 t_{i1} + w_2 t_{i2} + \cdots + w_n t_{in} + b) \geqslant 1 \ (i = 1, 2, \cdots, l)$. 由 $\mu_{\tilde{x}_{ij}}(t_{ij}) \geqslant \lambda$, 则得

$$l_{ij}(1 - \lambda) + \lambda m_{ij} \leqslant t_{ij} \leqslant \lambda m_{ij} + r_{ij}(1 - \lambda)$$

因而

$$\begin{cases} l_{ij}(1 - \lambda) + \lambda m_{ij} \leqslant t_{ij} \leqslant \lambda m_{ij} + r_{ij}(1 - \lambda) & (j = 1, 2, \cdots, n; \ i = 1, 2, \cdots, l) \\ y_i(w_1 t_{i1} + w_2 t_{i2} + \cdots + w_n t_{in} + b) \geqslant 1 & (i = 1, 2, \cdots, l) \end{cases}$$

基于线性可分模糊训练样本集的模糊支持向量机的模糊机会约束规划模型为

$$\min \frac{1}{2} \|w\|^2$$
$$\text{s.t.} \quad \text{Pos}\left\{ y_i\left(w \cdot \tilde{X}_i + b\right) \geqslant 1 \right\} \geqslant \lambda, \quad i = 1, 2, \cdots, l \tag{3.10}$$

我们可以利用混合智能算法[44,45] 求解模糊机会约束规划 (3.10). 利用定理 3.4, 模糊机会约束规划模型 (3.10), 可转化为下面的经典凸二次规划模型:

$$\min \frac{1}{2} \|w\|^2$$
$$\text{s.t.} \begin{cases} l_{ij}(1 - \lambda) + \lambda m_{ij} \leqslant t_{ij} \leqslant \lambda m_{ij} + r_{ij}(1 - \lambda) & (j = 1, 2, \cdots, n; \ i = 1, 2, \cdots, l) \\ y_i(w \cdot T_i + b) \geqslant 1 & (i = 1, 2, \cdots, l) \end{cases}$$
$$\tag{3.11}$$

(3.11) 式的对偶问题为

$$\text{Maximize} \ Q(\alpha) = \sum_{i=1}^{l} \alpha_i - \frac{1}{2} \sum_{i=1}^{l} \sum_{j=1}^{l} \alpha_i \alpha_j y_i y_j T_i^{\mathrm{T}} T_j$$
$$\text{s.t.} \begin{cases} \displaystyle\sum_{i=1}^{l} \alpha_i y_i = 0 \\ \alpha_i \geqslant 0 \\ l_{ij}(1 - \lambda) + \lambda m_{ij} \leqslant t_{ij} \leqslant \lambda m_{ij} + r_{ij}(1 - \lambda) & (j = 1, 2, \cdots, n; \ i = 1, 2, \cdots, l) \end{cases}$$
$$\tag{3.12}$$

这里 $w = \displaystyle\sum_{i=1}^{l} \alpha_i y_i T_i$, 其中 α_i, T_i 为二次规划 (3.12) 的解.

2. 基于近似模糊线性可分训练样本集的支持向量机

上节给出的是基于模糊线性可分训练样本集的模糊支持向量机模型和算法, 考虑到可能有一些模糊样本被错误分类 (即按置信水平 λ, 不满足 (3.8) 式), 我们引入松弛变量 $\xi = (\xi_1, \cdots, \xi_l)^{\mathrm{T}}$, 其中 $\xi_i \geqslant 0 (i = 1, 2, \cdots, l)$. 对模糊训练样本集 $S = \left\{ \left(\tilde{X}_1, y_1 \right), \left(\tilde{X}_2, y_2 \right), \cdots, \left(\tilde{X}_l, y_l \right) \right\}$, 如果对给定的置信水平 $\lambda (0 < \lambda \leqslant 1)$, 存在 $w \in R^n, b \in R, \xi_i \geqslant 0, i = 1, 2, \cdots, l$, 使得 $\mathrm{Pos} \left\{ y_i \left(w \cdot \tilde{X}_i + b \right) + \xi_i \geqslant 1 \right\} \geqslant \lambda$, 则称在置信水平 λ 下, 模糊训练样本集 S 为近似模糊线性可分的.

为了求得 w, b, 我们可以利用混合智能算法求解以下模糊机会约束规划:

$$\min \frac{1}{2} \|w\|^2 + C \sum_{i=1}^{l} \xi_i$$
$$\text{s.t.} \quad \mathrm{Pos} \left\{ y_i \left(w \cdot \tilde{X}_i + b \right) + \xi_i \geqslant 1 \right\} \geqslant \lambda, \xi_i \geqslant 0, \quad i = 1, 2, \cdots, l \tag{3.13}$$

类似地, 由定理 3.4, 以上模糊机会约束规划可化为以下经典凸二次规划:

$$\min \frac{1}{2} \|w\|^2 + C \sum_{i=1}^{l} \xi_i$$
$$\text{s.t.} \begin{cases} l_{ij}(1-\lambda) + \lambda m_{ij} \leqslant t_{ij} \leqslant \lambda m_{ij} + r_{ij}(1-\lambda) & (j=1,2,\cdots,n; \ i=1,2,\cdots,l) \\ y_i (w \cdot T_i + b) + \xi_i \geqslant 1 & (i=1,2,\cdots,l) \\ \xi_i \geqslant 0 & (i=1,2,\cdots,l) \end{cases} \tag{3.14}$$

(其中 C 为惩罚参数).

优化 (3.14) 的对偶问题为

$$\text{Maximize } Q(\alpha) = \sum_{i=1}^{l} \alpha_i - \frac{1}{2} \sum_{i=1}^{l} \sum_{j=1}^{l} \alpha_i \alpha_j y_i y_j T_i^{\mathrm{T}} T_j$$
$$\text{s.t.} \begin{cases} \sum_{i=1}^{l} \alpha_i y_i = 0 \\ 0 \leqslant \alpha_i \leqslant C \\ l_{ij}(1-\lambda) + \lambda m_{ij} \leqslant t_{ij} \leqslant \lambda m_{ij} + r_{ij}(1-\lambda) & (j=1,2,\cdots,n; \ i=1,2,\cdots,l) \end{cases} \tag{3.15}$$

优化问题 (3.14), (3.15) 都可以使用优化软件 (如 Lingo) 来求解, 得到 w, b. 这样就可以得到模糊判别函数.

对于未知类别的新样本 $\tilde{X} = (\tilde{x}_1, \tilde{x}_2, \cdots, \tilde{x}_n)$, 其判别规则为

对预先设定的置信水平 $\lambda(0 < \lambda \leqslant 1)$, 如果 $\text{Pos}\left\{\left(w_0 \cdot \tilde{X} + b\right) \geqslant 0\right\} \geqslant \lambda$, 则 $\tilde{X} = (\tilde{x}_1, \tilde{x}_2, \cdots, \tilde{x}_n)$ 为正类; 如果 $\text{Pos}\left\{\left(w_0 \cdot \tilde{X} + b\right) \leqslant 0\right\} \geqslant \lambda$, 则 $\tilde{X} = (\tilde{x}_1, \tilde{x}_2, \cdots, \tilde{x}_n)$ 为负类.

3. 应用实例

下面把我们提出的基于模糊训练样本的分类型支持向量机模型应用于冠心病的鉴别诊断. 给出冠心病的分类模型, 这里利用收集了 34 例患者的冠心病诊断资料作为学习样本, 并随机抽取其中的 24 例患者的病例资料, 作为训练样本, 其中一半为正常人, 用 $y_i = 1$ 表示, 剩余的一半为冠心病患者, 用 $y_i = -1$ 表示, 训练数据见表 3.5, 其中 $\tilde{x}_{i1}$ 表示舒张期血压, $\tilde{x}_{i2}$ 表示血浆胆固醇含量, 且 $\tilde{x}_{i1}$ 和 $\tilde{x}_{i2}$ 为三角模糊数.

表 3.5 冠心病患者和正常人舒张期血压和血浆胆固醇含量数据

i	$\tilde{x}_{i1}$/kPa	$\tilde{x}_{i2}$/(mmol/L)	y_i	i	$\tilde{x}_{i1}$/kPa	$\tilde{x}_{i2}$/(mmol/L)	y_i
1	(9.84,9.86,9.88)	(5.17,5.18,5.19)	1	13	(10.62,10.66,10.70)	(06,07,08)	−1
2	(13.31,13.33,13.35)	(3.72,3.73,3.74)	1	14	(151,153,155)	(4.44,4.45,4.46)	−1
3	(14.63,14.66,14.69)	(3.87,3.89,3.91)	1	15	(13.30,13.33,13.36)	(3.04,3.06,3.08)	−1
4	(9.32,9.33,9.34)	(7.08,7.10,7.12)	1	16	(9.32,9.33,9.34)	(3.90,3.94,3.98)	−1
5	(187,180,183)	(5.47,5.49,5.51)	1	17	(10.64,10.66,10.68)	(4.43,4.45,4.47)	−1
6	(10.64,10.66,10.68)	(4.06,4.09,4.12)	1	18	(10.64,10.66,10.68)	(4.89,4.92,4.95)	−1
7	(10.65,10.66,10.67)	(4.43,4.45,4.47)	1	19	(9.31,9.33,9.35)	(3.66,3.68,3.70)	−1
8	(13.31,13.33,13.35)	(3.60,3.63,3.66)	1	20	(10.64,10.66,10.68)	(3.20,3.21,3.22)	−1
9	(13.32,13.33,13.34)	(5.68,5.70,5.72)	1	21	(10.37,10.40,10.43)	(3.92,3.94,3.96)	−1
10	(11.97,100,103)	(6.17,6.19,6.21)	1	22	(9.31,9.33,9.35)	(4.90,4.92,4.94)	−1
11	(14.64,14.66,14.68)	(4.00,4.01,4.02)	1	23	(11.19,11.20,11.21)	(3.40,3.42,3.44)	−1
12	(13.31,13.33,13.35)	(3.99,4.01,4.03)	1	24	(9.31,9.33,9.35)	(3.62,3.63,3.64)	−1

取参数 $C = 0.1, \lambda = 0.65$, 利用以上数据来训练优化问题 (3.14), (3.15), 可得解 $w_0 = (0.415444, 0.4792959)$, $b = -6.9626$, 于是可以建立冠心病的临床诊断规则如下: 对给定的置信水平 $\lambda = 0.65$, 如果 $\text{Pos}\left\{\left(w_0 \cdot \tilde{X} + b\right) \geqslant 0\right\} \geqslant 0.65$, 则 $\tilde{X} = (\tilde{x}_1, \tilde{x}_2)$ 为冠心病患者; 如果 $\text{Pos}\left\{\left(w_0 \cdot \tilde{X} + b\right) < 0\right\} \geqslant 0.65$, 则 $\tilde{X} = (\tilde{x}_1, \tilde{x}_2)$ 为正常人. 利用以上临床诊断规则去拟合表 3.5 中的数据, 诊断正确率为 87.5%, 仅有三例错分, 用剩余的 10 例患者病例作为预测样本, 仅错分一例, 正确率达 90%. 通过此应用实例, 说明我们构建的基于模糊训练样本的支持向量机具有好的拟合效果和高的预测精度.

3.3.4 基于模糊支持向量机的模糊线性回归

设投入 $\tilde{X} = (\tilde{x}_1, \tilde{x}_2, \cdots, \tilde{x}_n)$ 为模糊数向量, 产出为模糊数 $\tilde{Y}$. 为简单起见, 我们设 $\tilde{x}_i (i = 1, 2, \cdots, n)$ 和 $\tilde{Y}$ 均为三角模糊数. 所谓模糊线性回归就是确定关系:

$$\tilde{Y} = w \cdot \tilde{X} + b = w_1 \tilde{x}_1 + w_2 \tilde{x}_2 + \cdots + w_n \tilde{x}_n + b, \quad w \in R^n, w_i \in R, b \in R$$

对于模糊训练集 $S = \left\{ \left(\tilde{X}_1, \tilde{Y}_1 \right), \left(\tilde{X}_2, \tilde{Y}_2 \right), \cdots, \left(\tilde{X}_l, \tilde{Y}_l \right) \right\}$, 其中 $\tilde{X}_i = (\tilde{x}_{i1},$ $\tilde{x}_{i2}, \cdots, \tilde{x}_{in}) \in T^n(R), \tilde{Y}_i \in T(R) \, (i = 1, 2, \cdots, l)$.

对给定的 $\varepsilon > 0$, 令 $S^+ = \left\{ \left(\left(\tilde{X}_1, \tilde{Y}_1 + \varepsilon \right), 1 \right), \left(\left(\tilde{X}_2, \tilde{Y}_2 + \varepsilon \right), 1 \right), \cdots, \right.$ $\left. \left(\left(\tilde{X}_L, \tilde{Y}_L + \varepsilon \right), 1 \right), 1 \right\}$ 为正类集, $S^- = \left\{ \left(\left(\tilde{X}_1, \tilde{Y}_1 - \varepsilon \right), -1 \right), \left(\left(\tilde{X}_2, \tilde{Y}_2 - \varepsilon \right), \right.\right.$ $\left.\left. -1 \right), \cdots, \left(\left(\tilde{X}_L, \tilde{Y}_L - \varepsilon \right), -1 \right) \right\}$ 为负类集, $S^* = S^+ \cup S^-$ 为模糊训练集, 则根据模糊支持向量机的理论, 模糊线性回归问题可以转化为基于模糊训练样本集 $S^* = S^+ \cup S^-$ 的模糊支持向量分类机.

如果 $S^* = S^+ \cup S^-$ 关于置信水平 $\lambda \, (0 < \lambda \leqslant 1)$ 为模糊近似线性可分的, 则由上面基于模糊训练集 $S^* = S^+ \cup S^-$ 的支持向量机分类问题的理论, 我们只需解下面的模糊机会约束规划:

$$\begin{aligned}
\min \quad & \frac{1}{2} \left(w_1^2 + w_2^2 + \cdots + w_n^2 + v^2 \right) + C \sum_{i=1}^l (\xi_i + \eta_i) \\
\text{s.t.} \quad & \text{Pos} \left\{ w_1 \tilde{x}_{i1} + w_2 \tilde{x}_{i2} + \cdots + w_n \tilde{x}_{in} + v \left(\tilde{Y}_i + \varepsilon \right) + b + \xi_i \geqslant 1 \right\} \geqslant \lambda \\
& \text{Pos} \left\{ -[w_1 \tilde{x}_{i1} + w_2 \tilde{x}_{i2} + \cdots + w_n \tilde{x}_{in} + v \left(\tilde{Y}_i - \varepsilon \right) + b] + \eta_i \geqslant 1 \right\} \geqslant \lambda \\
& \xi_i \geqslant 0, \eta_i \geqslant 0 \quad (i = 1, 2, \cdots, l)
\end{aligned}$$

$$(3.16)$$

假定 $\tilde{x}_{ij} = (l_{ij}, m_{ij}, r_{ij}) \, (i = 1, 2, \cdots, l; j = 1, 2, \cdots, n), \tilde{Y}_i = (L_i, M_i, R_i)$, 则与规划 (3.16) 等价的经典的二次规划为

$$\min \frac{1}{2} \left(w_1^2 + w_2^2 + \cdots + w_n^2 + v^2 \right) + C \sum_{i=1}^l (\xi_i + \eta_i)$$

$$\text{s.t.}\begin{cases} l_{ij}(1-\lambda)+\lambda m_{ij}\leqslant t_{ij}\leqslant \lambda m_{ij}+r_{ij}(1-\lambda) \quad (j=1,2,\cdots,n;i=1,2,\cdots,l) \\ L_i(1-\lambda)+\lambda M_i\leqslant y_i\leqslant \lambda M_i+R_i(1-\lambda) \\ w_1 t_{i1}+w_2 t_{i2}+\cdots+w_n t_{in}+v\,(y_i+\varepsilon)+b+\xi_i\geqslant 1 \\ -[w_1 t_{i1}+w_2 t_{i2}+\cdots+w_n t_{in}+v\,(y_i-\varepsilon)+b]+\eta_i\geqslant 1 \\ \xi_i\geqslant 0,\eta_i\geqslant 0 \quad (i=1,2,\cdots,l) \end{cases}$$

$$(3.17)$$

用 Lingo 8.0 求解二次规划 (3.17) 得 $w_1,w_2,\cdots,w_n,v,b$. 由定理 3.4, 优化问题 (3.16) 的约束条件等价于

$$\begin{aligned} &\text{Pos}\left\{v\tilde{Y}_i\geqslant -(w_1\tilde{x}_{i1}+w_2\tilde{x}_{i2}+\cdots+w_n\tilde{x}_{in}+b)+1-\xi_i-v\varepsilon\right\}\geqslant\lambda \\ &\text{Pos}\left\{v\tilde{Y}_i\leqslant -(w_1\tilde{x}_{i1}+w_2\tilde{x}_{i2}+\cdots+w_n\tilde{x}_{in}+b)-1+\eta_i+v\varepsilon\right\}\geqslant\lambda \\ &\xi_i\geqslant 0,\eta_i\geqslant 0 \quad (i=1,2,\cdots,l) \end{aligned}$$

$$(3.18)$$

则在置信水平 $\lambda\,(0<\lambda\leqslant 1)$ 下, 得到关系:

$$v\cdot\tilde{y}=-w\cdot\tilde{X}+b \text{ 或 } v\cdot\tilde{y}=-w_1\tilde{x}_1-w_2\tilde{x}_2-\cdots-w_n\tilde{x}_n-b$$

则 $\tilde{y}=-\dfrac{w_1}{v}\tilde{x}_1-\dfrac{w_2}{v}\tilde{x}_2+\cdots-\dfrac{w_n}{v}\tilde{x}_n-\dfrac{b}{v}$.

应用实例 利用文献 [51] 中的模糊数据作为模糊训练样本集, 见表 3.6, 对给

表 3.6 模糊训练样本集[55]

i	$\tilde{Y}_i$	$\tilde{X}_{i1}$	$\tilde{X}_{i2}$
1	(111,162,194)	(151,274,322)	(1432,2450,3461)
2	(88,120,161)	(101,180,291)	(2448,3254,4463)
3	(161,223,288)	(221,375,539)	(2592,3802,5116)
4	(83,131,194)	(128,205,313)	(1414,2838,3252)
5	(51,67,83)	(62,86,112)	(1024,2347,3766)
6	(124,169,213)	(132,265,362)	(2163,3782,5091)
7	(62,81,102)	(66,98,152)	(1687,3008,4325)
8	(138,192,241)	(151,330,463)	(1524,2450,3864)
9	(82,116,159)	(115,195,291)	(1216,2137,3161)
10	(41,55,71)	(35,53,71)	(1432,2560,3782)
11	(168,252,367)	(307,430,584)	(2592,4020,5562)
12	(178,232,346)	(284,372,498)	(2792,4427,6163)
13	(111,144,198)	(121,236,370)	(1734,2660,4094)
14	(78,103,148)	(103,157,211)	(1426,2088,3312)
15	(167,212,267)	(216,370,516)	(1785,2605,4042)

定的参数 $C = 0.1, \lambda = 0.95, \varepsilon = 1$, 求二次规划 (3.17) 的解, 可以得到模糊线性回归方程:

$$\tilde{y} = 0.472183\tilde{x}_1 + 0.0395826\tilde{x}_2 + 3.217714$$

且当 $\tilde{x}_{ij} = (m_{ij}, m_{ij}, m_{ij})\,(i = 1, 2, \cdots, 15; j = 1, 2)\,\tilde{Y}_i = (M_i, M_i, M_i)$, 即 $\tilde{x}_{ij}, \tilde{Y}_i$ 为经典实数时, 模糊线性回归方程正好与经典线性回归方程相一致.

在本节中, 主要介绍了模糊训练数据的支持向量分类机模型, 并给出了详细的求解方法, 它极大地扩展了普通支持向量机的理论和应用范围, 经典支持向量机模型是它的一种特殊形式. 此外, 我们研究了模糊训练数据的支持向量分类机理论, 并给出了求解模糊线性回归的新方法, 即将模糊线性回归问题转化为模糊训练数据的支持向量分类机模型. 进一步我们将研究非可分模糊训练数据的支持向量机理论.

3.4　交互作用变量的累积工具

3.4.1　容度

1953 年, Choquet[54] 引入了容度, 之后研究了有界随机变量关于容度的积分, 即 Choquet 积分. Choquet 积分是非线性积分, 它不满足可加性. 容度是经典概率测度的推广, Choquet 积分是 Lebesgue 积分 (数学期望) 的推广. 近年来, 研究容度和 Choquet 积分理论的国内外学者逐渐增多, 在决策理论、金融和经济等领域中给出了很多 Choquet 积分的应用案例.

假设 (Ω, F) 为给定的可测空间, 在可测空间 (Ω, F) 上, 1953 年, Choquet[54] 定义了容度与 Choquet 积分概念.

定义 4.1　Ω 上的集函数 μ: $F \to [0,1]$, 如果满足:

(1) $\mu(\phi) = 0$, $\mu(\Omega) = 1$;

(2) 对 $\forall A, B \in F$ 且 $A \subseteq B$, 有 $\mu(A) \leqslant \mu(B)$, 则称 μ 为一容度 (capacity).

此时, 容度空间用三元组 (Ω, F, μ) 来表示.

如果对任一集合 $B \subseteq \Omega$, 都存在一集合 $A \in F$, 满足 $B \subseteq A$ 和 $\mu(A) = 0$, 则 B 称为 μ-零集 (μ-null set). 如果存在一个 μ-零集 D, 在 D 上某性质成立, 则称此性质关于 μ 几乎处处成立, 简记为 a.e.$[\mu]$.

下面我们给出几个常用的容度.

定义 4.2　容度 μ 的对偶容度 (conjugate capacity)$\overline{\mu}$ 定义为: 对任一 $A \in F$, $\overline{\mu}(A) = 1 - \mu(A^c)$.

定义 4.3　如果对任意 $A, B \in F$, 有

$$\mu(A \cup B) + \mu(A \cap B) \leqslant \mu(A) + \mu(B) \tag{4.1}$$

则称容度 μ 是凹的 (concave) 或者次模的 (submodular),

如果将不等式 (4.1) 中的 "$\leqslant$" 换成 "$\geqslant$", (4.1) 式成立, 则称 μ 是凸的 (convex).

定义 4.4 如果容度 μ 满足: 对任意 $A, B \in F, A \cap B = \varnothing$, 有

$$\mu(A \cup B) \leqslant \mu(A) + \mu(B) \tag{4.2}$$

则称 μ 是次可加性 (subadditive).

如果不等式 (4.2) 中的 "$\leqslant$" 换成 "$\geqslant$", 不等式依然成立, 则称 μ 是超可加的 (super-additive). 如果 μ 是次可加的, 同时也是超可加的, 则 μ 称为是可加的 (additive).

定义 4.5 如果当 $A_m \uparrow A (A_n \downarrow A)$ 时有 $\lim\limits_{n \to \infty} \mu(A_m) = \mu(A)$, 则容度 μ 在 A 处称为从下连续的 (从上连续的).

若 μ 在 A 处同时为上连续和下连续的, 则称 μ 在 A 处是连续的; 若 μ 在 F 的任一集合都是连续的, 则称容度 μ 为连续的. 连续的容度称为 Choquet 容度.

例 4.1 假如 (Ω, F) 为一可测空间, P 为可测空间 (Ω, F) 上的概率, 函数 $g : [0,1] \to [0,1]$ 是增函数, 且满足 $g(0) = 0, g(1) = 1$, 则 $\mu = g \cdot P$ 为容度, 则 g 被称为扭曲函数, 而该容度被称为扭曲概率.

扭曲概率 $g \cdot P$ 的对偶为 $\overline{\mu} = \overline{g} \cdot P$, 其中 $\overline{g}(X) = 1 - g(1 - X), x \in [0,1]$ 是对偶扭曲函数.

性质 4.1 给定容度空间 (Ω, F, μ), 则 μ 具有下列性质:

(1) $\overline{\overline{\mu}} = \mu$;

(2) μ 单调, 当且仅当 $\overline{\mu}$ 单调;

(3) μ 是凹的, 当且仅当 $\overline{\mu}$ 是凸的.

注 4.1 性质 4.1 表明 μ 和 $\overline{\mu}$ 具有对偶关系.

定义 4.6 容度 μ 的核被表示为

$$C(\mu) = \{P \in M : \overline{\mu}(A) \leqslant P(A) \leqslant \mu(A), \quad \forall A \in F\} \tag{4.3}$$

注 4.2 在对策论 (game theory) 中该定义被表示为 "$\overline{\mu}$ 的核", 一般被表示为 $\{P \in M : \overline{\mu} \leqslant P\}$. 可以将 μ 和 $\overline{\mu}$ 分别表示为核的上下包络 (upper and lower envelope)[58,59].

如果容度是凹的, 则 $C(\mu) \neq \varnothing$. 显然, 如果 μ 是凸的, 则 μ 的对偶和核可表示为

$$C(\overline{\mu}) = \{P \in M : \overline{\mu}(A) \leqslant P(A) \leqslant \overline{\mu}(A), \forall A \in F\}$$

并且 $C(\overline{\mu}) \neq \varnothing$.

3.4.2　Choquet 积分

随机变量 f 是 (Borel) 可测函数 $f : (\Omega, F) \to (R, B(R))$, 其中, $B(R)$ 是 R 上的 Borel σ-域, 有界的随机变量全体记作 L^∞. Choquet[54] 引入有界的随机变量关于容度的积分, 即 Choquet 积分.

定义 4.7　设 $f \in L^\infty$, f 在 $A \in F$ 上关于容度 μ 的 Choquet 积分定义为

$$(C) \int_A f \mathrm{d}u = \int_0^{+\infty} \mu(A \cap \{f \geqslant t\}) \, \mathrm{d}t + \int_{-\infty}^0 [\mu(A \cap \{f \geqslant t|\}) - 1] \, \mathrm{d}t \quad (4.4)$$

这里, 右边的所有积分都是 Lebesgue 积分.

注 4.3　(1) f 在 Ω 上关于容度 μ 的 Choquet 积分简记为 $(C) \int f \mathrm{d}\mu$.

(2) Choquet 积分不是对称的, 因为一般的 $(C) \int f \mathrm{d}\mu$ 不等于 $-(C) \int -f \mathrm{d}\mu$, 分别称它们为上 Choquet 积分和下 Choquet 积分.

(3) 若 $-\infty < (C) \int f \mathrm{d}\mu < \infty$, 则称函数 f 为 Choquet 可积的.

(4) 如果 μ 是一概率测度, 则 Choquet 积分退化为经典的数学期望.

下面给出 Choquet 积分的基本性质[55,56].

定理 4.1　对容度 μ 和 $f, g \in L^\infty$, 则

(1) $(C) \int f_A \mathrm{d}\mu = \mu(A)$, $A \in F$;

(2) (正时齐性) 对所有 $\lambda \in R^*$, 有 $(C) \int \lambda f \mathrm{d}\mu = \lambda \cdot (C) \int f \mathrm{d}\mu$;

(3) (转移不变形) 对所有 $c \in R$, 有 $(C) \int (f + c) \, \mathrm{d}\mu = (C) \int f \mathrm{d}\mu + c$;

(4) (非对称性) $(C) \int (-f) \, \mathrm{d}\mu = -(C) \int (f) \, \mathrm{d}\mu$;

(5) (关于被积随机变量的单调) 若 $f \leqslant g$, 则 $(C) \int f \mathrm{d}\mu \leqslant (C) \int f \mathrm{d}\mu$;

(6) (次可加性) 如果 μ 是凹的, 则有 $(C) \int (f+g) \, \mathrm{d}\mu \leqslant (C) \int f \mathrm{d}\mu + (C) \int g \mathrm{d}\mu$;

(超可加性) 如果 μ 是凸的, 则有 $(C) \int (f + g) \, \mathrm{d}\mu \geqslant (C) \int f \mathrm{d}\mu + (C) \int g \mathrm{d}\mu$;

称两个随机变量 $f, g \in L^\infty$ 是共单调的, 如果对任意一对 ω, 则有

$$(f(\omega) - f(\omega')) (g(\omega) - g(\omega')) \geqslant 0$$

定理 4.2(共单调可加性) 如果 $f, g \in L^\infty$ 是共单调的, 则有

$$(C) \int (f+g)\,\mathrm{d}\mu = (C) \int f\mathrm{d}\mu + (C) \int g\mathrm{d}\mu$$

3.4.3 基于模糊测度的模糊值函数的模糊 Choquet 积分[60]

下文中, 我们一直假设 $X = \{x_1, x_2, \cdots, x_n\}$ 为特征属性集, $(X, P(X))$ 为一个可测空间, μ 是 $P(X)$ 上的模糊测度.

考虑到一个模糊值函数 $\tilde{f} : X \to F(R^+)$, 若 $\tilde{f}(x_1), \tilde{f}(x_2), \cdots, \tilde{f}(x_n)$ 能以一个非递减的顺序排列, 即 $\tilde{f}(x_1') \leqslant \tilde{f}(x_2') \leqslant \cdots \leqslant \tilde{f}(x_n')$, $\{x_1', x_2', \cdots, x_n'\}$ 是 $\{x_1, x_2, \cdots, x_n\}$ 的某一重新排列.

对 $\alpha \in [0, 1]$, 由于

$$
\begin{aligned}
(C) \int f_\alpha \mathrm{d}\mu &= \left[(C) \int f_\alpha^- \mathrm{d}\mu, (C) \int f_\alpha^+ \mathrm{d}\mu \right] \\
&= \left[\sum_{i=1}^n f_\alpha^- (x_i')(\mu(A_i) - \mu(A_{i+1})), \sum_{i=1}^n f_\alpha^+ (x_i')(\mu(A_i) - \mu(A_{i+1})) \right] \\
&= \sum_{i=1}^n \left[f_\alpha^- (x_i'), f_\alpha^+ (x_i') \right](\mu(A_i) - \mu(A_{i+1}))
\end{aligned}
$$

其中, $A_i = \{x_i', x_{i+1}', \cdots, x_n'\}$ 和 $A_{n+1} = \varphi$, 我们易证 $(C) \int f_\alpha \mathrm{d}\mu$ 满足区间套原理[61], 则模糊值函数关于模糊测度的模糊 Choquet 积分可以定义如下:

$$(C) \int \tilde{f}\mathrm{d}\mu = \bigcup_{0 \leqslant \alpha \leqslant 1} \alpha \cdot (C) \int f_\alpha \mathrm{d}\mu = \sum_{i=1}^n \tilde{f}(x_i')(\mu(A_i) - \mu(A_{i+1})) \tag{4.5}$$

我们易证, 模糊值函数关于模糊测度的模糊 Choquet 积分同样是模糊数, 特别地, 三角模糊值函数关于模糊测度的模糊 Choquet 积分仍为三角模糊数.

例 4.2 令 $X = \{x_1, x_2\}$, $\mu(\{x_2\}) = 0.2\mu(\{x_1\}) = 0.1$, $\mu(X) = 1$, $\tilde{f}(x_1) = (0.5, 1, 1.5)$, $\tilde{f}(x_2) = (1.5, 1.5, 2)$ 是三角模糊数, 则

$$
\begin{aligned}
(C) \int f_\alpha \mathrm{d}\mu &= \left[f_\alpha^- (x_1), f_\alpha^+ (x_1) \right](\mu(\{x_1, x_2\}) - \mu(\{x_2\})) \\
&\quad + \left[f_\alpha^- (x_2), f_\alpha^+ (x_2) \right](\mu(\{x_2\}) - \mu(\varphi)) \\
&= [0.7 + 0.4\alpha, 1.6 - 0.5\alpha]
\end{aligned}
$$

$$(C) \int \tilde{f} \mathrm{d}\mu = \sum_{i=1}^{2} \tilde{f}(x_i)\left(\mu(A_i) - \mu(A_{i+1})\right)$$

$$= (0.5, 1, 1.5) \times 0.8 + (1.5, 1.5, 2) \times 0.2 = (0.7, 1.1, 1.6)$$

3.4.4　实值函数关于模糊值模糊测度的模糊 Choquet 积分 [57]

设 $X = \{x_1, x_2, \cdots, x_n\}$ 为特征属性集, $(X, P(X))$ 为一个可测空间, $\bar{\mu} = [\mu^-, \mu^+]$ 为 $P(X)$ 上区间值模糊测度, $\tilde{\mu}$ 为 $P(X)$ 上的模糊值模糊测度. 对于函数 $f : X \to [0, +\infty)$, 若 $f(x_1), f(x_2), \cdots, f(x_n)$ 能以一个非递减的顺序排列, 即 $f(x_1') \leqslant f(x_2') \leqslant \cdots \leqslant f(x_n')$, $\{x_1', x_2', \cdots, x_n'\}$ 是 $\{x_1, x_2, \cdots, x_n\}$ 的某一重排列, 则实值函数 f 关于区间值测度 $\bar{\mu} = [\mu^-, \mu^+]$ 的 Choquet 积分可定义如下:

$$(C) \int f \mathrm{d}\bar{\mu} = \left[(C) \int f \mathrm{d}\mu^-, (C) \int f \mathrm{d}\mu^+\right]$$

$$= \left[\sum_{i=1}^{n} \left(f(x_i') - f(x_{i-1}')\right) \times \mu^-(A_i), \sum_{i=1}^{n} \left(f(x_i') - f(x_{i-1}')\right) \times \mu^+(A_i)\right]$$

$$= \sum_{i=1}^{n} \left(f(x_i') - f(x_{i-1}')\right) \times \left[\mu^-(A_i), \mu^+(A_i)\right]$$

$$= \sum_{i=1}^{n} \left(f(x_i') - f(x_{i-1}')\right) \times \bar{\mu}(A_i)$$

其中, $f(x_0') = 0$, $A_i = \{x_i', x_{i+1}', \cdots, x_n'\}$.

对模糊值模糊测度 $\tilde{\mu}$, 我们可以证明 $(C) \int f \mathrm{d}\mu_\alpha (0 \leqslant \alpha \leqslant 1)$ 满足闭区间套定理 [61], 则实值函数 f 关于模糊值模糊测度 $\tilde{\mu}$ 的 Choquet 积分可定义如下:

$$(C) \int f \mathrm{d}\tilde{\mu} = \bigcup_{0 \leqslant \alpha \leqslant 1} \alpha \cdot (C) \int f \mathrm{d}\mu_\alpha = \sum_{i=1}^{n} \left[f(x_i') - f(x_{i-1}')\right] \times \tilde{\mu}(A_i) \qquad (4.6)$$

其中, $f(x_0') = 0$, $A_i = \{x_i', x_{i+1}', \cdots, x_n'\}$.

例 4.3　有 a, b, c 三个工人分别工作 $f(a) = 10, f(b) = 15, f(c) = 7$ 天来加工一种产品. 他们由同一天开始工作. 他们每日独自工作的效率分别由三角模糊数 $\mu(\{a\}) = (4.5, 5, 5.5), \mu(\{b\}) = (5.5, 6, 6.5), \mu(\{c\}) = (8, 8, 8.5)$ 表示, 他们之间的共同效率并非以上已知相应的效率简单的总和, 而是具有如下联合效率:

$$\mu(\{a, b\}) = (12, 14, 15), \quad \mu(\{b, c\}) = (15, 16, 16),$$

$$\mu(\{a,c\}) = (6,7,8), \quad \mu(\{a,b,c\}) = (17,18,19)$$

这些效率可被视为模糊值模糊测度, 则 $(C)\int f\mathrm{d}\tilde{\mu} = (182.5, 198, 218.5)$ 近似地代表这些天中这些工人生产的产品总数.

上述的非负集函数是一个经典的可加测度的推广, 而 Choquet 积分是一个 Lebesgue 积分的推广. 在特殊情况下, 若非负的集合函数是可加的, Choquet 积分即为 Lebesgue 积分.

3.5　基于 Choquet 积分的非线性回归

以下工作主要参考了 Wang[59-64] 的工作.

3.5.1　基于 Choquet 积分的非线性回归模型

设 $X = \{x_1, x_2, \cdots, x_n\}$ 是一组属性集, 单调集函数 $\mu: P(X) \to [0,1]$ 表示重要性的权重测度, 满足 $\mu(\varnothing) = 0$ 和 $\mu(X) = 1$. 集函数 μ 描述了 X 中所有单个属性以及所有属性集的重要性. 所有属性特征值函数为 $f: X \to [0, +\infty)$, 也就是说, $f(x_i)$ 是在属性 $x_i(i = 1, 2, \cdots, n)$ 上的评价信息. 假设一个变量 Y, 其值由下式计算:

$$Y = (C)\int f\mathrm{d}\mu + N(c, \sigma^2)$$

其中, 积分是 Choquet 积分, $N(c, \sigma^2)$ 为一正态分布, 它具有均值 c 和方差 σ^2, 这是一个多投入单产出带有随机扰动的系统, 其中投入为函数 f, 产出为 y. 通过 L 次独立观察该系统的投入和产出, 可以得到如下容量为 L 的投入-产出数据:

$$f_{11}, f_{12}, \cdots, f_{1n}, Y_1$$

$$f_{21}, f_{22}, \cdots, f_{2n}, Y_2$$

$$\cdots\cdots\cdots\cdots$$

$$f_{L1}, f_{L2}, \cdots, f_{Ln}, Y_L$$

利用最小二乘法及数据确定系统的未知参数, 其中 f_j 是 X 上的函数, $f_j(x_i) = f_{ji}, i = 1, \cdots, n; j = 1, 2, \cdots, L$.

$$e = \sqrt{\frac{1}{L}\sum_{j=1}^{L}\left(Y_j - q\int f_j\,\mathrm{d}\mu - c\right)^2}$$

如 3.4 节所提到的, 当 μ 为可加测度时, Choquet 积分与 Lebesgue 积分重合. 因此, 在这种情况下, 上述模型退化为经典线性多元回归.

一般来说, 这里所给出的模型是非线性多元回归. 它是传统线性多元回归的推广.

3.5.2　基于 Choquet 积分的非线性回归的自适应进化算法

为了从给定的训练数据确定上述非线性多元回归模型中的未知参数, 我们给出一种双重优化的自适应进化算法.

(1) 以下形式由 n, L, (f_{ji}) 和 (Y_j) 组成的给定数据的投入, 其中 n 是考虑属性的个数, L 是数据的大小.

$$(f_{ji}) = \left\{ \begin{array}{cccc} f_{11} & f_{12} & \cdots & f_{1n} \\ f_{21} & f_{22} & \cdots & f_{2n} \\ \vdots & \vdots & & \vdots \\ f_{L1} & f_{L2} & \cdots & f_{Ln} \end{array} \right\} \quad (Y_j) = (Y_1, Y_2, \cdots, Y_L)$$

这个步骤包括检查投入数据的完整性. 在此步骤中, 用户可以根据结果所需的精度和所选择的种群大小来选择基因的位长 M. M 和 s 的缺省值分别为 10(对应精度为三位数) 和 100. 用户也可以选择非线性积分的类型: Choquet 积分或其他类型的非线性积分.

(2) 找到用于测量每个个体误差 E 的相对大小的 M, M 的确定方法:

$$M = \max_{1 \leqslant j \leqslant L} Y_j \vee \max_{\substack{1 \leqslant j \leqslant L \\ 1 \leqslant i \leqslant n}} f_{ji}$$

(3) 初始化由 s 个体组成的种群 p, 种群中的每个个体都是一个非负单调集合函数 μ, 满足条件 $\mu(\varnothing) = 0$, $\mu(x) = 1$. 它包括 $2^n - 2$ 在 $[0,1]$ 上的实值变量, 在幂集中, 设 E_k, $k = 0, 1, \cdots, 2^n - 1$, 排列方式如下:

二进制数 $(k)_2 = b_n^{(k)} b_{n-1}^{(k)}, \cdots, b_1^{(k)}$, 其中,

$$b_i^{(k)} = \left\{ \begin{array}{ll} 1, & x_i \in E_k, \\ 0, & x_i \notin E_k, \end{array} \right. \quad i = 1, 2, \cdots, n$$

例 5.1　设 $X = \{x_1, x_2, x_3\}$, 数据规模 $L = 12$ 时的数据如表 3.7.

表 3.7 $L = 12$ 时的数据

f_1	f_2	f_3	Y
0.3	0.9	1.4	8.075
1.5	1.2	0.7	8.725
1.3	1.8	0.1	8.675
0	0.1	0.8	6.375
0.6	0.9	0	7.275
1.4	0.5	0.7	8.125
1.7	1.8	1.1	9.775
0.2	0.9	0.4	7.525
1	1.3	0.5	8.375
1.1	0	1.2	7.950
0.8	0.9	0.6	7.925
0.3	0.7	1.8	7.825

投入数据并运行程序后, 得到的结果如下:

$$N = 8536, \quad q = 481204585, \quad c = 6.005856850, \quad e = 0.007331408$$

集合 μ 值如表 3.8.

表 3.8 集合 μ 值 (1)

$\varnothing$	0
$\{X_1\}$	0.312500
$\{X_2\}$	0.495117
$\{X_1, X_2\}$	0.609375
$\{X_3\}$	0.092773
$\{X_1, X_3\}$	0.705078
$\{X_2, X_3\}$	0.820313
X_1	

图 3.1 显示了收敛率. 误差 e 非常小.

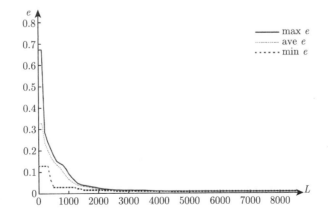

图 3.1 例 5.1 中的收敛率

事实上, 在这个例子中有一个精确的解决方案: $q = 5$, $c = 6$.

集合 μ 值如表 3.9.

表 3.9　集合 μ 值 (2)

$\varnothing$	0
$\{X_1\}$	0.3
$\{X_2\}$	0.5
$\{X_1, X_2\}$	0.6
$\{X_3\}$	0.1
$\{X_1, X_3\}$	0.7
$\{X_2, X_3\}$	0.8
X_1	

我们可以看到, L 在结果和精确解中的值非常接近.

以上提出的非线性模型推广了传统的线性多元回归模型, 并且给出了非线性模型的智能算法.

3.5.3　基于模糊 Choquet 积分的模糊非线性回归分析

在 3.4 节给出的交互作用变量的累积工具——Choquet 积分和模糊 Choquet 积分的基础上, 我们给出了基于模糊 Choquet 积分的模糊非线性回归分析[57].

1. 基于模糊 Choquet 积分的实值投入模糊产出模糊非线性回归分析

3.5.2 节给出了模糊线性回归的一种参数估计方法, 但在实际问题中的很多模糊回归问题模型, 其自变量之间并不是相互独立的, 即因变量和自变量之间是一种非线性模糊关系, 如何确定因变量和自变量之间这种非线性模糊关系是我们本节要解决的问题.

设因变量 $\tilde{Y}$ 为模糊变量, $X = \{x_1, x_2, \cdots, x_n\}$ 为与其相关的属性集合, $P(X)$ 上模糊值模糊测度 μ 描述所有个体属性 (属性集) 的重要性. 来自所有个体属性的评价函数用 $f: X \to [0, +\infty)$ 表示, 即 $f(x_i)$ 是来自属性 x_i 的评价 (或接收到信息). 假如一个变量 $\tilde{Y}$ 由下式确定:

$$\hat{Y} = \tilde{a} + (C) \int f \mathrm{d}\tilde{\mu}$$

通过独立地观察系统的投入和产出 m 次, 得到一组观测值:

$$f_{11}, f_{12}, \cdots, f_{1n}, \tilde{Y}_1$$

$$f_{21}, f_{22}, \cdots, f_{2n}, \tilde{Y}_2$$

$$\cdots\cdots\cdots$$

$$f_{m1}, f_{m2}, \cdots, f_{mn}, \tilde{Y}_m$$

可用最小二乘法来确定模型的未知参数. 根据标准 $\min\left\{E = \sum\limits_{j=1}^{m}\left[d\left(\tilde{Y}_j, \tilde{a} + (C)\int f_j \mathrm{d}\tilde{\mu}\right)\right]^2\right\}$, 其中, f_i 为 X 上的评价函数, $f_j(x_i) = f_{ji}, i = 1, 2, \cdots, n; j = 1, 2, \cdots, m$.

例 5.2 我们现在应用这一模型去分析在硬化过程中高温波特兰水泥成分的进化的效应. 数据列在表 3.10 中.

表 3.10　训练模糊数据[21]

序号	释放热量 $\tilde{y}_i = (y_i, r_i)$	铝酸三钙量 (x_{i1})	硅酸三钙量 (x_{i2})	铁酸铝三钙量 (x_{i3})
1	(71.6,78.5,85.4)	7	26	6
2	(67.9,74.3,80.7)	1	29	15
3	(94.9,104.3,113.7)	11	56	8
4	(79.8,87.6,95.4)	11	31	8
5	(86.9,95.5,105.1)	7	52	6
6	(99.3,109.2,119.1)	11	55	9
7	(93.4,107,112)	3	71	17
8	(66.3,75,78.7)	1	31	22
9	(84.8,93.1,101.4)	2	54	18
10	(105.3,115.9,126.5)	21	47	4
11	(76.4,83.8,91.2)	1	40	23
12	(107,113.3,123.9)	11	66	9
13	(99.5,109.4,119.3)	10	68	8

通过使用以上模型, 我们得到

$$\tilde{a} = (43.87, 48.07, 52.27), \qquad \tilde{\mu}(\{x_2\}) = (0.5877, 0.6561, 0.7245)$$
$$\tilde{\mu}(\{x_1, x_2\}) = (2.1355, 2.3549, 2.5743), \qquad \tilde{\mu}(\{x_2, x_3\}) = (20.8435, 0.9128, 0.9821)$$
$$\tilde{\mu}(\{x_1, x_2, x_3\}) = (2.4079, 2.6219, 2.8359)$$

因此, 训练得到的模糊非线性回归方程为

$$\hat{Y}_i = \tilde{a} + (C)\int f\mathrm{d}\tilde{\mu} = (43.87, 48.07, 52.27)$$
$$+ x_{i1}^* \cdot \tilde{\mu}\left(\left\{x_{1_1}^*, x_2^*, x_3^*\right\}\right) + (x_{i2}^* - x_{i1}^*) \cdot \tilde{\mu}(\{x_2^*, x_3^*\}) + (x_{i2} - x_{i2}^*) \cdot \tilde{\mu}(\{x_2\})$$

其中, $x_{i1}^* \leqslant x_{i2}^* \leqslant x_{i2}$.

2. 基于模糊 Choquet 积分的模糊投入、模糊产出的模糊非线性多元回归

设 $X = \{x_1, x_2, \cdots, x_n\}$ 为一个属性集合, $P(X)$ 上的模糊测度 μ 描述所有个体属性的重要性, 所有个体属性的评价函数用 $\tilde{f} : X \to F(R^+)$ 表示, 即 $f(x_i)$

是来自属性 x_i 的模糊评价 (或接收到模糊信息). 假如一个变量 $\tilde{Y}$ 由下式确定,

$$\hat{Y} = \tilde{a} + (C) \int f \mathrm{d}\tilde{\mu}$$

通过独立地观察 m 次, 得投入和产出数据如下:

$$\tilde{f}_{11}, \tilde{f}_{12}, \cdots, \tilde{f}_{1n}, \tilde{Y}_1$$

$$\tilde{f}_{21}, \tilde{f}_{22}, \cdots, \tilde{f}_{2n}, \tilde{Y}_2$$

$$\cdots\cdots\cdots$$

$$\tilde{f}_{m1}, \tilde{f}_{m2}, \cdots, \tilde{f}_{mn}, \tilde{Y}_m$$

利用最小二乘法可确定末知参数. 即最小化 $E = \sum\limits_{j=1}^{m} \left[d\left(\tilde{Y}_j, \tilde{a} + (C) \int \tilde{f}_j \mathrm{d}\mu \right) \right]^2$,
其中 f_j 是 X 的模糊值函数, $\tilde{f}_j(x_i) = \tilde{f}_{ji}, i = 1, 2, \cdots, n; j = 1, 2, \cdots, m$.

它的数学模型如下:

$$\min \sum_{j=1}^{m} \left[d\left(\tilde{Y}_j, \tilde{a} + (C) \int \tilde{f}_j \mathrm{d}\mu \right) \right]^2 \tag{$*$}$$

$$\text{s.t.} \begin{cases} \mu(\{x_1\}) \leqslant \mu(\{x_1, x_2\}) \\ \mu(\{x_2\}) \leqslant \mu(\{x_1, x_2\}) \\ \mu(\{x_1\}) \leqslant \mu(\{x_1, x_3\}) \\ \mu(\{x_3\}) \leqslant \mu(\{x_1, x_3\}) \\ \mu(\{x_2\}) \leqslant \mu(\{x_2, x_3\}) \\ \mu(\{x_3\}) \leqslant \mu(\{x_2, x_3\}) \\ \mu(\{x_1, x_2\}) \leqslant \mu(\{x_1, x_2, x_3\}) \\ \mu(\{x_1, x_3\}) \leqslant \mu(\{x_1, x_2, x_3\}) \\ \mu(\{x_2, x_3\}) \leqslant \mu(\{x_1, x_2, x_3\}) \\ \mu(A) \leqslant \mu(B), \quad \forall A \subseteq B \subseteq X \end{cases}$$

例 5.3　设 $X = \{x_1, x_2, x_3\}$, 在表 3.11 中列出 $m = 10$ 的数据.

通过使用以上模型 $(*)$, 我们得到 $\tilde{a} = (0, 0, 0), \mu(\{x_1\}) = 2.5263, \mu(\{x_2\}) = 0, \mu(\{x_3\}) = 1.4674, \mu(\{x_1, x_2\}) = 2.5263, \mu(\{x_1, x_3\}) = 14.9188, \mu(\{x_2, x_3\}) = 4.9503, \mu(\{x_1, x_2, x_3\}) = 22.2532.$ 这与合适的模糊非线性回归方程为

$$\hat{Y}_i = \tilde{a} + (C) \int \tilde{f} \mathrm{d}\mu = \tilde{f}(x_{1i}^*) \cdot \left[\mu\left(\{x_{1_1}^*, x_2^*, x_3^*\} - \mu(\{x_2^*, x_3^*\}) \right) \right]$$

$$+ \tilde{f}(x_{2i}^*) \cdot \left[\mu(\{x_2^*, x_3^*\} - \mu(x_3^*)) + \tilde{f}(x_{2i}) \cdot \mu(\{x_3^*\}) \right]$$

表 3.11   模糊训练数据

编号	$\tilde{y}_i$	$\tilde{f}_1$	$\tilde{f}_2$	$\tilde{f}_3$
1	(31.53,375,33.97)	(1.38,1.5,1.62)	(1.09,1.2,1.31)	(1,2,3)
2	(36.22,37.47,38.72)	(1.68,1.8,1.92)	(26,4,54)	(1.6,1.7,1.8)
3	(47.21,48.62,50.03)	(1.92,1,28)	(92,3.1,3.28)	(35,5,65)
4	(30.34,31.7,33.06)	(8,3,3.2)	(1.37,1.5,1.63)	(1.17,1.3,1.43)
5	(61,645,63.9)	(3.11,3.3,3.49)	(1.65,1.8,1.95)	(3.56,3.7,3.84)
6	(85,84.13,85.76)	(4.04,4.2,4.36)	(3.17,3.3,3.43)	(3.78,3.9,4.02)
7	(81.31,83.42,85.53)	(4.47,4.7,4.93)	(18,3,42)	(4.24,4.4,4.56)
8	(53.85,55.71,57.57)	(4.89,5.1,5.31)	(0.99,1.1,1.21)	(75,9,3.05)
9	(56.64,58.37,60.1)	(5.25,5.5,5.75)	(1.48,1.6,1.72)	(48,6,72)
10	(65.74,67.6,69.46)	(5.74,6,6.26)	(1.28,1.4,1.52)	(3.17,3.3,3.43)

$\{x_1^*, x_2^*, x_3^*\}$ 是 $\{x_1, x_2, x_3\}$ 的某一重排, $\tilde{f}(x_{1i}^*) \leqslant \tilde{f}(x_{2i}^*) \leqslant \tilde{f}(x_{3i}^*)$, 拟合结果见表 3.12.

表 3.12   拟合结果

编号	$\tilde{y}_i$	拟合结果 $\tilde{Y}_i$
1	(31.53,375,33.97)	(29.64,321,34.77)
2	(36.22,37.47,38.72)	(35.81, 38.08, 40.36)
3	(47.21,48.62,50.03)	(44.85, 48.71, 557)
4	(30.34,31.7,33.06)	(30.15, 33.22, 36.29)
5	(61,645,63.9)	(59.16, 63.02, 66.88)
6	(85,84.13,85.76)	(80.3, 83.14, 85.99)
7	(81.31,83.42,85.53)	(79.83, 83.27, 86.71)
8	(53.85,55.71,57.57)	(53.69, 56.89, 60.08)
9	(56.64,58.37,60.1)	(54.85, 57.85, 60.84)
10	(65.74,67.6,69.46)	(63.17, 67.84, 69.47)

本章给出一种新的非线性模糊回归模型, 推广了传统的线性模糊多元回归模型. 模糊值模糊测度 (包括模糊测度和广义的模糊测度) 和相关的非线性积分可广泛地应用于数据挖掘. 在具有交互作用变量 (模糊变量) 的系统模型中, 选择 Choquet 积分 (模糊 Choquet 积分) 作为非线性累积工具是直观并且合理的, 因为它明确地给出一些数据挖掘中属性间的交互作用.

参 考 文 献

[1] 茆诗松, 程依明, 濮晓龙. 概率论与数理统计教程 [M]. 北京: 高等教育出版社, 2004.

[2] 方开泰. 实用回归分析 [M]. 北京: 科学出版社, 1988.

[3] 陈希孺, 王松桂. 近代回归分析: 原理方法及应用 [M]. 合肥: 安徽教育出版社, 1987.

[4]   Tanaka H, Uejina S, Asai K. Fuzzy linear regression model[J]. IEEE Trans Systems Man Cybernetics, 1980(10): 2933-2938.

[5]   Tanaka H, Uejina S, Asai K. Linear regression analysis with fuzzy model[J]. IEEE Trans Systems Man Cybernetics, 1982(12): 903-907.

[6]   Tanaka H. Fuzzy data analysis by possibilistic linear models[J]. Fuzzy Sets and Systems, 1987(24): 363-375.

[7]   Tanaka H, Watada J. Possibilistic linear systems and their application to the linear regression model[J]. Fuzzy Sets and Systems, 1988(27): 275-289.

[8]   Phil D. Fuzzy least squares[J]. Information Sciences, 1988(46): 141-157.

[9]   Chang Y H O, Ayyub B M. Fuzzy regression methods: a comparative assessment[J]. Fuzzy Sets and Systems, 2001(119): 187-203.

[10] Xu R N, Li C L. Multidimensional least squares fitting with a fuzzy model[J]. Fuzzy Sets and Systems, 2001(119): 215-223.

[11] Coppi R, D'Urso P, Giordani P, et al. Least squares estimation of a linear regression model with LR fuzzy response[J]. Computational Statistics & Data Analysis, 2006(51): 267-286.

[12] Ban A. Approximattion of fuzzy numbers by trapeziondal fuzzy numbers preseving the expected interval[J]. Fuzzy Sets and Systems, 2008(159): 1327-1344.

[13] Abbasbandy S, Asady B. The nearest trapezoidal fuzzy number to a fuzzy quantity[J]. Applied Mathematics and Computation, 2004(156): 381-386.

[14] Allahviranloo T, Firozja M A. Note on "Trapezoidal approximations of fuzzy numbers"[J]. Fuzzy Sets and Systems, 2007(158): 755-756.

[15] Yager R. Using Trapezoids for representing granular objects:applications to learning and OWA aggregation[J]. Information Sciences, 2008(178): 363-380.

[16] Boukezzoula R, Galichet S, Foulloy L. MIN and MAX Operators for fuzzy intervals and their potential use in aggregation operatirs[J]. IEEE Trans on Fuzzy Systems, 2007(15): 1135-1144.

[17] 连华娟, 李晓奇. 模糊线性回归分析 [J]. 中国数学力学物理学高新技术研究交叉研究学会学术年会, 2008, 12: 579-583.

[18] 许若宁. 带模糊回归参数的线性回归模型 [J]. 模糊系统与数学, 1998, 12(2): 70-77.

[19] Yu J R, Yang Z H. The fuzzy linear regression and its application[J]. Systems Engineering-Theory and Practice, 1995(4): 32-38.

[20] Yen K K, Ghoshray S, Roig G. A linear regression model using triangular fuzzy number coefficients[J]. Fuzzy Sets and Systems, 1999(106): 167-177.

[21] Xu R N, Li C L. Multidimensional least-squares fitting with a fuzzy model[J]. Fuzzy Sets and Systems, 2001(119): 215-233.

[22] 卢佩, 陆秋君. 模糊线性回归模型的最小二乘方法 [J]. 统计与信息论坛, 2016(2): 14-20.

[23] 纪爱兵, 邱红洁, 谷银山. 基于模糊训练数据的支持向量机与模糊线性回归 [J]. 河北大学学报 (自然科学版), 2008(3): 240-243.

[24] 曾文艺. Fuzzy 数的 Fuzzy 度量空间 [J]. 北京师范大学学报 (自然科学版), 1999, 35(2): 162-166.

[25] 郑文瑞, 张敬芝, 白岩. 模糊非线性回归方法在经济预测中的应用 [J]. 模糊系统与数学, 2000(14): 351-353.

[26] 曾繁慧. 模糊线性回归分析的结构元理论 [J]. 科学技术与工程, 2005, 10(5): 635-636.

[27] 曾文艺, 李洪兴, 施煜. 模糊线性回归模型 (II)[J]. 北京师范大学学报 (自然科学版), 2006, 42(4): 334-338.

[28] Vapnik V N. The Nature of Statistical Learning Theory[M]. New York: Springer-Verlag, 1995.

[29] Vapnik V N. Statistical Learning Theory[M]. New York: Wiley-Interscienc, 1998.

[30] Cortes C, Vapnik V N. Support vector network[J]. Mach. Learn, 1995, 20(3): 273-297.

[31] Lin C, Wang S. Training algorithms for fuzzy support vector machines with noisy data[J]. Pattern Recognition Letters, 2004(25): 1647-1656.

[32] Keller J M, Hunt D J. Incorporating fuzzy membership functions into the perceptron algorithm[J]. IEEE Trans. PAMI, 1985(7): 693-699.

[33] Chen J H, Chen C S. Fuzzy kernel perceptron[J]. IEEE Trans. Neural Networks, 2002, 13(6): 1364-1373.

[34] Shitong W. Fuzzy Systems and Fuzzy Neural Networks and Their Programming[M]. Shanghai: Press of Shanghai Science and technologies, 2000.

[35] Angulo C, Parra X, Catala A. K-SVCR: a support vector machine for multi-class classification[J]. J. Neurocomput., 2003, 55(1-2): 57-77.

[36] Tsujinishi D, Abe S. Fuzzy least squares support vector machine for multiclass problems[J]. J. Neural Networks, 2003(16): 785-792.

[37] Kikuchi T, Abe S. Comparison between error correcting output codes and fuzzy support vector machines[J]. Pattern Recognition Letters, 2005(26): 1937-1945.

[38] Tsujinishi D, Abe S. Fuzzy least squares support vector machines for multiclass problems[J]. Neural Networks, 2003(16): 785-792.

[39] Hong D H, Hwang C. Support vector fuzzy regression machines[J]. Fuzzy Sets and Syetems, 2003(138): 271-281.

[40] Jeng J T, Chuang C C, Su S F. Support vector interval regression networks for interval regression analysis[J]. Fuzzy Sets and Systems, 2003(138): 283-300.

[41] Zadeh L A. Fuzzy sets as a basis for a theory of possibility[J]. Fuzzy Sets and Systems, 1978(1): 3-28.

[42] Dubois D, Prade H. Possibility Theory[M]. New York: Plenum Press, 1988.

[43] Klir G J. On fuzzy-set interpretation of possibility theory[J]. Fuzzy Sets and Systems, 1999(108): 263-373.

[44] Liu B. Uncertain Programming[M]. New York: Wiley, 1999.

[45] Liu B. Theory And Practice of Uncertain Programming[M]. Heidelberg: Physica, 2002.

[46] Liu B. Minimax chance constrained programming models for fuzzy decision systems[J]. Information Sciences, 1998(112): 25-38.

[47] Liu B. Dependent-chance programming in fuzzy environments[J]. Fuzzy Sets and Systems, 2000, 109(1): 97-106.

[48] Liu B. Fuzzy random chance-constrained programming[J]. IEEE Transactions on Fuzzy Systems, 2001, 9(5): 713-720.

[49] Liu B. Fuzzy random dependent-chance programming[J]. IEEE Transactions on Fuzzy Systems, 2001, 9(5): 721-726.

[50] Liu Y K, Liu B. Fuzzy random variables: a scalar expected value operator[J]. Fuzzy Optimization and Decision Making, 2003, 2(2): 143-160.

[51] Sakawa M, Yano H. Multiobjective fuzzy linear regression analysis for fuzzy input–output data[J]. Fuzzy Sets and Systems, 1992, 47(2): 173-181.

[52] Wu H C. Linear regression analysis for fuzzy input and output data using the extension principle[J]. Computers and Mathematics with Applications, 2003, 45(12): 1849-1859.

[53] Schölkopf B, Smola A J, Williamson R C, et al. New support vector algorithms[J]. Neural Computation, 2000, 12(5): 1207-1245.

[54] Choquet G. Theory of capacities[J]. Annales De L'institute Fourier, 1953(5): 131-295.

[55] Denneberg D. Non-Additive Measure and Integral[M]. Boston: Kluwer Academic Publishers,1994.

[56] Denneberg D. Conditioning(updating)non-additive measures[J]. Annals of Operations Research, 1994, 52: 21-42.

[57] Ji A, Qiu H, Pang J. Fuzzy nonlinear regressions based on fuzzy choquet integrals[J]. Journal of Intelligent&Fuzzy Systems, 2015, 28(2): 897-903.

[58] Dubois D, Prade H. Fundamentals of Fuzzy Sets[M]. The Handbooks of Fuzzy Sets Series, Kluwer Academic Publishers, Dordrecht, The Netherlands, 2000.

[59] Wang Z, Leung K S, Wong M L, et al. Nonlinear nonnegative multiregressions based on Choquet integrals[J]. International Journal of Approximate Reasoning, 2000, 25(2): 71-87.

[60] Wang Z, Leung K S, Wang J. Determining nonnegative monotone set functions based on Sugeno's integral:an application of genetic algorithms[J]. Fuzzy Sets and Systems, 2000(112): 155-164.

[61] Wang Z, Leung K S, Wong M L, et al. A new type of nonlinear integrals and the computation algorithm[J]. Fuzzy Sets and Systems, 2000(112): 223-231.

[62] Wang Z, Leung K S, Wang J. A genetic algorithm used for determining nonadditive set functions in information fusion[J]. Fuzzy Sets and Systems, 1999, 102(3): 463-469.

[63] Wang Z, Wang W, Klir G J. Pan-integrals with respect to imprecise probabilities[J]. International Journal of General Systems, 1996(25): 229-243.

[64] Wang Z, Xu K, Wang J, et al. Using genetic algorithms to determine nonnegative monotone set functions for information fusion in environments with random perturbation[J]. International Journal of Intelligent Systems, 1999(14): 949-962.

第 4 章　经典数据包络分析

实现较高的生产绩效是生产活动的重要目标, 因此, 绩效评价研究一直是管理科学或生产活动实践领域的重要研究领域. 在进行绩效评价时, 测量绩效是一项十分重要却较难以处理的问题. 通常意义上讲, 测量生产绩效就是对生产活动投入、产出量比较的结果. 当生产系统为单投入、单产出情况时, 给出它的投入产出比, 即可得到该项生产活动的绩效情况. 当生产系统为多投入、多产出的情况时, 可用总要素生产率 (TFP) 作为一种衡量指标. 因为是多投入和多产出的生产系统, 一般人们使用 "价格" 作为统一的度量因素, 并对每项投入、产出指标均赋予适当权重系数, 给出它们的加权形式的综合投入产出比. 数据包络分析 (DEA) 方法的引入, 为决策者对多投入、多产出生产系统的绩效评价问题, 提供了一种更为科学、客观的绩效评价方法.

一般地说, 数据包络分析方法是使用数学规划建立的绩效评价模型, 评价具有多投入、多产出生产系统的相对有效性 (称为 DEA 有效). 在 DEA 领域, 称部门 (或单元) 为决策单元 (decision making unit, DMU), 它可以是政府机关、企业、事业单位乃至不同地区等. 下面给出确定决策单元的基本原则: 对于生产系统 "消耗的资源" 和 "生产的产品" 来说, 各个 DMU 均被看成是同样的生产系统的个体. 也就是说, 从某一视角来看, 各个 DMU 具有相同的投入和产出. 在对投入、产出数据进行 DEA 综合分析之后, 可以给出各个 DMU 的绩效指标, 通过绩效指标可以给出各个 DMU 的排序情况, 确定 DEA 有效、弱 DEA 有效、DEA 无效的 DMU, 为管理者和决策者提供更多有益管理信息. 另外, DEA 还可用来判断各个 DMU 的投入规模, 如果投入规模不合适, 还可给出各个 DMU 投入规模应调整的程度和方向.

数据包络分析是由 Charnes 和 Cooper[1] 等于 1978 年创立的, 广泛应用于对多投入、多产出生产系统绩效评价的一种非参数统计估计方法. 它是以优化为工具, 评价具有多产出、多投入生产系统的决策单元之间的相对有效性的一种新的绩效评价方法, 是数学、管理学和数理经济学的一个新的交叉领域[1-3]. 其基本方法是把每一个被评价单位都看作一个 DMU, 由所有被评价 DMU 组成被评价群体, 利用数学规划方法, 通过将各个 DMU 的多投入、多产出指标的加权和作为变量进行运算分析, 建立一个包络所有 DMU 的有效生产前沿面, 我们可以依据每个 DMU 与有效生产前沿面距离的程度, 来判断各个 DMU 是否为 DEA 有效. 除此之外, 我们还可以通过投影的方法, 提供弱 DEA 有效、DEA 无效的 DMU 的原因及其应改善的程度和方向.

DEA 是基于生产前沿的非参数统计方法, 其利用 DEA 模型将一组多投入、多产出的数据观测值构造成多投入、多产出的有效生产前沿面 (或包络面), 它是由所有有效 (弱有效) 决策单元对应的点组成的生产前沿的分段线性估计, DEA 模型中, 约束条件的限制可以保证所有多投入、多产出的观测点都落在有效生产前沿面内, 只有 DEA 有效 (或弱 DEA 有效) 的 DMU 对应的点位于有效生产前沿面上, 而距离有效生产前沿面的距离表示各个 DMU 相对有效性的程度.

如图 4.1 所示, 有 5 个 DMU, 即 A, B, C, D, E, 每个 DMU 都有两种投入 x_1, x_2, 一种产出为 y, 由数据包络分析的理论知, 仅有决策单元 E 是技术无效的, 其他的 DMU 都处于生产前沿面上, 都是技术有效的, 当 DMU 位于包络面上时, 其绩效值为 1, 一系列分线段组成的等产量线构成了该生产前沿面, 对于技术无效的决策单元 E, 在生产前沿面上对应决策单元 D, 易知, 可以决策单元 D 是决策单元 B 和 C 的线性组合; 而决策单元 D 的投入能够生产出不少于决策单元 E 的产出, 这说明决策单元 E 消耗的资源过多; 和决策单元 D 比较来说, 决策单元 E 是技术无效的, 而决策单元 D 是技术有效的, 此时, 决策单元 E 的绩效是 OD/OE, 当 OD/OE =1 时, 决策单元 E 是技术有效的, 否则 E 是技术无效的. 基于这一思想, DEA 通过观测数据, 以数学规划为工具, 给出了各个决策单元的相对绩效.

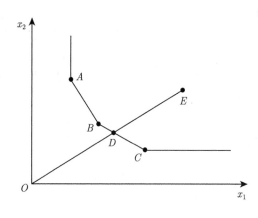

图 4.1

迄今, DEA 进行了多方面的扩展, 如可变规模报酬 DEA 模型 [2], 可加 DEA 模型 [4] 等; 另外结合系统投入和产出的数据特点, Liu 等 [4] 研究了含不期望投入或不期望产出的 DEA 模型. 为了对经典 DEA 模型有系统了解, 我们对几种经典 DEA 模型 [3] 进行简介.

4.1 数据包络分析的 CCR 模型

4.1.1 决策单元

在一定条件下, 某一经济系统或某一生产过程都可视为一个决策单元, 通过投入一定数量的生产资源, 产出一定数量 "产品" 的生产活动. 虽然, 生产活动的形式多种多样, 但是它们的目标是一致的, 即努力使生产活动取得最大的 "效益", 这样的单元被称为决策单元 (DMU), 它是绩效评价的对象. 从生产系统的角度来看, 可以认为是一个将一定 "投入" 转化为一定 "产出" 的生产单位. 在生产过程中, 每个决策单元将一定数量的生产资源转化为一定数量的 "产品", 并努力实现自身的决策目标, 因此, 生产活动都体现了一定的经济意义. 决策单元的概念较广泛, 可以是企业、银行等营利性单位, 也可以是学校、医院等非营利性单位.

很多情况下, 我们更感兴趣于具有同类型的多个 DMU. 其中, 同类型的 DMU 有以下特点: 具有同样的任务、目标, 具有同样的产出指标和投入指标, 有一样的外部环境. 不同时段的同一个 DMU 也可以看作是同类型的 DMU.

DMU 的 "投入" 和 "产出" 数据是进行评价的依据. 根据投入和产出数据给出 DMU 绩效评价的优劣, 即评价各个 DMU 之间绩效的相对有效性. 一个 DMU 的有效性主要包括两方面: ① 相对有效性, 是指建立在相互比较基础上的有效性; ② 每个 DMU 的有效性与产出综合和投入综合的比 (或理解为多投入——多产出时的投入——产出比) 关系密切.

投入指标一般是指在经济或管理活动中, 决策单元所耗费的经济量, 如固定资产原值、职工数、流动资金、自筹技术开发资金、占用土地等.

同类型的 DMU 保证了各个 DMU 之间的可比性和评价结果的公平性. 就好比是一个 "黑箱", 当我们打开它, 进一步研究 DMU 的内部结构和子单元的生产绩效时, 常常会涉及非同类型的 DMU. 例如, 隶属于同一公司的不同子公司, 虽然其投入和产出相同, 但受到地理位置的影响, 因而处于不同的外部环境之中. 总部在对不同的子公司进行绩效评价时, 必须采取合适的方法, 充分考虑到非同类型子公司的问题, 以促进内部竞争, 提高绩效水平. Castelli 等[5] 提出的 DEA-like 模型, 是专门用来评价非同类型的多个 DMU 之间绩效的一种方法.

产出指标是决策单元把某些投入要素组合投入生产系统后, 其经济 (或管理) 活动产生成效的经济量, 例如总产值、销售收入、产品数量、利税总额等.

DMU 的投入 (产出) 数据均指实际观测结果数据, 依据产出指标数据和投入指标数据, DEA 给出各个 DMU 之间的相对绩效的评价.

在选取指标时, 需要考虑到如下问题:

(1) 指标应该能够客观、准确地反映生产过程. 要尽可能避免主观性、随意性, 并要明确每个指标 (投入指标、产出指标) 的属性.

(2) 指标数据要容易获得, 并且能准确地量化. 因为 DEA 是基于数据的一种绩效评价方法, 绩效值也是利用投入、产出数据才能够计算出来.

(3) 指标个数要适当. DEA 模型中, DMU 的个数一般至少是评价指标数的两倍. 若评价指标数过多, 可能会出现较多的有效 DMU, 从而降低 DEA 模型的区分度; 若指标数过少, 则可能不利于发现问题, 且不能为决策者提供充分有用的管理信息.

4.1.2 基于投入导向的 CCR 模型

1978 年, 美国学者 Charnes 等[1] 提出了第一个 DEA 模型——CCR 模型 (或记为 C^2R 模型), CCR 是三个运筹学家 Charnes、Cooper 和 Rhodes 名字缩写. 用于判断决策单元是否同时为技术有效和规模有效 (也称生产绩效). 假设有 n 个类型、职能相同的单位或部门, 第 j 个决策单元的投入量向量为 x_j, 产出量向量为 y_j, 被评价决策单元为 DMU-j_0 . 其中 x_{ij} 和 y_{rj} 为已知数据, 是根据历史资料或预测得到 $x_j = (x_{1j}, x_{2j}, \cdots, x_{mj})^{\mathrm{T}}, y_j = (y_{1j}, y_{2j}, \cdots, y_{sj})^{\mathrm{T}}, j = 1, 2, \cdots, n$, 同时令投入、产出权重变量分别为 $v = (v_1, v_2, \cdots, v_m)^{\mathrm{T}} \geqslant 0, v \neq 0$ (表示对 m 项投入重要性的权重系数) 和 $u = (u_1, u_2, \cdots, u_s)^{\mathrm{T}} \geqslant 0, u \neq 0$ (表示对 s 项产出重要性的权重系数), 我们可得到参考集 $\hat{T} = \{(x_j, y_j) | j = 1, \cdots, n\}$, 在权重 v 和 u 之下, 转化为多投入和多产出的加权组合, 此时, 每个决策单元的绩效评价指数为 $\dfrac{u^{\mathrm{T}} y_j}{v^{\mathrm{T}} x_j}, j = 1, \cdots, n$, 不失一般性, 总可以假设 $\dfrac{u^{\mathrm{T}} y_j}{v^{\mathrm{T}} x_j} \leqslant 1, j = 1, \cdots, n$. 若进行相对有效性评价, 是以 v 和 u 为变量, 以求得的绩效指数最大为目标 $\max \dfrac{u^{\mathrm{T}} y_0}{v^{\mathrm{T}} x_0} = h_{j_0}$, 基于以上所给条件, 给出 CCR 模型如下所示:

$$(C^2R)' \begin{cases} \max \dfrac{u^{\mathrm{T}} y_0}{v^{\mathrm{T}} x_0} = h_{j_0} \\ \dfrac{u^{\mathrm{T}} y_j}{v^{\mathrm{T}} x_j} \leqslant 1, j = 1, \cdots, n \\ v \geqslant 0, \quad v \neq 0 \\ u \geqslant 0, \quad u \neq 0 \end{cases} \quad (1.1)$$

上述数据包络分析的 CCR 模型是以分数形式给出的优化模型, 比较难以求解, 所以, 我们在 CCR 模型中, 对分数形式的 CCR 模型作 C^2-变换 (这种处理分式形式优化的方法是由 Charnes 和 Cooper 给出的, 被称为 C^2-变换).

$$t = \frac{1}{v^{\mathrm{T}}x_0} \quad (t > 0), \quad \omega = tv \quad (\omega > 0), \quad \mu = tu(\mu > 0), \quad 得到\ \omega^{\mathrm{T}}x_0 =$$
$tv^{\mathrm{T}}x_0 = 1$, 则可以将 CCR 模型转化为 $\left(P_{C^2R}^I\right)$:

$$\left(P_{C^2R}^I\right) \begin{cases} \max \mu^{\mathrm{T}}y_0 = h_{j_0} \\ \omega^{\mathrm{T}}x_j - \mu^{\mathrm{T}}y_j \geqslant 0, j = 1, \cdots, n \\ \omega^{\mathrm{T}}x_0 = 1 \\ \omega \geqslant 0 \\ \mu \geqslant 0 \end{cases} \tag{1.2}$$

目标函数 $\max \mu^{\mathrm{T}}y_0 = h_{j_0}$, 其中 h_{j_0} 为 $\left(P_{C^2R}^I\right)$ 的最优值. h_{j_0} 是相对于 n 个决策单元的相对绩效值, 简称绩效指数.

定义 1.1 若模型 (1.2) 的最优解, 满足 $h_{j_0} = 1$, 则称 DMU-j_0 为弱 DEA 有效.

弱 DEA 有效的具体含义是: 对于 DMU-j_0, 尽管不能等比例减少投入或增加产出, 但可以增加某一项或某几项 (非全部) 的产出; 或者可以减少其中某一项或某几项 (非全部) 的投入.

定义 1.2 若模型 (1.2) 的最优解, 满足 $h_{j_0} = 1$ 且 $\omega > 0, \mu > 0$, 则称 DMU-j_0 为 DEA 有效.

定义 1.3 若模型 (1.2) 的最优解, 满足 $h_{j_0} < 1$, 则称 DMU-j_0 为 DEA 无效.

定义 1.4 设 $\omega \geqslant 0, \mu \geqslant 0$, 以及 $L = \left\{(X,Y) \mid \omega^{\mathrm{T}}X - \mu^{\mathrm{T}}Y = 0\right\}$ 满足 $T \subset \left\{(X,Y) \mid \omega^{\mathrm{T}}X - \mu^{\mathrm{T}}Y \geqslant 0\right\}, L \cap T \neq \varnothing$, 则称 L 为生产可能集 T 的弱有效面, 称为生产可能集 T 的弱生产前沿面. 特别地, 若 $\omega > 0, \mu > 0$ 则称 L 为 T 的有效面, 称 $L \cap T$ 为生产可能集 T 的生产前沿面.

在 DEA 理论中, 利用 DEA 模型可以判断决策单元的 DEA 有效性 (包括 DEA 有效、弱 DEA 有效、DEA 无效三种情况), 实质上就是判断该决策单元对应的点是否位于生产可能集的生产前沿面上.

模型 (1.2) 是 CCR 模型的线性原规划 $\left(P_{C^2R}^I\right)$, CCR 模型的对偶规划模型 $\left(D_{C^2R}^I\right)$:

$$\left(D_{C^2R}^I\right) \begin{cases} \min \theta \\ \displaystyle\sum_{j=1}^{n} x_j\lambda_j \leqslant \theta x_0 \\ \displaystyle\sum_{j=1}^{n} y_j\lambda_j \geqslant y_0 \\ \lambda_j \geqslant 0, \quad j = 1, \cdots, n \end{cases} \tag{1.3}$$

引入正负偏差变量 $s^- \in E^m, s^- \geqslant 0, s^+ \in E^s, s^+ \geqslant 0$，则 $\left(D_{C^2R}^I\right)$ 如下:

$$\left(D_{C^2R}^I\right) \begin{cases} \min \theta \\ \sum\limits_{j=1}^{n} x_j \lambda_j + s^- = \theta x_0 \\ \sum\limits_{j=1}^{n} y_j \lambda_j - s^+ = y_0 \\ \lambda_j \geqslant 0, \quad j = 1, \cdots, n \\ s^- \geqslant 0, s^+ \geqslant 0 \end{cases} \tag{1.4}$$

性质 1.1[3]　$\left(P_{C^2R}^I\right)$ 和 $\left(D_{C^2R}^I\right)$ 都存在可行解.

$\left(P_{C^2R}^I\right)$ 和 $\left(D_{C^2R}^I\right)$ 的最优解分别记为 $\hat{\omega}, \hat{\mu}$ 和 $\hat{\lambda}^0, \hat{\theta}^0, \hat{s}^{0^+}, \hat{s}^{0^-}$.

性质 1.2[3]　$\left(P_{C^2R}^I\right)$ 和 $\left(D_{C^2R}^I\right)$ 都存在最优解, 且二者的最优值相等, 即 $h_{j_0} = \mu^{0\mathrm{T}} y_0 = \theta^0 \leqslant 1$.

性质 1.3[3]　若 $\left(D_{C^2R}^I\right)$ 的任意最优解 $\lambda^0, \theta^0, s^{0^+}, s^{0^-}$ 都满足 $\sum\limits_{j=1}^{n} x_j \lambda_j^0 = \theta^0 x_0$ 和 $\sum\limits_{j=1}^{n} y_j \lambda_j = y_0 \left(s^{0^-} = 0, s^{0^+} = 0\right)$，则 $\left(P_{C^2R}^I\right)$ 存在最优解 ω^0, μ^0, 满足 $\omega^0 > 0, \mu^0 > 0$.

定义 1.5　若模型 (1.3) 的最优解, 满足 $h_{j_0} = 1$, 则称 DMU-j_0 为弱 DEA 有效.

定义 1.6　若模型 (1.3) 的任意最优解, 在满足 $h_{j_0} = 1$ 的同时, 也满足 $\sum\limits_{j=1}^{n} x_j \lambda_j^0 = \theta^0 x_0$ 和 $\sum\limits_{j=1}^{n} y_j \lambda_j = y_0$, 则称 DMU-$j_0$ 为 DEA 有效.

定义 1.7　若模型 (1.3) 的最优解, 满足 $h_{j_0} < 1$, 则称 DMU-j_0 为 DEA 无效.

我们用例 1.1 来说明 DEA 模型 CCR 的几何意义.

例 1.1　考虑由表 4.1 给出的投入、产出数据的例子, 其中 $n = 3, m = 2, s = 1$.

表 4.1　投入、产出数据简表

	1	2	3	
	1	6	3	
$m = 2 \rightarrow$	3	6	1	
	1	1	1	$\rightarrow s = 1$

由表 4.1 所给数据, 得到对偶线性规划 $\left(D_{C^2R}^I\right)$ 如下:

$$\left(D_{C^2R}^I\right)\begin{cases} \min \theta \\ \lambda_1 + 6\lambda_2 + 3\lambda_3 \leqslant \theta x_{10} \\ 3\lambda_1 + 6\lambda_2 + \lambda_3 \leqslant \theta x_{20} \\ \lambda_1 + \lambda_2 + \lambda_3 \geqslant 1 \\ \lambda_1 \geqslant 0, \quad \lambda_2 \geqslant 0, \quad \lambda_3 \geqslant 0 \end{cases}$$

求解集合 T 值分别如下:

$$T^1 = \left\{ \begin{pmatrix} x_1 \\ x_2 \end{pmatrix} \middle| \begin{array}{l} \lambda_1 + 6\lambda_2 + 3\lambda_3 = x_1, \lambda_1 + \lambda_2 + \lambda_3 = 1 \\ 3\lambda_1 + 6\lambda_2 + \lambda_3 = x_2, \lambda_1 \geqslant 0, \lambda_2 \geqslant 0, \lambda_3 \geqslant 0 \end{array} \right\}$$

$$T^2 = \left\{ \begin{pmatrix} x_1 \\ x_2 \end{pmatrix} \middle| \begin{array}{l} \lambda_1 + 6\lambda_2 + 3\lambda_3 = x_1, \lambda_1 + \lambda_2 + \lambda_3 \geqslant 1 \\ 3\lambda_1 + 6\lambda_2 + \lambda_3 = x_2, \lambda_1 \geqslant 0, \lambda_2 \geqslant 0, \lambda_3 \geqslant 0 \end{array} \right\}$$

$$T^3 = \left\{ \begin{pmatrix} x_1 \\ x_2 \end{pmatrix} \middle| \begin{array}{l} \lambda_1 + 6\lambda_2 + 3\lambda_3 \leqslant x_1, \lambda_1 + \lambda_2 + \lambda_3 \geqslant 1 \\ 3\lambda_1 + 6\lambda_2 + \lambda_3 \leqslant x_2, \lambda_1 \geqslant 0, \lambda_2 \geqslant 0, \lambda_3 \geqslant 0 \end{array} \right\}$$

取 $j_0 = 2$, 有 $(x_{10}, x_{20}) = (x_{12}, x_{22}) = (6, 6)$, 此时对偶线性规划 $\left(D_{C^2R}^I\right)$ 如下:

$$\left(D_{C^2R}^I\right)\begin{cases} \min \theta = h_2 \\ \lambda_1 + 6\lambda_2 + 3\lambda_3 \leqslant 6\theta \\ 3\lambda_1 + 6\lambda_2 + \lambda_3 \leqslant 6\theta \\ \lambda_1 + \lambda_2 + \lambda_3 \geqslant 1 \\ \lambda_1, \lambda_2, \lambda_3 \geqslant 0 \end{cases}$$

即可写为 $\left(D_{C^2R}^I\right)\begin{cases} \min \theta = h_2 = \theta^0, \\ \left(\theta\begin{pmatrix} 6 \\ 6 \end{pmatrix}, 1\right) \in T^3. \end{cases}$ 求解可知, $h_2 = \theta^0 = \dfrac{1}{3}$, 因此 DMU-2

不为弱 DEA 有效.

无论是对于线性规划还是对于对偶规划, 使用单纯形法求解时, 有时会出现 "循环" 现象, 为了避免 "循环" 现象的出现, Charnes 和 Cooper 在 CCR 模型中, 首先提出了非阿基米德无穷小的概念, 并利用非阿基米德无穷小, 给出了判别决策单元是否为 DEA 有效性的一种新的 DEA 模型.

Charnes 和 Cooper 借助引入的非阿基米德无穷小量 ε 的概念, 给出了求解数据包络分析 CCR 的单纯形方法, 可以判定决策单元的 DEA 有效性, 成功解决了 "退化" 情况下可能出现的 "循环" 现象, 给出了具有非阿基米德无穷小量 ε 的 CCR 模型. 其中 ε 是一个非阿基米德无穷小量, 它的具体意义是: 它是一个比任何正数都小的正数.

$$
\begin{cases}
\min \left[\theta - \varepsilon \left(\sum_{j=1}^{m} s^- + \sum_{j=1}^{r} s^+ \right) \right] = v_d(\varepsilon) \\
\sum_{j=1}^{n} x_j \lambda_j + s^- = \theta x_0 \\
\sum_{j=1}^{n} y_j \lambda_j - s^+ = y_0 \\
\lambda_j \geqslant 0, j = 1, \cdots, n \\
s^+ \geqslant 0, s^- \geqslant 0
\end{cases}
\tag{1.5}
$$

注 1.1   对于 $\forall a \succ 0$ 及 $\forall N \succ 0$, 都有 $N * \varepsilon \prec a$, 则 ε 称为非阿基米德无穷小量.

假设模型 (1.5) 的最优解为 $\lambda^0, s^{0-}, s^{0+}, \theta^0$, 下面我们分三种情况进行讨论:

(1) 当 $\theta^0 = 1$, 且 $s^{0-} = 0, s^{0+} = 0$ 时, 称决策单元 j_0 为 DEA 有效.

经济意义: 决策单元 j_0 的生产活动 (X_0, Y_0) 既为技术有效, 又为规模有效状态.

所谓技术有效, 是指对于生产活动 (X_0, Y_0) 中的资源获得了充分利用, 投入要素实现了最佳组合, 也取得了最大的产出效果, 绩效评价指标 $h_0 = \theta^0 = 1$.

(2) 当 $\theta^0 = 1$, 但至少存在某个 $s_i^{0-} > 0$ 或者至少存在某个 $s_j^{0+} > 0$ 时, 称决策单元 j_0 为弱 DEA 有效.

经济意义: 决策单元 j_0 不同时为技术有效和规模有效的状态.

若存在某个 $s_i^{0-} > 0$, 则表示第 i 种投入指标尚有 s_i^{0-} 没有得到充分利用;

若存在某个 $s_j^{0+} > 0$, 则表示第 j 种产出指标与最大产出值之间尚有 s_j^{0+} 的不足.

(3) 当 $\theta^0 < 1$ 时, 称决策单元 j_0 为 DEA 无效.

经济意义: 决策单元 j_0 的生产活动 (X_0, Y_0) 既没有达到技术有效的状态, 也没有达到规模有效的状态.

例 1.2 (工程建设项目评标方法)   假设有一个工程项目, 考察工程项目绩效的技术、经济综合指标分别为 $X_1, X_2, \cdots, X_m$; $Y_1, Y_2, \cdots, Y_s$, 其中 X_i 表示投入指标, Y_r 表示产出指标. 假设有 n 家投标商, 用 x_{ij} 表示第 j 家承包商的第 i 个投入指标值, y_{rj} 表示第 j 家承包商的第 r 个产出指标值 ($i = 1, 2, \cdots, m; r = 1, 2, \cdots, s; j = 1, 2, \cdots, n$).

现有 6 个承包商进行投标, 其各项指标如下:

在表 4.2 中, 净资产负债率和收益利息率为投入指标, 其余指标均为产出指标. 由于决策单元的绩效指数与各项投入数据和产出数据的量纲选取无关, 没有必要对上述数据做无量纲化处理. 现以净资产负债率 X_1、收益利息率 X_2 为投入指标, 以年生产能力 Y_1、投标能力 Y_2、履约保险系数 Y_3、资产利润率 Y_4、可获信

贷 Y_5、运营资本收益率 Y_6 为产出指标, 建立工程项目评价模型, 利用线性规划程序 (如 MATLAB 6.1 软件) 可分别给出 6 个工程承包商的绩效值和排序情况, 结果分析见表 4.3.

表 4.2 承包商各项指标

工程承包商	投标能力	年生产能力	履约保险系数	收益利息率/%	净资产负债率/%	资产利润率/%	可获信贷/万元	运营资本收益率/%
1	3.2	1.8	5	5.2	43.7	94.38	1000	69087
2	8	1.6	1	4.5	38.3	89.28	800	67026
3	6.1	8	5.1	3.0	120.5	54.04	2000	39054
4	5.4	5	4.0	5	140.7	51.23	1500	30.21
5	2	1.3	1.8	0	225.6	29.59	600	23.31
6	1.9	1.4	1.5	1.9	214.3	14.35	500	18.95

表 4.3 各工程承包商模型绩效值

承包商	1	2	3	4	5	6
绩效值	1.00	1.00	1.00	1.00	0.8520	0.7749
排序情况	1	1	1	1	2	3

由表 4.3 可以发现, 工程承包商 1, 2, 3, 4 绩效值均为 1, 无法进行排序, 故引入一个虚拟决策单元, 替代评价决策单元, 令

$$x_i = \min_{1 \leqslant j \leqslant n} x_{ij}, \quad y_r = \max_{1 \leqslant j \leqslant n} y_{rj} \quad (i = 1, 2, \cdots, m; r = 1, 2, 3, \cdots, s)$$

$$X_{n+1} = (x_1, x_2, \cdots, x_m)^{\mathrm{T}}, \quad Y_{n+1} = (y_1, y_2, \cdots, y_s)^{\mathrm{T}}$$

其中, X_{n+1} 为决策单元的投入, Y_{n+1} 为决策单元的产出, 以实现进一步比较各个决策单元差异程度的目的, 将其看作是这 n 个工程承包商 (即决策单元) 的虚拟决策单元, 使各个原有决策单元相对于这个虚拟决策单元变得非常有效. 我们把这个虚拟决策单元纳入到原有的 n 个决策单元中, 可以给出基于虚拟决策单元的工程项目评价的 DEA 模型 (P′):

$$\max h_{j_0} = \sum_{r=1}^{s} u_r y_{rj_0}$$

$$\text{s.t.} \begin{cases} \sum_{i=1}^{m} w_i x_{ij} - \sum_{r=1}^{s} u_r y_{rj} \geqslant 0 & (j = 1, 2, \cdots, n+1; j \neq j_0) \\ \sum_{i=1}^{m} w_i x_{ij_0} = 1 \\ w_i \geqslant 0, \quad u_r \geqslant 0 & (i = 1, 2, \cdots, m; r = 1, 2, \cdots, s) \end{cases}$$

可以验证这一模型 (P′) 的相关 DEA 理论都是成立的. 对该模型进行计算可以给出表 4.4.

表 4.4   P′ 模型下各工程承包商绩效值和排序情况

承包商	1	2	3	4	5	6
P′ 模型绩效值	0.8764	0.9626	0.6333	0.6786	0.4411	0.5000
排序情况	2	1	4	3	6	5

由表 4.4, 可以给出各工程承包商的优劣顺序情况, 依次为 2, 1, 4, 3, 6, 5. 故应当优先选择承包商 2.

4.1.3   CCR 模型的理论基础 [3]

前面, 我们提出 DEA 模型的经典模型——CCR 模型, 它是所有 DEA 模型的基础, 下文中所要提出的 BC^2、C^2GS^2 加性模型等, 具有偏好结构、具有模糊偏好的 DEA 模型均是在 CCR 模型的基础上演变得来的, 因此我们有必要更进一步地探究 CCR 模型.

我们继续以 $\left(D_{C^2R}^I\right)$ 模型进行探究, 设参考集为 $\hat{T} = \{(x_j, y_j) | j = 1, \cdots, n\}$, 其中 $x_j \in R^m, x_j > 0, j = 1, \cdots, n, y_j \in R^s, y_j > 0, j = 1, \cdots, n$. 考虑某种生产活动的产出量、投入量分别为 $y \in R^s, y \geqslant 0, x \in R^m, x \geqslant 0$. 在数量经济学中, 我们根据考察某些经济活动的特殊需要, 可建立一套公理体系, 由公理体系来建立生产可能集. 设生产可能集为 $T_{C^2R} = \{(x, y) \mid x \in R^m, x \geqslant 0, y \in R^s, y \geqslant 0\}$, 生产可能集 T_{C^2R} 的公理体系包括以下五条原则.

(1) **平凡性公理** $(x_j, y_j) \in T_{C^2R}, j = 1, \cdots, n.$

公理 (1) 之所以称为 "平凡性公理" 是因为 (x_j, y_j) 为所观察到的, 即投入 x_j, 产出 y_j.

(2) **凸性公理** $(x, y) \in T_{C^2R}, (\hat{x}, \hat{y}) \in T_{C^2R}$, 且 $\alpha \in [0, 1]$, 则有 $\alpha(x, y) + (1 - \alpha)(\hat{x}, \hat{y}) \in T_{C^2R}.$

公理 (2) 说明 T_{C^2R} 是凸集, 由 $\alpha(x, y) + (1 - \alpha)(\hat{x}, \hat{y})$ 展开得 $(\alpha x + (1 - \alpha)\hat{x}, \alpha y + (1 - \alpha)\hat{y}) \in T_{C^2R}.$

(3) **锥性公理** $(x, y) \in T_{C^2R}$, 且 $\alpha \geqslant 0$, 则有 $\alpha(x, y) \in T_{C^2R}.$

公理 (3) 表明, T_{C^2R} 为锥, 也称为可加性公理, 由 $\alpha(x, y) = (\alpha x, \alpha y) \in T_{C^2R}$ 可知投入和产出的同倍增长 $(\alpha > 1)$ 和同倍缩小 $(0 \leqslant \alpha < 1)$ 是可能的. 因为 T_{C^2R} 为凸集和锥, 知 T_{C^2R} 为凸锥, 对任意 $\alpha \geqslant 0, \beta \geqslant 0$, 都有 $\alpha(x, y) + \beta(\hat{x}, \hat{y}) \in T_{C^2R^4}.$

(4) **无效性公理** $(x, y) \in T_{C^2R}, \hat{x} \geqslant x, \hat{y} \leqslant y$, 则有 $(\hat{x}, \hat{y}) \in T_{C^2R}.$

公理 (4) 也被称为自由处置性公理, 它等价于同时为投入无效和产出无效. 产出无效是产出减少, 投入不变是可能的, 即若 $(x, y) \in T_{C^2R}, \hat{y} \leqslant y$, 则有 $(x, \hat{y}) \in T_{C^2R}$; 投入无效是假设投入增大, 产出不变是可能的, 即若 $(x, y) \in T_{C^2R}, \hat{x} \geqslant x$, 则 $(\hat{x}, y) \in T_{C^2R}$.

(5) **最小性公理** T_{C^2R} 是满足公理 (1)—公理 (4) 的所有集合中的最小者.

因为满足公理 (1)—公理 (4) 的集合是很多的, 因此最小性保证了满足上述公理的生产集合 T_{C^2R} 是唯一的. 经证明得满足公理 (1)—公理 (5) 的生产可能集为

$$
T_{C^2R} = \left\{ (x, y) \left| \begin{array}{l} \displaystyle\sum_{j=1}^{n} x_j \lambda_j \leqslant x, \quad \sum_{j=1}^{n} y_j \lambda_j \geqslant y \\ y \geqslant 0, \quad \lambda_j \geqslant 0, \quad j = 1, \cdots, n \end{array} \right. \right\}
$$

对于 DEA 模型 $\left(D_{C^2R}^{I}\right)$

$$
D^{I} \begin{cases} \min \theta = h_{j0} \\ \displaystyle\sum_{j=1}^{n} x_j \lambda_j \leqslant \theta x_0 \\ \displaystyle\sum_{j=1}^{n} y_j \lambda_j \geqslant y_0 \\ \lambda_j \geqslant 0, j = 1, \cdots, n \end{cases}
$$

对照生产可能集 T_{C^2R}, 可知 $\left(D_{C^2R}^{I}\right) \begin{cases} \min \theta = h_{j0}, \\ (\theta x_0, y_0) \in T_{C^2R}. \end{cases}$

我们不难发现, 评价 DMU-j_0 时, 是在生产可能集 T_{C^2R} 上, 当产出保持在 y_0 时, 使得投入 x_0 尽可能按 θ 倍减少, 即在限制 $(\theta x_0, y_0) \in T_{C^2R}$ 的情况下, 求 θ 的最小值.

在多投入、多产出的生产系统中, 生产可能集是表示投入与产出之间的一种技术关系的集合. 下面回顾生产函数的概念, 生产函数 $y = f(x)$ 表示投入与产出之间的技术关系, 当投入为 x 时, 能够得到的最大产出为 $y(y = f(x))$, 因此处于生产函数曲线上的点, 是处于 "技术有效" 的.

一般来说, 生产函数 $y = f(x)$ 的图像如图 4.2 所示, 由生产函数的边际 $y' = y'(x) > 0$ 可知, 生产函数是增函数, 当 $x \in (0, x^*)$ 时 $f(x'') > 0$, 故 $f(x)$ 为凸函数; 当 $x \in (x_1^* + \infty)$ 时 $f(x'') < 0$, 故 $f(x)$ 为凹函数. 由 $f''(x) = (f'(x))'$ 知, $f''(x) > 0$ 表示生产函数 $y = f(x)$ 的边际是增大的, 即当 x 增大时, 不但产出是增加的, 而且增加的 "速度" 也是增加的, 称为规模收益递增; $f''(x) < 0$ 表示生产函数 $y = f(x)$ 的边际是递减的, 即当 x 增大时, 虽然产出是增加的, 但增加的

"速度" 却是递减的, 称为规模收益递减. 图 4.2 中的 x^* 处于规模收益最佳的状态——规模收益不变, 称为 "规模有效".

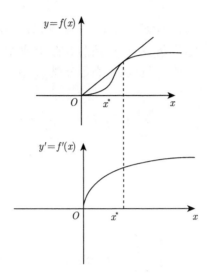

图 4.2　规模收益有效图样

作为可以判别 DMU-j_0 技术有效和规模有效的 DEA 模型 $\left(P_{C^2R}^I\right)\left(D_{C^2R}^I\right)$, 可用例 1.3 进一步说明.

例 1.3　考虑由表 4.5 给出的投入、产出数据的例子, 其中 $n=3, m=1, s=1$.

表 4.5　投入、产出数据 (例 1.3)

	1	2	3	
$m=1 \rightarrow$	1	4	6	
	2	4	1	$\rightarrow s=1$

参考集为 $\hat{T}=\{(1,2),(4,4),(6,1)\}$, 由平凡性公理和凸性公理, $\begin{pmatrix}1\\2\end{pmatrix}$, $\begin{pmatrix}4\\4\end{pmatrix}$, $\begin{pmatrix}6\\1\end{pmatrix}$ 的凸组合组成的集合:

$$T^1 = \left\{ \begin{pmatrix}1\\2\end{pmatrix}\lambda_1 + \begin{pmatrix}4\\4\end{pmatrix}\lambda_2 + \begin{pmatrix}6\\1\end{pmatrix}\lambda_3 \middle| \begin{array}{l} \lambda_1+\lambda_2+\lambda_3=1 \\ \lambda_1,\lambda_2,\lambda_3 \geqslant 0 \end{array} \right\} \subset T_{C^2R}$$

由锥性公理得到集合:

$$T^1 \subset T^2 = \left\{ \begin{pmatrix} 1 \\ 2 \end{pmatrix} \lambda_1 + \begin{pmatrix} 4 \\ 4 \end{pmatrix} \lambda_2 + \begin{pmatrix} 6 \\ 1 \end{pmatrix} \lambda_3 \middle| \lambda_1 \geqslant 0, \lambda_2 \geqslant 0, \lambda_3 \geqslant 0 \right\} \subset T_{C^2R}$$

由无效性公理和最小性公理得到生产可能集:

$$T_{C^2R} = \left\{ (x,y) \middle| \begin{array}{l} \lambda_1 + 4\lambda_2 + 6\lambda_3 \leqslant x, 2\lambda_1 + 4\lambda_2 + \lambda_3 \geqslant y \\ y \geqslant 0, \lambda_1 \geqslant 0, \lambda_2 \geqslant 0, \lambda_3 \geqslant 0 \end{array} \right\}$$

经计算可得 DMU-1 为 DEA 有效, DMU-2 和 DMU-3 不为 DEA 有效 (当 $m = s = 1$ 时, 对 CCR 模型来说, 弱 DEA 有效也为 DEA 有效).

为了进一步解释评价技术有效和规模有效的 CCR 模型, 考虑由图 4.3 给出的图例, 可以看出在 DEA 模型 CCR 下 DMU-1 为 DEA 有效. 因为 DMU-1 对应的 (x_1, y_1) 位于生产函数 $y = f(x)$ 曲线上, 所以是技术有效的. 由图也可知 DMU-1 也是规模有效的. 可见在 DEA 模型 CCR 之下的 DEA 有效, 既是技术有效也是规模有效. 而图 4.3 的 DMU-2 不在生产函数 $y = f(x)$ 的曲线上, 故不为技术有效, 但它为规模有效; DMU-3 是技术有效的, 但不为规模有效; DMU-4 不在生产函数 $y = f(x)$ 曲线上, 故不是技术有效的同时也不是规模有效的.

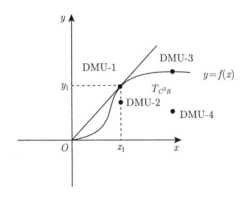

图 4.3

4.1.4 基于产出导向的 CCR 模型

CCR 模型 (1.1)、(1.2)、(1.3) 是以投入为导向的 CCR 模型. 所谓投入导向, 是指决策者希望在产出为 Y_{j_0} 时, 追求投入的减少, 即投入由 X_{j_0} 减少为目标 θX_{j_0}, 求 θ 的最小值. 然而以产出为导向的 CCR 模型与之恰恰相反, 是指在投入为 X_{j_0} 时, 注重产出的增加, 即产出由 Y_{j_0} 增大为 $z y_0, z \geqslant 1$. 下面我们给出以产出为导向的 CCR 模型 $(P^O_{C^2R})$:

$$
\left(P_{C^2R}^O\right)\begin{cases}
\min \omega^{\mathrm{T}} x_0 = h_{j_0} \\
\omega^{\mathrm{T}} x_j - \mu^{\mathrm{T}} y_j \geqslant 0, \quad j = 1, \cdots, n \\
\mu^{\mathrm{T}} y_0 = 1 \\
\omega \geqslant 0 \\
\mu \geqslant 0
\end{cases}
\tag{1.6}
$$

定义 1.8 若模型 (1.6) 的最优解满足 $h_{j_0} = 1$, 则称 DMU-j_0 为弱 DEA 有效.

定义 1.9 若模型 (1.6) 的最优解满足 $h_{j_0} = 1$ 且 $\omega > 0, \mu > 0$, 则称 DMU-j_0 为 DEA 有效.

定义 1.10 若模型 (1.6) 的最优解满足 $h_{j_0} > 1$, 则称 DMU-j_0 为 DEA 无效.

下面给出以产出为导向的 CCR 模型 (1.6) 的对偶规划 $\left(D_{C^2R}^O\right)$ 模型:

$$
\left(D_{C^2R}^O\right)\begin{cases}
\max z = h_{j0} \\
\displaystyle\sum_{j=1}^{n} x_j \lambda_j \leqslant x_0 \\
\displaystyle\sum_{j=1}^{n} y_j \lambda_j \geqslant z y_0 \\
\lambda_j \geqslant 0, \quad j = 1, \cdots, n
\end{cases}
\tag{1.7}
$$

定义 1.11 若模型 (1.7) 的最优解满足 $h_{j_0} = 1$, 则称 DMU-j_0 为弱 DEA 有效.

定义 1.12 若模型 (1.7) 的任意最优解在满足 $h_{j_0} = 1$ 的同时, 也满足 $\displaystyle\sum_{j=1}^{n} x_j \lambda_j = x_{j0}$ 和 $\displaystyle\sum_{j=1}^{n} y_j \lambda_j = z y_{j0}$, 则称 DMU-$j_0$ 为 DEA 有效.

定义 1.13 若模型 (1.7) 的最优解满足 $h_{j_0} > 1$, 则称 DMU-j_0 为 DEA 无效.

定理 1.1[3] 产出 DEA 模型 $\left(D_{C^2R}^O\right)$ 和投入 DEA 模型 $\left(D_{C^2R}^I\right)$ 之间有如下关系: 设 θ 为 $\left(D_{C^2R}^I\right)$ 的最优值, Z 为 $\left(D_{C^2R}^O\right)$ 的最优值, 则有 $Z = \dfrac{1}{\theta}$. 进而可知投入 DEA 模型 $\left(P_{C^2R}^I\right)\left(D_{C^2R}^I\right)$ 之下的弱 DEA 有效与产出 DEA 模型 $\left(P_{C^2R}^O\right)\left(D_{C^2R}^O\right)$ 之下的弱 DEA 有效是等价的.

定理 1.2[3] 决策单元 DMU-j_0 在投入 DEA 模型 $\left(P_{C^2R}^I\right)\left(D_{C^2R}^I\right)$ 之下为 DEA 有效的充分必要条件是: 在产出 DEA 模型 $\left(P_{C^2R}^O\right)\left(D_{C^2R}^O\right)$ 之下为 DEA 有效.

同理, 若 DMU-j_0 在产出 DEA 模型下为 DEA 有效, 则 DMU-j_0 在投入 DEA 模型下也为 DEA 有效.

由定理 1.1 和定理 1.2 可以看出, 对产出 DEA 模型 CCR 有着与投入 DEA 模型 CCR 类似的性质, 这里不再另证.

我们用例 1.4 来说明产出 DEA 模型 $\left(P_{C^2R}^O\right)\left(D_{C^2R}^O\right)$ 的几何意义.

例 1.4 考虑由表 4.6 给出的投入、产出数据的例子, 其中 $n=5, m=2, s=1$.

表 4.6 投入、产出数据 (例 1.4)

	1	2	3	4	5	
$m=2\to$	1	4	6	3	2	
	3	1	1	1	2	
	1	1	1	1	1	$\to s=1$

由表 4.6 给出的数据, 使用原规划 $\left(P_{C^2R}^O\right)$:

$$\left(P_{C^2R}^O\right)\begin{cases} \min \omega^{\mathrm T} x_0 \\ \omega_1 + 3\omega_2 - \mu_1 \geqslant 0 \\ 4\omega_1 + \omega_2 - \mu_1 \geqslant 0 \\ 6\omega_1 + \omega_2 - \mu_1 \geqslant 0 \\ 3\omega_1 + \omega_2 - \mu_1 \geqslant 0 \\ 2\omega_1 + 2\omega_2 - \mu_1 \geqslant 0 \\ \mu^{\mathrm T} y_0 = 1 \\ \omega_1 \geqslant 0, \quad \omega_2 \geqslant 0 \\ \mu_1 \geqslant 0 \end{cases}$$

取 $j_0 = 5$, 有

$$(x_{10}, x_{20}) = (x_{15}, x_{25}) = (2, 2)$$

线性规划 $\left(D_{C^2R}^O\right)$ 如下:

$$\left(D_{C^2R}^O\right)\begin{cases} \max z = h_5 \\ \lambda_1 + 4\lambda_2 + 6\lambda_3 + 3\lambda_4 + 2\lambda_5 \leqslant 2z \\ 3\lambda_1 + \lambda_2 + \lambda_3 + \lambda_4 + 2\lambda_5 \leqslant 2z \\ \lambda_1 + \lambda_2 + \lambda_3 \geqslant 1 \\ \lambda_1, \lambda_2, \lambda_3, \lambda_4, \lambda_5 \geqslant 0 \end{cases}$$

求解可知,

$$h_5 = z = 1,$$

因此 DMU-5 为 DEA 有效.

例 1.5 湖南省中医医院医疗服务绩效评价: 本研究数据来源于 2010—2015 年《湖南省卫生事业发展统计情况》、《中国卫生和计划生育统计年鉴》和《湖南省 2015 年卫生和计划生育事业发展统计公报》. 其中, 投入指标包括中医医院机构数、卫生技术人员数、床位数, 产出指标包络诊疗人次、平均住院时间、病床使用率和入院人次, 如表 4.7 所示.

表 4.7 2010—2015 年湖南省中医医院医疗服务绩效指标

年份	机构数	卫生技术人员数/万人	床位数/万张	诊疗量/万人次	平均住院时间/d	病床使用率/%	入院量/万人次
2010	125	76	3. 43	1121. 00	10. 50	90. 84	81. 77
2011	129	3. 88	3. 23	1238. 60	10. 20	90. 54	98. 13
2012	128	4. 07	3. 52	1371. 99	9. 80	94. 44	120. 38
2013	133	4. 35	3. 87	1447. 17	9. 50	96. 14	133. 38
2014	135	4. 57	4. 24	1549. 65	9. 50	91. 26	141. 32
2015	138	4. 85	4. 60	1600. 73	9. 30	88. 63	146. 70

由上表, 可以得到 2010—2015 年湖南省中医医院的综合技术绩效、纯技术绩效和规模绩效均等于 1, 即 DEA 有效, 表明医疗服务绩效达到最优水平, 实现了生产活动中投入的充分利用, 也实现了产出的最大化, 如表 4.8 所示.

表 4.8 2010—2015 年湖南省中医医院综合技术绩效

年份	纯技术绩效	综合技术绩效	规模绩效
2010	1. 00	1. 00	1. 00
2011	1. 00	1. 00	1. 00
2012	1. 00	1. 00	1. 00
2013	1. 00	1. 00	1. 00
2014	1. 00	1. 00	1. 00
2015	1. 00	1. 00	1. 00

4.2 数据包络分析的 BCC 模型和加法模型

4.2.1 BCC 模型的生产可能集

在上一节的介绍中, 我们提到了 CCR 模型是判断决策单元是否同时为技术有效和规模有效的 (也称生产绩效), 但由于 CCR 模型不能单纯地评价技术有效, 可用 BCC 模型对决策单元的技术有效性进行评价, BCC 模型是 1984 年由 Banker、Charnes 和 Cooper 首先给出 (取其首字母 BCC 来命名). 与上一节相似, 我们首先建立公理体系, 并根据公理体系建立 BCC 模型的生产可能集.

BBC 模型的生产可能集 T_{BC^2} 的公理体系有

(1) **平凡性公理** $(x_j, y_j) \in T_{BC^2}, j = 1, \cdots, n.$

公理 (1) 之所以称为 "平凡性" 是因为 (x_j, y_j) 为所观察到的, 即投入 x_j, 产出 y_j.

(2) **凸性公理** $(x, y) \in T_{BC^2}, (\hat{x}, \hat{y}) \in T_{BC^2}$, 且 $\alpha \in [0, 1]$, 则有 $\alpha(x, y) + (1 - \alpha)(\hat{x}, \hat{y}) \in T_{BC^2}.$

公理 (2) T_{BC^2} 为凸集, $\alpha(x, y) + (1 - \alpha)(\hat{x}, \hat{y}) = (\alpha x + (1 - \alpha)\hat{x}, \alpha y + (1 - \alpha)\hat{y}) \in T_{BC^2}$, 由此可知, 若投入为 x 可以产出 y, 投入为 $\hat{x}$ 可以产出 $\hat{y}$, 那么分别以投入为 x 和 $\hat{x}$ 的 α 及 $(1 - \alpha)$ 的比例之和进行投入, 可以产出按 y 和 $\hat{y}$ 的同比例 α 与 $(1 - \alpha)$ 之和的产出.

(3) **无效性公理** $(x, y) \in T_{BC^2}, \hat{x} \geqslant x, \hat{y} \leqslant y$, 则有 $(\hat{x}, \hat{y}) \in T_{BC^2}.$

公理 (3) 也被称为自由处置性公理, 它等价于同时为投入无效和产出无效.

(4) **最小性公理** T_{BC^2} 是所有满足公理 (1)—公理 (3) 的最小者.

与生产可能集 T_{C^2R} 相比, 生产可能集 T_{BC^2} 为多面锥, 生产可能集 T_{BC^2} 的公理体系中没有锥性的假设, 即若 $(x, y) \in T_{BC^2}, \alpha \geqslant 0$, 并不能保证 $\alpha(x, y) = (\alpha x, \alpha y) \in T_{BC^2}$, 因此 T_{BC^2} 生产可能集为凸多面集, T_{BC^2} 生产前沿面可以看作是对生产函数对应的曲面的推广. 那么, 我们可以得知满足公理 (1)—公理 (4) 的生产可能集为

$$T_{BC^2} = \left\{ (x, y) \left| \begin{array}{c} \displaystyle\sum_{j=1}^{n} x_j \lambda_j \leqslant x, \quad \sum_{j=1}^{n} y_j \lambda_j \geqslant y, \quad y \geqslant 0 \\ \displaystyle\sum_{j=1}^{n} \lambda_j = 1, \quad \lambda_j \geqslant 0, \quad j = 1, \cdots, n \end{array} \right. \right\}$$

我们用例 2.1 来说明 DEA 模型 BCC 的几何意义.

例 2.1 考虑由表 4.9 给出的投入、产出数据的例子, 其中 $n = 3, m = 1, s = 1.$

表 4.9 投入、产出数据 (例 2.1)

	1	2	3	
$m = 1 \rightarrow$	4	6	2	
	2	4	1	$\rightarrow s = 1$

参考集为 $\hat{T} = \{(4, 2), (6, 4), (2, 1)\}$. 由平凡性公理和凸性公理, $\begin{pmatrix} 4 \\ 2 \end{pmatrix}, \begin{pmatrix} 6 \\ 4 \end{pmatrix}, \begin{pmatrix} 2 \\ 1 \end{pmatrix}$ 的凸组合组成的集合

$$T^1 = \left\{ \begin{pmatrix} 4 \\ 2 \end{pmatrix} \lambda_1 + \begin{pmatrix} 6 \\ 4 \end{pmatrix} \lambda_2 + \begin{pmatrix} 2 \\ 1 \end{pmatrix} \lambda_3 \,\middle|\, \begin{array}{l} \lambda_1 + \lambda_2 + \lambda_3 = 1 \\ \lambda_1, \lambda_2, \lambda_3 \geqslant 0 \end{array} \right\} \subset T_{BC^2}$$

由无效性公理和最小性公理得到生产可能集

$$T_{BC^2} = \left\{ (x, y) \,\middle|\, \begin{array}{l} 4\lambda_1 + 6\lambda_2 + 2\lambda_3 \leqslant x, \quad 2\lambda_1 + 4\lambda_2 + \lambda_3 \geqslant y \geqslant 0 \\ \lambda_1 + \lambda_2 + \lambda_3 = 1, \quad \lambda_1 \geqslant 0, \lambda_2 \geqslant 0, \lambda_3 \geqslant 0 \end{array} \right\}$$

求解可知, DMU-2 为 DEA 有效, DMU-1 和 DMU-3 不为 DEA 有效.

如图 4.4 所示, A, B, C, D 是四个 DMU, 与 CCR 模型相比, BCC 模型在 CCR 模型的约束条件中添加了 $\sum_{j=1}^{n} \lambda_j = 1$, 以确保投影点的生产规模与被评价 DMU 的生产规模保持在同一水平, 这正是 BCC 模型的绩效值普遍大于 CCR 模型的绩效值的原因.

(1) 假设规模收益不变, 生产前沿可用 OB 射线表示, B 是唯一有效 DMU 单元.

(2) 假设规模收益可变, 则生产前沿为 $MABD$ 构成的凸向左侧的曲线.

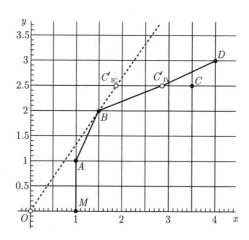

图 4.4　投入导向 BCC 模型基本原理图示

4.2.2　投入导向的 BBC 模型

在 4.2.1 节中, 我们给出的 CCR 模型是评价决策单元为技术有效和规模有效的 DEA 模型, 但却不能用来单纯评价技术有效. 1984 年, Banker 等[2] 提出了专门用来评价决策单元技术有效的 BCC 模型. 在引用 4.2.1 节提出的假设条件的基

础上, 引入变量 Δ_1, 则以投入为导向的 BCC 模型为

$$
\left(P_{BC^2}^I\right) \begin{cases} \max\left(\mu^{\mathrm{T}} y_0 - \Delta_1\right) = h_{j0} \\ \omega^{\mathrm{T}} x_j - \mu^{\mathrm{T}} y_j + \Delta_1 \geqslant 0, \quad j = 1, \cdots, n \\ \omega^{\mathrm{T}} x_0 = 1 \\ \omega \geqslant 0, \mu \geqslant 0, \quad \Delta_1 \text{无限制} \end{cases} \tag{2.1}
$$

定义 2.1 若模型 (2.1) 的最优解满足 $h_{j_0} = 1$, 则称 DMU-j_0 为弱 DEA 有效 (I-BC^2).

定义 2.2 若模型 (2.1) 的最优解满足 $h_{j_0} = 1$ 且 $\omega > 0, \mu > 0$, 则称 DMU-j_0 为 DEA 有效 (I-BC^2).

定义 2.3 若模型 (2.1) 的最优解满足 $h_{j_0} < 1$, 则称 DMU-j_0 为 DEA 无效 (I-BC^2).

下面给出以投入为导向的 BCC 模型的对偶模型 $\left(D_{BC^2}^I\right)$:

$$
\left(D_{BC^2}^I\right) \begin{cases} \min \theta = h_{j0} \\ \sum_{j=1}^{n} x_j \lambda_j \leqslant \theta x_0 \\ \sum_{j=1}^{n} y_j \lambda_j \geqslant y_0 \\ \sum_{j=1}^{n} \lambda_j = 1 \\ \lambda_j \geqslant 0, j = 1, \cdots, n \end{cases} \tag{2.2}
$$

定义 2.4 若模型 (2.2) 的最优解满足 $h_{j_0} = 1$, 则称 DMU-j_0 为弱 DEA 有效 (I-BC^2).

定义 2.5 若模型 (2.2) 的任意最优解在满足 $h_{j_0} = 1$ 的同时, 也满足 $\sum_{j=1}^{n} x_j \lambda_j = \theta x_{j_0}$ 和 $\sum_{j=1}^{n} y_j \lambda_j = y_{j_0}$, 则称 DMU-$j_0$ 为 DEA 有效 (I-BC^2).

定义 2.6 若模型 (2.2) 的最优解满足 $h_{j_0} < 1$, 则称 DMU-j_0 为 DEA 无效 (I-BC^2).

基于以上 DEA 模型 $\left(P_{BC^2}^I\right)$ 和 $\left(D_{BC^2}^I\right)$, 可以得到 DEA 模型 BCC 有以下性质.

性质 2.1[3] $\left(P_{BC^2}^I\right)$ 和 $\left(D_{BC^2}^I\right)$ 都存在最优解, 并且二者的最优值相等.

不难看出 $\left(P_{BC^2}^I\right)$ 和 $\left(D_{BC^2}^I\right)$ 都存在可行解, 由线性规划对偶定理知, 它们都存在最优解, 并且二者的最优值相等.

性质 2.2[3]   决策单元 DMU-j_0 的有效性与各项投入指标和产出指标的量纲选取无关.

性质 2.3[3]   若线性规划 $(D_{BC^2}^I)$ 的任意最优解 h_{j0} 都满足 $\sum\limits_{j=1}^{n} x_j \lambda_j = \theta x_0$, $\sum\limits_{j=1}^{n} y_j \lambda_j = y_0$, 则线性规划 $(P_{BC^2}^I)$ 存在最优解 ω, μ, Δ_1, 且满足 $\omega > 0, \mu > 0$.

定义 2.7   设 $h_{C^2R}^I$ 为投入 DEA 模型 $(P_{C^2R}^I)$ 和 $(D_{C^2R}^I)$ 的最优值, $h_{BC^2}^I$ 为投入 DEA 模型 $(P_{BC^2}^I)$ 和 $(D_{BC^2}^I)$ 的最优值, 称 $h_{C^2R}^I$ 为 DMU-j_0 的生产绩效, 也称为整体绩效; $h_{BC^2}^I$ 为 DMU-j_0 的技术绩效; $\dfrac{h_{C^2R}^I}{h_{BC^2}^I}$ 为 DMU-j_0 的规模绩效, 记为 SE.

因此, 对于同一个决策单元, 不难发现, 生产绩效 $\div$ 技术绩效 = 规模绩效.

显然, $h_{C^2R}^I = h_{BC^2}^I \cdot \text{SE}$, 我们可以看出整体绩效 h_{C^2R}、规模绩效 SE 和技术绩效 $h_{BC^2}^I$ 之间有如下关系: $0 < h_{C^2R} \leqslant h_{BC^2} \leqslant 1$, $0 < \text{SE} \leqslant 1$. 由此可得, 若 $h_{C^2R}^I = 1$, 则 $h_{BC^2}^I - 1, \text{SE} = 1$, 也就是说, 若 DMU-$j_0$ 的整体绩效为 1, 则它的技术绩效和规模绩效都为 1.

我们用例 2.2 来进一步说明三者之间的关系以及 BCC 模型技术有效的重要性.

例 2.2   考虑由表 4.10 给出的投入、产出数据的例子, 其中 $n = 5, m = 1, s = 1$.

表 4.10 投入、产出数据 (例 2.2)

	1	2	3	4	5	
$m = 1 \rightarrow$	2	3	7	11	5	
	2	6	8	6	4	$\rightarrow s = 1$

经计算得

DMU-1 整体绩效 $h_{C^2R}^I = \dfrac{1}{2}$, 规模绩效 $\text{SE} = \dfrac{1}{2}$, 技术绩效 $h_{BC^2}^I = 1$.

DMU-2 整体绩效 $h_{C^2R}^I = 1$, 规模绩效 $\text{SE} = 1$, 技术绩效 $h_{BC^2}^I = 1$.

DMU-3 整体绩效 $h_{C^2R}^I = \dfrac{4}{7}$, 规模绩效 $\text{SE} = \dfrac{4}{7}$, 技术绩效 $h_{BC^2}^I = 1$.

DMU-4 整体绩效 $h_{C^2R}^I = \dfrac{3}{11}$, 规模绩效 $\text{SE} = 1$, 技术绩效 $h_{BC^2}^I = \dfrac{3}{11}$.

DMU-5 整体绩效 $h_{C^2R}^I = \dfrac{2}{5}$, 规模绩效 $\text{SE} = \dfrac{4}{5}$, 技术绩效 $h_{BC^2}^I = \dfrac{1}{2}$.

从上面结果可看出, 整体绩效为技术绩效和规模绩效的乘积, 如 DMU-1 的规模绩效较低, 导致整体绩效同样较低, DMU-5 的技术绩效和规模绩效均不高, 进而整体绩效同样不高, 反之 DMU-2 技术绩效和规模绩效都高使得整体绩效也高. 因此我们可以得知, 仅仅使用 CCR 模型对决策单元进行评价是不够的, 因为若 $h_{C^2R}^I < 1$, 可知 DMU-j_0 不会同时为技术有效和规模有效. 也就意味着在 CCR 模型之下不为弱 DEA 有效时, 并不能准确识别出是技术有效性还是规模有效性的问题. 此时, 使用 DEA 模型 BCC 进行评价是非常有必要的.

例 2.3 基于 BCC 模型的吉林大学科研投入产出绩效分析[6] 将所选取指标分为投入指标和产出指标. ① 投入指标, 在查阅相关文献的基础上, 通过进行数据获取的可行性研究, 从研究经费、研究人员等方面筛选科研投入指标, 最终选择的主要科研投入指标见表 4.11. ② 产出指标, 在产出指标的筛选过程中, 我们运用 Pearson 相关系数法进行产出指标分析. 通过对产出指标的相关性分析, 最终选择的主要科研产出指标见表 4.11.

表 4.11 吉林大学科研投入、产出绩效评价指标体系

一级指标	二级指标	三级指标
投入指标	科技人力	教职工、研究生
	经费投入	
产出指标	论文授权专利	
	成果奖励	国家级、其他

运用 BCC 模型, 对吉林大学 2007—2016 年科研投入、产出绩效评价数据进行分析, 绩效评价结果见表 4.12.

表 4.12 吉林大学 2007—2016 年科研投入、产出绩效评价结果

年份	综合效率	纯技术效率	规模效率	规模报酬增减性
2007	1.000	1.000	1.000	不变
2008	1.000	1.000	1.000	不变
2009	1.000	1.000	1.000	不变
2010	0.998	1.000	0.998	递减
2011	1.000	1.000	1.000	不变
2012	0.944	1.000	0.944	递减
2013	0.806	0.812	0.992	递减
2014	0.910	0.985	0.923	递减
2015	0.973	1.000	0.973	递减
2016	1.000	1.000	1.000	不变
平均	0.963	0.980	0.983	

由表 4.12、图 4.5 不难发现, 吉林大学 2007—2016 年科研投入、产出绩效水平呈现小幅波动. 从历年科研投入、产出绩效水平来看, 2010 年、2012 年、2013 年、2014 年和 2015 年的绩效水平欠佳, 其中, 2013 年绩效值为 0.806, 为历年最低值, 表明吉林大学科研投入、产出绩效水平总体良好, 但从纯技术绩效方面分析,

2013 年、2014 年的绩效水平欠佳, 表明这两个年份吉林大学在规模方面、科研发展速度增长较快, 但在科研管理方面欠佳, 导致科研投入水平偏低. 从规模绩效方面分析, 2010 年、2012 年、2013 年、2014 年和 2015 年的绩效水平欠佳, 同时上述年份的规模报酬均出现小幅递减的趋势, 表明上述年份在科研投入方面均出现不同程度的小幅浪费.

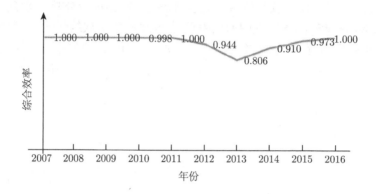

图 4.5　吉林大学 2007—2016 年科研投入、产出绩效发展趋势

　　表 4.13 为吉林大学 2007—2016 年科研投入要素的松弛变量分析结果. 在分析科研经费投入情况基础上, 可以知道, 吉林大学科技支出没有冗余, 没有出现投入过剩, 从分析吉林大学科研发展情况来看, 属于正常情况; 从分析人员投入情况来看, 2013 年、2014 年在人员投入方面有冗余现象, 尤其是 2013 年度吉林大学教职工、研究生的投入均处于过剩状态, 这一现象与教职工、研究生参与科研积极性水平的提高有关.

表 4.13　2007—2016 年吉林大学科研投入要素松弛变量结果

年份	教职工	研究生	经费
2007	0.000	0.000	0.000
2008	0.000	0.000	0.000
2009	0.000	0.000	0.000
2010	0.000	0.000	0.000
2011	0.000	0.000	0.000
2012	0.000	0.000	0.000
2013	1219.742	1394.559	0.000
2014	260.010	0.000	0.000
2015	0.000	0.000	0.000
2016	0.000	0.000	0.000
平均	147.975	139.456	0.000

4.2.3 基于产出导向的 BCC 模型

以产出为导向的 BCC 模型, 可仿照前面的思路进行变换, 仍是用来评价决策单元技术有效性. 只是评价的视角在投入为 x_0 时, 产出由原来的产出 y_0 增大为 $z y_0$. 依照投入为导向的 BCC 模型公理体系, 得到 T_{BC^2} 的生产可能集如下:

$$T_{BC^2} = \left\{ (x,y) \left| \begin{array}{l} \displaystyle\sum_{j=1}^{n} x_j \lambda_j \leqslant x, \quad \sum_{j=1}^{n} y_j \lambda_j \geqslant y \geqslant 0 \\ \displaystyle\sum_{j=1}^{n} \lambda_j = 1, \quad \lambda_j \geqslant 0, j = 1, \cdots, n \end{array} \right. \right\}$$

基于以投入为导向的 BCC 模型, 我们同样不难得到以产出为导向的模型:

$$\left(D_{BC^2}^O \right) \begin{cases} \max z = z^0 \\ \displaystyle\sum_{j=1}^{n} x_j \lambda_j \leqslant x_0 \\ \displaystyle\sum_{j=1}^{n} y_j \lambda_j \geqslant z y_0 \\ \displaystyle\sum_{j=1}^{n} \lambda_j = 1 \\ \lambda_j \geqslant 0, \quad j = 1, \cdots, n \end{cases}$$

其对偶形式为

$$\left(P_{BC^2}^O \right) \begin{cases} \min \left(\omega^{\mathrm{T}} x_0 + \Delta_1 \right) = z^0 \\ \omega^{\mathrm{T}} x_j - \mu^{\mathrm{T}} y_j + \Delta_1 \geqslant 0, \quad j = 1, \cdots, n \\ \mu^{\mathrm{T}} y_0 = 1 \\ \omega \geqslant 0, \mu \geqslant 0, \quad \Delta_1 无限制 \end{cases}$$

以产出为导向的 DEA 模型 $\left(P_{BC^2}^O \right), \left(D_{BC^2}^O \right)$, 可以类似于投入 DEA 模型进行讨论.

定义 2.8 若 $\left(P_{BC^2}^O \right), \left(D_{BC^2}^O \right)$ 的最优值 $z^0 = 1$, 则称 DMU-j_0 在产出 DEA 模型 BCC 之下为弱 DEA 有效 (O-BC^2).

定义 2.9 若 $\left(P_{BC^2}^O \right)$ 存在最优解 z^0, 最优解满足 $z^0 = \omega^{\mathrm{T}} x_0 + \Delta_1 = 1$, 且 $\omega > 0, \mu > 0$, 则称 DMU-j_0 在产出 DEA 模型 BCC 下为 DEA 有效 (O-BC^2).

定义 2.10 若 $\left(P_{BC^2}^O \right), \left(D_{BC^2}^O \right)$ 的最优值 $z^0 < 1$, 则称 DMU-j_0 在产出 DEA 模型 BCC 下为 DEA 无效 (O-BC^2).

定理 2.1[3]　DMU-j_0 为 DEA 有效 (O-BC^2) 的充分必要条件是: (x_0, y_0) 为多目标规划 (VP) 的 Pareto 解, 其中

$$(\text{VP})\begin{cases} V - \min(x, -y) \\ (x, -y) \in T_{BC^2} \end{cases}$$

$$T_{BC^2} = \left\{ (x, y) \middle| \begin{array}{l} \displaystyle\sum_{j=1}^{n} x_j \lambda_j \leqslant x, \sum_{j=1}^{n} y_j \lambda_j \geqslant y \geqslant 0 \\ \displaystyle\sum_{j=1}^{n} \lambda_j = 1, \quad \lambda_j \geqslant 0, j = 1, \cdots, n \end{array} \right\}$$

我们用例 2.4 来说明产出导向 DEA 模型 BCC 的几何意义.

例 2.4　考虑由表 4.14 给出的投入、产出数据的例子, 其中 $n = 4, m = 1, s = 1$.

表 4.14　投入、产出数据 (例 2.4)

	1	2	3	4	
$m = 1 \rightarrow$	1	3	6	2	
	2	4	5	2	$\rightarrow s = 1$

参考集为 $\hat{T} = \{(1,2)^{\mathrm{T}}, (3,4)^{\mathrm{T}}, (6,5)^{\mathrm{T}}, (2,2)^{\mathrm{T}}\}$. 由平凡性公理和凸性公理, $\begin{pmatrix} 1 \\ 2 \end{pmatrix}, \begin{pmatrix} 3 \\ 4 \end{pmatrix}, \begin{pmatrix} 6 \\ 5 \end{pmatrix}, \begin{pmatrix} 2 \\ 2 \end{pmatrix}$ 的凸组合组成的集合

$$T^1 = \left\{ \begin{pmatrix} 1 \\ 2 \end{pmatrix} \lambda_1 + \begin{pmatrix} 3 \\ 4 \end{pmatrix} \lambda_2 + \begin{pmatrix} 6 \\ 5 \end{pmatrix} \lambda_3 \\ + \begin{pmatrix} 2 \\ 2 \end{pmatrix} \lambda_4 \middle| \begin{array}{l} \lambda_1 + \lambda_2 + \lambda_3 + \lambda_4 = 1 \\ \lambda_1, \lambda_2, \lambda_3, \lambda_4 \geqslant 0 \end{array} \right\} \subset T_{BC^2}$$

由无效性公理和最小性公理得到生产可能集

$$T_{BC^2} = \left\{ (x, y) \middle| \begin{array}{l} \lambda_1 + 3\lambda_2 + 6\lambda_3 + 2\lambda_4 \leqslant x, \quad 2\lambda_1 + 4\lambda_2 + 5\lambda_3 + 2\lambda_4 \geqslant y \geqslant 0 \\ \lambda_1 + \lambda_2 + \lambda_3 + \lambda_4 = 1, \quad \lambda_1 \geqslant 0, \lambda_2 \geqslant 0, \lambda_3 \geqslant 0, \lambda_4 \geqslant 0 \end{array} \right\}$$

求解可知, DEA-1, DEA-2 和 DEA-3 为 DEA 有效, DEA-4 不为 DEA 有效.

例 2.5　基于 DEA-BCC 模型的广东省市域公共服务绩效研究[7], 考虑到城市公共服务体系中所需指标获取的可行性, 本研究在参考大量相关文献的基础上, 从医疗卫生服务、教育服务和社会保障等三个方面入手, 对城市公共服务体系进

行研究. 投入指标方面, 选取人均公共财政预算卫生支出、人均公共财政预算教育支出和人均公共财政预算社会支出, 产出指标方面, 选取每万人中医疗卫生机构床位数、每万人中社会福利收养单位床位数、每万人中中小学生在校学生数, 投入、产出指标体系详见表 4.15.

表 4.15 公共服务投入、产出指标体系

投入指标 (人均)	产出指标 (每万人)
公共财政预算卫生支出	医疗卫生机构床位数
公共财政预算教育支出	中小学在校学生数
公共财政预算社会支出	福利收养单位床位数

注 数据来源于《2013 年广东省统计年鉴》.

建立以产出为导向的 DEA-BCC 模型, 并运用 DEAP 1 软件给出 2013 年广东省市域公共服务绩效的评价结果, 详细结果见表 4.16.

表 4.16 广东省市域公共服务绩效评价结果

城市	TE	PTE	SE
广州	1.000	1.000	1.000
深圳	0.894	0.894	1.000
佛山	1.000	1.000	1.000
东莞	0.847	0.847	1.000
中山	1.000	1.000	1.000
珠海	1.000	1.000	1.000
江门	0.811	0.835	0.972
肇庆	0.659	0.775	0.851
惠州	1.000	1.000	1.000
汕头	0.843	0.854	0.988
潮州	0.464	0.687	0.676
揭阳	0.483	0.696	0.694
汕尾	0.437	0.668	0.655
湛江	0.845	0.877	0.964
茂名	0.651	0.745	0.873
阳江	0.424	0.662	0.641
韶关	0.637	0.739	0.862
清远	0.635	0.745	0.853
河源	0.462	0.676	0.684
云浮	0.441	0.674	0.653
梅州	0.473	0.681	0.695

4.3   数据包络分析加法模型 CCGSS

1985 年, Charnes 等 [8] 在研究 BCC 模型和多目标问题的 Pareto 解之间的关系时, 给出了加法模型 C^2GS^2, 它实际上也是用来评价决策单元技术有效性的一个加法模型, 其目的是建立 DEA 的 Pareto 最优的理论基础[9-18]. 在引用 4.1 节提出的假设条件的基础上, 引入变量 Δ_1, 令 $e = (1, \cdots, 1)^T \in E^m, \hat{e} = (1, \cdots, 1)^T \in E^s$, 其中, E 为单位矩阵, m 和 s 分别为投入、产出项数, 则加法模型 C^2GS^2 为

$$(D_{C^2GS^2}) \begin{cases} \max \left(e^T s^- + \hat{e}^T s^+ \right) \\ \sum_{j=1}^{n} x_j \lambda_j + s^- = x_0 \\ \sum_{j=1}^{n} y_j \lambda_j - s^+ = y_0 \\ \sum_{j=1}^{n} \lambda_j = 1 \\ \lambda_j \geqslant 0, \quad j = 1, \cdots, n \\ s^+ \geqslant 0, s^- \geqslant 0 \end{cases}$$

对偶形式 $(P_{C^2GS^2}) \begin{cases} \min \left(\omega^T x_0 - \mu^T y_0 + \Delta_1 \right) \\ \omega^T x_j - \mu^T y_j + \Delta_1 \geqslant 0, \quad j = 1, \cdots, n \\ \omega \geqslant e \\ \mu \geqslant \hat{e} \\ \Delta_1 无限制 \end{cases}$

考虑多目标问题 $(z \in E^k) (\overline{VP}) \begin{cases} V - \min \left(f_1(z), \cdots, f_p(z) \right), \\ z \in R. \end{cases}$

定义 3.1   设 $\bar{z} \in R$, 若不存在 $z \in R$, 满足 $f_i(z) \leqslant f_i(\bar{z}), i = 1, \cdots, p$, 并且至少存在 $i_0 (1 \leqslant i_0 \leqslant p)$, 有 $f_{i_0}(z) < f_{i_0}(\bar{z})$, 则称 $\bar{z}$ 为多目标问题的 Pareto 解, 亦称为有效解.

引理 3.1[3]   设 $\bar{z} \in R$, 则 $\bar{z}$ 为多目标问题的 Pareto 解的充分必要条件是: $\bar{z}$ 为下面规划问题的最优解

$$(\bar{P}) \begin{cases} \min \sum_{i=1}^{p} f_i(z) \\ f_i(z) \leqslant f_i(\bar{z}), i = 1, \cdots, p \\ z \in R \end{cases}$$

我们可以分别证明其必要性和充分性的存在.

证明 必要性 设 $\bar{z}$ 为多目标问题 $(\overline{\text{VP}})$ 的 Pareto 解, 但 $\bar{z}$ 不为 $(\bar{P})$ 的最优解, 于是存在 $z^* \in R$, 满足

$$f_i(z^*) \leqslant f_i(\bar{z}), \quad i = 1, \cdots, p \tag{3.1}$$

却有 $\displaystyle\sum_{i=1}^{p} f_i(z^*) < \sum_{i=1}^{p} f_i(\bar{z})$, 因此必存在 $i_0 \, (1 \leqslant i_0 \leqslant p)$, 有

$$f_{i_0}(z^*) < f_{i_0}(\bar{z}) \tag{3.2}$$

由 (3.1), (3.2) 式知, $\bar{z}$ 不为多目标问题 $(\overline{\text{VP}})$ 的 Pareto 解, 矛盾.

充分性 设 $\bar{z}$ 为 $(\bar{P})$ 的最优解, 若 $\bar{z}$ 不为多目标问题 $(\overline{\text{VP}})$ 的 Pareto 解, 则存在 $z^* \in R$, 满足:

$$f_i(z^*) \leqslant f_i(\bar{z}), \quad i = 1, \cdots, p \tag{3.3}$$

并且存在 $i_0 \, (1 \leqslant i_0 \leqslant p)$, 有

$$f_{i_0}(z^*) < f_{i_0}(\bar{z}) \tag{3.4}$$

由 (3.3) 和 (3.4) 式就有 $\displaystyle\sum_{i=1}^{p} f_i(z^*) < \sum_{i=1}^{p} f_i(\bar{z})$, 此时 $\bar{z}$ 为 $(\bar{P})$ 的最优解相矛盾, 因此存在 $\bar{z}$ 为多目标问题 $(\overline{\text{VP}})$ 的 Pareto 解.

定理 3.1[3] 决策单元 DMU-j_0 对应的 (x_0, y_0) 为多目标问题

$$(\text{VP}) \begin{cases} V - \min(x, -y) \\ (x, -y) \in T_{BC^2} \end{cases}$$

的 Pareto 解的充分必要条件是: 以下的加法模型 $(D_{C^2GS^2})$ 的最优值为 0, 其中

$$(D_{C^2GS^2}) \begin{cases} \max \left(e^{\mathrm{T}} s^- + \hat{e}^{\mathrm{T}} s^+ \right) \\ \displaystyle\sum_{j=1}^{n} x_j \lambda_j + s^- = x_0 \\ \displaystyle\sum_{j=1}^{n} y_j \lambda_j - s^+ = y_0 \\ \displaystyle\sum_{j=1}^{n} \lambda_j = 1 \\ \lambda_j \geqslant 0, \quad j = 1, \cdots, n \\ s^+ \geqslant 0, s^- \geqslant 0 \end{cases}$$

其中, (VP) 的约束集合为

$$
T_{BC^2} = \left\{ (x,y) \; \middle| \; \begin{array}{l} \sum\limits_{j=1}^{n} x_j \lambda_j \leqslant x, \quad \sum\limits_{j=1}^{n} y_j \lambda_j \geqslant y \geqslant 0 \\ \sum\limits_{j=1}^{n} \lambda_j = 1, \quad \lambda_j \geqslant 0, j = 1, \cdots, n \end{array} \right\}
$$

定理 3.2[3]   DMU-j_0 为 DEA 有效 (I-BC^2) 的充分必要条件是: (x_0, y_0) 为多目标规划 (VP) 的 Pareto 解, 其中 (VP) $\begin{cases} V - \min(x, -y), \\ (x,y) \in T_{BC^2}, \end{cases}$ 且

$$
T_{BC^2} = \left\{ (x,y) \; \middle| \; \begin{array}{l} \sum\limits_{j=1}^{n} x_j \lambda_j \leqslant x, \quad \sum\limits_{j=1}^{n} y_j \lambda_j \geqslant y \geqslant 0 \\ \sum\limits_{j=1}^{n} \lambda_j = 1, \quad \lambda_j \geqslant 0, j = 1, \cdots, n \end{array} \right\}
$$

由定理 3.1 和定理 3.2 可知,

加法模型 $(D_{C^2 GS^2})$ 的最优值为 0

$\Updownarrow$

(x_0, y_0) 为 (VP) 的 Pareto 解

$\Updownarrow$

DMU-j_0 为 DEA 有效 (I-BC^2)

由此得到下面的定理 3.3 和定理 3.4.

定理 3.3   DMU-j_0 为 DEA 有效 (I-BC^2) 的充分必要条件是: 加法模型 $(P_{C^2 GS^2})$, $(D_{C^2 GS^2})$ 的最优值为 0.

由上述定理可知, 使用加法模型 $(D_{C^2 GS^2})$ 可以评价决策单元的 DEA 有效性 (I-BC^2). 同时, 我们给出 DEA 模型 BCC 的一个关于投入数据和产出数据变化的定理.

定理 3.4[3]   对于 DEA 模型 $(D_{BC^2}^I)$ 数据 $x_j, y_j, j = 1, \cdots, n$, 经过平移之后, 不影响决策单元的 DEA 有效性 (I-BC^2), 也就是说, 对每个数据都作如下平移

$$
\hat{x}_{ij} = x_{ij} + \Delta_i, \quad i = 1, \cdots, m; j = 1, \cdots, n
$$

$$
\hat{y}_{rj} = y_{rj} + \Delta_r, \quad r = 1, \cdots, s; j = 1, \cdots, n
$$

得到

$$
\left(\widehat{D}_{BC^2}^I\right)
\begin{cases}
\min \theta \\
\displaystyle\sum_{j=1}^{n} \hat{x}, \lambda_j + s^- = \theta \bar{x}_0 \\
\displaystyle\sum_{j=1}^{n} \hat{y}_j \lambda_j - s^+ = \hat{y}_0 \\
\displaystyle\sum_{j=1}^{n} \lambda_j = 1 \\
\lambda_j \geqslant 0, \quad j = 1, \cdots, n
\end{cases}
$$

则由 $\left(D_{BC^2}^I\right)$ 和 $\left(\hat{D}_{BC^2}^I\right)$ 对决策单元 DMU-j_0 评价的 DEA 有效性 (O-BC^2) 是相同的.

同时, 由定理 3.4 可知, 将投入数据和产出数据都做平移处理后, 使用加法模型 ($D_{C^2GS^2}$), 对 DEA 有效性的评价没有影响. 因此对具有小于 0 的投入数据和产出数据的情况, 可用加法模型做平移处理, 使其投入数据和产出数据均大于 0. 在 EDA 领域里, 大多数结果都要求数据是大于 0 的.

例 3.1 考虑具有一个投入和一个产出的问题, 投入数据和产出数据由表 4.17 给出.

表 4.17 投入、产出数据 (例 3.1)

	1	2	3	4	
$m = 1 \rightarrow$	1	3	3	4	
	2	2	3	3	$\rightarrow s = 1$

根据加法模型 CCGSS 的已知定理, 可知加法模型 ($P_{C^2GS^2}$), ($D_{C^2GS^2}$) 的最优值为 0, 且为多目标规划问题 (VP) 的 Pareto 解. 上述问题运用 ($P_{C^2GS^2}$) 公式如下:

$$
(P_{C^2GS^2}) =
\begin{cases}
\min \left(\omega^{\mathrm{T}} x_0 - \mu^{\mathrm{T}} y_0 + \Delta_1\right) \\
\omega^{\mathrm{T}} x_j - \mu^{\mathrm{T}} y_j + \Delta_1 \geqslant 0, \quad j = 1, \cdots, n \\
\omega \geqslant e \\
\mu \geqslant \hat{e} \\
\Delta_1 \text{无限制}
\end{cases}
$$

用 DEA 软件 LINGO10 求解得最优解均为 0.000000, 决策单元 DMU-1 和 DMU-3 也均为最优解.

例 3.2[10] 为了验证以上数据包络分析的 CCGSS 模型的有效性, 我们对普通高等学校科技资源的绩效水平进行评价, 数据来源于《上海科技统计年鉴》. 该年鉴将普通高校按照学科划分为五类高等学校, 分别是工程与技术、自然科学、人文社科类、医学科学和农业科学. 由于人文社科类高校的特殊性, 其在投入、产出指标方面与其他高校差距较大, 因此我们将工程与技术、自然科学、医学科学和农业科学四类高等学校作为一个系统进行评价. 同时, 充分考虑到指标的全面性、代表性、整合性、简洁性、可得性等原则, 建立了一整套绩效评价指标体系, 见表 4.18.

表 4.18　普通高校科技资源绩效评价指标体系

类别	名称
投入指标	R&D 全时人员 (人年)X_1
	课题经费支出 (千元)X_2
产出指标	发表学术论文 (篇)Y_1
	国外发表论文 (篇)Y_2
	出版科技著作 (部)Y_3
	获奖成果数 (项)Y_4

出于科研活动自身特殊性的考虑 (投入、产出之间可能存在一定程度的时间延迟), 在科技投入指标方面, 选取 2003 年的数据, 而在科技产出指标方面, 选取 2004 年的数据. 表 4.18 是普通高校科技资源绩效评价指标体系, 相关原始数据见表 4.19.

表 4.19　普通高校科技投入、产出指标数据

学科领域	投入		产出			
	R&D 全时人员 X_1/人年	课题经费支出 X_2/千元	发表学术论文 Y_1/篇	国外发表论文 Y_2/篇	出版科技著作 Y_3/部	获奖成果数 Y_4/项
自然科学	1543	280816	5355	1815	39	25
工程与技术	4622	1812553	13278	3255	74	131
医学科学	3246	163234	9377	670	143	128
农业科学	129	29256	365	36	1	3

通过上述科技投入、产出数据, 可以分别建立 C^2R 模型和 C^2GS^2 模型. 通过运筹学软件 LINGO, 可以给出各个模型下的 DEA 绩效评价结果, 见表 4.20. 在表 4.20 中, 技术绩效值由 C^2GS^2 模型所得, 其余值均由 C^2R 模型所得.

表 4.20　普通高校科技资源配置 DEA 评价结果

学科领域	S_1^-	S_2^-	S_1^+	S_2^+	S_3^+	S_4^+	综合效率值	技术效率值	k	结论
自然科学	0	0	0	0	0	0	1	1	1	有效, 规模收益不变
工程与技术	0	0	0	0	0	0	1	1	1	有效, 规模收益不变
医学科学	0	0	0	0	0	0	1	1	1	有效, 规模收益不变
农业科学	0	11664.88	0	49.1165	2.8078	0	0.8802	1	0.0643	非有效, 规模收益递增

根据普通高等学校的科技投入与产出的数据, 利用数据包络分析的 C^2GS^2 模型, 可得四类高校的绩效评价结果: 工程与技术类、自然科学类和医学科学类高校都是有效且规模收益不变, 农业科学类高校非有效, 规模收益递增.

在表 4.20 中, 关于 DEA 无效的决策单元 "农业科学类高校", 通过计算, 可以给出它的科技投入冗余量, 即 "农业科学类高校" 与 DEA 相对有效面的投入剩余量和投影值 (即有效值). 所谓科技投入冗余量, 是指农业决策单元的某个科技投入指标在科技活动中没有发挥出作用的投入量.

在表 4.20 中, 工程与技术类、自然科学类、医学科学类高校综合绩效值均为 1, 处于 DEA 有效的状态, 而农业科学类高校综合绩效值为 0.8802, 处于 DEA 无效的状态, 表明上海市普通高校科技资源绩效情况总体保持较高水平. 同时, 综合绩效值的标准差为 0.0599, 表明这四类普通高校在科技资源绩效评价方面差异较小.

在表 4.20 中, 四类高校的技术绩效值均为 1, 表明上海市普通高校科技资源绩效水平均处于技术有效的状态, 即上述高校在科研管理制度、科学研究的知识与硬件环境、财务制度、激励制度、成果转化制度等方面表现优异, 因此, 规模绩效才是造成上海市普通高校科技资源绩效水平处于 DEA 无效状态的原因, 而不是技术绩效.

参 考 文 献

[1] Charnes A, Cooper W W, Rhodes E. Measuring the efficiency of decision making units[J]. European Journal of Operational Research, 1978(2): 429-444.

[2] Banker R D, Charnes A, Cooper W W. Some models for estimating technical and scale inefficiencies in data envelopment analysis[J]. Management Science, 1984, 30(9): 1078-1092.

[3] 魏权龄. 评价相对有效性的数据包络分析模型: DEA 和网络 DEA[M]. 北京: 中国人民大学出版社, 2012.

[4] Mahdiloo M, Jafarzadeh A H, Saen R F, et al. Modelling undesirable outputs in multiple objective data envelopment analysis[J]. Journal of the Operational Research Society, 2018, 69(12): 1903-1919.

[5] Castelli L, Pesenti R, Ukovicha W. DEA-like models for the efficiency evaluation of hierarchically structured units[J]. European Journal of Operational Research, 2004, 154(2): 465-476.

[6] 余丹, 张丽华, 刘国亮. 基于 DEA-BCC 模型的高校科研投入产出绩效分析 [J]. 高教研究与实践, 2017, 36(1): 7-13.

[7] 黄扬, 李琴. 基于 DEA-BCC 模型的广东省市域公共服务效率研究 [J]. 特区经济, 2015(9): 27-29.

[8]   Charnes A, Cooper W W, Golany B, et al. Foundations of data envelopment analysis for Pareto-Koopmans efficient empirical production functions[J]. Journal of Econometrics(Netherlands), 1985, 30(1-2): 91-107.

[9]   Charnes A, Cooper W W, Li S. Using data envelopment analysis to evaluate efficiency in the economic performance of Chinese cities[J]. Socio. Econ. Plan. Sci., 1989, 23(6): 325-344.

[10] 杨洪涛. 上海市普通高校科技资源配置绩效评价 [J]. 科技管理研究, 2008(2): 120-122.

[11] Han J, Kamber M. Data Mining:Concepts and Techniques[M]. San Francisco: Morgan Kaufman Publishers, Inc., 2001.

[12] Troutt M D, Rai A, Zhang A. The potential use of DEA for credit applicant acceptance systems[J]. Computers and Operations Research, 1996, 23(4): 405-408.

[13] Bal H, Orkcu H H. Data envelopment analysis approach to two-group classification problem and experimental comparison with some classification models[J]. Hacettepe Journal of Mathematics and Statistics, 2007, 36(2): 169-180.

[14] Yan H, Wei Q. Data envelopment analysis classification machine[J]. Information Sciences, 2011, 181(22): 5029-5041.

[15] Yu G, Wei Q L, Brockett P. A generalized data envelopment analysis model:a unification and extension of existing methods for efficiency analysis of decision making units[J]. Annals of Operations Research, 1996(66): 47-89.

[16] 魏权龄, 闫洪. 广义最优化理论和模型 [M]. 北京：科学出版社, 2003.

[17] Wei Q, Chang T S, Han S. Quantile–DEA classifiers with interval data[J]. Annals of Operations Research, 2014(217): 535-563.

[18] Toloo M, Farzipoor Saen R, Azadi M. Obviating some of the theoretical barriers of data envelopment analysis discriminant analysis(DEA-DA): an application in predicting cluster membership of customers[J]. Journal of the Operational Research Society, 2015(66): 674-683.

第 5 章　经典模糊数据包络分析

经典的数据包络分析模型 (CCR 模型和 BCC 模型) 都是对数据很敏感的绩效评价模型, 模型中所有投入、产出数据是精确数据, 但在实际的生产活动中, 由于生产系统的投入、产出指标属性的复杂性, 以及信息的不完整性, 这样得到的产出、投入指标的数据信息可能是不确定的. 不确定性有两种表现形式: 模糊性和随机性, 前者是不满足排中律, 是呈现在事物的状态、类属和性质上的亦彼亦此性, 是事物在相互过渡过程中呈现的中介过渡状态. 后者是因果律的一种残缺, 是事件发生条件不确定性导致的结果的不确定. 在主观认知方面, 模糊性表现出的不确定性更为明显, 因为它主要是人的感觉、判断、情绪和经验起重要作用的方面, 有大量呈现亦此亦彼的模糊成分存在. 为了处理这种模糊的现象, Zadeh 创建的模糊集理论, 是数量化模糊数据的有效工具, 语言数据 (linguistic data) 作为一种数据形式被直接用于 DEA 模型. 把投入或产出数据是模糊数据的 DEA 模型, 称为模糊 DEA 模型, 它是一种模糊线性规划模型, 是经典 DEA 模型的推广, 对于实际含有模糊信息的生产系统的绩效评价问题, 模糊 DEA 模型比经典 DEA 模型更客观、准确.

对具有模糊信息的生产系统, 可以利用具有柔性数据结构的模糊数来表征这些不确定信息, 利用模糊 DEA 模型对本来具有模糊投入、模糊产出的生产系统绩效进行评价, 比用估计值或近似值来表示不确定信息, 然后再用经典 DEA 模型进行绩效评价, 评价结果会更合理、更准确. 本章将系统介绍投入、产出数据全部或部分为模糊数时的数据包络分析方法.

国内已有不少学者对模糊数据包络分析的理论和应用进行研究, 提出了一些模糊数据包络分析模型. 曾祥云等[1] 给出了投入、产出数据为 L-R 型模糊数的 DEA 模型, 吴海平等[2] 建立了基于 L-R 型模糊数的置信 DEA 模型, 这两个模糊 DEA 模型都是建立在模糊数据基础上的模糊 DEA 模型. 采用取截集的方法, 黄朝峰和廖良才[3] 研究了模糊条件下的决策单元有效性问题.

国外对模糊 DEA 的研究起步更早, Triantis 和 Girod[4] 通过隶属函数将模糊投入、模糊产出数据转换为精确值, 给出了一种求解模糊 DEA 的方法; Kao 和 Liu[5] 构建的模糊 DEA 模型, 是利用 α-截集的方法, 将模糊数转换为区间数, 从而可以利用经典的 DEA 模型求解模糊 DEA 模型. Guo 和 Tanaka[6] 研究了模糊 CCR 模型, 给出了具体的求解方法, 并对给定的可能性水平, 通过模糊数的比较规则, 将模糊 CCR 模型中的模糊等式和不等式约束转换为确定性约束, 从而将模糊 DEA 转化为经典线性规划的求解. León 等[7] 构建的是一个模糊 BCC 模型, 与 Guo 和 Tanaka[6] 不同的是, León 等提出的是基于包络模型的模糊 BCC 模型. Lertworasirikul 等[8,9] 将模糊约束视为可能性事件, 运用类似于随机数据包络分析的求解方法给出模糊 DEA 的解. 纵观对模糊 DEA 的研究, 模糊 DEA 模型主要做两方面工作, 一方面是建立模糊 DEA 模型, 关键是用什么 DEA 模型进行模糊扩展, 上面讨论的几个文献都选择了 CCR 或 BCC 模型; 另一方面工作是模糊 DEA 模型的求解, 以上讨论的几个文献的模糊 DEA 的求解方法, 可归结为以下四类方法, 一是基于模糊数排序规则而建立的 DEA 模型; 二是基于模糊数截集方法的模糊 DEA 解法; 三是基于可能性测度的方法, 建立模糊 DEA 的可能性测度模型, 利用可能性测度将模糊 DEA 模型转化为经典优化模型; 四是可信性测度方法, 建立模糊 DEA 模型的可信性测度模型, 并利用可信性测度的性质, 给出求解模糊 DEA 的可信性测度模型的求解方法. 比较以上几种求解模糊 DEA 模型的方法, 基于模糊数比较规则而建立的模型和基于截集的方法是求解模糊 DEA 模型最常用的方法.

常见的模糊 DEA 模型有 ① Tolerance 方法[10]; ②基于 α-水平集的方法[11-13]; ③基于模糊排序的方法[7,14]; ④可能性测度模型[8,15]; ⑤其他模糊 DEA 模型[16-18]. 下面主要介绍最常用的三种: 基于 α-截集的模糊 DEA 模型、基于模糊排序模糊 DEA 模型和可能性模糊 DEA 模型[19-25].

5.1   基于 α-截集的模糊 DEA 模型

对于具有模糊投入、模糊产出的生产系统, 其绩效的评价方法可以通过 α-截集的方法, 转化为经典的数据包络分析或转化为经典的优化模型. 通过 α-截集的方法, 把模糊模型转化为经典的实数模型是处理模糊数据模型的常用方法, 本节主要介绍三种基于 α-截集的模糊数据包络分析方法.

5.1.1   基于 α-截集的模糊 DEA 模型 (I)

本部分主要参考 Kao 和 Liu[5] 的工作.

数据包络分析 (DEA) 是评价具有多投入, 特别是多产出的决策单元之间的相对有效性的方法. 该方法有一个特点, 即如果存在异常的投入、产出数据, 那么决策单元 (DMU) 的绩效值会发生急剧变化. 然而, 实际生活中往往包括复杂的投入、产出数据, 其中有很多数据难以被精确量化, 这就限制了经典 DEA 模型的应用范围. 因此, 处理模糊数据的方法在 DEA 模型中有很大的意义和价值.

2000 年, Kao 和 Liu[5] 给出的模糊 DEA 模型, 其基本思想是运用 α-截集和 Zadeh 扩展原理将模糊 DEA 模型转换为经典 DEA 模型, 然后通过线性规划方法求解经典 DEA 模型. 考虑数据模糊化的情况, 假设有 n 个决策单元 (DMU), 被评价的决策单元为 DMU-j_0, 投入向量 $\widetilde{X}_j$ 和产出向量 $\widetilde{Y}_j$ 均为模糊数. 令投入、产出权变量分别为 $v = (v_1, v_2, \cdots, v_m)^{\mathrm{T}}$ 和 $u = (u_1, u_2, \cdots, u_s)^{\mathrm{T}}$, 那么可将模糊 DEA 模型表述为

$$
\begin{cases}
\widetilde{h_{j0}} = \max u^{\mathrm{T}} \widetilde{Y_0} / \left(v_0 + v^{\mathrm{T}} \widetilde{X_0} \right) \\
\text{s.t.} \quad u^{\mathrm{T}} \widetilde{Y_j} / \left(v_0 + v^{\mathrm{T}} \widetilde{X_j} \right) \leqslant 1 \\
u, v \geqslant \varepsilon > 0
\end{cases}
\tag{1.1}
$$

其中, ε 为非阿基米德无穷小量.

为了对公式 (1.1) 进行求解, 我们引入了隶属函数的概念, 这是一种用于表征模糊集的数学工具. 用隶属函数 $\mu_{\widetilde{X}_j}$ 和 $\mu_{\widetilde{Y}_j}$ 来分别表示投入量 $\widetilde{X}_j$ 和产出量 $\widetilde{Y}_j$ 的隶属函数, 此外, 为了推导隶属函数, 我们还引入了 α-截集的概念.

令 $S\left(\widetilde{X}_j\right)$ 和 $S\left(\widetilde{Y}_j\right)$ 分别表示 $\widetilde{X}_j$ 和 $\widetilde{Y}_j$ 的支集, 那么带有 α-截集的 $\widetilde{X}_j$ 和 $\widetilde{Y}_j$ 可表述为

$$
\left(\widetilde{X}_j\right)_\alpha = \left\{ X_j \in S\left(\widetilde{X}_j\right) \mid \mu_{\widetilde{X}_j}(X_j) \geqslant \alpha \right\}, \quad \forall j
\tag{1.2a}
$$

$$
(Y_j)_\alpha = \left\{ Y_j \in S\left(\widetilde{Y}_j\right) \mid \mu_{\widetilde{Y}_j}(Y_j) \geqslant \alpha \right\}, \quad \forall j
\tag{1.2b}
$$

令 $(X_j)_\alpha$ 和 $(Y_j)_\alpha$ 为精确集, 运用 α-截集, 投入、产出向量可由不同水平的置信区间来进行表示. 那么模糊 DEA 模型可转化为一系列的经典 DEA 模型, 它的 α-截集为 $\{(X_j)_\alpha | 0 < \alpha \leqslant 1\}$ 和 $\{(Y_j)_\alpha | 0 < \alpha \leqslant 1\}$, 这些集合表示活动边界集合, 用于表示普通集和模糊集的嵌套关系.

那么, 公式 (1.2a) 和 (1.2b) 的精确区间又等价于

$$
(X_j)_\alpha = \left[\min_{X_j} \left\{ X_j \in S\left(\widetilde{X}_j\right) | \mu_{\widetilde{X}_j}(X_j) \geqslant \alpha \right\}, \right.
$$
$$
\left. \max_{X_j} \left\{ X_j \in S\left(\widetilde{X}_j\right) | \mu_{\widetilde{X}_j}(X_j) \geqslant \alpha \right\} \right]
\tag{1.3a}
$$

$$
(Y_j)_\alpha = \left[\min_{Y_j} \left\{ Y_j \in S\left(\widetilde{Y}_j\right) | \mu_{\widetilde{Y}_j}(Y_j) \geqslant \alpha \right\}, \max_{Y_j} \left\{ Y_j \in S\left(\widetilde{Y}_j\right) | \mu_{\widetilde{Y}_j}(Y_j) \geqslant \alpha \right\} \right]
\tag{1.3b}
$$

通过 Zadeh 扩展原理, 被评价的决策单元 DMU-j_0 的隶属函数可表述为

$$
\mu_{\widetilde{h_{j0}}}(z) = \sup_{X,Y} \min \left\{ \mu_{\widetilde{X}_j}(X_j), \mu_{\widetilde{Y}_j}(Y_j), \forall j | z = h_{j0}(X, Y) \right\}
\tag{1.4}
$$

其中, $h_{j0}(X, Y)$ 为 DMU$_{j0}$ 的绩效值. 为了对隶属函数 $\mu_{\widetilde{h_{j0}}}$ 进行求解, 考虑求解带有 α-截集的 $\mu_{\widetilde{h_{j0}}}$ 的上界和下界, 那么公式 (1.4) 又等价于

$$
\begin{cases}
(h_{j0})_\alpha^L = \min h_{j0}(X, Y) \\
\text{s.t.}\quad (X_j)_\alpha^L \leqslant X_j \leqslant (X_j)_\alpha^U, \quad \forall j \\
(Y_j)_\alpha^L \leqslant Y_j \leqslant (Y_j)_\alpha^U, \quad \forall j
\end{cases}
\tag{1.5a}
$$

$$
\begin{cases}
(h_{j0})_\alpha^U = \max h_{j0}(X, Y) \\
\text{s.t.}\quad (X_j)_\alpha^L \leqslant X_j \leqslant (X_j)_\alpha^U, \quad \forall j \\
(Y_j)_\alpha^L \leqslant Y_j \leqslant (Y_j)_\alpha^U, \quad \forall j
\end{cases}
\tag{1.5b}
$$

当决策单元 (DMU) 的投入和产出在范围内变化时, 为了找到 DMU 相对于其他 DMU 的最小相对绩效, 可以令该 DMU 的产出和所有其他 DMU 的投入为最小值, 并令该 DMU 的投入和所有其他 DMU 的产出为最大值. 相反, 为了找到 DMU 相对于其他 DMU 的最大相对绩效, 可以令该 DMU 的产出和所有其他 DMU 的投入为最大值, 并令该 DMU 的投入和所有其他 DMU 的产出为最小值. 因此, 公式 (1.5a) 和 (1.5b) 等价于

$$
\begin{cases}
(h_{j0})_\alpha^L = \max u^{\mathrm{T}} (Y_0)_\alpha^L / \left(v_0 + v^{\mathrm{T}} (X_0)_\alpha^U \right) \\
u^{\mathrm{T}} (Y_0)_\alpha^L / \left(v_0 + v^{\mathrm{T}} (X_0)_\alpha^U \right) \leqslant 1 \\
u^{\mathrm{T}} (Y_j)_\alpha^U / \left(v_0 + v^{\mathrm{T}} (X_j)_\alpha^L \right) \leqslant 1 \\
u, v \geqslant \varepsilon > 0, v_0 \text{ 在符号上没有约束}
\end{cases}
\tag{1.6a}
$$

$$
\begin{cases}
(h_{j0})_\alpha^U = \max u^{\mathrm{T}} (Y_0)_\alpha^U / \left(v_0 + v^{\mathrm{T}} (X_0)_\alpha^L \right) \\
u^{\mathrm{T}} (Y_0)_\alpha^U / \left(v_0 + v^{\mathrm{T}} (X_0)_\alpha^L \right) \leqslant 1 \\
u^{\mathrm{T}} (Y_j)_\alpha^L / \left(v_0 + v^{\mathrm{T}} (X_j)_\alpha^U \right) \leqslant 1 \\
u, v \geqslant \varepsilon > 0, v_0 \text{ 在符号上没有约束}
\end{cases}
\tag{1.6b}
$$

以上分数形式的优化问题, 通过一定变换可化为等价的如下优化

$$
\begin{cases}
(h_{j0})_\alpha^L = \max u^{\mathrm{T}} (Y_0)_\alpha^L \\
u^{\mathrm{T}} (Y_0)_\alpha^L - \left(v_0 + v^{\mathrm{T}} (X_0)_\alpha^U \right) \leqslant 0 \\
\left(v_0 + v^{\mathrm{T}} (X_0)_\alpha^U \right) = 1 \\
u^{\mathrm{T}} (Y_j)_\alpha^U - \left(v_0 + v^{\mathrm{T}} (X_j)_\alpha^L \right) \leqslant 0 \\
u, v \geqslant \varepsilon > 0, v_0 \text{ 在符号上没有约束}
\end{cases}
\tag{1.7a}
$$

$$
\begin{cases}
(h_{j0})_\alpha^L = \max u^T (Y_0)_\alpha^U \\
u^T (Y_0)_\alpha^U - \left(v_0 + v^T (X_0)_\alpha^L \right) \leqslant 0 \\
\left(v_0 + v^T (X_0)_\alpha^L \right) = 1 \\
u^T (Y_j)_\alpha^L - \left(v_0 + v^T (X_j)_\alpha^u \right) \leqslant 0 \\
u, v \geqslant \varepsilon > 0, v_0 \text{ 在符号上没有约束}
\end{cases} \tag{1.7b}
$$

对于给定水平的 α-截集, 如果 $(h_{j0})_\alpha^L$ 和 $(h_{j0})_\alpha^U$ 都是可逆的, 则左端点函数 $L(z) = \left[(h_{j0})_\alpha^L \right]^{-1}$, 右端点函数 $R(z) = \left[(h_{j0})_\alpha^R \right]^{-1}$, 那么隶属函数 $\mu_{\widetilde{h_{j0}}}$ 可表述为

$$
\mu_{\widetilde{h_{j0}}} = \begin{cases}
L(z), & z_1 \leqslant z \leqslant z_2 \\
1, & z_2 \leqslant z \leqslant z_3 \\
R(z), & z_3 \leqslant z \leqslant z_4
\end{cases}
$$

反之, 即使隶属函数 $\mu_{\widetilde{h_{j0}}}$ 的函数形式不能得到明确, 区间集 $\left\{ \left[(h_{j0})_\alpha^L \right], \left[(h_{j0})_\alpha^R \right] \middle| \alpha \in (0,1] \right\}$ 仍然能揭示 $\mu_{\widetilde{h_{j0}}}$ 的形态. 为了便于读者理解, 我们给出如下算例.

例 1.1　假设有 4 个决策单元 (DMU), 每个 DMU 仅有一项投入指标和一项产出指标, 数值见表 5.1.

表 5.1　投入、产出的 α-截集

DMU	投入	α-截集	产出	α-截集
A	(11, 12, 14)	$[11+\alpha,\ 14-2\alpha]$	10	$[10, 10]$
B	30	$[30, 30]$	(12, 13, 14, 16)	$[12+\alpha,\ 16-2\alpha]$
C	40	$[40, 40]$	11	$[11, 11]$
D	(45, 47, 52, 55)	$[45+2\alpha,\ 55-3\alpha]$	(12, 15, 19, 22)	$[12+3\alpha,\ 22-3\alpha]$

其中, (12, 13, 14, 16) 和 (12, 15, 19, 22) 为梯形模糊数. 最后, 我们给出 4 个决策单元的模糊绩效水平, 其中 $0 \leqslant \alpha \leqslant 1$, 数值见表 5.2. 基于 α-截集的模糊 DEA 模型 (I) 的绩效排名我们用文献 [25] 的排序方法, 我们在 [0, 1] 中选择上稠密序列 $S = \{\alpha_i | i = 1, 2, \cdots\}$, 并用它们作为 α 水平来求解优化问题 (1.6a) 和 (1.6b), 我们可以得到模糊绩效测度 $\widetilde{E}_i$ 的 α-截集 $\left(\widetilde{E}_i \right)_{\alpha_i} = [l_i, r_i]$. 设 $c_{2i-1} = l_i + r_i, c_{2i} = r_i - l_i, \widetilde{E}_i$ 的排序使用文献 [25] 提出的一种全序. 但实际上, 我们只能选择一个子集来计算 c_i 并根据 c_i 确定排序 $\widetilde{E}_i$.

本节给出的基于 α-截集的模糊 DEA 模型, 投入、产出数据均为模糊数, 给出的绩效值为一个绩效区间. 进一步我们将研究投入、产出数据都是模糊数, 绩效值为模糊绩效的数据包络分析模型.

表 5.2　　4 个决策单元的模糊绩效水平的截集

α	$\left[(h_A)_\alpha^L, (h_A)_\alpha^U\right]$	$\left[(h_B)_\alpha^L, (h_B)_\alpha^U\right]$	$\left[(h_C)_\alpha^L, (h_C)_\alpha^U\right]$	$\left[(h_D)_\alpha^L, (h_D)_\alpha^U\right]$
0.0	[1.0, 1.0]	[0.7183, 1.0]	[0.5436, 0.9166]	[0.7498, 1.0]
0.1	[1.0, 1.0]	[0.7340, 1.0]	[0.5523, 0.9030]	[0.7783, 1.0]
0.2	[1.0, 1.0]	[0.7500, 1.0]	[0.5612, 0.8897]	[0.8075, 1.0]
0.3	[1.0, 1.0]	[0.7662, 1.0]	[0.5703, 0.8766]	[0.8375, 1.0]
0.4	[1.0, 1.0]	[0.7829, 1.0]	[0.5800, 0.8637]	[0.8682, 1.0]
0.5	[1.0, 1.0]	[0.7997, 1.0]	[0.5891, 0.8510]	[0.8998, 1.0]
0.6	[1.0, 1.0]	[0.8169, 1.0]	[0.5987, 0.8386]	[0.9322, 1.0]
0.7	[1.0, 1.0]	[0.8343, 1.0]	[0.6086, 0.8263]	[0.9655, 1.0]
0.8	[1.0, 1.0]	[0.8522, 1.0]	[0.6187, 0.8143]	[0.9998, 1.0]
0.9	[1.0, 1.0]	[0.8703, 1.0]	[0.6290, 0.8025]	[1.0, 1.0]
1.0	[1.0, 1.0]	[0.8887, 1.0]	[0.6395, 0.7908]	[1.0, 1.0]
绩效排名	1	3	4	2

5.1.2　基于 α-截集的模糊 DEA 模型 (II)

α-截集是建立模糊 DEA 模型的常用方法之一, 除提到的 Kao 和 Liu[5] 的模型以外, 我们还将讨论其他学者在该领域的研究进展. 2010 年, Hatami-Marbini、Saati、Tavana[13] 公开发表的模糊 DEA 模型, 其基本思想是将 DEA 与 TOPSIS 法相结合, 给出模糊最优 DMU 的相对最优绩效和模糊最劣 DMU 的相对最劣绩效, 并基于此对各 DMU 进行完全排序.

TOPSIS 法是一种逼近于理想解的排序法, 又称为优劣解距离法. 我们首先给出基于 TOPSIS 法的最优 DMU 和最劣 DMU 的定义, 设最优 DMU 为 IDMU, 最劣 DMU 为 NDMU, 那么 IDMU 和 NDMU 可表述为

$$\text{IDMU} = \left(X_j^{\min}, Y_j^{\max}\right)$$

$$\text{NDMU} = \left(X_j^{\max}, Y_j^{\min}\right)$$

在第一部分, 设最优 DMU(IDMU) 的相对最优绩效为 h_I^*, 那么带有伪截集的 $h_{I(\alpha)}^*$ 可表述为

$$
\begin{cases}
h_{I(\alpha)}^* = \max u^t \widetilde{Y}_j^{\max} \\
\qquad \text{s.t.}\quad v^t \widetilde{X}_j^{\min} = 1 \\
u^t \widetilde{Y}_j - v^t \widetilde{X}_j \leqslant 0 \\
\alpha X_j^M + (1-\alpha) X_j^L \leqslant \widetilde{X}_j \leqslant \alpha X_j^M + (1-\alpha) X_j^R \\
\alpha Y_j^M + (1-\alpha) Y_j^L \leqslant \widetilde{Y}_j \leqslant \alpha Y_j^M + (1-\alpha) Y_j^R \\
\alpha X_j^{M\min} + (1-\alpha) X_j^{L\min} \leqslant \widetilde{X}_j^{\min} \leqslant \alpha X_j^{M\min} + (1-\alpha) X_j^{R\min} \\
\alpha Y_j^{M\max} + (1-\alpha) Y_j^{L\max} \leqslant \widetilde{Y}_j^{\max} \leqslant \alpha Y_j^{M\max} + (1-\alpha) Y_j^{R\max} \\
\widetilde{X}_j, \widetilde{Y}_j, \widetilde{X}_j^{\min}, \widetilde{Y}_j^{\max} \geqslant 0, \quad j = 1, \cdots, n \\
v, u \geqslant \varepsilon
\end{cases}
\tag{1.8}
$$

设最劣 DMU(NDMU) 的相对最劣绩效为 h_P^*, 那么带有伪截集的 $h_{P(\alpha)}^*$ 可表述为

$$
\begin{cases}
h_{P(\alpha)}^* = \min u^t \widetilde{Y}_j^{\min} \\
\qquad \text{s.t.} \quad v^t \widetilde{X}_j^{\max} = 1 \\
u^t \widetilde{Y}_j^{\max} - h_{I(\alpha)}^* v^t \widetilde{X}_j^{\min} \geqslant 0 \\
u^t \widetilde{Y}_j - v^t \widetilde{X}_j \leqslant 0 \\
\alpha X_j^M + (1-\alpha) X_j^L \leqslant \widetilde{X}_j \leqslant \alpha X_j^M + (1-\alpha) X_j^R \\
\alpha Y_j^M + (1-\alpha) Y_j^L \leqslant \widetilde{Y}_j \leqslant \alpha Y_j^M + (1-\alpha) Y_j^R \\
\alpha X_j^{M^{\min}} + (1-\alpha) X_j^{L^{\min}} \leqslant \widetilde{X}_j^{\min} \leqslant \alpha X_j^{M^{\min}} + (1-\alpha) X_j^{R^{\min}} \\
\alpha X_j^{M^{\max}} + (1-\alpha) X_j^{L^{\max}} \leqslant \widetilde{X}_j^{\max} \leqslant \alpha X_j^{M^{\max}} + (1-\alpha) X_j^{R^{\max}} \\
\alpha Y_j^{M^{\min}} + (1-\alpha) Y_j^{L^{\min}} \leqslant \widetilde{Y}_j^{\min} \leqslant \alpha Y_j^{M^{\min}} + (1-\alpha) Y_j^{R^{\min}} \\
\alpha Y_j^{M^{\max}} + (1-\alpha) Y_j^{L^{\max}} \leqslant \widetilde{Y}_j^{\max} \leqslant \alpha Y_j^{M^{\max}} + (1-\alpha) Y_j^{R^{\max}} \\
\widetilde{X}_j, \widetilde{Y}_j, \widetilde{X}_j^{\min}, \widetilde{X}_j^{\max}, \widetilde{Y}_j^{\min}, \widetilde{Y}_j^{\max} \geqslant 0, j = 1, \cdots, n \\
v, u \geqslant \varepsilon
\end{cases} \tag{1.9}
$$

其中, $\widetilde{X}_j$, $\widetilde{Y}_j$ 表示模糊数, 令 L, M, R 分别为三角模糊数的左端点、主值、右端点, 那么上述公式中的 $\widetilde{X}_j^{\min}$, $\widetilde{X}_j^{\max}$ 和 $\widetilde{Y}_j^{\min}$, $\widetilde{Y}_j^{\max}$ 可分别表述为

$$
\widetilde{X}_j^{\min} = \left(X_j^{L^{\min}}, X_j^{M^{\min}}, X_j^{R^{\min}} \right)
$$
$$
\widetilde{X}_j^{\max} = \left(X_j^{L^{\max}}, X_j^{M^{\max}}, X_j^{R^{\max}} \right)
$$
$$
\widetilde{Y}_j^{\min} = \left(Y_j^{L^{\min}}, Y_j^{M^{\min}}, Y_j^{R^{\min}} \right)
$$
$$
\widetilde{Y}_j^{\max} = \left(Y_j^{L^{\max}}, Y_j^{M^{\max}}, Y_j^{R^{\max}} \right)
$$

在第二部分, 令 $\text{DMU}_P (P = 1, \cdots, n)$ 表示所有的 DMU, 那么带有 α-截集的 DMU_P 的相对最优绩效 K_P^* 为

$$
\begin{cases}
K_{P(\alpha)}^* = \max u^t \widetilde{Y}_{j0} \\
\qquad \text{s.t.} \quad v^t \widetilde{X}_{j0} = 1 \\
u^t \widetilde{Y}_j^{\max} - h_{I(\alpha)}^* v^t \widetilde{X}_j^{\min} = 0 \\
u^t \widetilde{Y}_j - v^t \widetilde{X}_j \leqslant 0 \\
\alpha X_j^M + (1-\alpha) X_j^L \leqslant \widetilde{X}_j \leqslant \alpha X_j^M + (1-\alpha) X_j^R \\
\alpha Y_j^M + (1-\alpha) Y_j^L \leqslant \widetilde{Y}_j \leqslant \alpha Y_j^M + (1-\alpha) Y_j^R \\
\alpha X_j^{M^{\min}} + (1-\alpha) X_j^{L^{\min}} \leqslant \widetilde{X}_j^{\min} \leqslant \alpha X_j^{M^{\min}} + (1-\alpha) X_j^{R^{\min}} \\
\alpha Y_j^{M^{\max}} + (1-\alpha) Y_j^{L^{\max}} \leqslant \widetilde{Y}_j^{\max} \leqslant \alpha Y_j^{M^{\max}} + (1-\alpha) Y_j^{R^{\max}} \\
\widetilde{X}_j, \widetilde{Y}_j, \widetilde{X}_j^{\min}, \widetilde{Y}_j^{\max} \geqslant 0, \quad j = 1, \cdots, n \\
v, u \geqslant \varepsilon
\end{cases} \tag{1.10}
$$

类似地, 我们可给出带有 α-截集的 DMU_P 的相对最劣绩效 k_N^* 为

$$
\begin{cases}
k_{N(\alpha)}^* = \min u^t \widetilde{Y}_{j0} \\
\qquad \text{s.t.} \quad v^t \widetilde{X}_{j0} = 1 \\
u^t \widetilde{Y}_j^{\min} - k_{N(\alpha)}^* v^t \widetilde{X}_j^{\max} = 0 \\
u^t \widetilde{Y}_j - v^t \widetilde{X}_j \leqslant 0 \\
\alpha X_j^M + (1-\alpha) X_j^L \leqslant \widetilde{X}_j \leqslant \alpha X_j^M + (1-\alpha) X_j^R \\
\alpha Y_j^M + (1-\alpha) Y_j^L \leqslant \widetilde{Y}_j \leqslant \alpha Y_j^M + (1-\alpha) Y_j^R \\
\alpha X_j^{M\max} + (1-\alpha) X_j^{L\max} \leqslant \widetilde{X}_j^{\max} \leqslant \alpha X_j^{M\max} + (1-\alpha) X_j^{R\max} \\
\alpha Y_j^{M\min} + (1-\alpha) Y_j^{L\min} \leqslant \widetilde{Y}_j^{\min} \leqslant \alpha Y_j^{M\min} + (1-\alpha) Y_j^{R\min} \\
\widetilde{X}_j, \widetilde{Y}_j, \widetilde{X}_j^{\max}, \widetilde{Y}_j^{\min} \geqslant 0, \quad j = 1, \cdots, n \\
v, u \geqslant \varepsilon
\end{cases}
\tag{1.11}
$$

在第三部分, 计算各 DMU 间的相对贴合度, 如下:

$$
\mathrm{RC}_{P(\alpha)} = \frac{k_{P(\alpha)}^* - k_{N(\alpha)}^*}{\left(k_{P(\alpha)}^* - k_{N(\alpha)}^*\right) + \left(h_{I(\alpha)}^* - h_{P(\alpha)}^*\right)}
\tag{1.12}
$$

不难发现, 当 $k_{P(\alpha)}^*$ 与 $k_{N(\alpha)}^*$ 差值越大且 $h_{I(\alpha)}^*$ 与 $h_{P(\alpha)}^*$ 差值越小时, DMU_P 有更好的绩效值.

在第四部分, 依据带有 α-截集的各 DMU 间的相对贴合度 $\mathrm{RC}_{P(\alpha)}$ 进行排序. 为了便于读者理解, 我们给出如下算例.

例 1.2　假设有 5 个 DMU, 每个 DMU 有 2 项投入和 2 项产出, 投入和产出的数据为模糊数, 如表 5.3 所示.

表 5.3　投入产出数据

DMU	投入 1	投入 2	产出 1	产出 2
A	$(3.5, 4, 4.5)$	$(1.9, 1, 3)$	$(4, 6, 8)$	$(3.8, 4.1, 4.4)$
B	$(9, 9, 9)$	$(1.4, 1.5, 1.6)$	$(2, 2, 2)$	$(3.3, 3.5, 3.7)$
C	$(4.4, 4.9, 5.4)$	$(2, 6, 3)$	$(7, 3.2, 3.7)$	$(4.3, 5.1, 5.9)$
D	$(3.4, 4.1, 4.8)$	$(2, 3, 4)$	$(5, 9, 3.3)$	$(5.5, 5.7, 5.9)$
E	$(5.9, 6.5, 7.1)$	$(3.6, 4.1, 4.6)$	$(4.4, 5.1, 5.8)$	$(6.5, 7.4, 8.3)$
IDMU	$(9, 9, 9)$	$(1.4, 1.5, 1.6)$	$(4.4, 5.1, 5.8)$	$(6.5, 7.4, 8.3)$
NDMU	$(5.9, 6.5, 7.1)$	$(3.6, 4.1, 4.6)$	$(2, 2, 2)$	$(3.3, 3.5, 3.7)$

限于篇幅, 我们直接给出各 DMU 的相对最优绩效, 如表 5.4 所示.

表 5.4　不同水平下的相对最优绩效值

α	A	B	C	D	E	$h_{I(\alpha)}^*$
0	1	1	1	1	1	3.0130
0.5	0.9511	1	1	0.9707	0.9973	6481
0.75	0.899	1	0.9265	0.9168	0.9252	4895
1	0.8548	1	0.8575	0.9231	1	3182

与上述内容相似, 我们直接给出 DMU 的相对最劣绩效, 如表 5.5 所示.

表 5.5   不同水平下的相对最劣绩效值

α	A	B	C	D	E	$h_{P(\alpha)}^{*}$
0	0.4684	0.6311	0.4417	0.4858	0.4782	0.3478
0.5	0.5703	0.7195	0.5600	0.6093	0.6088	0.3563
0.75	0.6321	0.7706	0.6310	0.6838	0.6883	0.3621
1	0.6964	0.8200	0.7059	0.6883	0.4782	0.3659

最后, 我们给出各 DMU 的相对贴合度, 依据相对贴合度的大小对各 DMU 进行排序, 如表 5.6 所示.

表 5.6   不同水平下决策单元的相对贴合度

α	A	排序	B	排序	C	排序	D	排序	E	排序
0	0.0565	4	0.1234	1	0.0445	5	0.0642	2	0.0608	3
0.5	0.1120	4	0.1806	1	0.1100	5	0.1310	2	0.1327	2
0.75	0.1451	5	0.2152	1	0.1468	4	0.1698	3	0.1725	2
1	0.1843	5	0.2563	1	0.1888	4	0.2223	3	0.2362	2

5.1.3   基于 α-截集的模糊 DEA 模型 (III)

2013 年, Puri 等提出了模糊排序法, 其基本思想是通过 α-截集对模糊 CCR 模型和模糊 SBM 模型进行求解, 在此基础上提出了模糊投入最小绩效, 为了对模糊数进行比较, 还提出了灰色中心法 (COG), 并依据此方法给出了各 DMU 的排序情况.

定义 1.1   将三角模糊数 $\widetilde{A}$ 表述为 (a_1, a_2, a_3), 那么隶属函数 $\mu_{\widetilde{A}}(x)$ 可表述为

$$\mu_{\widetilde{A}}(x) = \begin{cases} \dfrac{x-a_1}{a_2-a_1}, & a_1 < x \leqslant a_2 \\ \dfrac{x-a_3}{a_2-a_3}, & a_2 < x \leqslant a_3 \\ 0, & x \leqslant a_1 \text{ 或 } x > a_3 \end{cases} \tag{1.13}$$

考虑数据模糊化的情况, 假设有 n 个决策单元 (DMUs), 投入向量 $\widetilde{X_j}$ 和产出向量 $\widetilde{Y_j}$ 为三角模糊数, 并有 m 项投入和 s 项产出, 被评价决策单元为 DMU-j_0, 下面给出以投入为导向的模糊 DEA 模型 (CCR) 的对偶规划形式:

$$\begin{cases} \widetilde{\theta}_I^0 = \min \quad \widetilde{\theta}_0 \\ \widetilde{\theta}_0 \widetilde{X_0} = \lambda_j \widetilde{X_j} + \widetilde{s_0^-} \\ \widetilde{Y_0} = \lambda_j \widetilde{Y_j} - \widetilde{s_0^+} \\ \lambda_j \geqslant 0, \widetilde{s_0^-}, \widetilde{s_0^+} \geqslant 0 \end{cases} \tag{1.14}$$

其中, $\widetilde{s}_0^-$ 是被评价决策单元 DMU-j_0 对应投入向量的模糊松弛变量, $\widetilde{s}_0^+$ 是被评价决策单元 DMU-j_0 对应产出向量的模糊松弛变量.

模糊 SBM 模型可给出决策单元 (DMUs) 的模糊 SBM 投入绩效, 是基于松弛度量方法的模型, 下面我们给出以投入为导向的模糊 DEA 模型 (SBM) 的对偶规划形式:

$$
\begin{cases}
\widetilde{\rho}_I^O = \min\left\{1 - \dfrac{1}{m}\dfrac{\widetilde{s}^-}{\widetilde{X_0}}\right\} \\[2mm]
\widetilde{X_0} = \lambda_j \widetilde{X_j} + \widetilde{s}_0^- \\[2mm]
\widetilde{Y_0} = \lambda_j \widetilde{Y_j} - \widetilde{s}_0^+ \\[2mm]
\lambda_j \geqslant 0,\ \widetilde{s}^-,\ \widetilde{s}_0^-,\ \widetilde{s}_0^+ \geqslant 0
\end{cases}
\tag{1.15}
$$

其中, $\widetilde{s}^-$ 是被评价决策单元 DMU-j_0 各项投入向量的模糊松弛变量之和.

使用本节 Kao 和 Liu[5] 提出的定义, 我们可将公式 (1.15) 转化为如下形式:

$$
\begin{cases}
(\theta_I^o)_\alpha^L = \min \theta_0 \\[2mm]
\theta_0\left(\widetilde{X_0}\right)_\alpha^U = \lambda_j\left(\widetilde{X_j}\right)_\alpha^L + \lambda_j\left(\widetilde{X_j}\right)_\alpha^U + \left(\widetilde{s_0^-}\right)^U \\[2mm]
\left(\widetilde{Y_0}\right)_\alpha^L = \lambda_j\left(\widetilde{Y_j}\right)_\alpha^U + \lambda_j\left(\widetilde{Y_j}\right)_\alpha^L - \left(\widetilde{s_0^+}\right)^L \\[2mm]
\lambda_j \geqslant 0,\ \left(\widetilde{s_0^-}\right)^U,\ \left(\widetilde{s_0^+}\right)^L \geqslant 0
\end{cases}
\tag{1.16a}
$$

$$
\begin{cases}
(\theta_I^o)_\alpha^U = \min \theta_0 \\[2mm]
\theta_0\left(\widetilde{X_0}\right)_\alpha^L = \lambda_j\left(\widetilde{X_j}\right)_\alpha^U + \lambda_j\left(\widetilde{X_j}\right)_\alpha^L + \left(\widetilde{s_0^-}\right)^L \\[2mm]
\left(\widetilde{Y_0}\right)_\alpha^U = \lambda_j\left(\widetilde{Y_j}\right)_\alpha^L + \lambda_j\left(\widetilde{Y_j}\right)_\alpha^U - \left(\widetilde{s_0^+}\right)^U \\[2mm]
\lambda_j \geqslant 0,\quad \left(\widetilde{s_0^-}\right)^L,\ \left(\widetilde{s_0^+}\right)^U \geqslant 0
\end{cases}
\tag{1.16b}
$$

定义 1.2　模糊 CCR 模型的投入绩效 $\widetilde{\theta}_I^o$ 可表述为带有 α-截集的 $\left(\widetilde{\theta}_I^o\right)_\alpha$, 如下所示:

$$
\left(\widetilde{\theta}_I^o\right)_\alpha = \left[(\theta_I^o)_\alpha^L, (\theta_I^o)_\alpha^U\right],\quad \alpha \in (0,1],\quad o = 1, 2, \cdots, n
$$

其中, $(\theta_I^o)_\alpha^L$ 和 $(\theta_I^o)_\alpha^U$ 是与公式 (1.16a) 和 (1.16b) 对应的最优值, 而且, 带有 α-截集的 $\left(\widetilde{\theta}_I^o\right)_\alpha$ 可近似地表示为三角模糊数 $(\theta_\alpha^o, \theta_b^o, \theta_c^o)$.

类似地, 我们可将公式 (1.16a) 和 (1.16b) 转化为如下形式:

$$
\begin{cases}
(\rho_I^o)_\alpha^L = \min\left\{1 - \dfrac{1}{m}\dfrac{(\widetilde{s}^-)^U}{\left(\widetilde{X_0}\right)_\alpha^U}\right\} \\[3mm]
\left(\widetilde{X_0}\right)_\alpha^U = \lambda_j\left(\widetilde{X_j}\right)_\alpha^L + \lambda_j\left(\widetilde{X_j}\right)_\alpha^U + (\widetilde{s_0^-})^U \\[3mm]
\left(\widetilde{Y_0}\right)_\alpha^L = \lambda_j\left(\widetilde{Y_j}\right)_\alpha^U + \lambda_j\left(\widetilde{Y_j}\right)_\alpha^L - (\widetilde{s_0^+})^L \\[3mm]
\lambda_j \geqslant 0, (\widetilde{s}^-)^U, (\widetilde{s_0^-})^U, (\widetilde{s_0^+})^L \geqslant 0
\end{cases}
\tag{1.17a}
$$

$$
\begin{cases}
(\rho_I^o)_\alpha^U = \min\left\{1 - \dfrac{1}{m}\dfrac{(\widetilde{s}^-)^L}{\left(\widetilde{X_0}\right)_\alpha^L}\right\} \\[3mm]
\left(\widetilde{X_0}\right)_\alpha^L = \lambda_j\left(\widetilde{X_j}\right)_\alpha^U + \lambda_j\left(\widetilde{X_j}\right)_\alpha^L + (\widetilde{s_0^-})^L \\[3mm]
\left(\widetilde{Y_0}\right)_\alpha^U = \lambda_j\left(\widetilde{Y_j}\right)_\alpha^L + \lambda_j\left(\widetilde{Y_j}\right)_\alpha^U - (\widetilde{s_0^+})^U \\[3mm]
\lambda_j \geqslant 0, \quad (\widetilde{s}^-)^L, (\widetilde{s_0^-})^L, (\widetilde{s_0^+})^U \geqslant 0
\end{cases}
\tag{1.17b}
$$

定义 1.3 模糊 SBM 模型的投入绩效 $\widetilde{\rho}_I^o$ 可表述为带有 α-截集的 $(\widetilde{\rho}_I^o)_\alpha$, 如下所示:

$$
(\widetilde{\rho}_I^o)_\alpha = \left[(\rho_I^o)_\alpha^L, (\rho_I^o)_\alpha^U\right], \quad \alpha \in (0,1], o = 1, 2, \cdots, n
$$

其中, $(\rho_I^o)_\alpha^L$ 和 $(\rho_I^o)_\alpha^U$ 是与公式 (1.17a) 和 (1.17b) 对应的最优值, 而且, 带有 α-截集的 $(\widetilde{\rho}_I^o)_\alpha$ 可近似地表示为三角模糊数 $(\rho_\alpha^o, \rho_b^o, \rho_c^o)$.

模糊投入最小绩效 $\widetilde{\varphi}_I^o$, 是模糊 SBM 投入绩效与模糊 CCR 投入绩效的比值, 当 $\widetilde{\theta}_I^o \neq \widetilde{0}$ 时, 可表述为

$$
\begin{aligned}
\widetilde{\varphi}_I^o &= \frac{\widetilde{\rho}_I^o}{\widetilde{\theta}_I^o} = \frac{(\rho_\alpha^o, \rho_b^o, \rho_c^o)}{(\theta_\alpha^o, \theta_b^o, \theta_c^o)} = (\rho_\alpha^o, \rho_b^o, \rho_c^o) \times (\theta_\alpha^o, \theta_b^o, \theta_c^o)^{-1} = (\rho_\alpha^o, \rho_b^o, \rho_c^o) \times \left(\frac{1}{\theta_c^o}, \frac{1}{\theta_b^o}, \frac{1}{\theta_a^o}\right) \\
&\approx \left(\frac{\rho_\alpha^o}{\theta_c^o}, \frac{\rho_b^o}{\theta_b^o}, \frac{\rho_c^o}{\theta_a^o}\right), \quad \theta_a^o > 0
\end{aligned}
$$

例 1.3 为了便于读者理解, 我们给出如下算例. 假设有 12 个 DMU, 每个 DMU 有 2 项投入和 2 项产出, 如表 5.7 所示.

限于篇幅, 我们仅给出 $\alpha = 0$ 时, 模糊 CCR 模型的投入绩效 $\widetilde{\theta}_I^o$、模糊 SBM 模型的投入绩效 $\widetilde{\rho}_I^o$ 和模糊投入最小绩效 $\widetilde{\varphi}_I^o$, 如表 5.8 所示.

然而, 我们仍不能对上述 12 个 DMU 进行排序. 为了解决模糊数的排序问题, 我们引入了一种新的方法——灰色中心法, 如下:

$$d_{\mathrm{COG}}\left(\widetilde{A}\right)=\frac{\int_x x\mu_{\widetilde{A}}\left(x\right)\mathrm{d}x}{\int_x \mu_{\widetilde{A}}\left(x\right)\mathrm{d}x} \tag{1.18}$$

其中, $\mu_{\widetilde{A}}(x)$ 为隶属函数. 运用公式 (1.18) 对上述 12 个决策单元进行排序, 如表 5.9 所示.

例 1.4　以上给出了三种基于 α-截集的模糊 DEA 模型, 它们建立模型的方法不同, 得出的绩效值也不同 (有的是区间值, 有的是实数值, 还有模糊值), 并且对各决策单元绩效的排名方法也不同, 为了比较以上提出的三种基于 α-截集的模糊 DEA 模型, 我们分别用三种基于 α-截集的模糊 DEA 模型对例 1.2 中的 5 个 DMU (每个 DMU 有 2 项投入和 2 项产出, 投入和产出的数据为模糊数) 的绩效进行评价, 数据见表 5.3, 三种基于 α-截集的模糊 DEA 模型的绩效评价值和绩效排名见表 5.10.

表 5.7　12 个 DMU 的投入、产出模糊数据

DMU	投入 1	投入 2	产出 1	产出 2
1	(16, 20, 22)	(150, 151, 152)	(95, 100, 102)	(87, 90, 94)
2	(18, 19, 20)	(130, 131, 132)	(149, 150, 151)	(46, 50, 52)
3	(23, 25, 28)	(158, 160, 162)	(158, 160, 163)	(53, 55, 56)
4	(26, 27, 29)	(165, 168, 169)	(177, 180, 181)	(70, 72, 75)
5	(20, 22, 25)	(155, 158, 162)	(90, 94, 98)	(63, 66, 68)
6	(52, 55, 59)	(250, 255, 259)	(222, 230, 235)	(83, 90, 95)
7	(30, 33, 34)	(234, 235, 236)	(210, 220, 225)	(81, 88, 90)
8	(27, 31, 33)	(202, 206, 208)	(151, 152, 155)	(75, 80, 84)
9	(26, 30, 35)	(240, 244, 247)	(188, 190, 193)	(99, 100, 101)
10	(47, 50, 54)	(262, 268, 271)	(246, 250, 252)	(94, 100, 108)
11	(50, 53, 56)	(300, 306, 309)	(255, 260, 264)	(143, 147, 152)
12	(30, 38, 42)	(283, 284, 285)	(246, 250, 254)	(116, 120, 123)

表 5.8　模糊 CCR 模型和模糊 SBM 模型的模糊绩效值

DMU	$\widetilde{\theta}_I^o$	$\widetilde{\rho}_I^o$	$\widetilde{\varphi}_I^o$
1	(1.0000, 1.0000, 1.0000)	(1.0000, 1.0000, 1.0000)	(1.0000, 1.0000, 1.0000)
2	(1.0000, 1.0000, 1.0000)	(1.0000, 1.0000, 1.0000)	(1.0000, 1.0000, 1.0000)
3	(0.8397, 0.8827, 0.9909)	(0.7562, 0.8522, 0.9735)	(0.7631, 0.9654, 1.1594)
4	(0.9582, 1.0000, 1.0000)	(0.8531, 1.0000, 1.0000)	(0.8531, 1.0000, 1.0436)
5	(0.6813, 0.7635, 0.9604)	(0.5998, 0.7556, 0.9035)	(0.6246, 0.9897, 1.3260)
6	(0.7563, 0.8348, 0.9077)	(0.6102, 0.7038, 0.8071)	(0.6722, 0.8431, 1.0673)
7	(0.7974, 0.9020, 1.0000)	(0.7789, 0.8948, 1.0000)	(0.7789, 0.9921, 1.2540)
8	(0.7277, 0.7963, 0.9853)	(0.6664, 0.7740, 0.9378)	(0.6763, 0.9719, 1.2888)
9	(0.7880, 0.9604, 1.0000)	(0.7530, 0.9046, 1.0000)	(0.7530, 0.9420, 1.2690)
10	(0.8063, 0.8707, 0.9578)	(0.6860, 0.7805, 0.9052)	(0.7162, 0.8965, 1.1227)
11	(0.8855, 0.9551, 1.0000)	(0.7531, 0.8661, 1.0000)	(0.7531, 0.9069, 1.1294)
12	(0.8426, 0.9582, 1.0000)	(0.8029, 0.9360, 1.0000)	(0.8029, 0.9769, 1.1869)

表 5.9   12 个决策单元的排序

DMU	$d_{\mathrm{COG}}\left(\widetilde{\theta}_I^o\right)$	排序	$d_{\mathrm{COG}}\left(\widetilde{\rho}_I^o\right)$	排序	$d_{\mathrm{COG}}\left(\widetilde{\varphi}_I^o\right)$	排序
1	1.0000	1	1.0000	1	1.0000	1
2	1.0000	1	1.0000	1	1.0000	1
3	0.9044	8	0.8606	7	0.9627	5
4	0.9864	3	0.9514	3	0.9656	3
5	0.8017	11	0.7530	12	0.9801	9
6	0.8329	12	0.7070	11	0.8608	12
7	0.8998	5	0.8913	8	1.0084	6
8	0.8364	9	0.7927	10	0.9790	10
9	0.9161	6	0.8859	6	0.9880	8
10	0.8783	10	0.7906	9	0.9118	11
11	0.9469	7	0.8731	4	0.9298	3
12	0.9336	4	0.9130	5	0.9889	7

表 5.10   三种基于 α-截集的模糊 DEA 模型的绩效评价值和绩效排名

		模糊 DEA 模型 (I)		模糊 DEA 模型 (II)			模糊 DEA 模型 (III)	
		模糊绩效 水平的截集	绩效 排名	相对最劣 绩效值	相对最优 绩效值	绩效 排名	模糊 CCR 模型 模糊投入 绩效值	绩效 排名
	$\alpha = 0$	(0.5827, 0.8636)	4	0.4684	1	4	(0.7438, 0.8486, 0.8923)	5
	$\alpha = 0.25$	(0.6988, 0.7832)		0.5026	0.9856		(0.7834, 0.8694, 0.9741)	
DMU_1	$\alpha = 0.5$	(0.7142, 0.7455)		0.5703	0.9511		(0.8253, 0.8818, 0.9721)	
	$\alpha = 0.75$	(0,7233, 0.7318)		0.6321	0.899		(0.8465, 0.9046, 0.9918)	
	$\alpha = 1$	(0.7378, 0.7378)		0.6964	0.8548		(0.8621, 0.9255, 0.9958)	
	$\alpha = 0$	(1.0, 1.0)	1	0.6311	1	1	(1.0, 1.0, 1.0)	1
	$\alpha = 0.25$	(1.0, 1.0)		0.6835	1		(1.0, 1.0, 1.0)	
DMU_2	$\alpha = 0.5$	(1.0, 1.0)		0.7195	1		(1.0, 1.0, 1.0)	
	$\alpha = 0.75$	(1.0, 1.0)		0.7706	1		(1.0, 1.0, 1.0)	
	$\alpha = 1$	(1.0, 1.0)		0.8200	1		(1.0, 1.0, 1.0)	
	$\alpha = 0$	(0.5427, 0.8436)	5	0.4417	1	5	(0.7633, 0.8643, 0.9134)	4
	$\alpha = 0.25$	(0.6218, 0.7623)		0.5096	1		(0.8126, 0.8882, 0.9937)	
DMU_3	$\alpha = 0.5$	(0.6842, 0.7011)		0.5600	1		(0.8456, 0.9012, 0.9988)	
	$\alpha = 0.75$	(0,7131, 0.7218)		0.6310	0.9265		(0.8637, 0.9246, 1.0000)	
	$\alpha = 1$	(0.7276, 0.7276)		0.7059	0.8575		(0.8849, 0.9467, 1.0000)	
	$\alpha = 0$	(0.7678, 1.0)	3	0.4858	1	3	(0.8697, 0.9937, 1.0)	3
	$\alpha = 0.25$	(0.8216, 1.0)		0.5636	0.9826		(0.8941, 0.9986, 1.0)	
DMU_4	$\alpha = 0.5$	(0.8922, 0.9635)		0.6093	0.9707		(0.9168, 1.0, 1.0)	
	$\alpha = 0.75$	(0,9211, 0.9416)		0.6838	0.9168		(0.9635, 1.0, 1.0)	
	$\alpha = 1$	(0.9378, 0.9378)		0.6883	0.9231		(0.9874, 1.0, 1.0)	
	$\alpha = 0$	(0.7878, 1.0)	2	0.4782	1	2	(0.9397, 1.0, 1.0)	2
	$\alpha = 0.25$	(0.8406, 1.0)		0.5468	1		(0.9582, 1.0, 1.0)	
DMU_5	$\alpha = 0.5$	(0.9032, 0.9813)		0.6088	0.9973		(9713, 1.0, 1.0)	
	$\alpha = 0.75$	(0,9356, 0.9562)		0.6883	0.9252		(0.9835, 1.0, 1.0)	
	$\alpha = 1$	(0.9624, 0.9624)		0.4782	1		(0.9974, 1.0, 1.0000)	

以上三种基于 α-截集的模糊 DEA 模型的绩效排名在不同的水平 $\alpha(0 \leqslant \alpha \leqslant 1)$ 有时是不同的, 我们以其在不同水平 α 的绩效排名的平均值作为该决策单元的绩效排名. 由上表可见, 基于 α-截集的模糊 DEA 模型 (I) 和基于 α-截集的模糊 DEA 模型 (II) 的绩效排名结果一致, 基于 α-截集的模糊 DEA 模型 (III) 的绩效排名结果稍有区别.

5.2　基于模糊数序的模糊数据包络分析

5.2.1　基于模糊数序的模糊数据包络分析 (I)

本节给出的基于模糊数排序的模糊 DEA 模型主要参考了 Guo 和 Tanaka[6] 的工作.

在经典 DEA 模型中, 投入、产出的数据是精确的, 但在实际生活中, 投入、产出的数据却经常存在不精确的情况. 由于 DEA 是一种对异常数据敏感的 "前沿" 方法, 因此经典 DEA 模型难以对模糊数据进行有效处理. 2001 年, Guo 和 Tanaka[6] 给出的模糊 DEA 模型, 其基本思想是将精确数拓展到模糊数的情况 (对称三角模糊数), 是对 DEA 模型进行模糊拓展的经典范例, 然后通过线性规划方法求解模糊 DEA 模型, 最后给出了模糊综合评价.

1. 基于模糊数序的模糊数据包络分析 (I) 模型

所有数据包络分析模型的约束条件都含有不等式约束, 当投入、产出数据均为模糊数时, 相应地就需要确定模糊数的大小关系, 即需要给出模糊数的序.

考虑数据模糊化的情况, 假设有 n 个决策单元 (DMU), 被评价的决策单元为 DMU-j_0, 投入、产出权变量分别为 $v = (v_1, v_2, \cdots, v_m)^{\mathrm{T}}$ 和 $u = (u_1, u_2, \cdots, u_s)^{\mathrm{T}}$, 投入向量为 X_j 和产出向量 Y_j 均为模糊数, 那么模糊 DEA 模型 (CCR) 可表述为

$$\begin{cases} \max u^{\mathrm{T}} Y_0 \\ v^{\mathrm{T}} X_0 \approx \widetilde{1} \\ u^{\mathrm{T}} Y_j \lesssim v^{\mathrm{T}} X_j \\ u \geqslant 0, v \geqslant 0, j = 1, \cdots, n \end{cases} \tag{2.1}$$

其中, $X_j = (x_j, c_j)$ 是对称三角模糊数, x_j 是三角模糊数的中心, c_j 是三角模糊数的半径; $Y_j = (y_j, d_j)$ 是对称三角模糊数, y_j 是三角模糊数的中心, d_j 是三角模糊数的半径; 而模糊数 $\widetilde{1} = (1, e)$, $e < 1$ 是预设的三角模糊数 $\widetilde{1}$ 的半径; $\approx$ 表示几乎相等, $\lesssim$ 表示几乎小于.

定义 2.1　假设两个对称三角模糊数 $z_1 = (z_1, w_1)$ 和 $z_2 = (z_2, w_2)$, 那么 $z_1 \lesssim z_2$ 可表述为

$$z_1 - (1 - h) w_1 \leqslant z_2 - (1 - h) w_2 \tag{2.2a}$$

$$z_1 + (1-h)\,w_1 \leqslant z_2 + (1-h)\,w_2 \tag{2.2b}$$

其中, $0 \leqslant h \leqslant 1$ 是决策者预设的可能性水平, 如图 5.1 所示.

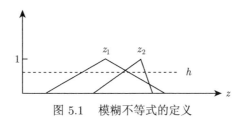

图 5.1 模糊不等式的定义

不难发现, $z-(1-h)\,w$ 考虑到最劣情况, 而 $z+(1-h)\,w$ 考虑到最优情况, 如图 5.2 所示.

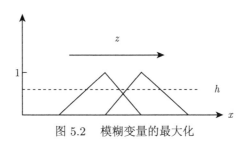

图 5.2 模糊变量的最大化

在本节中, 我们仅考虑最劣情况 $z-(1-h)\,w$, 即

$$\max z - (1-h)\,w \tag{2.3}$$

优化问题 (2.1) 中 $\max u^{\mathrm{T}}Y_0$ 是模糊数, 依据定理文献 [6], 它等价于 $\max u^{\mathrm{T}}Y_0 - (1-h)u^{\mathrm{T}}d_0$. 另外, 满足 $v^{\mathrm{T}}X_0 \approx \widetilde{1}$ 的 $v^{\mathrm{T}}X_0$ 可以看作是上限受限于 $v^{\mathrm{T}}X_0 < \widetilde{1}$, 这意味着 $v^{\mathrm{T}}X_0$ 和 $\widetilde{1}$ 的 h 水平截集的左端重合, 而 $v^{\mathrm{T}}X_0$ 的 h 水平截集的右端尽可能靠近但小于 $\widetilde{1}$ 的 h 水平截集的右端, 如图 5.3 所示.

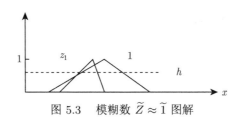

图 5.3 模糊数 $\widetilde{Z} \approx \widetilde{1}$ 图解

那么 $v^{\mathrm{T}}X_0 \approx \widetilde{1}$ 可表述为

$$\begin{cases} \max v^{\mathrm{T}}c_0 \\ \text{s.t.} \quad v^{\mathrm{T}}x_0 - (1-h)\,v^{\mathrm{T}}c_0 = 1-(1-h)\,e \\ v^{\mathrm{T}}x_0 + (1-h)\,v^{\mathrm{T}}c_0 \leqslant 1+(1-h)\,e \\ v \geqslant 0 \end{cases} \tag{2.4}$$

通过优化问题 (2.3) 和 (2.4), 模糊 DEA 模型 (2.1) 可转化为

$$\begin{cases} \max u^{\mathrm{T}}y_0 - (1-h)u^{\mathrm{T}}d_0 \\ \text{s.t.} \quad \max v^{\mathrm{T}}c_0 \\ \text{s.t.} \quad v^{\mathrm{T}}x_0 - (1-h)\,v^{\mathrm{T}}c_0 = 1-(1-h)\,e \\ v^{\mathrm{T}}x_0 + (1-h)\,v^{\mathrm{T}}c_0 \leqslant 1+(1-h)\,e \\ u^{\mathrm{T}}y_j + (1-h)\,u^{\mathrm{T}}d_j \leqslant v^{\mathrm{T}}x_j + (1-h)\,v^{\mathrm{T}}c_j \\ u^{\mathrm{T}}y_j - (1-h)\,u^{\mathrm{T}}d_j \leqslant v^{\mathrm{T}}x_j - (1-h)\,v^{\mathrm{T}}c_j \\ v \geqslant 0, \quad u \geqslant 0, \quad j = 1,\cdots,n \end{cases} \tag{2.5}$$

定理 2.1　如果优化问题 (2.4) 存在一个最优解, 那么优化问题 (2.5) 也存在一个最优解.

证明　考虑假设 $x_j - c_j > 0$ 和 $y_j - d_j > 0$, 并定义优化问题 (2.4) 的最优解为 $v^* \geqslant 0$, 如果我们把 u 作为 $[0,\cdots,u,\cdots,0]^{\mathrm{T}}$, 那么

$$u = \min\big\{ (v^{*\mathrm{T}}x_j + (1-h)\,v^{*\mathrm{T}}c_j)/(y_j + (1-h)\,d_j)$$

$$\wedge \big(v^{*\mathrm{T}}x_j - (1-h)\,v^{*\mathrm{T}}c_j\big)/(y_j - (1-h)\,d_j)\big\} > 0, h \in [0,1]$$

v^* 和 u 满足优化问题 (2.5) 的一切约束条件. 因此, v^* 和 u 是优化问题 (2.5) 的可行解. 因为优化问题 (2.5) 的约束形成有界闭集 (紧凑集), 那么在优化问题 (2.5) 中存在最优解.

定理 2.2　如果优化问题 (2.4) 中 $\max\left[\dfrac{c_{01}}{x_{01}},\cdots,\dfrac{c_{0m}}{x_{0m}}\right] \leqslant e$, 那么优化问题 (2.4) 存在一个最优解 v.

证明　设 $v = [0,\cdots,0,v,0,\cdots,0]^{\mathrm{T}}$, 其中 $v = (1-(1-h)\,e)/(x_0 - (1-h)\,c_0) > 0$, 可以证明 v 满足约束条件 $v^{\mathrm{T}}x_0 - (1-h)\,v^{\mathrm{T}}c_0 = 1-(1-h)\,e$, 而且,

$$v^{\mathrm{T}}x_0 + (1-h)\,v^{\mathrm{T}}c_0 - 1 - (1-h)\,e$$

$$= \frac{x_0 + (1-h)\,c_0}{x_0 - (1-h)\,c_0}(1-(1-h)\,e) - 1 - (1-h)\,e$$

$$= \frac{x_0 + (1-h)\,c_0}{x_0 - (1-h)\,c_0} - \frac{x_0 + (1-h)\,c_0}{x_0 - (1-h)\,c_0}(1-h)\,e - 1 - (1-h)\,e$$

$$= \frac{x_0 + (1-h)\,c_0}{x_0 - (1-h)\,c_0} - 1 - \left(\frac{x_0 + (1-h)\,c_0}{x_0 - (1-h)\,c_0} + 1\right)(1-h)\,e$$

$$= \frac{2\left(1-h\right)c_0}{x_0-\left(1-h\right)c_0} - \frac{2x_0\left(1-h\right)e}{x_0-\left(1-h\right)c_0} = \frac{2\left(1-h\right)\left(c_0-x_0e\right)}{x_0-\left(1-h\right)c_0} \tag{2.6}$$

因为 $\max\left[\dfrac{c_{01}}{x_{01}},\cdots,\dfrac{c_{0m}}{x_{0m}}\right] \leqslant e$, 所以 $c_0/x_0 \leqslant e$. 因此, 优化问题 (2.6) 的值不会大于, v 是优化问题 (2.4) 的一个可行解. 因为优化问题 (2.4) 的约束形成有界闭集 (紧凑集), 那么在优化问题 (2.4) 中存在最优解.

假设有 n 个决策单元 (DMU), 将优化问题 (2.5) 的 e 作为 $e = \max\left(c_j/x_j\right)$. 假设优化问题 (2.4) 目标函数的最优值是 g_0, 那么优化问题 (2.5) 等价于

$$\begin{cases} \max u^{\mathrm{T}}y_0 - (1-h)u^{\mathrm{T}}d_0 \\ \max v^{\mathrm{T}}c_0 \geqslant g_0 \\ v^{\mathrm{T}}x_0 - (1-\alpha)v^{\mathrm{T}}c_0 = 1 - (1-h)e \\ v^{\mathrm{T}}x_0 + (1-h)v^{\mathrm{T}}c_0 \leqslant 1 + (1-h)e \\ u^{\mathrm{T}}y_j + (1-h)u^{\mathrm{T}}d_j \leqslant v^{\mathrm{T}}x_j + (1-h)v^{\mathrm{T}}c_j \\ u^{\mathrm{T}}y_j - (1-h)u^{\mathrm{T}}d_j \leqslant v^{\mathrm{T}}x_j - (1-h)v^{\mathrm{T}}c_j \\ v \geqslant 0, \quad u \geqslant 0, \quad j = 1,\cdots,n \end{cases} \tag{2.7}$$

定义 2.2　投入向量为 $X_0 = (x_0, c_0)$, 产出向量为 $Y_0 = (y_0, d_0)$, 那么被评价的决策单元 DMU-j_0 的模糊绩效可表述为非对称三角模糊数 $h_{j0} = (w_l, \eta, w_r)$ 的形式, 其中

$$\eta = \frac{u^{*\mathrm{T}}y_0}{v^{*\mathrm{T}}x_0}, \quad w_l = \eta - \frac{u^{*\mathrm{T}}\left(y_0 - d_0\left(1-h\right)\right)}{v^{*\mathrm{T}}\left(x_0 + c_0\left(1-h\right)\right)}$$

$$w_r = \frac{u^{*\mathrm{T}}\left(y_0 - d_0\left(1-h\right)\right)}{v^{*\mathrm{T}}\left(x_0 + c_0\left(1-h\right)\right)} - \eta \tag{2.8}$$

其中, v^* 和 u^* 是从优化问题 (2.7) 得到的系数向量, w_l, w_r 和 η 分别是模糊绩效 h_{j0} 的左端点、右端点和主值. 显然, 由模糊数表征的决策单元的投入、产出数据的不确定性被转移到评价绩效的不确定性上, 这与人类思维非常接近.

2. 基于模糊数序的模糊数据包络分析 (I) 的应用

以上给出了一种新的模糊数据包络分析模型——基于模糊数排序的模糊 DEA 模型, 为了验证模型的合理性和有效性, 我们给出两个应用实例.

例 2.1　假设有 5 个 DMU, 每个 DMU 有 2 项投入、2 项产出, 并且投入、产出数据均为对称三角模糊数, 如表 5.11 所示.

表 5.11　　模糊投入、模糊产出数据

	A	B	C	D	E
投入 1	(4.0, 0.5)	(9, 0.0)	(4.9, 0.5)	(4.1, 0.7)	(6.5, 0.6)
投入 2	(1, 0.2)	(1.5, 0.1)	(6, 0.4)	(3, 0.1)	(4.1, 0.5)
产出 1	(6, 0.2)	(2, 0.0)	(3.2, 0.5)	(9, 0.4)	(5.1, 0.7)
产出 2	(4.1, 0.3)	(3.5, 0.2)	(5.1, 0.8)	(5.7, 0.2)	(7.4, 0.9)

最后, 我们给出 5 个决策单元的模糊绩效水平, 数值见表 5.12.

表 5.12　　决策单元不同水平下的模糊绩效

	0	0.5	0.75	1
A	(0.15, 0.81, 0.18)	(0.08, 0.83, 0.09)	(0.04, 0.84, 0.04)	(0.0, 0.85, 0.0)
B	(0.10, 0.98, 0.11)	(0.03, 0.97, 0.03)	(0.03, 0.99, 0.03)	(0.0, 1.0, 0.0)
C	(0.22, 0.82, 0.3)	(0.12, 0.83, 0.14)	(0.06, 0.83, 0.07)	(0.0, 0.86, 0.0)
D	(0.22, 0.93, 0.32)	(0.12, 0.97, 0.15)	(0.06, 0.98, 0.07)	(0.0, 1.0, 0.0)
E	(0.18, 0.79, 0.23)	(0.10, 0.82, 0.11)	(0.05, 0.83, 0.06)	(0.0, 1.0, 0.0)

例 2.2　应用以上基于模糊数序的模糊数据包络分析选择弹性制造系统. 用于分析的数据来自文献 [19] 的研究数据, 这个研究数据中, 投入指标分别是: 使用的占地面积、资本与维护成本; 产出指标分别是: 安装成本的减少、处理时间的减少、劳动成本的减少、质量的提高、市场反应的提高这五个指标. 我们用三角模糊数表示每个 DMU 的产出、投入数据. 需要说明的是, 有些指标如 "质量的提高" 和 "市场反应的上升", 它们是含有模糊性的语言值, 具体可表达为语言类数据如 "好"、"一般"、"弱", 利用表示 "质量的提高" 和 "市场反应的上升" 的语言值变量的隶属函数可以把语言描述转换为三角模糊数, 见图 5.4. 所有用于 DEA 模型的数据见表 5.13.

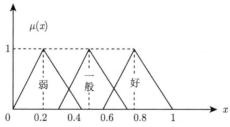

图 5.4　语言变量的隶属函数: 弱: (0, 0.2, 0.4); 一般: (0.3, 0.5, 0.7); 好: (0.6, 0.8, 1)

对给定的信任水平 $\alpha = 0.1, 0.3, 0.5, 0.7, 0.9$, 我们对公式 (2.7) 进行求解, 可得在不同信任水平下的绩效评价结果, 如表 5.14 所示.

表 5.13　模糊投入、模糊产出数据

DMU	投入		产出				
	资金与维护 成本/单位	使用的占用 面积/单位	处理时间的 减少/%	劳动成本的 减少/%	安装成本的 减少/%	质量的 提高	市场反应 的上升
A	(14, 15, 18)	(40, 50, 60)	(20, 23, 26)	(25, 30, 35)	(0, 5, 10)	(0.6, 0.8, 1)	(0.6, 0.8, 1)
B	(11, 13, 15)	(55, 60, 65)	(7, 13, 16)	(16, 18, 20)	(10, 15, 25)	(0.6, 0.8, 1)	(0.6, 0.8, 1)
C	(7.5, 9.5, 11.5)	(60, 70, 80)	(10, 12, 16)	(10, 15, 20)	(5, 10, 20)	(0.3, 0.5, 0.7)	(0.3, 0.5, 0.7)
D	(8, 12, 13)	(35, 40, 45)	(12, 20, 22)	(23, 25, 27)	(11, 13, 15)	(0.6, 0.8, 1)	(0.6, 0.8, 1)
E	(8.5, 9.5, 10.5)	(15, 35, 55)	(10, 18, 25)	(12, 14, 16)	(10, 14, 20)	(0.6, 0.8, 1)	(0, 0.2, 0.4)
F	(10, 15, 15)	(35, 55, 70)	(13, 15, 20)	(14, 17, 20)	(5, 9, 15)	(0.3, 0.5, 0.7)	(0.6, 0.8, 1)
G	(9, 11, 13)	(25, 30, 35)	(13, 18, 23)	(17, 23, 27)	(10, 20, 25)	(0.6, 0.8, 1)	(0.3, 0.5, 0.7)
H	(14, 15, 16)	(20, 30, 40)	(15, 8, 12)	(12, 16, 20)	(10, 14, 20)	(0.3, 0.5, 0.7)	(0, 0.2, 0.4)

表 5.14　不同水平下决策单元的绩效值

α	A	B	C	D	E	F	G	H
0.1	0.92307	0.90874	0.8069	1	1	0.96429	1	0.74188
0.3	0.92579	0.94091	0.85429	1	1	0.98276	1	0.71955
0.5	0.95819	0.96842	0.89474	1	1	1	1	0.7
0.7	0.97879	0.992	0.92932	1	1	1	1	0.68382
0.9	0.9956	1	0.95563	1	1	1	1	0.67336

5.2.2　基于模糊数序的模糊数据包络分析 (II)

2003 年, León 等[7] 提出的模糊排序新方法, 其基本思想是通过模糊区间分析, 将经典 DEA 模型拓展到模糊 DEA 模型, 并给出各 DMU 的排序情况.

考虑到数据模糊化的情况, 假设有 n 个决策单元 (DMUs), 投入向量 $\widetilde{X}_j$ 和产出向量 $\widetilde{Y}_j$ 为 L-R 模糊数, 并有 m 项投入和 s 项产出, 被评价的决策单元为 DMU-j_0, 下面给出模糊 DEA 模型的对偶规划形式:

$$\begin{cases} \min \theta_0 \\ \lambda_j \widetilde{X}_j \lesssim \theta_0 \widetilde{X}_0 \\ \lambda_j \widetilde{Y}_j \gtrsim \widetilde{Y}_0 \\ \lambda_j \geqslant 0, j = 1, \cdots, n \end{cases} \tag{2.9}$$

由于 $\widetilde{X}_j$ 和 $\widetilde{Y}_j$ 是模糊数, 我们将其表述为如下形式:

$$\widetilde{X}_j = \left(X_j^L, X_j^R, \beta_j^L, \beta_j^R \right)$$

$$\widetilde{Y}_j = \left(Y_j^L, Y_j^R, C_j^L, C_j^R \right)$$

其中, L 表示左端点, R 表示右端点.

为了求解优化问题 (2.9), 我们可将其转化为如下形式:

$$
\begin{cases}
\min \theta_0 \\
\lambda_j X_j^L \leqslant h_0 X_0^L \\
\lambda_j X_j^R \leqslant h_0 X_0^R \\
\lambda_j X_j^L - \lambda_j \beta_j^L \leqslant h_0 X_0^L - h_0 \beta_0^L \\
\lambda_j X_j^R + \lambda_j \beta_j^R \leqslant h_0 X_0^R + h_0 \beta_0^R \\
\lambda_j Y_j^L \geqslant Y_0^L \\
\lambda_j Y_j^R \geqslant Y_0^R \\
\lambda_j Y_j^L - \lambda_j C_j^L \geqslant Y_0^L - C_0^L \\
\lambda_j Y_j^R + \lambda_j C_j^R \geqslant Y_0^R + C_0^R
\end{cases}
\tag{2.10}
$$

为了给出不同 α-截集下 DMU 绩效值的变化情况, 我们令 $\theta^*(\alpha)$ 为带有 α-截集的 DMU 的绩效值, 那么带有 α-截集的模糊 DEA 模型为

$$
\begin{cases}
\min \theta_0 \\
\lambda_j X_j^L \leqslant \theta_0 X_0^L \\
\lambda_j X_j^R \leqslant \theta_0 X_0^R \\
\lambda_j X_j^L - L_j^*(\alpha) \lambda_j \beta_j^L \leqslant \theta_0 X_0^L - L_0^*(\alpha) \theta_0 \beta_0^L \\
\lambda_j X_j^R + R_j^*(\alpha) \lambda_j \beta_j^R \leqslant \theta_0 X_0^R + R_0^*(\alpha) \theta_0 \beta_0^R \\
\lambda_j Y_j^L \geqslant Y_0^L \\
\lambda_j Y_j^R \geqslant Y_0^R \\
\lambda_j Y_j^L - L_j^*(\alpha) \lambda_j C_j^L \geqslant Y_0^L - L_0^*(\alpha) C_0^L \\
\lambda_j Y_j^R + R_j^*(\alpha) \lambda_j C_j^R \geqslant Y_0^R + R_0^* C_0^R
\end{cases}
\tag{2.11}
$$

不难发现, 当 $\alpha = 0$ 时, 优化问题 (2.11) 与优化问题 (2.10) 是等价的.

下面我们考虑一种特殊案例, 即 $\widetilde{X}_j$ 和 $\widetilde{Y}_j$ 为对称三角模糊数的情况. 令 $\widetilde{X}_j = (X_j, \beta_j)$ 是对称三角模糊数, 其中 X_j 是对称三角模糊数的中心, β_j 是对称三角模糊数的半径; 类似地, $\widetilde{Y}_j$ 也是对称三角模糊数, 其中 Y_j 是对称三角模糊数的中心, C_j 是对称三角模糊数的半径. 那么优化问题 (2.11) 可转化为优化问题:

$$
\begin{cases}
\min \theta_0 \\
\lambda_j X_j - (1-\alpha) \lambda_j \beta_j \leqslant \theta_0 X_0 - (1-\alpha) \theta_0 \beta_0 \\
\lambda_j X_j + (1-\alpha) \lambda_j \beta_j \leqslant \theta_0 X_0 + (1-\alpha) \theta_0 \beta_0 \\
\lambda_j Y_j - (1-\alpha) \lambda_j C_j \geqslant Y_0 - (1-\alpha) C_0 \\
\lambda_j Y_j + (1-\alpha) \lambda_j C_j \geqslant Y_0 + (1-\alpha) C_0 \\
\lambda_j \geqslant 0, \quad j = 1, \cdots, n
\end{cases}
\tag{2.12}
$$

例 2.3 为了便于读者理解, 我们给出如下算例. 假设有 8 个 DMU, 每个 DMU 仅有 1 项投入和 1 项产出, 如表 5.15 所示.

表 5.15 8 个 DMU 投入、产出模糊数据

DMU	投入	产出
1	(3, 2)	(3, 1)
2	(4, 0.5)	(5, 1)
3	(4.5, 1.5)	(6, 1)
4	(6.5, 0.5)	(4, 1.25)
5	(7, 2)	(5, 0.5)
6	(8, 0.5)	(3.5, 0.5)
7	(10, 1)	(6, 0.5)
8	(6, 0.5)	(2, 1.5)

限于篇幅, 我们直接给出各决策单元在不同 α-截集下的模糊绩效值, 如表 5.16 所示.

表 5.16 8 个 DMU 在不同 α-截集下的模糊绩效值

α	DMU							
	1	2	3	4	5	6	7	8
0	1	1	1	0.7500	0.6429	0.6050	1	0.6923
0.1	1	1	1	0.7399	0.6398	0.5952	1	0.6899
0.2	1	1	1	0.7292	0.6369	0.5857	1	0.6875
0.3	1	1	1	0.7084	0.6310	0.5660	1	0.6850
0.4	1	0.9767	1	0.6853	0.6244	0.5446	1	0.6667
0.5	1	0.9412	1	0.6623	0.6172	0.5227	1	0.6400
0.6	1	0.9048	1	0.6383	0.6094	0.5004	1	0.6129
0.7	1	0.8675	1	0.6144	0.6010	0.4776	1	0.5854
0.8	1	0.8293	1	0.5894	0.5919	0.4543	1	0.5574
0.9	1	0.7901	1	0.5645	0.5821	0.4305	1	0.5289
1	1	0.7500	1	0.5385	0.5714	0.4062	0.4500	0.5000

5.3 基于不确定性测度的模糊数据包络分析

在模糊数据包络分析模型中, 多投入和多产出数据都是模糊数据, 对模糊变量的关系的度量需要在一定的模糊度量环境下进行. 模糊不确定性测度, 常用的有可能性测度、必要性测度和可信性测度等, 本章将介绍在不同的不确定性测度下的模糊数据包络分析方法.

5.3.1 基于可能性测度的模糊数据包络分析

本节的工作主要基于文献 [7,15].

2003 年, Lertworasirikul 等[9] 提出的可能性测度环境下的模糊 DEA 模型, 其基本思想是利用可能性和必要性测度的知识, 将模糊 DEA 模型转化为可能性或必要性测度 DEA 模型, 最后对该模型进行求解.

首先, 给出模糊 DEA 模型的线性规划形式:

$$\begin{cases} \max v^{\mathrm{T}} \widetilde{y_0} \\ u^{\mathrm{T}} \widetilde{x_0} = 1 \\ -u^{\mathrm{T}} \widetilde{X_j} + v^{\mathrm{T}} \widetilde{Y_j} \leqslant 0 \\ u, v \geqslant 0 \end{cases} \tag{3.1}$$

下面, 我们首先介绍可能性测度的概念, 这是建立可能性测度 DEA 模型的准备知识.

设 $(\Theta_i, \varsigma(\Theta_i), \pi_i), i = 1, 2, \cdots, n$ 定义为一个可能性空间, 其中, Θ_i 是非空子集, $\varsigma(\Theta_i)$ 是所有非空子集的集合, π_i 是 $\varsigma(\Theta_i)$ 的 $[0,1]$ 的可能性测度.

给出一个可能性空间 $(\Theta_i, \varsigma(\Theta_i), \pi_i)$,

$$\pi(\varnothing) = 0, \quad \pi(\Theta_i) = 1$$

$$\pi(\cup_i A_i) = \sup_i \{\pi(A_i)\}, \quad A_i \in \varsigma(\Theta_i)$$

Zadeh 定义了模糊变量 ξ 是定义在 Θ_i 上的实值函数, 其隶属函数为

$$\mu_\xi(s) = \pi(\{\theta_i \in \Theta_i | \xi(\theta_i) = s\}) = \sup_{\theta_i \in \Theta_i} \{\pi(\{\theta_i\}) | \xi(\theta_i) = s, \forall s \epsilon R\}. \tag{3.2}$$

根据可能性理论, 如果 $\Theta = \Theta_1 \times \Theta_2 \times \cdots \times \Theta_n, \pi(A) = \min_{i=1,2,\cdots,n} \{\pi_i(A_i) | A = A_1 \times A_2 \times \cdots \times A_n, A_i \in \varsigma(\Theta_i)\}$, 则 $(\Theta_i, \varsigma(\Theta_i), \pi_i)$ 为一个生产可能性空间, 假设 $\widetilde{a}, \widetilde{b}$ 分别是可能性空间 $(\Theta_1, \varsigma(\Theta_1), \pi_1)$ 和 $(\Theta_2, \varsigma(\Theta_2), \pi_2)$ 上的两个模糊变量, 那么 $\widetilde{a} \leqslant \widetilde{b}$ 是定义于生产可能性空间 $(\Theta = \Theta_1 \times \Theta_2, \varsigma(\Theta), \pi)$ 上的一个模糊事件, 那么

$$\pi\left(\widetilde{a} \leqslant \widetilde{b}\right) = \sup_{s,t \in R} \left\{\min\left(\mu_{\widetilde{a}}(s), \mu_{\widetilde{b}}(t)\right) | s \leqslant t\right\}$$

如果 $\widetilde{b}$ 变为精确值 b, 那么相应的模糊事件的可能性为

$$\pi\left(\widetilde{a} \leqslant \widetilde{b}\right) = \sup_{s \in R} \{\mu_{\widetilde{a}}(s) | s \leqslant b\}$$

$$\pi\left(\widetilde{a} < \widetilde{b}\right) = \sup_{s \in R} \{\mu_{\widetilde{a}}(s) | s < b\} \tag{3.3}$$

$$\pi\left(\widetilde{a} = \widetilde{b}\right) = \mu_{\widetilde{a}}(b)$$

设 $\widetilde{a_1}, \widetilde{a_2}, \cdots, \widetilde{a_n}$ 定义为模糊变量, $f_j : R^n \to R (j = 1, 2, \cdots, m)$ 为实值函数, 那么可能性模糊事件 $f_j(\widetilde{a_1}, \widetilde{a_2}, \cdots, \widetilde{a_n}) \leqslant 0, j = 1, 2, \cdots, m$ 可表述为

$$\pi(f_j(\widetilde{a_1}, \widetilde{a_2}, \cdots, \widetilde{a_n}) \leqslant 0, j = 1, 2, \cdots, m)$$

$$= \sup_{s_1,\cdots,s_n \in R} \left\{ \min_{1 \leqslant i \leqslant n} \{ \mu_{\widetilde{a}}(s) \} \mid f_j(s_1,\cdots,s_n) \leqslant 0, j = 1,\cdots,m \right\}$$

使用上述概念, 模糊 DEA 模型可转化为可能性测度线性规划模型, 那么优化问题 (3.1) 可转化为

$$
\begin{cases}
\max\limits_{v,u,\bar{f}} \{\widetilde{f}\} \\
\pi\left(u^{\mathrm{T}}\widetilde{Y_0} \geqslant \widehat{f}\right) \geqslant \beta \\
\pi\left(v^{\mathrm{T}}\widetilde{X_0} = 1\right) \geqslant \alpha_0 \\
\pi\left(-v^{\mathrm{T}}\widetilde{X_j} + u^{\mathrm{T}}\widetilde{Y_j} \leqslant 0\right) \geqslant \alpha \\
v,u \geqslant 0
\end{cases}
\tag{3.4}
$$

其中, β 和 $\alpha_0 \in [0,1]$ 是预先确定的可接受的置信水平, 而 $\alpha = [a_1,\cdots,a_n]^{\mathrm{T}} \in [0,1]^n$ 是预先确定的可接受置信水平的列向量.

不难看出, 在所有约束满足预设的可能性测度的前提下, 优化问题 (3.1) 的最优解 $v^{\mathrm{T}}\widetilde{y_0}$ 至少等于 β 可能性测度下的最优解 $\bar{f}$. 在经典 DEA 模型中, 最优解 $v^{\mathrm{T}}y_0$ 表示被评价决策单元 DMU-j_0 是技术有效的. 相应地, 公式 (3.4) 最优解 $\bar{f}$ 表示指定直线水平下被评价决策单元 DMU-j_0 是技术有效的. 设 α' 表示 $\beta, \alpha_0, \alpha_1, \cdots, \alpha_n$ 的集合, 我们给出置信水平 α' 下有效的 DMU 和置信水平 α' 下无效的 DMU 的定义.

定义 3.1 如果在置信水平 α' 下最优解 $\bar{f}$ 大于或等于 1, 那么 DMU 是置信水平 α' 下有效的. 否则, DMU 是置信水平 α' 下无效的. 然而, 为了对决策单元进行合理的绩效比较, 对于模型中约束的置信水平应该设置在同一水平上.

定义 3.2 (正规模糊变量) 给出可能性空间 $(\Theta, \varsigma(\Theta), \pi)$ 下的一个模糊变量 $\widetilde{\alpha}$, 那么模糊变量 $\widetilde{\alpha}$ 是标准的, 如果满足 $\sup\limits_{s \in R} \mu_{\widetilde{\alpha}}(s) = 1$.

定义 3.3 (α-截集) 带有 α-截集的模糊变量 $\widetilde{\alpha}$ 是元素的集合, 那么属于隶属度至少为 α 的模糊变量 $\widetilde{\alpha}$ 为

$$\widetilde{\alpha_\alpha} = \{ s \in R \mid \mu_{\widetilde{\alpha}}(s) \geqslant \alpha \}$$

定义 3.4 (凸面模糊变量) 模糊变量 $\widetilde{\alpha}$ 是凸面的, 如果满足

$$\mu_{\widetilde{\alpha}}(\lambda s_1 + (1-\lambda)s_2) \geqslant \min(\mu_{\widetilde{\alpha}}(s_1), \mu_{\widetilde{\alpha}}(s_2)), \quad s_1, s_2 \in R, \lambda \in [0,1]$$

或者, 模糊变量 $\widetilde{\alpha}$ 是凸面的, 如果满足所有的 α-截集都是凸面的.

引理 3.1　设 $\widetilde{\alpha_1}, \widetilde{\alpha_2}, \cdots, \widetilde{\alpha_n}$ 为具有标准和凸面的隶属函数的模糊变量, 设 $(\cdot)_{\alpha_i}^L$ 和 $(\cdot)_{\alpha_i}^U$ 表示带有 α-截集的 $\widetilde{\alpha_i}, i = 1, \cdots, n$ 的下界和上界, 那么对于给定的可能性测度 $\alpha_1, \alpha_2, \alpha_3, 0 \leqslant \alpha_1, \alpha_2, \alpha_3 \leqslant 1$.

(1) $\pi\left(\widetilde{\alpha_1} + \cdots + \widetilde{\alpha_n} \leqslant b\right) \geqslant \alpha_1$ 当且仅当 $(\widetilde{\alpha_1})_{\alpha_1}^L + \cdots + (\widetilde{\alpha_n})_{\alpha_1}^L \leqslant b$;

(2) $\pi\left(\widetilde{\alpha_1} + \cdots + \widetilde{\alpha_n} \geqslant b\right) \geqslant \alpha_2$ 当且仅当 $(\widetilde{\alpha_1})_{\alpha_2}^L + \cdots + (\widetilde{\alpha_n})_{\alpha_2}^L \geqslant b$;

(3) $\pi\left(\widetilde{\alpha_1} + \cdots + \widetilde{\alpha_n} = b\right) \geqslant \alpha_3$ 当且仅当 $(\widetilde{\alpha_1})_{\alpha_3}^L + \cdots + (\widetilde{\alpha_n})_{\alpha_3}^L \leqslant b$ 和 $(\widetilde{\alpha_1})_{\alpha_3}^U + \cdots + (\widetilde{\alpha_n})_{\alpha_3}^U \geqslant b$.

给定的模糊投入、产出都是标准和凸面的, 那么通过引理 3.1, 优化问题 (3.4) 可转化为

$$
\begin{cases}
\max\limits_{v,u,\bar{f}} \bar{f} \\[2mm]
\left(u^{\mathrm{T}} \widetilde{Y_0}\right)_{\beta}^U \geqslant \bar{f} \\[2mm]
\left(v^{\mathrm{T}} \widetilde{X_0}\right)_{\alpha_0}^U \geqslant 1 \\[2mm]
\left(v^{\mathrm{T}} \widetilde{X_0}\right)_{\alpha_0}^L \leqslant 1 \\[2mm]
\left(-v^{\mathrm{T}} \widetilde{X_j} + u^{\mathrm{T}} \widetilde{Y_j}\right)_{\alpha}^L \leqslant 0 \\[2mm]
v, u \geqslant 0
\end{cases}
\tag{3.5}
$$

根据模型中模糊参数的隶属函数, 优化问题 (3.5) 可以转化为线性规划模型或非线性规划模型的形式.

此外, 可能性测度与必要性测度是相互对偶的. 给定可能性空间 $(\Theta, \varsigma(\Theta), \pi)$, 如果 A 和 $\bar{A}$ 是两个相反事件 ($\bar{A}$ 是 A 在 Θ 的补充), 那么

$$
N(A) = 1 - \pi(\bar{A})
\tag{3.6}
$$

其中, N 表示必要性测度, π 表示可能性测度.

公式 (3.6) 表明一个事件是肯定发生的 (必然是真的), 当它的相反事件不可能发生时, 它也可以被证实:

$$
\pi(A) \geqslant N(A)
$$

使用模糊事件的必要性测度, 优化问题 (3.1) 可转化为如下形式:

$$
\begin{cases}
\max\limits_{v,u,f} f \\
N\left(u^{\mathrm{T}}\widetilde{Y_0} \geqslant \widetilde{f}\right) \geqslant \beta \\
N\left(v^{\mathrm{T}}\widetilde{X_0} = 1\right) \geqslant \alpha_0 \\
N\left(-v^{\mathrm{T}}\widetilde{X_j} + u^{\mathrm{T}}\widetilde{Y_j} \leqslant 0\right) \geqslant \alpha \\
v,u \geqslant 0
\end{cases}
\tag{3.7}
$$

其中, β 和 $\alpha_0 \in [0,1]$ 是预先确定的可接受的必要性测度, 而 $\alpha = [a_1, \cdots, a_n]^{\mathrm{T}} \in [0,1]^n$ 是预先确定的可接受测度 (必要性) 的列向量.

由于可能性测度和必要性测度的相互对偶关系, 我们可以用求解优化问题 (3.4) 的方法求解优化问题 (3.7). 同时, 有关必要性测度 DEA 模型的定义, 可参照可能性测度 DEA 模型, 在此不再赘述. 为了便于读者理解, 我们给出如下算例.

例 3.1 假设有 5 个决策单元 (DMUs), 有 2 项投入和 2 项产出, 见表 5.17.

表 5.17　5 个决策单元投入、产出模糊数据

DMU	1	2	3	4	5
投入 1	(4.0, 0.5)	(9, 0.0)	(4.9, 0.5)	(4.1, 0.7)	(6.5, 0.6)
投入 2	(1, 0.2)	(1.5, 0.1)	(6, 0.4)	(3, 0.1)	(4.1, 0.5)
产出 1	(6, 0.2)	(2, 0.0)	(3.2, 0.5)	(9, 0.4)	(5.1, 0.7)
产出 2	(4.1, 0.3)	(3.5, 0.2)	(5.1, 0.8)	(5.7, 0.2)	(7.4, 0.9)

限于篇幅, 我们直接给出各 DMU 在不同可能性测度下的绩效值, 如表 5.18 所示.

表 5.18　5 个 DMU 在不同可能性测度下的绩效值

可能性水平 α'	$\bar{f}$				
	1	2	3	4	5
0	1.107	1.238	1.276	1.52	1.296
0.25	1.032	1.173	1.149	1.386	1.226
0.5	0.963	1.112	1.035	1.258	1.159
0.75	0.904	1.055	0.932	1.131	1.095
1	0.855	1.000	0.861	1.000	1.000

相应地, 我们直接给出各 DMU 在不同必要性测度下的绩效值, 如表 5.19 所示.

表 5.19　　5 个 DMU 在不同必要性测度下的绩效值

必要性水平 α'	f				
	1	2	3	4	5
0	0.855	1.000	0.861	1.000	1.000
0.25	0.853	1.000	0.839	0.983	0.936
0.5	0.842	1.000	0.819	0.966	0.874
0.75	0.819	0.993	0.790	0.949	0.817
1	0.771	0.934	0.730	0.932	0.764

5.3.2　基于可信性测度的模糊数据包络分析

本节的工作主要基于文献 [22].

2003 年, Lertworasirikul 等提出了可信度方法, 用于模糊 DEA 模型的求解. 该方法将模糊 DEA 模型转化为可信度规划模型, 在该模型中, 模糊变量被可信性测度的 "期望信用" 所取代.

我们首先介绍有关可信性测度的准备知识, Liu[22,23] 将模糊事件的可信性测度 (Cr) 定义为其可能性和必要性度量的平均值 (有关可能性和必要性度量的准备知识请参见文献 [22, 23]), 即

$$\mathrm{Cr}\,(\cdot) = \frac{\pi\,(\cdot) + N\,(\cdot)}{2} \tag{3.8}$$

可能性、必要性与可信性测度之间的关系为

$$\pi\,(\cdot) \geqslant \mathrm{Cr}\,(\cdot) \geqslant N\,(\cdot)$$

与可能性理论中随机变量的期望值算子类似, Liu[22] 定义了可能性空间 $(\Theta, \varsigma(\Theta), \pi)$ 上模糊变量 $\widetilde{\xi}$ 的 "期望信用" 算子, 如下:

$$E\left(\widetilde{\xi}\right) = \int_0^{+\infty} \mathrm{Cr}\left(\widetilde{\xi} \geqslant t\right) \mathrm{d}t - \int_{-\infty}^0 \mathrm{Cr}\left(\widetilde{\xi} \leqslant t\right) \mathrm{d}t \tag{3.9}$$

考虑可能性空间 $(\Theta, \varsigma(\Theta), \pi)$ 上模糊变量 $\widetilde{\alpha}$.

令 $\widetilde{\xi}_i, i = 1, \cdots, n$ 成为可能性空间 $(\Theta, \varsigma(\Theta), \pi)$ 上的标准、凸面模糊变量, $\widetilde{\xi} = \widetilde{\xi}_1 + \cdots + \widetilde{\xi}_n$, 其中 $\widetilde{\xi}$ 是生产可能性空间 $(\Theta, \varsigma(\Theta), \pi)$ 上的标准、凸面模糊变量, 运用可能性、必要性与可信性测度之间的关系, 那么 $\widetilde{\xi}$ 的 "期望信用" 可表述为

$$E\left(\widetilde{\xi}\right) = \lim_{M \to \infty} \left(\int_0^{+M} \mathrm{Cr}\left(\widetilde{\xi} \geqslant t\right) \mathrm{d}t - \int_{-M}^0 \mathrm{Cr}\left(\widetilde{\xi} \leqslant t\right) \mathrm{d}t \right)$$

$$= \frac{1}{2} \lim_{M \to \infty} \left(\int_0^{+M} \left[\pi\left(\widetilde{\xi} \geqslant t\right) + N\left(\widetilde{\xi} \geqslant t\right) \right] \mathrm{d}t \right.$$

$$- \int_{-M}^{0} \left[\pi \left(\widetilde{\xi} \leqslant t \right) + N \left(\widetilde{\xi} \leqslant t \right) \right] \mathrm{d}t \Bigg)$$

$$= \frac{1}{2} \lim_{M \to \infty} \left(\int_{0}^{+M} 1 \mathrm{d}t - \int_{-M}^{0} 1 \mathrm{d}t + \int_{0}^{+M} \pi \left(\widetilde{\xi} \geqslant t \right) \mathrm{d}t + \int_{-M}^{0} \pi \left(\widetilde{\xi} > t \right) \mathrm{d}t \right.$$

$$\left. - \int_{0}^{+M} \pi \left(\widetilde{\xi} < t \right) \mathrm{d}t + \int_{-M}^{0} \pi \left(\widetilde{\xi} \leqslant t \right) \mathrm{d}t \right)$$

对于标准模糊向量 $\widetilde{\xi}$ 来说, $\pi \left(\widetilde{\xi} < t \right)$ 非常接近 $\pi \left(\widetilde{\xi} \leqslant t \right)$, $\pi \left(\widetilde{\xi} > t \right)$ 非常接近 $\pi \left(\widetilde{\xi} \geqslant t \right)$, 下面给出相应引理.

引理 3.2 令 $\widetilde{\xi}$ 成为标准、凸面模糊变量, $(\cdot)_\alpha^L$ 和 $(\cdot)_\alpha^U$ 表示具有 α-截集的 $\mu_{\widetilde{\xi}}$ 的上界和下界. 如果 $\pi \left(\widetilde{\xi} < t \right)$ 和 $\pi \left(\widetilde{\xi} > t \right)$ 分别近似于 $\pi \left(\widetilde{\xi} \leqslant t \right)$ 和 $\pi \left(\widetilde{\xi} \geqslant t \right)$, 那么

$$E \left(\widetilde{\xi} \right) = \frac{1}{2} \left(\left(\widetilde{\xi} \right)_1^U + \left(\widetilde{\xi} \right)_1^L + \int_{(\widetilde{\xi})_1^U}^{(\widetilde{\xi})_0^U} \pi \left(\widetilde{\xi} \geqslant t \right) \mathrm{d}t - \int_{(\widetilde{\xi})_0^L}^{(\widetilde{\xi})_1^L} \pi \left(\widetilde{\xi} \leqslant t \right) \mathrm{d}t \right)$$

引理 3.3 对于给定的 $\widetilde{\xi} = \widetilde{\xi}_1 + \cdots + \widetilde{\xi}_n$, $\widetilde{\xi}_i, i = 1, \cdots, n$ 是标准、凸面的模糊变量和 $\alpha \in [0, 1]$, $\pi \left(\widetilde{\xi} \geqslant t \right)$, $\pi \left(\widetilde{\xi} \leqslant t \right)$ 可分别解决以下两个问题, 即

$$\max_\alpha \alpha$$
$$\text{s.t.} \quad \left(\widetilde{\xi}_1 \right)_\alpha^U + \left(\widetilde{\xi}_2 \right)_\alpha^U + \cdots + \left(\widetilde{\xi}_n \right)_\alpha^U \geqslant t$$

$$\max_\alpha \alpha$$
$$\text{s.t.} \quad \left(\widetilde{\xi}_1 \right)_\alpha^L + \left(\widetilde{\xi}_2 \right)_\alpha^L + \cdots + \left(\widetilde{\xi}_n \right)_\alpha^L \leqslant t \tag{3.10}$$

引理 3.4 对于给定的 $\widetilde{\xi} = \widetilde{\xi}_1 + \cdots + \widetilde{\xi}_n$, $\widetilde{\xi}_i, i = 1, \cdots, n$ 是标准、凸面的梯形模糊变量, 那么

$$\int_{(\widetilde{\xi})_1^U}^{(\widetilde{\xi})_0^U} \pi \left(\widetilde{\xi} \geqslant t \right) \mathrm{d}t = \frac{\widetilde{(\xi)}_0^U - \widetilde{(\xi)}_1^U}{2}, \quad \int_{(\widetilde{\xi})_0^L}^{(\widetilde{\xi})_1^L} \pi \left(\widetilde{\xi} \leqslant t \right) \mathrm{d}t = \frac{\widetilde{(\xi)}_1^L - \widetilde{(\xi)}_0^L}{2}$$

对于引理 3.4, $\widetilde{\xi}$ 的 "期望信用" 可转化为

$$E \left(\widetilde{\xi} \right) = \frac{1}{2} \left[\left(\widetilde{\xi} \right)_1^U + \left(\widetilde{\xi} \right)_1^L + \int_{(\widetilde{\xi})_1^U}^{\widetilde{(\xi)}_0^U} \pi \left(\widetilde{\xi} \geqslant t \right) \mathrm{d}t - \int_{(\widetilde{\xi})_0^L}^{\widetilde{(\xi)}_1^L} \pi \left(\widetilde{\xi} \leqslant t \right) \mathrm{d}t \right]$$

$$= \frac{1}{4}\left[\left(\widetilde{\xi}\right)_1^U + \left(\widetilde{\xi}\right)_1^L + \left(\widetilde{\xi}\right)_0^U + \left(\widetilde{\xi}\right)_0^L\right]$$

因此, 对于 $\widetilde{\xi}$ 是标准、凸面的梯形模糊变量时, 模糊变量的 "期望信用" 的显式表达式可用来推导出模糊变量. 同时, 当隶属函数对称时, 标准、凸面的梯形模糊变量的 "期望信用" 位于隶属函数的中心位置. (限于篇幅, 引理证明过程详见文献 [21]).

下面, 我们给出可信度模糊 DEA 模型, 该方法通过将模糊变量替换为 "期望信用" 来处理模糊目标和模糊约束中的不确定性. 基于上述思路, 可将模糊 DEA 模型 (CCR) 转化为可信度模糊 DEA 模型 (CCR), 如下:

$$\begin{cases} \max_{u,v} E\left(v^{\mathrm{T}}\widetilde{Y_0}\right) \\ \text{s.t.} \quad E\left(u^{\mathrm{T}}\widetilde{X_0}\right) = 1 \\ E\left(-u^{\mathrm{T}}\widetilde{X_j} + v^{\mathrm{T}}\widetilde{Y_j}\right) \leqslant 0 \\ u, v \geqslant 0 \end{cases} \tag{3.11}$$

优化问题 (3.11) 中的模糊约束, 可通过 "期望信用" 的算子进行处理, 令 u, v 为决策向量, 这样, 最大期望回报 $E\left(v^{\mathrm{T}}\widetilde{Y_0}\right)$ 满足 $u^{\mathrm{T}}\widetilde{X_0}$ 的 "期望信用" 和 $-u^{\mathrm{T}}\widetilde{X_j} + v^{\mathrm{T}}\widetilde{Y_j}$.

与经典 DEA 模型 (CCR) 相同, 目标 DMU 的绩效值的范围也属于 $(0, 1]$; 同样地, 在优化问题 (3.11) 中 $E\left(v^{\mathrm{T}}\widetilde{Y_0}\right)$ 用于确定目标 DMU 在技术上是否有效 (从信用意义上).

定义 3.5　如果任意 DMU 满足 $E\left(v^{\mathrm{T}}\widetilde{Y_0}\right)$ 的值等于 1, 那么 DMU 就是信用有效; 否则, 它就是信用无效的 DMU.

由上文的推导可知, 公式优化问题 (3.11) 既可能是线性规划形式, 也可能是非线性规划形式, 这取决于隶属函数的形式. 当隶属函数是标准、凸面梯形, 优化问题 (3.11) 可转化为线性规划形式, 如下:

$$\begin{cases} \max_{u,v} \frac{1}{4}\left(\left(v^{\mathrm{T}}\widetilde{Y_0}\right)_1^U + \left(v^{\mathrm{T}}\widetilde{Y_0}\right)_1^L + \left(v^{\mathrm{T}}\widetilde{Y_0}\right)_0^U + \left(v^{\mathrm{T}}\widetilde{Y_0}\right)_0^L\right) \\ \text{s.t.} \quad \frac{1}{4}\left(\left(u^{\mathrm{T}}\widetilde{X_0}\right)_1^U + \left(u^{\mathrm{T}}\widetilde{X_0}\right)_1^L + \left(u^{\mathrm{T}}\widetilde{X_0}\right)_0^U + \left(u^{\mathrm{T}}\widetilde{X_0}\right)_0^L\right) = 1 \\ \frac{1}{4}\left[\left(-u^{\mathrm{T}}\widetilde{X_j} + v^{\mathrm{T}}\widetilde{Y_j}\right)_1^U + \left(-u^{\mathrm{T}}\widetilde{X_j} + v^{\mathrm{T}}\widetilde{Y_j}\right)_1^L \right. \\ \qquad \left. + \left(-u^{\mathrm{T}}\widetilde{X_j} + v^{\mathrm{T}}\widetilde{Y_j}\right)_0^U + \left(-u^{\mathrm{T}}\widetilde{X_j} + v^{\mathrm{T}}\widetilde{Y_j}\right)_0^L\right] \leqslant 0 \\ u, v \geqslant 0 \end{cases} \tag{3.12}$$

例 3.2 下面, 我们考虑非对称三角模糊数的情况. 假设有 5 个决策单元, 每个决策单元有 2 项投入、2 项产出, 如表 5.20 所示.

表 5.20 模糊投入、模糊产出数据及其基于可信性测度的模糊 DEA 的绩效值

DMU	投入 1	投入 2	产出 1	产出 2	$E\left(v^{\mathrm{T}}\widetilde{Y_0}\right)$
1	(3.7, 4.0, 4.9)	(1.9, 1,5)	(3, 6, 3.1)	(3.2, 4.1, 4.7)	0.857
2	(7, 9, 3.4)	(0.8, 1.5, 3)	(0, 2, 4)	(9, 3.5, 4.3)	1.000
3	(3.7, 4.9, 5.3)	(1.8, 6, 3.1)	(3.0, 3.2, 4.4)	(5.1, 5.1, 6.1)	1.000
4	(3.3, 4.1, 5.0)	(1.3, 3, 3.0)	(2, 9, 3.3)	(4.8, 5.7, 6.0)	1.000
5	(6.0, 6.5, 7.0)	(3.4, 4.1, 5.3)	(4.8, 5.1, 6.0)	(6.2, 7.4, 7.7)	1.000

不难发现, DMU-2, DMU-3, DMU-4, DMU-5 为有效 DMU, 而 DMU-1 为无效 DMU.

以下通过实例, 验证以上基于可信性测度的模糊数据包络分析在绩效评价上的有效性, 下面通过实例对几种模糊数据包络分析模型进行比较. 这里主要基于 α-截集的模糊数据包络分析 (I) 模型、基于模糊数序的模糊数据包络分析 (I) 和基于可能性测度的模糊数据包络分析进行比较分析.

例 3.3 为了便于读者理解, 我们给出如下应用实例. 设有 5 个决策单元, 每个决策单元都有 2 项产出、2 项投入, 模糊数据均为对称三角模糊数, 如表 5.21 — 表 5.24 所示.

表 5.21 投入、产出模糊数据及基于可信性测度的模糊 DEA 的绩效值

DMU	投入 1	投入 2	产出 1	产出 2	$E\left(v^{\mathrm{T}}\widetilde{Y_0}\right)$
1	(4.0, 0.5)	(1, 0.2)	(6, 0.2)	(4.1, 0.3)	0.855
2	(9, 0.0)	(1.5, 0.1)	(2, 0.0)	(3.5, 0.2)	1.000
3	(4.9, 0.5)	(6, 0.4)	(3.2, 0.5)	(5.1, 0.8)	0.861
4	(4.1, 0.7)	(3, 0.1)	(9, 0.4)	(5.7, 0.2)	1.000
5	(6.5, 0.6)	(4.1, 0.5)	(5.1, 0.7)	(7.4, 0.9)	1.000

表 5.22 基于 α-截集的模糊 DEA 在不同水平 α 的绩效区间

DMU	$\alpha = 0$	$\alpha = 0.25$	$\alpha = 0.5$	$\alpha = 0.75$	$\alpha = 1$
1	[0.6259, 1]	[0.7026, 1]	[0.7823, 1]	[0.8082, 1]	[0.9118, 0.9118]
2	[0.8358, 1]	[1, 1]	[1, 1]	[1, 1]	[1, 1]
3	[0.5909, 1]	[0.657, 1]	[0.7448, 1]	[0.7805, 1]	[0.946, 0.946]
4	[0.8794, 1]	[0.9127, 1]	[0.9438, 1]	[0.9557, 1]	[1, 1]
5	[0.7813, 1]	[0.8313, 1]	[0.8843, 1]	[0.90477, 1]	[1, 1]

由表 5.21 — 表 5.24 可见, 对同一个具有模糊投入、模糊产出的生产系统, 运用不同的模糊数据包络分析进行绩效评价结果稍有不同, 但总体结果是一致的, 由表 5.21 可知, 利用基于可信性测度的模糊 DEA 模型, DMU-2, DMU-4, DMU-5 为有

效 DMU, 而 DMU-1, DMU-3 为无效 DMU; 由表 5.22 可见, 利用基于 α-截集的模糊 DEA 模型, 模糊绩效值的截集满足区间套定理, 当可信水平 α 小于 0.75 时, 模糊绩效值的截集区间的右端点都是 1 (即都是在乐观的条件下是有效的), DMU-2, DMU-4, DMU-5 都具有较好的绩效水平, 且在可信水平 $\alpha = 1$ 时, 模糊绩效的截集左右端点都为 1, 即在乐观和悲观条件下都是有效的. 对于 DMU-1, DMU-3 则不然, 当可信水平 α 逐渐增大时, 其模糊绩效的截集区间右端点小于 1, 即 DMU-1, DMU-3 在此可信水平 α 下绩效评价为无效. 由表 5.23 可知, 利用基于可能性测度的模糊 DEA 模型进行绩效评价, 在不同可信水平 α 下, DMU-2, DMU-4, DMU-5 的绩效值都不小于 1, 即绩效评价都为有效, 而 DMU-1, DMU-3 则不然, 当可信水平 α 逐渐增大时, 其绩效值逐渐小于 1, 这些决策单元最终绩效评价为无效. 由表 5.24 可见, 利用基于模糊数序的模糊数据包络分析 (I) 对这 5 个决策单元的绩效进行评价, 其绩效值是模糊值, 当可信水平 α 逐渐增大时, DMU-2, DMU-4, DMU-5 的模糊绩效值越来越趋向模糊数 1, 当可信水平 $\alpha = 1$ 时, 模糊绩效值退化为实数 1, 这三个决策单元的绩效评价为有效, DMU-1, DMU-3 的模糊绩效值虽然也随着可信水平 α 越来越大, 但最终也没有达到 1.

表 5.23   基于可能性测度的模糊 DEA 在不同水平 α 的绩效值

DMU	$\alpha = 0$	$\alpha = 0.25$	$\alpha = 0.5$	$\alpha = 0.75$	$\alpha = 1$
1	1.057959	1.003522	0.9515671	0.9408280	0.8548164
2	1.099443	1.071579	1.045465	1.036753	1
3	1.125620	1.046695	0.9827761	0.9524269	0.8607956
4	1.296104	1.046695	1.125245	1.102344	1
5	1.295840	1.225582	1.147368	1.118770	1

表 5.24   基于模糊数序的模糊数据包络分析 (I) 在不同水平下的模糊绩效

DMU	0	0.5	0.75	1
1	(0.15, 0.81, 0.18)	(0.08, 0.83, 0.09)	(0.04, 0.84, 0.04)	(0.0, 0.85, 0.0)
2	(0.10, 0.98, 0.11)	(0.03, 0.97, 0.03)	(0.03, 0.99, 0.03)	(0.0, 1.0, 0.0)
3	(0.22, 0.82, 0.03)	(0.12, 0.83, 0.14)	(0.06, 0.83, 0.07)	(0.0, 0.86, 0.0)
4	(0.22, 0.93, 0.32)	(0.12, 0.97, 0.15)	(0.06, 0.98, 0.07)	(0.0, 1.0, 0.0)
5	(0.18, 0.79, 0.23)	(0.10, 0.82, 0.11)	(0.05, 0.83, 0.06)	(0.0, 1.0, 0.0)

综上, 本章给出了几种模糊 DEA 模型, 总体可以分为三类, 分别是基于 α-截集的模糊数据包络分析、基于模糊数序的模糊数据包络分析和基于不确定性测度的模糊数据包络分析, 这三类模糊数据包络分析构建模型的所用的数学基础不同, 所得的绩效值也不同, 有的是实数值, 有的是模糊值[24,25]. 通过绩效评价应用实例表明, 这三类模糊数据包络分析方法的绩效评价结果基本一致.

参 考 文 献

[1] 曾祥云, 吴育华. L-R 型区间 DEA 模型及其变换 [J]. 系统工程, 2000(2): 60-66.

[2] 吴海平, 宣国良, 帅旭. 基于 LR 模糊数的置信 DEA 模型 [J]. 系统工程理论与实践, 2003(9): 28-34.

[3] 黄朝峰, 廖良才. 模糊条件下的决策单元相对有效性评价 [J]. 模糊系统与数学, 2006(5): 77-83.

[4] Triantis K, Girod O. A mathematical programming approach for measuring technical efficiency in a fuzzy environment[J]. Journal of Productivity Analysis, 1998(10): 85-102.

[5] Kao C, Liu S T. Fuzzy efficiency measures in data envelopment analysis[J]. Fuzzy Sets and Systems, 2000, 113: 427-437.

[6] Guo P, Tanaka H. Fuzzy DEA: a perceptual evaluation method[J]. Fuzzy Sets and Systems, 2001, 119: 149-160.

[7] León T, Liern V, Ruiz J L, et al. A fuzzy mathematical programming approach to the assessment of efficiency with DEA models[J]. Fuzzy Sets and Systems, 2003, 139: 407-419.

[8] Lertworasirikul S, Fang S C, Joines J A, et al. Fuzzy data envelopment analysis(DEA): a Possibility approach[J]. Fuzzy sets and systems, 2003, 139: 379-394.

[9] Lertworasirikul S. Fang S C, Nuttle H L W, et al. Fuzzy BCC model for data envelopment analysis[J]. Fuzzy Optimization and Decision Making, 2003(2): 337-358.

[10] Sengupta J K. A fuzzy systems approach in data envelopment analysis[J]. Computers and Mathematics with Applications, 1992, 24(8-9): 259-266.

[11] Puri J, Yadav S P. A concept of fuzzy input mix-efficiency in fuzzy DEA and its application in banking Sector[J]. Expert Systems with Applications, 2013, 40(5): 1437-1450.

[12] Ashrafi A, Mansouri Kaleibar M. Cost, revenue and profit efficiency models in generalized fuzzy data envelopment analysis[J]. Fuzzy Information and Engineering, 2017, 9(2): 237-246.

[13] Hatami-Marbini A, Saati S, Tavana M. An ideal-seeking fuzzy data envelopment analysis framework[J]. Applied Soft Computing, 2010, 10(4): 1062-1070.

[14] Guo P, Tanaka H. Fuzzy DEA: a perceptual evaluation method[J]. Fuzzy Sets and Systems, 2001, 119(1): 149-160.

[15] Guo P, Tanaka H, Inuiguchi M. Self-organizing fuzzy aggregation models to rank the objects with multiple attributes[J]. IEEE Transactions on Systems, Man and Cybernetics, Part A–Systems and Humans, 2000, 30(5): 573-580.

[16] Muren, Ma Z, Cui W. Generalized fuzzy data envelopment analysis methods[J]. Applied Soft Computing, 2014(19): 215-225.

[17] Meng M Q. A hybrid particle swarm optimization algorithm for satisficing data envelopment analysis under fuzzy chance constraints[J]. Expert Systems with Applications, 2014(41): 2074-2082.

[18] Tavana M, Shiraz R K, Hatami-Marbini A, et al. Chance-constrained DEA models with random fuzzy inputs and outputs[J]. Knowledge-Based Systems, 2013(52): 32-52.

[19] Karsark E E, Kuzgunkaya O. A fuzzy multiple objective Programming approach for the selection of a flexible manufacturing system[J]. International journal of Production Economics, 2002, 79(2): 101-111.

[20] Kao C, Liu S T. Data envelopment analysis with missing data: an application to university libraries in Taiwan[J]. Journal of the Operational Research Society, 2000, 51: 897-905.

[21] Lertworasirikul S, Fang S C, Joines J A, et al. Fuzzy data envelopment analysis: A credibility approach[J]. Fuzzy Sets Based Heuristics for Optimization, 2003, 126: 141-158.

[22] Liu B. Toward fuzzy optimization without mathematical ambiguity[J]. Fuzzy Optimization and Decision Making, 2002, 1: 43-63.

[23] Liu B. Uncertain programming: a unifying optimization theory in various uncertain environments[J]. Applied Mathematics and Computation, 2001, 120: 227-234.

[24] Dubois D, Prade H M. Fuzzy Sets and Systems: Theory and Applications[M]. New York: Academic Press, 1980.

[25] Wang W, Wang Z Y. Total orderings defined on the set of all fuzzy numbers[J]. Fuzzy Sets and Systems, 2014, 243: 131-141.

第 6 章   具有交互作用变量的数据包络分析

第 4 章给出了多投入、多产出的生产系统绩效评价模型[1-4], 这些经典的数据包络分析中多投入、多产出的组合形式是线性加权组合, 线性加权组合的应用前提为变量是线性独立的, 但在实际应用中, 很多情况变量是高度相关的, 如在银行绩效评价[5] 中, 投入指标、固定资产、总资产等指标是相关的. 再如, 高校绩效评价中, 产出指标承担课题数、发表论文数、毕业生数等也是相关的. 在经典 DEA 模型中, 如果对这些具有线性相关的投入或产出, 还是用线性加权组合来累加这些变量, 则评价结果就会有偏颇.

一些研究人员提出了几个模型来解决这些问题, Adler 和 Golany[6,7] 建议使用主成分分析 (PCA) 来生成初始投入和产出的不相关的线性组合, 并构建基于 PCA 的 DEA 模型. Adler 和 Yazhemsky[8] 研究发现, 在绩效的判别能力上, PCA-DEA 胜过经典 DEA. 独立成分分析 (ICA) 是解决变量相关问题的另一种信息聚合工具, ICA 是一种新的统计技术, 用于对观察到的多变量数据中提取独立变量[9]. 使用 ICA 提取 DEA 绩效测量中的独立变量 (投入或产出)[10] 可以克服部分变量相关性的影响. 虽然上述两种 DEA 模型可以避免对具有交互式变量 (投入或产出) 的 DMU 的绩效误判, 但是它们将绩效测量分为两个阶段, 首先使用 DMU 的变量 (投入、产出) 生成独立变量 (投入、产出), 然后用生成的独立变量 (投入、产出) 去构造绩效评价的 DEA 模型. 特别是在以上两种 DEA 模型中, DEA 模型的变量 (投入、产出) 不是 DMU 的实际变量, 而是由初始变量生成的新变量 (在基于 PCA 的 DEA 模型中, 它们是原始变量的不相关组合; 在基于 ICA 的 DEA 模型中, 它们是初始变量对应的基向量), 因此, 利用 PCA-DEA 和 ICA-DEA 得到的绩效评估结果对所评价生产活动的指导意义较少.

加权和对应离散空间上的 Lebesgue 积分, 我们用投入 (或产出) 的加权和作为一个综合指标, 但加权求和需要基本的假设, 即属性之间没有交互作用. 经典 DEA 模型中, 用投入 (产出) 的加权求和作为投入 (产出) 的综合指标, 没有考虑投入 (产出) 属性之间的交互作用. Choquet 积分[11] 是泛化了的 Lebesgue 积分, 当 Choquet 积分中的模糊测度是可加模糊测度时, Choquet 积分退化为 Lebesgue 积分. 基于绩效测度 (也称为模糊测度或非加性测度) 的 Choquet 积分是非线性积分[12], 它可以提供属性之间具有交互作用属性的聚合工具.

本章, 我们将讨论使用交互变量 (投入或产出) 的绩效评估模型, 其中 Choquet 积分用于将多个投入和产出聚合成单个绩效指标. 在 6.1 节中, 我们介绍具有交互变量的 DEA 模型及模型具有的一些基本性质, 以及利用具有交互变量的 DEA 模型进行绩效评价的实例. 在 6.2 节中, 我们应用具有交互作用变量的数据包络分析对河北省三级甲等医院进行绩效评价. 6.3 节给出投入具有交互作用的数据包络分析及其应用. 本章是作者系列工作的总结[13,14].

6.1　具有交互作用变量的数据包络分析基本模型与应用

6.1.1　具有交互作用变量的数据包络分析模型

绩效测度的概念始于 20 世纪 50 年代[11], 自 20 世纪 70 年代以来得到了很好的发展[12,15,16].

考虑到非线性关系, 特别是属性间的交互作用, 我们可以利用非线性积分作为数据聚合的工具. 关于非线性积分的研究可以在文献中找到[11,12,15,16]. 加权和也称为有限空间上的类 Lebesgue 积分[17]. Choquet 积分[11,17] 是一种非线性积分, 它包含关于数据集中属性间交互的非常重要的信息, 更适合于具有交互作用的信息融合和数据挖掘. 因此, 选择基于绩效测度的 Choquet 积分作为非线性数据累积工具可以充分考虑到属性之间的交互作用[18-21].

设有限集 $x = \{x_1, x_2, \cdots, x_n\}$ 是多维数据集中的属性集. 几种重要的绩效测度被定义如下[12-14].

定义 1.1　X 上的绩效测度 μ 是一个集函数 $\mu : P(X) \to [0, \infty)$, 满足 $\mu(\varnothing) = 0$ (其中 $P(X)$ 表示 x 的幂集); 当 μ 满足 $\mu(\varnothing) = 0$ 和 $\mu(E) \leqslant \mu(F)(E \subset F)$ 时称 μ 为单调效益测度, 其中 E, F 是 $P(X)$ 中的任意集合. 模糊测度[16] 是 x 上的一个单调有界的效益测度.

定义 1.2　如果 $\mu(X) = 1$, 则说绩效测度 μ 是正规的.

定义 1.3　X 上的广义绩效测度 μ 是满足 $\mu(\varnothing) = 0$ 的集函数 $\mu : P(X) \to (-\infty, +\infty)$.

对于绩效测度 μ, $A \in P(X), B \in P(X)$, 有三种情形:

情形 1　如果 $\mu(A \cup B) > \mu(A) + \mu(B)$, 这意味着 A 和 B 有协同效应.

情形 2　如果 $\mu(A \cup B) = \mu(A) + \mu(B)$, 这意味着 A 和 B 有加法效应.

情形 3　如果 $\mu(A \cup B) < \mu(A) + \mu(B)$, 这意味着 A 和 B 具有负面的协同效应.

实际生产活动中, 我们所用到的绩效测度基本上都是单调和非负的, 决策单元的产出指标为 $Y = \{y_1, y_2, \cdots, y_m\}$, 投入指标为 $X = \{x_1, x_2, \cdots, x_s\}$. 在许多生产实践活动中, 可能在多投入指标间存在交互作用, 设 $\mu(\{x_i\})$ 为指标 x_i 的绩效测度, $\mu(A)$ (A 非单点集) 表示指标集 $A \subset X$ 的绩效测度; $f_k(x_i)$ 为来

自 DMU_k 的投入指标 (x_i) 的信息数据, $f_k(y_r)$ 为 DMU_k 的产出指标 (y_r) 的信息数据. DMU_k 的投入集合为 $f_k(x) = (f_k(x_1), f_k(x_2), \cdots, f_k(x_s))$; 产出集合为 $g_k(y) = (g_k(y_1), g_k(y_2), \cdots, g_k(y_m))$, 任何一个 DMU 的绩效测度可用投入累积与产出累积的比值最大值来表示, 这里投入累积 (产出累积) 可由 Choquet 积分计算得到. μ 和 ν 的绩效测度可以通过以下的最优化模型 (CH-CCR) 来得到

$$\max \left\{ h_0 = \frac{(C)\int g_0 \mathrm{d}\nu}{(C)\int f_0 \mathrm{d}\mu} \right\}$$

$$\text{s.t.} \begin{cases} \dfrac{(C)\int g_k \mathrm{d}\nu}{(C)\int f_k \mathrm{d}\mu} \leqslant 1, \quad k = 1, 2, \cdots, n \\ 0 \leqslant \mu(A) \leqslant \mu(B), \quad \text{对于 } A \subseteq B, \quad A, B \in P(X) \\ 0 \leqslant \nu(C) \leqslant \nu(D), \quad \text{对于 } C \subseteq D, \quad C, D \in P(Y) \end{cases} \tag{1.1}$$

绩效比值 $h_0 \in [0,1]$, 决策单元的绩效比值为相对绩效, 如果绩效比率达到 1, 则认为是相对有效的. 由以上优化模型 CH-CCR 可知, 每个决策单元都寻求自身绩效最大化, 都会选取最有利于自身的权重. (1.1) 式给出的具有交互作用的数据包络分析 (CH-DEA) 模型可以给出有效的决策单元, 由所有有效决策单元构成——超平面, 居于超平面之上的决策单元, 被确定为有效决策单元, 而居于决策超平面之下者为无效决策单元.

在 CH-CCR 模型中, 作以下变换:

$$t = \frac{1}{(C)\int f_0 \mathrm{d}\mu} \quad (t > 0), \quad \omega = t\nu, \lambda = t\mu \tag{1.2}$$

$$\lambda : X \to [0, +\infty), \quad \omega : Y \to [0, +\infty)$$

则可得到 CH-CCR 模型 (1.1) 等价的新模型:

$$\max \left\{ h_0 = (C)\int g_0 \mathrm{d}\omega \right\}$$

$$\text{s.t.} \begin{cases} (C)\int g_k \mathrm{d}\omega - (C)\int f_k \mathrm{d}\lambda \leqslant 0, k = 1, 2, \cdots, n \\ (C)\int f_0 \mathrm{d}\lambda = 1 \\ 0 \leqslant \omega(A) \leqslant \omega(B), \quad \text{对于 } A \subseteq B, \quad A, B \in P(Y) \\ 0 \leqslant \lambda(C) \leqslant \lambda(D), \quad \text{对于 } C \subseteq D, \quad C, D \in P(X) \end{cases} \tag{1.3}$$

定义 1.4 在具有交互作用变量的数据包络分析模型 CH-CCR (1.1) 式中,

若存在 X 上的绩效测度 μ 和 Y 上的绩效测度 ν, 使 $h_0 = \dfrac{(C)\displaystyle\int g_0 \mathrm{d}\nu}{(C)\displaystyle\int f_0 \mathrm{d}\mu} = 1$, 则

DMU$_0$ 称为有效决策单元; 如果 $h_0 = \dfrac{(C)\displaystyle\int g_0 \mathrm{d}\nu}{(C)\displaystyle\int f_0 \mathrm{d}\mu} < 1$, 则 DMU$_0$ 称为无效决策

单元.

类似地, 具有交互作用变量的数据包络分析模型 CH-CCR(1.3) 中, 若有绩效

测度 λ 和 ω, 使 $h_0 = (C)\displaystyle\int g_0 \mathrm{d}\omega = 1, (C)\displaystyle\int f_0 \mathrm{d}\lambda = 1$, 则该 DMU$_0$ 为有效决策单

元; 若 $h_0 = (C)\displaystyle\int g_0 \mathrm{d}\omega < 1$, 则该 DMU$_0$ 为无效决策单元.

本质上, CH-CCR 模型为一个线性规划, 事实上, 对于积分 $(C)\displaystyle\int f_k \mathrm{d}\lambda$ (或

$(C)\displaystyle\int g_k \mathrm{d}\omega$), 如果被积函数 f_k (或 g_k) 已经确定, 其积分结果仅与集合 X (或 Y)

的子集的效益测度 λ (或 ω) 有关, 为了获得给出 $(C)\displaystyle\int f_k \mathrm{d}\lambda$ (或 $(C)\displaystyle\int g_k \mathrm{d}\omega$) 关于

未知参数 λ (或 ω) 的线性表达式. 下面给出另一种等价的 $(C)\displaystyle\int f_k \mathrm{d}\lambda$ 积分计算

公式[12]:

$$(C)\int f_k \mathrm{d}\lambda = \sum_{j=1}^{2^s-1} z_{jk}\lambda_j, \quad \text{其中 } \lambda_j = \lambda\left(\bigcup_{j_i=1}\{x_i\}\right).$$ 如果对于 $j = 1, 2, \cdots,$

$2^s - 1$, 用其二进制 $j_s j_{s-1} \cdots j_2 j_1$ 来表示, 则

$$z_{jk} = \begin{cases} \min\limits_{i \mid \mathrm{frc}(j/2^i) \in \left[\frac{1}{2}, 1\right)} f_k(x_i) - \max\limits_{i \mid \mathrm{frc}(j/2^i) \in \left[0, \frac{1}{2}\right)} f_k(x_i), & \text{如果值为正或 } j = 2^s - 1 \\ 0, & \text{其他} \end{cases}$$

同理:

$$(C)\int g_k \mathrm{d}\omega = \sum_{j=1}^{2^m-1} \eta_{jk}\omega_j, \quad \omega_j = \omega\left(\bigcup_{j_i=1}\{y_i\}\right)$$

$$\eta_{jk} = \begin{cases} \min\limits_{i \mid \mathrm{frc}(j/2^i) \in \left[\frac{1}{2}, 1\right)} g_k(x_i) - \max\limits_{i \mid \mathrm{frc}(j/2^i) \in \left[0, \frac{1}{2}\right)} g_k(x_i), & \text{如果值为正或 } j = 2^m - 1 \\ 0, & \text{其他} \end{cases}$$

因此, CH-CCR 模型 (1.3) 可转化为一线性规划模型:

$$\max \left\{ h_0 = \sum_{j=1}^{2^m-1} \eta_{j0}\omega_j \right\}$$

$$\text{s.t.} \begin{cases} \sum_{j=1}^{2^m-1} \eta_{jk}\omega_j - \sum_{j=1}^{2^s-1} z_{jk}\lambda_j \leqslant 0, & k=1,2,\cdots,n \\ \sum_{j=1}^{2^s-1} z_{j0}\lambda_j = 1 \\ 0 \leqslant \lambda(A) < \lambda(B); \quad \forall A,B \in P(X), A \subset B \\ 0 \leqslant \omega(C) < \omega(D), \quad \forall C,D \in P(Y), C \subset D \end{cases} \quad (1.4)$$

每个决策单元投入或产出集合上的绩效测度均可由 CH-CCR 模型求解. 类似经典 DEA 的交叉绩效公式[19-21], 我们可以定义如下的 CH-CCR 模型的交叉绩效:

$$\vartheta_{pj} = \frac{(C)\displaystyle\int g_j \mathrm{d}\omega_p}{(C)\displaystyle\int f_j \mathrm{d}\lambda_p}$$

所以交叉绩效值 $\vartheta_{pj}(p=1,2,\cdots,n)$ 的平均值 $\vartheta_p = \dfrac{1}{n}\sum_{j=1}^{n}\vartheta_{pj}$ 即可作为 CH-CCR 模型中 DMU-j 的最终绩效值, 最后, 可以依照 $\bar{\vartheta}_j(j=1,2,\cdots,n)$ 大小对决策单元绩效进行排序.

6.1.2 具有交互作用变量的数据包络分析应用

本节中, 提供了三个数值例子来说明所提出模型的性能. 首先通过一个简单的例子说明了当投入 (产出) 变量之间的相互作用 (相关性) 很低时, 所提出的模型与经典的 DEA 模型是一致的, 然后给出了两个相关文献中经常出现的数值例子, 以说明在高相关投入 (或产出) 变量时, 所提模型的性能与经典 DEA 不同.

例 1.1 对河北省社区卫生服务中心 (DMU) 进行评价, 投入指标为公共支出 X_1、医务人员人数 X_2、固定资产 X_3; 产出指标为医疗服务 (包括住院服务和儿童免疫) Y_1, 慢性病管理人数 Y_2. 数据见表 6.1.

投入的相关系数矩阵是 $\begin{pmatrix} 1 & -0.10663 & -0.09349 \\ -0.10663 & 1 & 0.024742 \\ -0.09349 & 0.024742 & 1 \end{pmatrix}$, 产出的相关

系数矩阵是 $\begin{pmatrix} 1 & 0.07484 \\ 0.07484 & 1 \end{pmatrix}$.

表 6.1 河北省不同社区卫生服务中心投入、产出值

DMU	X_1	X_2	X_3	Y_1	Y_2
1	236	266	302	181	231
2	254	229	269	164	239
3	379	213	268	179	176
4	308	306	366	221	222
5	312	260	332	188	221
6	298	398	279	211	311
7	286	329	368	231	267
8	279	306	399	198	243
9	305	332	297	238	275
10	288	309	308	243	292
11	246	336	332	190	242
12	214	320	309	188	283
13	269	303	298	209	204
14	288	296	336	194	268
15	332	380	312	203	235
16	268	288	359	239	206
17	256	269	378	216	173
18	299	271	319	228	188
19	245	332	277	231	219
20	298	269	338	232	191

将前面给出的 CCR 和 CH-CCR 模型应用于表 6.1 中的数据, 可得到了表 6.2 所示的结果.

如表 6.2 所示, CCR 模型和 CH-CCR 模型的绩效评价是相同的 (尽管绩效值不同), 总体绩效的等级也是相同的. 这可能是由于投入 (产出) 变量之间的相关性很低, 因此我们可以考虑投入 (产出) 变量是相互独立的, 并且变量 (投入和产出) 之间的相互作用很小.

由表 6.2 的绩效评价结果可知, 由于变量 (投入、产出) 间存在的交互作用, 用 CH-CCR 和经典 CCR 绩效评价模型对河北省 20 家社区卫生服务中心进行绩效评价, 评价结果和排名有一定的区别.

例 1.2 对成都市 8 家零售企业的绩效进行比较, 确定投入指标为生产灵活性 X_1 (天)、订单提前 X_2 (天)、保证成本或退货成本 X_3 (万元); 产出指数被认为是订单完全执行率 Y_1 (%)、客户满意度 Y_2 (%) 和智能资本率 Y_3 (%). DMU_j $(j = 1, 2, \cdots, 8)$ 指成都市各零售企业. 数据见表 6.3.

表 6.2　　CCR 模型和 CH-CCR 模型计算结果

DMU	CCR 绩效	CCR 整体绩效值	CCR 整体绩效排名	CH-CCR 绩效	CH-CCR 整体绩效值	CH-CCR 绩效排名
1	0.92449	0.79411	8	0.92491	0.84765	8
2	1	0.81906	5	1	0.87617	5
3	1	0.82673	4	1	0.88293	4
4	0.87827	0.72672	16	0.91799	0.80108	16
5	0.87934	0.72156	17	0.91372	0.79985	17
6	1	0.76411	13	1	0.82717	13
7	0.93242	0.79292	9	0.942698	0.84666	9
8	0.84351	0.71915	18	0.842796	0.78986	18
9	1	0.82856	3	1	0.88653	3
10	1	0.90077	1	1	0.96356	1
11	0.86797	0.71865	19	0.87946	0.75164	19
12	1	0.83276	2	1	0.91485	2
13	0.89589	0.74091	14	0.90078	0.81457	14
14	0.91996	0.76867	11	0.83342	0.83461	11
15	0.81219	0.63864	20	0.81226	0.71519	20
16	1	0.80526	7	1	0.86374	7
17	0.96309	0.73989	15	0.9676	0.80638	15
18	1	0.76761	12	1	0.8305	12
19	1	0.8085	6	1	0.86891	6
20	1	0.77637	10	1	0.8385	10

表 6.3　　8 家零售企业投入、产出数据表

DMU	X_1	X_2	X_3	Y_1	Y_2	Y_3
1	15	15	0.05	0.80	0.800	0.42
2	70	25	0.10	0.90	0.900	0.53
3	45	16	0.07	0.96	0.885	0.47
4	40	30	0.12	0.85	0.750	0.32
5	35	25	0.11	0.75	0.845	0.44
6	60	18	0.15	0.85	0.755	0.25
7	55	20	0.08	0.70	0.850	0.51
8	30	12	0.09	0.95	0.700	0.46

投入指标的相关系数矩阵是 $\begin{pmatrix} 1 & 0.35381 & 0.50391 \\ 0.35381 & 1 & 0.45547 \\ 0.50931 & 0.45547 & 1 \end{pmatrix}$，产出指标的

相关系数矩阵是 $\begin{pmatrix} 1 & 0.15762 & 0.00489 \\ 0.15762 & 1 & 0.60974 \\ 0.00489 & 0.60974 & 1 \end{pmatrix}$.

由以上投入 (产出) 指标的相关系数矩阵, 投入 (产出) 指标都是有一定的线性相关性, 即投入 (产出) 指标之间存在交互作用.

　　将前面给出的 CCR 和 CH-CCR 模型应用于成都市 8 家零售企业的绩效评价, 得到了表 6.4 —表 6.6.

表 6.4　CCR 模型的绩效评价结果

DMU	CCR 绩效	X_1	X_2	X_3	Y_1	Y_2	Y_3
1	1	0.004167	0.0625	0	0	1.25	0
2	0.7894	0	0.026619	3.345324	0	0	1.348961
3	1	0.000573	0.055859	1.149595	0	1.12994	0
4	0.7968	0.000084	0.018961	3.565185	0.579909	0	0
5	1	0.000371	0.036202	0.74504	0	0.73231	0
6	0.719	0	0.055556	0	0	0.95238	0
7	0.9495	0	0.033273	4.181655	0	0	1.686151
8	1	0.018129	0.038012	0	1.052632	0	0

表 6.5　CH-CCR 模型的结果

DMU		DMU1	DMU2	DMU3	DMU4	DMU5	DMU6	DMU7	DMU8
CH-CCR 绩效		1	0.7149	1	0.4929	0.6188	0.719	0.8599	1
投入集绩效	{1}	0.066667	0	0	0.000084	0.000371	0	0	0.000153
	{2}	0	0	0	0	0	0	0	0
	{3}	0	0	0	0	0	0	0	0
	{1, 2}	0	0.026619	0.034549	0.019045	0.03657	0.055556	0.03327	0.03457
	{1, 3}	0.016402	0	0	0.000084	0.000371	0		0.000153
	{2, 3}	0	0	0	0	0	0	0	0
	{1, 2, 3}	0.066667	3.371942	6.423438	3.58423	0.781622	0.055556	4.214928	6.505965
产出集绩效	{1}	0	0	1.041667	0.57991	0	0	0	1.052632
	{2}	0	0	0	0	0.732313	0	0	0
	{3}	0	0	0	0	0	0	0	0
	{1, 2}	0	0	0	0	0	0	0	0
	{1, 3}	0	0	1.041667	0.57991	0.732313	0.952381		1.052632
	{2, 3}	0	0	1.041667	0.57991	0	0	0	1.052632
	{2, 3}	0	0	0	0	0.732313	0	0	0
	{1, 2, 3}	380952	1.348921	1.041667	0.57991	0.732313	0.952381	1.686151	1.052632

表 6.6　CCR 模型和 CH-CCR 模型的整体绩效值

DMU	CCR 整体绩效值	CCR 整体绩效排名	CH-CCR 整体绩效值	CH-CCR 整体绩效排名
1	0.989286	2	0.988638	2
2	0.626938	5	0.637388	5
3	0.938803	3	0.949344	3
4	0.437821	8	0.429798	8
5	0.572817	6	0.544193	6
6	0.570601	7	0.513081	7
7	0.717636	4	0.693837	4
8	1	1	1	1

由于投入和产出之间存在交互作用. 如表 6.4 和表 6.5 所示, CCR 模型和 CH-CCR 模型的绩效评价结果略有不同, CCR 模型和 CH-CCR 模型都将 DMU$_1$, DMU$_3$ 和 DMU$_8$ 确定为有效的, DMU$_5$ 在 CCR 模型中是有效的, 而在 CH-CCR 模型中则是无效的, 差异可能是由于变量 (投入或产出) 的相互作用造成的. 另一方面, 从表 6.5 中可以看出, 投入 X_2、X_3 和产出 Y_3 对绩效评价没有独立的贡献, 但它们与其他指标的共同贡献是不容忽视的. 从表 6.6 可以看出, 由于变量间的相互作用较小, 各决策单元之间的绩效差异还不够大, 所以在交叉评价中, 虽然总体绩效值不同, 但总体绩效的等级是相同的.

例 1.3 本例中表 6.7 为某银行 14 家分行的绩效相关数据, 数据取自 Sherman 和 Gold 先前的一项研究中获得了一个真实的数据集. 比较的依据是 3 项投入和 4 项产出, 具体如下:

投入 1: 租金 (千美元);

投入 2: 全职工作人员;

投入 3: 物资 (千美元);

产出 1: 贷款申请、新通行证贷款、人寿保险销售;

产出 2: 新账户、结清账户;

产出 3: 旅行支票售出、债券赎回;

产出 4: 存款、提款、售出支票、发行国库支票、$b\%$支票、贷款付款、存折贷款付款、人寿保险付款、抵押贷款付款.

表 6.7　14 家银行分行的数据集及其绩效评分

DMU	X_1	X_2	X_3	Y_1	Y_2	Y_3	Y_4
1	140000	42900	87500	484000	4139000	59860	2951430
2	48800	17400	37900	384000	1685500	139780	3336860
3	36600	14200	29800	209000	1058900	65720	3570050
4	47100	9300	26800	157000	879400	27340	2081350
5	32600	4600	19600	46000	370900	18920	1069100
6	50800	8300	18900	272000	667400	34750	2660040
7	40800	7500	20400	53000	465700	20240	1800250
8	31900	9200	21400	250000	642700	43280	2296740
9	36400	76000	21000	407000	647700	32360	1981930
10	25700	7900	19000	72000	402500	19930	2284910
11	44500	8700	21700	105000	482400	49320	2245160
12	42300	8900	25800	94000	511000	26950	2303000
13	40600	5500	19400	84000	287400	34940	1141750
14	76100	11900	32800	199000	694600	67160	3338390

投入指标的相关系数矩阵是 $\begin{pmatrix} 1 & 0.31997 & 0.93579 \\ 0.31997 & 1 & 0.3679 \\ 0.93579 & 0.3679 & 1 \end{pmatrix}$, 产出指标的

相关系数矩阵是 $\begin{pmatrix} 1 & 0.73518 & 0.55795 & 0.53992 \\ 0.73518 & 1 & 0.43056 & 0.45917 \\ 0.55795 & 0.43056 & 1 & 0.6922 \\ 0.53992 & 0.45917 & 0.6922 & 1 \end{pmatrix}$.

将前面给出的 CCR 和 CH-CCR 模型应用于表 6.7 中的数据, 得到了如表 6.8 所示的结果.

表 6.8　CCR 模型和 CH-CCR 模型的绩效及整体绩效值

DMU	CCR 绩效	CH-CCR 绩效	CCR 总体绩效值	CCR 总体绩效排名	CH-CCR 总体绩效值	CH-CCR 绩效排名
1	1	1	0.483847	13	0.460054	13
2	1	1	0.923078	1	0.923069	1
3	1	0.9688	0.847372	3	0.864444	4
4	1	1	0.667029	8	0.690591	8
5	0.9041	0.9041	0.567036	11	0.587961	10
6	1	1	0.868264	2	0.911811	2
7	0.782	0.782	0.566842	10	0.577323	12
8	1	1	0.817737	4	0.875426	3
9	1	1	0.366268	14	0.325619	14
10	1	1	0.694751	5	0.727538	5
11	0.9668	0.9668	0.679443	7	0.70027	7
12	0.8522	0.8522	0.610857	9	0.636658	9
13	0.9049	0.9049	0.54811	12	0.582011	11
14	1	1	0.689768	6	0.721158	6

表 6.8 的结果表明, CCR 模型和 CH-CCR 模型的绩效评价是不同的, DMU_3 在 CCR 模型中是有效的, 而在 CH-CCR 模型中是无效的. 而在整体绩效评价中, 由于变量间的交互作用足够大, 使得 DMU_3, DMU_8 和 DMU_5, DMU_7, DMU_{13} 的绩效评价等级不同.

本节介绍了具有交互作用变量 (投入或产出) 的数据包络分析模型、算法和应用实例, 该模型可以对任何投入、产出生产系统的绩效进行评价, 而且具有交互作用变量 (投入或产出) 的数据包络分析模型可以将变量 (投入或产出) 间的交互作用充分考虑进去, 这种投入 (产出) 变量之间的交互作用的大小可以通过投入 (产出) 变量属性集上的模糊测度来体现, 当投入 (产出) 变量属性集上的模糊测度都是可加模糊测度时, 具有交互作用变量 (投入或产出) 的数据包络分析模型即为经典的 CCR 模型, 所以具有交互作用变量 (投入或产出) 的数据包络分析模型为经

典的 CCR 模型的推广. 具有交互作用变量 (投入或产出) 的数据包络分析模型对一般的投入、产出生产系统的绩效评价, 特别是投入 (或产出) 具有交互作用时, 通过得到的绩效评价结果更客观、准确. 而在经典 CCR 模型中, 投入 (或产出) 指标的融合工具是线性加权和, 因而不能考虑到投入 (或产出) 变量之间的相互影响, 因此导致经典 CCR 模型对这种具有交互作用变量 (投入、产出) 的生产系统的绩效评价结果的不准确. 通过上述数值例子, 我们也可看到, 变量 (投入或产出) 之间的相互作用会影响绩效评价结果. 当变量 (投入或产出) 之间不存在任何交互作用时, 所提出的模型与经典的 CCR 模型是一致的, 对于高度相关的投入 (或产出) 变量, 所提出的模型的绩效评价不同于经典的 CCR. 所举实例也表明, 该模型是经典 CCR 模型的推广.

6.2 具有交互作用变量的数据包络分析在河北省三级甲等医院绩效评价中的应用

6.1 节中, 我们给出了具有交互作用变量 (投入、产出) 的数据包络分析模型和算法, 为了说明我们给出新的绩效评价模型的有效性, 我们利用具有交互作用变量 (投入、产出) 的数据包络分析方法对河北省三级甲等医院的绩效进行了评价, 并通过实例将我们给出的绩效评价方法与经典的数据包络分析方法进行了比较.

1. 数据采集与处理

为了评价河北省三级甲等医院的绩效, 首先利用聚类分析、相关分析方法, 筛选出影响医院绩效评价的产出、投入指标, 最终从众多的医院投入指标中, 确定了 5 个产出指标, 分别是: 总诊疗人次 (Y_1)、手术次数 (Y_2)、急诊人次 (Y_3)、出院者占用床日数 (Y_4)、总收入 (Y_5); 确定了 6 个主要投入指标: 分别是总资产 (X_1)、注册护士数 (X_2)、房屋建筑面积 (X_3)、实有床位数 (X_4)、职工总数 (X_5)、总支出 (X_6). 我们收集河北省 31 所三级甲等 (三甲) 医院以上投入、产出指标数据, 来评价上述 31 所三甲医院的综合绩效. 这 11 项指标的具体数值见表 6.9.

2. BCC 模型和 CCR 模型的绩效评价结果比较

BCC 模型计算出的为纯技术绩效, 而 CCR 模型得出的评价结果为总体绩效 (包括规模绩效和技术绩效), 但是 BCC 模型也提供了评价决策单元的规模绩效的方法, 通过对得到的 BCC 绩效值和 CCR 绩效值的比较, 我们可以得到规模绩效值, 即规模绩效 = 总体绩效/纯技术绩效. 利用 MaxDEA 软件, 我们可分别计算出决策单元的纯技术绩效、总体绩效和规模绩效, 并且可以得到各医院规模报酬的状态. 结果见表 6.10 —表 6.12.

表 6.9　投入、产出指标数值

决策单元	投入指标						产出指标				
	X_1	X_2	X_3	X_4	X_5	X_6	Y_1	Y_2	Y_3	Y_4	Y_5
DMU_1	98996	217	26000	600	726	176579	162322	3012	13368	131468	177030
DMU_2	2223231	1132	186050	1834	2638	1531717	887558	19699	48569	640976	1695854
DMU_3	1253560	497	230000	1100	1142	548875	548583	9364	39024	344108	570577
DMU_4	3482528	2174	165911	2968	4705	3463684	2171370	50115	117310	1465155	3791307
DMU_5	614586	738	62304	1177	1908	771978	337952	11050	20747	571830	751738
DMU_6	2356385	1340	159211	1863	3490	2126846	978026	23235	70145	1168597	2328207
DMU_7	513890	621	57277	1006	1493	515172	401805	10981	32902	372551	545307
DMU_8	896031	558	26200	690	1398	466420	915024	9986	14990	233491	506487
DMU_9	620814	347	109050	1393	1212	448434	287104	6066	15032	413848	474788
DMU_{10}	2400693	1489	92066	1555	3102	1405739	1287100	11946	1287102	516004	1505158
DMU_{11}	1249458	1236	163000	1882	2942	1160503	768254	17603	73584	670066	1210149
DMU_{12}	1047384	1049	95648	1450	2432	975524	1000590	11232	26489	531113	1073976
DMU_{13}	558893	666	106457	1137	1448	506059	512928	12029	18365	327581	514581
DMU_{14}	2018946	965	105688	1706	2037	1350737	1150342	12965	81864	591337	1353579
DMU_{15}	1491667	1639	123205	2121	3768	1447317	1124591	14615	33791	790425	1429776
DMU_{16}	734344	705	71202	1302	1618	639381	611117	13957	47537	391529	701454
DMU_{17}	1891928	1092	252340	2115	2568	1680154	651723	39531	45927	843229	1719611
DMU_{18}	613657	462	99532	700	1159	399263	287085	9863	37779	240366	385638
DMU_{19}	814835	775	66937	1297	1647	792500	718625	5943	41211	401516	819191
DMU_{20}	1864718	993	157252	1365	2060	1080806	732147	18277	46187	518273	1228065
DMU_{21}	1017660	837	153483	1300	1783	967889	707685	15111	32581	579875	1032637
DMU_{22}	834125	488	116225	690	1310	770839	876538	83286	81486	237021	520007
DMU_{23}	1093393	701	91476	1168	1877	924748	699575	11725	32049	445411	981798
DMU_{24}	1562760	1330	245431	2108	2573	1036498	871758	17774	39540	741000	1089546
DMU_{25}	1811845	1161	116365	1691	2924	1051875	1302870	16385	119982	610443	1080643
DMU_{26}	1418173	1061	103649	1678	2548	1214763	1163684	16671	69986	584024	1276495
DMU_{27}	674532	353	87477	917	1077	719057	894869	8540	88836	285162	785514
DMU_{28}	407948	531	60118	922	1456	460446	618374	5952	57749	288249	461553
DMU_{29}	245646	398	111148	717	1139	488071	546591	4903	59978	189599	361180
DMU_{30}	1354243	960	82725	1776	2157	959308	945624	17844	34934	691461	1163665
DMU_{31}	2473827	1446	285050	3318	3449	2110660	2219255	42050	76970	1433186	2322821

3. 经典 DEA 模型绩效评价结果分析

1) CCR 模型绩效评价结果和分析

由表 6.10 可见, 总体绩效值处于 0 到 1 之间, 若绩效值为 1, 则决策单元为 DEA 有效. 表 6.10 表明, 31 所河北省大型综合三甲医院中, 有 14 所医院的总体绩效值为 1, 它们分别是 DMU_1, DMU_4, DMU_6, DMU_7, DMU_8, DMU_9, DMU_{10}, DMU_{19}, DMU_{22}, $DDMU_{27}$, DMU_{28}, DMU_{29}, DMU_{30}, DMU_{31}, 即这 14 所医院的绩效评价为 DEA 有效. 按照 DEA 理论, 这 14 所医院既是 "技术有效" 又是 "规模有效", 且它们投入要素已达最优组合, 其产出结果也达到了最优, 规模报酬是不变状态.

剩余 17 所医院的总体绩效值低于 1, 即这 17 所医院的绩效评价为非 DEA 有效. 但利用 CCR 模型无法判断决策单元 DEA 无效产生的原因, 无法确定是由技术无效引起还是规模无效引起的, 这就需要利用 BCC 模型来具体分析是纯技术绩效值和规模绩效值.

表 6.10 经典 DEA 模型绩效评价结果

决策单元	总体绩效	纯技术绩效	规模绩效	规模报酬状态	决策单元	总体绩效	纯技术绩效	规模绩效	规模报酬状态
DMU_1	1	1	1	CRS	DMU_{17}	0.9542	0.9602	0.9937	IRS
DMU_2	0.9778	0.9796	0.9982	IRS	DMU_{18}	0.8982	1	0.8982	IRS
DMU_3	0.9424	0.9559	0.9859	DRS	DMU_{19}	1	1	1	CRS
DMU_4	1	1	1	CRS	DMU_{20}	0.9979	1	0.9979	IRS
DMU_5	0.9222	1	0.9222	IRS	DMU_{21}	0.9856	1	0.9856	IRS
DMU_6	1	1	1	CRS	DMU_{22}	1	1	1	CRS
DMU_7	1	1	1	CRS	DMU_{23}	0.9323	0.9553	0.9760	IRS
DMU_8	1	1	1	CRS	DMU_{24}	0.9490	0.9556	0.9931	DRS
DMU_9	1	1	1	CRS	DMU_{25}	0.9525	0.9623	0.9898	DRS
DMU_{10}	1	1	1	CRS	DMU_{26}	0.9301	0.9431	0.9862	DRS
DMU_{11}	0.9545	0.9588	0.9955	DRS	DMU_{27}	1	1	1	CRS
DMU_{12}	0.9934	1	0.9934	IRS	DMU_{28}	1	1	1	CRS
DMU_{13}	0.9161	0.9599	0.9544	DRS	DMU_{29}	1	1	1	CRS
DMU_{14}	0.9535	0.9671	0.9859	IRS	DMU_{30}	1	1	1	CRS
DMU_{15}	0.9618	0.9643	0.9974	IRS	DMU_{31}	1	1	1	CRS
DMU_{16}	0.9814	0.9878	0.9936	DRS					

DRS: 规模报酬递减; CRS: 规模报酬不变; IRS: 规模报酬递增.

2) BCC 模型绩效评价结果和分析

由 BCC 模型得出的绩效值 h_0 为纯技术绩效, h_0 的范围在 0 到 1 之间, 它表示医院现有经营管理水平和技术水平的发挥程度, 当 $h_0 = 1$ 时, 决策单元 (医院) 为纯技术有效, 这表明该医院就自身的技术绩效而言, 无需要减少投入, 也不需要增加产出, 该医院经营管理水平较高, 技术发挥程度较好. 如果决策单元的纯技术绩效值为 1 时, 其总体绩效为 DEA 无效, 则该医院 DEA 无效是由规模绩效小于 1 所致, 这说明该医院的规模和投入产出不匹配, 医院应该扩大规模或者减小规模, 目的是使得医院达到总体有效.

由表 6.10 可知, 纯技术绩效有效的医院有 19 个, 在总体有效医院的基础上增加了 DMU_{12}, DMU_5, DMU_{18}, DMU_{20}, DMU_{21}, 由 DEA 理论可知, 这 5 家医院为非 DEA 有效的是由于规模绩效低下所致, 同时由于它们的规模报酬状态为递增, 此表明这 5 家医院可适当扩大规模, 则可达到 DEA 有效. 其他 12 家为纯技术无效医院, 其总体绩效亦为无效, 其纯技术无效影响了总体绩效, 导致总体绩效无效, 这要求 12 家医院需要进一步提高经营管理水平, 挖掘技术优势.

另外, 由表 6.10 中可见, 规模绩效为 1 的医院有 14 家, 与总体绩效值为 1 的数量是一致的, 一般地, 当决策单元为 DEA 有效时, 该决策单元一定同时达到了规模有效和技术有效; 当决策单元为非 DEA 有效时, 则可能是规模无效或技术无效所致, 也可能是两者都无效所致.

3) 规模报酬结果和分析

根据 DEA 理论, 规模报酬状态有三种情况, 规模报酬不变 (CRS)、规模报酬递增 (IRS)、规模报酬递减 (DRS). 由表 6.10 可见, 处于规模报酬不变 (CRS) 的有 14 所医院, 占总体的 45%, 分别是 DMU_1, DMU_4, DMU_6, DMU_7, DMU_8, DMU_9, DMU_{10}, DMU_{19}, DMU_{22}, DMU_{27}, DMU_{28}, DMU_{29}, DMU_{30}, DMU_{31}, 这些医院的投入、产出组合已经达到了最佳状态; 处于 IRS 状态的医院有 10 家, 占总体的 32%, 分别是 DMU_2, DMU_5, DMU_{12}, DMU_{14}, DMU_{15}, DMU_{17}, DMU_{18}, DMU_{20}, DMU_{21}, DMU_{23}, 说明如果适当扩大这几家医院的规模, 会得到更高比例的产出, 从而达到规模有效; 处于 DRS 状态的医院有 7 所占总体的 23%, 分别是 DMU_3, DMU_{11}, DMU_{13}, DMU_{16}, DMU_{24}, DMU_{25}, DMU_{26}, 说明这几家医院产出的增加速度低于投入增加的速度, 所以这些医院应该控制医院规模, 不要盲目地扩大建设, 投入过多的资源, 应该提高医疗资源的利用率, 避免资源的浪费, 从而达到规模有效.

4) 指标改进值的结果和分析

从表 6.11 和表 6.12 可见, 17 个非 DEA 有效 DMU 的投入指标的改进值均为负数, 其各项投入都不同程度处于冗余状态, 应适当减少各医院的投入量. 当

表 6.11　　非 DEA 有效 DMU 投入指标的改进值和目标值

决策单元	职工总数		注册护士		实有床位		房屋建筑面积		总支出		总资产	
	改进值	目标值	改进值	目标值	改进值	目标值	改进值	目标值	改进值	目标值	改进值	目标值
DMU_2	−33935	1497782	−25	1107	−41	1793	−89847	96203	−167	2471	−528839	1694392
DMU_3	−42724	506151	−63	434	−209	891	−169927	60073	−89	1053	−562474	691086
DMU_5	−11887	627494	−104	601	−24	1278	−3659	67543	−42	1576	−13652	720692
DMU_{11}	−66899	1093604	−299	937	−108	1774	−53519	109481	−597	2345	−72027	1177431
DMU_{12}	−6472	969052	−292	757	−10	1440	−635	95013	−518	1914	−6949	1040435
DMU_{13}	−23024	483035	−186	480	−52	1085	−46608	59849	−105	1343	−25428	533465
DMU_{14}	−113998	1236739	−148	817	−300	1406	−4917	100771	−95	1942	−654167	1364779
DMU_{15}	−121391	1325926	−488	1151	−178	1943	−10334	112871	−945	2823	−125110	1366557
DMU_{17}	−64150	1616004	−42	1050	−173	1942	−94009	158331	−98	2470	−140747	1751181
DMU_{18}	−40638	358625	−129	333	−71	629	−60672	38860	−345	814	−157000	456657
DMU_{19}	−36324	756176	−137	638	−240	1057	−3068	63869	−76	1571	−37348	777487
DMU_{20}	−2282	1078524	−149	844	−3	1362	−87645	69607	−194	1866	−595483	1269235
DMU_{21}	−49955	1001920	−267	894	−80	1611	−5526	110839	−716	2208	−329441	1482404
DMU_{23}	−13976	953913	−102	735	−19	1281	−72060	81423	−26	1757	−14694	1002966
DMU_{24}	−52837	983661	−533	797	−107	2001	−101340	144091	−476	2097	−316330	1246430
DMU_{25}	−62617	862131	−47	654	−79	1089	−32883	58593	−406	1471	−98273	995120
DMU_{26}	−84897	1129866	−220	841	−140	1538	−7244	96405	−501	2047	−99113	1319060

DMU 产出指标的改进值大于 0 时, 该医院在现有投入状态下该项产出不足, 说明非 DEA 有效的医院应该提高资源的利用率, 扩大产出. 当 DMU 的产出指标改进值为时, 说明该项产出处于合理状态. 总的来说, 这 17 家非 DEA 有效的医院都应该在现有规模的基础上, 减少不必要的投入、提高资源利用率, 以获得更高产出.

表 6.12　非 DEA 有效 DMU 产出指标的改进值和目标值

决策单元	总诊疗人次		急诊人次		出院者占用床日数		手术次数	
	改进值	目标值	改进值	目标值	改进值	目标值	改进值	目标值
DMU$_2$	274283	1161841	10848	59417	3730	23429	132651	773627
DMU$_3$	0	548583	0	39024	40	9404	0	344108
DMU$_5$	25874	636991	0	47537	0	13957	16990	408519
DMU$_{11}$	256562	1024816	0	73584	0	17603	0	670066
DMU$_{12}$	0	1000590	48071	74560	2966	14198	0	531113
DMU$_{13}$	0	512928	7649	26014	0	12029	0	327581
DMU$_{14}$	0	1150342	0	81864	6257	19222	0	591337
DMU$_{15}$	0	1124591	38941	72732	5418	20033	0	790425
DMU$_{17}$	792557	1444280	30651	76578	0	39531	0	843229
DMU$_{18}$	21035	308120	0	37779	0	9863	0	240366
DMU$_{19}$	0	718625	10782	51993	4999	10942	0	401516
DMU$_{20}$	108632	840779	0	46187	0	18277	66685	584958
DMU$_{21}$	0	1302870	0	119982	2487	18872	0	610443
DMU$_{23}$	0	707685	1929	34510	162	15273	0	579875
DMU$_{24}$	0	871758	0	39540	0	17774	0	741000
DMU$_{25}$	0	699575	3922	35971	1924	13649	13887	459298
DMU$_{26}$	0	1163684	2895	72881	681	17352	0	584024

4. CH-CCR 模型绩效评价结果和分析

1) 投入、产出指标的调整

本研究中医院的投入、产出指标是利用变异系数分析、相关分析和聚类分析筛选出的, 我们尽可能地从备选指标中选取变异系数相对较大、相关性相对较小的指标, 但最终选取出的指标之间还是存有较强的交互作用的, 用经典 DEA 模型分析得出的绩效评价结果, 并非最佳的. 为更准确地对这 31 家三甲医院的绩效进行评价, 考虑到投入 (产出) 指标之间的交互作用, 我们用 CH-CCR 模型对其重新进行绩效评价. 但是需要对投入、产出指标的数据分别从小到大重新排序 (见表格中的 $X_1' \sim Y_5'$ 没有实际含义), 重新排序之后的数据资料见表 6.13.

2) CH-CCR 模型评价结果

借助 LINGO12 软件, 用 CH-CCR 模型对上述 31 所医院进行绩效分析, 得到每个医院绩效值和最优权重, 见表 6.14.

表 6.13　　调整之后的 11 项投入、产出指标数据

决策单元	投入指标						产出指标				
	X_1'	X_2'	X_3'	X_4'	X_5'	X_6'	Y_1'	Y_2'	Y_3'	Y_4'	Y_5'
DMU_1	98996	600	726	26000	217	176579	3012	13368	131468	177030	162322
DMU_2	1531717	1834	2638	186050	1132	2223231	19699	48569	640976	1695854	887558
DMU_3	548875	1100	1142	230000	497	1253560	9364	39024	344108	570577	548583
DMU_4	3463684	2968	4705	165911	2174	3482528	50115	117310	1465155	3791307	2171370
DMU_5	614586	1177	1908	62304	738	771978	11050	20747	337952	751738	571830
DMU_6	2126846	1863	3490	159211	1340	2356385	23235	70145	978026	2328207	1168597
DMU_7	513890	1006	1493	57277	621	515172	10981	32902	372551	545307	401805
DMU_8	466420	690	1398	26200	558	896031	9986	14990	233491	915024	506487
DMU_9	448434	1212	1393	109050	347	620814	6066	15032	287104	474788	413848
DMU_{10}	1405739	1555	3102	92066	1489	2400693	11946	516004	1287100	1505158	1287102
DMU_{11}	1160503	1882	2942	163000	1236	1249458	17603	73584	670066	1210149	768254
DMU_{12}	975524	1450	2432	95648	1049	1047384	11232	26489	531113	1073976	1000590
DMU_{13}	506059	1137	1448	106457	666	558893	12029	18365	327581	514581	512928
DMU_{14}	1350737	1706	2037	105688	965	2018946	12965	81864	591337	1353579	1150342
DMU_{15}	1447317	2121	3768	123205	1639	1491667	14615	33791	790425	1429776	1124591
DMU_{16}	639381	1302	1618	71202	705	734344	13957	47537	391529	701454	611117
DMU_{17}	1680154	2115	2568	252340	1092	1891928	39531	45927	651723	1719611	843229
DMU_{18}	399263	700	1159	99532	462	613657	9863	37779	240366	385638	287085
DMU_{19}	792500	1297	1647	66937	775	814835	5943	41211	401516	819191	718625
DMU_{20}	1080806	1365	2060	157252	993	1864718	18277	46187	518273	1228065	732147
DMU_{21}	1051875	1691	2924	116365	1161	1811845	16385	119982	610443	1302870	1080643
DMU_{22}	770839	690	1310	116225	488	834125	81486	83286	237021	876538	520007
DMU_{23}	967889	1300	1783	153483	837	1017660	15111	32581	579875	1032637	707685
DMU_{24}	1036498	2108	2573	245431	1330	1562760	17774	39540	741000	1089546	871758
DMU_{25}	245646	717	1139	111148	398	488071	4903	59978	189599	546591	361180
DMU_{26}	924748	1168	1877	91476	701	1093393	11725	32049	445411	981798	699575
DMU_{27}	1214763	1678	2548	103649	1061	1418173	16671	69986	584024	1276495	1163684
DMU_{28}	407948	922	1456	60118	531	460446	5952	57749	288249	618374	461553
DMU_{29}	2110660	3318	3449	285050	1446	2473827	42050	76970	1433186	2322821	2219255
DMU_{30}	959308	1776	2157	82725	960	1354243	17844	34934	691461	1163665	945624
DMU_{31}	674532	917	1077	87477	353	719057	8540	88836	285162	894869	785514

表 6.14　　CH-CCR 模型中 31 个 DMU 的自评绩效和最优权重

决策单元	绩效值	投入、产出指标最优权重 (ω: 产出权重; λ: 投入权重)
DMU_1	1	$\omega_2 = 0.3157 \times 10^{-5}$　$\omega_3 = 0.8190 \times 10^{-5}$ $\lambda_1 = 0.2476 \times 10^{-2}$　$\lambda_4 = 0.1122 \times 10^{-4}$　$\lambda_5 = 0.2452 \times 10^{-5}$
DMU_2	0.7422	$\omega_2 = 0.6740 \times 10^{-6}$　$\omega_3 = 0.6995 \times 10^{-6}$　$\omega_4 = 0.2485 \times 10^{-7}$　$\omega_5 = 0.6707 \times 10^{-6}$ $\lambda_2 = 0.3074 \times 10^{-3}$　$\lambda_3 = 0.3145 \times 10^{-3}$　$\lambda_5 = 0.3948 \times 10^{-6}$
DMU_3	0.9010	$\omega_2 = 0.2472 \times 10^{-4}$　$\omega_5 = 0.1212 \times 10^{-4}$　$\lambda_3 = 0.2380 \times 10^{-1}$
DMU_4	1	$\omega_2 = 0.1415 \times 10^{-5}$　$\omega_3 = 0.3824 \times 10^{-6}$　$\omega_4 = 0.5802 \times 10^{-5}$　$\lambda_6 = 0.3430 \times 10^{-5}$
DMU_5	0.8658	$\omega_1 = 0.6704 \times 10^{-5}$　$\omega_3 = 0.1673 \times 10^{-5}$　$\omega_4 = 0.1013 \times 10^{-5}$　$\omega_5 = 0.5481 \times 10^{-6}$ $\lambda_4 = 0.4601 \times 10^{-5}$　$\lambda_5 = 0.1079 \times 10^{-5}$　$\lambda_6 = 0.8010 \times 10^{-6}$

续表

决策单元	绩效值	投入、产出指标最优权重 (ω: 产出权重; λ: 投入权重)			
DMU$_6$	0.9727	$\omega_1 = 0.1365 \times 10^{-5}$ $\lambda_2 = 0.1818 \times 10^{-2}$	$\omega_3 = 0.2244 \times 10^{-6}$ $\lambda_6 = 0.2142 \times 10^{-6}$	$\omega_5 = 0.6592 \times 10^{-6}$	
DMU$_7$	1	$\omega_3 = 0.2944 \times 10^{-5}$ $\lambda_2 = 0.5116 \times 10^{-3}$	$\lambda_4 = 0.1711 \times 10^{-5}$	$\lambda_5 = 0.1549 \times 10^{-5}$	$\lambda_6 = 0.4908 \times 10^{-7}$
DMU$_8$	1	$\omega_4 = 0.1209 \times 10^{-5}$ $\lambda_4 = 0.1891 \times 10^{-5}$	$\omega_5 = 0.1639 \times 10^{-5}$ $\lambda_5 = 0.9648 \times 10^{-6}$	$\lambda_6 = 0.1229 \times 10^{-5}$	
DMU$_9$	0.8264	$\omega_2 = 0.2887 \times 10^{-6}$ $\lambda_1 = 0.1533 \times 10^{-2}$	$\omega_3 = 0.3082 \times 10^{-5}$ $\lambda_5 = 0.1378 \times 10^{-5}$	$\omega_4 = 0.4797 \times 10^{-6}$	$\omega_5 = 0.1607 \times 10^{-5}$
DMU$_{10}$	1	$\omega_1 = 0.2035 \times 10^{-5}$ $\lambda_1 = 0.3452 \times 10^{-3}$	$\omega_3 = 0.1265 \times 10^{-5}_1$ $\lambda_2 = 0.5696 \times 10^{-3}$	$\omega_4 = 0.3484 \times 10^{-6}$ $\lambda_5 = 0.2573 \times 10^{-6}$	$\lambda_6 = 0.1108 \times 10^{-6}$
DMU$_{11}$	0.8199	$\omega_1 = 0.2312 \times 10^{-5}$ $\lambda_2 = 0.2949 \times 10^{-3}$	$\omega_2 = 0.1568 \times 10^{-5}$ $\lambda_5 = 0.7548 \times 10^{-6}$	$\omega_3 = 0.8539 \times 10^{-6}$ $\lambda_6 = 0.6350 \times 10^{-6}$	$\omega_5 = 0.7612 \times 10^{-6}$
DMU$_{12}$	1	$\omega_3 = 0.9668 \times 10^{-6}$ $\lambda_2 = 0.2981 \times 10^{-3}$	$\omega_4 = 0.1090 \times 10^{-5}$ $\lambda_5 = 0.5236 \times 10^{-6}$	$\lambda_6 = 0.5841 \times 10^{-5}$	
DMU$_{13}$	0.9323	$\omega_1 = 0.9123 \times 10^{-5}$ $\lambda_5 = 0.1716 \times 10^{-5}$	$\omega_3 = 0.1893 \times 10^{-5}$ $\lambda_6 = 0.5944 \times 10^{-5}$	$\omega_4 = 0.1644 \times 10^{-5}$	
DMU$_{14}$	0.9779	$\omega_2 = 0.7607 \times 10^{-6}$ $\lambda_2 = 0.5156 \times 10^{-3}$	$\omega_3 = 0.1258 \times 10^{-5}$ $\lambda_3 = 0.6248 \times 10^{-3}$	$\omega_4 = 0.5485 \times 10^{-6}$ $\lambda_4 = 0.3966 \times 10^{-5}$	
DMU$_{15}$	0.8727	$\omega_3 = 0.1075 \times 10^{-5}$ $\lambda_2 = 0.1486 \times 10^{-2}$	$\lambda_5 = 0.1984 \times 10^{-6}$	$\lambda_6 = 0.4727 \times 10^{-6}$	
DMU$_{16}$	0.9052	$\omega_1 = 0.1034 \times 10^{-4}$ $\omega_5 = 0.1231 \times 10^{-6}$ $\lambda_3 = 0.1932 \times 10^{-3}$	$\omega_2 = 0.2472 \times 10^{-5}$ $\lambda_4 = 0.6480 \times 10^{-5}$	$\omega_3 = 0.1681 \times 10^{-5}$ $\lambda_5 = 0.7102 \times 10^{-6}$	$\omega_4 = 0.8331 \times 10^{-6}$ $\lambda_6 = 0.8894 \times 10^{-6}$
DMU$_{17}$	0.7852	$\omega_1 = 0.4575 \times 10^{-5}$	$\omega_5 = 0.9346 \times 10^{-6}$	$\lambda_3 = 0.2207 \times 10^{-2}$	
DMU$_{18}$	0.7389	$\omega_1 = 0.1213 \times 10^{-4}$ $\lambda_2 = 0.1148 \times 10^{-2}$	$\omega_2 = 0.5832 \times 10^{-6}$ $\lambda_5 = 0.2424 \times 10^{-5}$	$\omega_3 = 0.3418 \times 10^{-5}$	$\omega_5 = 0.8513 \times 10^{-6}$
DMU$_{19}$	0.9937	$\omega_2 = 0.1812 \times 10^{-5}$ $\lambda_3 = 0.3858 \times 10^{-3}$	$\omega_3 = 0.1263 \times 10^{-5}$ $\lambda_4 = 0.9420 \times 10^{-5}$	$\omega_4 = 0.1367 \times 10^{-5}$ $\lambda_5 = 0.3444 \times 10^{-6}$	
DMU$_{20}$	0.7480	$\omega_1 = 0.2475 \times 10^{-5}$ $\lambda_2 = 0.6980 \times 10^{-3}$	$\omega_2 = 0.2022 \times 10^{-5}$ $\lambda_3 = 0.5525 \times 10^{-3}$	$\omega_4 = -0.1979 \times 10^{-6}$ $\lambda_5 = 0.3857 \times 10^{-6}$	$\omega_5 = 0.1645 \times 10^{-5}$
DMU$_{21}$	0.9171	$\omega_2 = 0.8378 \times 10^{-6}$ $\lambda_2 = 0.1545 \times 10^{-3}$	$\omega_3 = 0.1016 \times 10^{-5}$ $\lambda_3 = 0.6970 \times 10^{-4}$	$\omega_4 = 0.7413 \times 10^{-6}$ $\lambda_4 = 0.1139 \times 10^{-5}$	$\lambda_5 = 0.7512 \times 10^{-6}$
DMU$_{22}$	1	$\omega_1 = 0.5654 \times 10^{-5}$	$\omega_4 = 0.4080 \times 10^{-6}$	$\omega_5 = 0.1188 \times 10^{-5}$	$\lambda_2 = 0.4950 \times 10^{-2}$
DMU$_{23}$	0.9397	$\omega_1 = 0.2844 \times 10^{-5}$ $\lambda_1 = 0.4757 \times 10^{-3}$	$\omega_3 = 0.1580 \times 10^{-5}$ $\lambda_2 = 0.5732 \times 10^{-3}$	$\omega_4 = 0.2986 \times 10^{-5}$ $\lambda_5 = 0.4130 \times 10^{-6}$	$\omega_5 = 0.1656 \times 10^{-6}$
DMU$_{24}$	0.8447	$\omega_3 = 0.1166 \times 10^{-5}$ $\lambda_2 = 0.2514 \times 10^{-3}$	$\omega_5 = 0.8357 \times 10^{-6}$ $\lambda_3 = 0.6994 \times 10^{-3}$	$\lambda_5 = 0.6056 \times 10^{-6}$	
DMU$_{25}$	0.8325	$\omega_2 = 0.1027 \times 10^{-5}$ $\lambda_1 = 0.2721 \times 10^{-3}$ $\lambda_6 = 0.3787 \times 10^{-6}$	$\omega_3 = 0.1409 \times 10^{-5}$ $\lambda_2 = 0.3620 \times 10^{-3}$	$\omega_4 = 0.6587 \times 10^{-6}$ $\lambda_4 = 0.4188 \times 10^{-6}$	$\omega_5 = 0.4023 \times 10^{-6}$ $\lambda_5 = 0.6465 \times 10^{-6}$
DMU$_{26}$	0.9889	$\omega_3 = 0.3246 \times 10^{-6}$ $\lambda_4 = 0.8771 \times 10^{-5}$	$\omega_4 = 0.1440 \times 10^{-5}$ $\lambda_6 = 0.5563 \times 10^{-6}$	$\omega_5 = -0.1891 \times 10^{-7}$	

决策单元	绩效值	投入、产出指标最优权重 (ω：产出权重; λ：投入权重)
DMU$_{27}$	1	$\omega_4 = 0.5828 \times 10^{-5}$　$\lambda_5 = 0.7435 \times 10^{-5}$
DMU$_{28}$	1	$\omega_2 = 0.2300 \times 10^{-5}$　$\omega_3 = 0.2405 \times 10^{-5}$　$\omega_4 = 0.1903 \times 10^{-5}$　$\omega_5 = -0.2303 \times 10^{-7}$ $\lambda_2 = 0.3443 \times 10^{-3}$　$\lambda_4 = 0.3176 \times 10^{-5}$　$\lambda_5 = 0.1925 \times 10^{-5}$　$\lambda_6 = 0.1757 \times 10^{-6}$
DMU$_{29}$	1	$\omega_4 = 0.1272 \times 10^{-5}$　$\lambda_3 = 0.7633 \times 10^{-2}$
DMU$_{30}$	0.9833	$\omega_1 = 0.3575 \times 10^{-5}$　$\omega_3 = 0.1253 \times 10^{-5}$　$\omega_4 = 0.2682 \times 10^{-6}$　$\omega_5 = 0.2061 \times 10^{-6}$ $\lambda_2 = 0.5954 \times 10^{-3}$　$\lambda_3 = 0.2729 \times 10^{-3}$　$\lambda_4 = 0.6878 \times 10^{-6}$　$\lambda_5 = 0.4046 \times 10^{-6}$
DMU$_{31}$	1	$\omega_4 = 0.1998 \times 10^{-5}$　$\lambda_3 = 0.4323 \times 10^{-2}$　$\lambda_4 = 0.3567 \times 10^{-5}$

由 CH-CCR 模型的交叉绩效公式：$\vartheta_{pj} = (C)\int g_j \mathrm{d}\omega_p \Big/ (C)\int f_j \mathrm{d}\lambda_p$, $\overline{\vartheta_j} = \frac{1}{n}\sum_{p=1}^{n}\vartheta_{pj}$ $(j = 1, 2, \cdots, n)$, 可计算这 31 所医院的总体绩效值和总体绩效的等级排序, 结果见表 6.15.

表 6.15　　31 所医院的 CH-CCR 模型的绩效和总体绩效排序

决策单元	总体绩效	CH-CCR 绩效	等级排序	决策单元	总体绩效	CH-CCR 绩效	等级排序
DMU$_1$	0.5006	1	29	DMU$_{17}$	0.5760	1	17
DMU$_2$	0.5424	0.9822	24	DMU$_{18}$	0.4418	0.9123	30
DMU$_3$	0.5080	1	28	DMU$_{19}$	0.6237	0.9527	13
DMU$_4$	0.7778	1	1	DMU$_{20}$	0.5468	0.8755	23
DMU$_5$	0.5530	0.9407	22	DMU$_{21}$	0.5229	0.934	27
DMU$_6$	0.6645	1	6	DMU$_{22}$	0.6466	1	9
DMU$_7$	0.6274	1	11	DMU$_{23}$	0.6568	1	7
DMU$_8$	0.7326	1	3	DMU$_{24}$	0.5359	1	25
DMU$_9$	0.3824	1	31	DMU$_{25}$	0.5650	0.8845	18
DMU$_{10}$	0.6841	1	5	DMU$_{26}$	0.5775	1	16
DMU$_{11}$	0.5565	0.9742	21	DMU$_{27}$	0.5620	1	19
DMU$_{12}$	0.6374	1	10	DMU$_{28}$	0.6238	1	12
DMU$_{13}$	0.5330	1	26	DMU$_{29}$	0.7503	1	2
DMU$_{14}$	0.5599	1	20	DMU$_{30}$	0.6545	1	8
DMU$_{15}$	0.6171	1	14	DMU$_{31}$	0.6874	1	4
DMU$_{16}$	0.5777	1	15				

5. CH-CCR 模型绩效评价结果分析

由表 6.15 中 CH-CCR 模型的分析结果可知, DEA 有效的 DMU 有 23 个, 占了总体的 74%, 分别是: DMU$_1$, DMU$_3$, DMU$_4$, DMU$_6$, DMU$_7$, DMU$_8$, DMU$_9$, DMU$_{10}$, DMU$_{12}$, DMU$_{13}$, DMU$_{14}$, DMU$_{15}$, DMU$_{16}$, DMU$_{17}$, DMU$_{22}$, DMU$_{23}$,

DMU$_{24}$, DMU$_{26}$, DMU$_{27}$, DMU$_{28}$, DMU$_{29}$, DMU$_{30}$, DMU$_{31}$, 利用 CH-CCR 模型对 31 所三甲医院进行绩效分析, 结果表明其产出、投入组合是合理的, 不存在产出不足和资源浪费的情况.

6. 经典 CCR 模型和 CH-CCR 模型绩效评价结果比较分析

为了方便综合比较分析, 以下将给出经典 CCR 模型和 CH-CCR 模型的分析结果用表 6.16 表示.

表 6.16　CCR 模型和 CH-CCR 模型结果

决策单元	CH-CCR 绩效	CCR 绩效值	总体绩效	决策单元	CH-CCR 绩效	CCR 绩效值	总体绩效
DMU$_1$	1	1	0.5006	DMU$_{17}$	1	0.9618	0.5760
DMU$_2$	0.9822	0.9778	0.5424	DMU$_{18}$	0.9123	0.8982	0.4418
DMU$_3$	1	0.9222	0.5080	DMU$_{19}$	0.9527	0.9542	0.6237
DMU$_4$	1	1	0.7778	DMU$_{20}$	0.8755	0.9979	0.5468
DMU$_5$	0.9407	1	0.5530	DMU$_{21}$	0.934	0.9525	0.5229
DMU$_6$	1	1	0.6645	DMU$_{22}$	1	1	0.6466
DMU$_7$	1	1	0.6274	DMU$_{23}$	1	0.9856	0.6568
DMU$_8$	1	1	0.7326	DMU$_{24}$	1	0.9490	0.5359
DMU$_9$	1	1	0.3824	DMU$_{25}$	0.8845	0.9323	0.5650
DMU$_{10}$	1	1	0.6841	DMU$_{26}$	1	0.9301	0.5775
DMU$_{11}$	0.9742	0.9424	0.5565	DMU$_{27}$	1	1	0.5620
DMU$_{12}$	1	0.9934	0.6374	DMU$_{28}$	1	1	0.6238
DMU$_{13}$	1	0.9545	0.5330	DMU$_{29}$	1	1	0.7503
DMU$_{14}$	1	0.9535	0.5599	DMU$_{30}$	1	1	0.6545
DMU$_{15}$	1	0.9161	0.6171	DMU$_{31}$	1	1	0.6874
DMU$_{16}$	1	0.9814	0.5777				

由表 6.16 可以发现, CH-CCR 模型和 CCR 模型计算出的 31 所医院的绩效值是有所区别的, 在 CH-CCR 模型中 DEA 有效的医院 23 个, 而在 CCR 模型中 DEA 有效的医院有 14 个, 比 CH-CCR 模型少了 10 个, DEA 有效的医院也有所不同, CH-CCR 模型得出的 DEA 有效的医院在 CCR 模型的基础上多了 DMU$_3$, DMU$_{12}$, DMU$_{13}$, DMU$_{14}$, DMU$_{15}$, DMU$_{16}$, DMU$_{17}$, DMU$_{23}$, DMU$_{24}$, DMU$_{26}$ 所代表的医院, 但是 DMU$_{15}$ 所代表的医院虽然用 CH-CCR 模型中为 DEA 无效, 但在 CCR 模型中却为有效.

上述结果分析可知, 对同样决策单元绩效的评价, 用经典 DEA 模型和 CH-CCR 模型绩效评价结果有所差别, 这些差别的产生是变量 (投入、产出) 之间的交互作用所导致的, 对具有交互作用的生产系统的绩效评价, 变量 (投入、产出) 之间的交互作用不可忽视. 对具有交互作用的生产系统的绩效评价再用经典 DEA 模型, 其绩效评价结果的准确性值得商榷.

6.3　投入具有交互作用的数据包络分析

6.1 节和 6.2 节介绍了具有交互作用变量 (投入、产出) 的数据包络分析模型、算法和应用, 作为一种特殊情况, 投入具有交互作用的绩效评价方法在实际的绩效评价中有其特殊的作用, 本节则对投入具有交互作用的数据包络分析模型、算法和应用[14] 进行介绍.

6.3.1　投入具有交互作用的数据包络模型

假设实际生产活动中, 决策单元 (DMU) 的投入属性集为 $X = \{x_1, x_2, \cdots, x_s\}$, 产出属性集为 $Y = \{y_1, y_2, \cdots, y_m\}$. 考虑到多投入之间的交互作用, 用 $\mu(\{x_i\})$ 表示投入变量 x_i 的效益测度, $\mu(A)$ (A 不是一个单点集) 代表属性集 $A \subset X$ 的效益测度; $f_k(x_i)$ 表示第 k 个 DMU 在第 i 个投入属性的数据信息, y_{rk} 表示第 k 个 DMU 在第 r 个产出属性的数据信息. 则第 k 个决策单元的总投入指标表示为 $(C) \int f_k \mathrm{d}\mu$, 总产出指标表示为 $\sum_{r=1}^{m} v_r y_{rk}$ (v_r 表示第 r 个产出的效益系数). 任何一个决策单元的绩效评价是用总投入与总产出的比值来表示, 其中参数 μ 和 v_r 可以用下列 CH-CCR 模型来得到

$$\max \left\{ h_0 = \sum_{r=1}^{m} v_r y_{r0} \bigg/ (C) \int f_0 \mathrm{d}\mu \right\}$$

$$\text{s.t.} \begin{cases} \dfrac{\displaystyle\sum_{r=1}^{m} v_r y_{rk}}{(C) \displaystyle\int f_k \mathrm{d}\mu} \leqslant 1, & k = 1, 2, \cdots, n \\ 0 \leqslant \mu(A) \leqslant \mu(B), & A \subseteq B; A, B \in P(X) \\ v_r \geqslant 0 \end{cases} \tag{3.1}$$

绩效的取值是从 0 到 1 的, 决策单元的绩效为相对绩效, 每个决策单元都寻求使自己绩效最大化的效益测度 μ 和效益系数 v_i, 利用 CH-CCR 模型的结果可以确定一个超平面, 这个超平面上的决策单元认为是有效的, 反之, 认为是无效的. 利用以下转换:

$$t = 1/(C) \int f_0 \mathrm{d}\mu \quad (t > 0), \quad \omega = tv, \quad \lambda = t\mu \tag{3.2}$$

$$\lambda : X \to [0, +\infty), \quad \omega : Y \to [0, +\infty)$$

把 (3.2) 式代入优化问题 (3.1) 得到与 CH-CCR 模型等价的新模型:

$$\max\left\{h_0 = \sum_{r=1}^{m}\omega_r y_{r0}\right\}$$

$$\text{s.t.}\begin{cases} \sum_{r=1}^{m}\omega_r y_{rk} - (C)\int f_k \mathrm{d}\lambda \leqslant 0, \quad k=1,2,\cdots,n \\ (C)\int f_0 \mathrm{d}\lambda = 1 \\ \omega_r \geqslant 0 \\ 0 \leqslant \lambda(C) \leqslant \lambda(D), \quad C \subseteq D; \quad C,D \in P(X) \end{cases} \tag{3.3}$$

定义 3.1 在 CH-CCR 模型 (3.1) 中, 如果存在效益测度 μ 和 $v_i(i=1,2,\cdots,m)$ 使得决策单元的效益值等于 1, 即 $h_0 = \sum_{r=1}^{m}v_r y_{r0}\Big/(C)\int f_0 \mathrm{d}\mu = 1$, 则决策单元 (DMU$_0$) 是有效的; 如果 $h_0 = \sum_{r=1}^{m}v_r y_{r0}\Big/(C)\int f_0 \mathrm{d}\mu < 1$, 则决策单元 (DMU$_0$) 是无效的.

等价地, 在 CH-CCR 模型 (3.3) 中, 如果存在效益测度 λ 和 $\omega_i\,(i=1,2,\cdots,m)$ 使 $h_0 = \sum_{r=1}^{m}\omega_r y_{r0} = 1$, 则该决策单元有效; 若 $h_0 = \sum_{r=1}^{m}\omega_r y_{r0} < 1$, 则该决策单元无效.

CH-CCR 模型实际上是一个线性规划问题, 对于 Choquet 积分 $(C)\int f_k\mathrm{d}\lambda$, 一旦被积函数 f_k 给定, 这个积分的结果就只和集合 X 的子集的效益测度 λ 有关. 下面给出另一种等价的 $(C)\int f_k\mathrm{d}\lambda$ 积分计算公式[12]:

$$(C)\int f_k\mathrm{d}\lambda = \sum_{j=1}^{2^s-1} z_{jk}\lambda_j;$$

其中, $\lambda_j = \lambda\left(\bigcup_{j_i=1}\{x_i\}\right)$. 如果 j 表示二进制数字 $j_s j_{s-1}\cdots j_2 j_1$, 对于每个 $j=1,2,\cdots,2^s-1$ 有

$$z_{jk} = \begin{cases} \min\limits_{i\,|\,\mathrm{frc}(j/2^i)\in\left[\frac{1}{2},1\right)} f_k(x_i) - \max\limits_{i\,|\,\mathrm{frc}(j/2^i)\in\left[0,\frac{1}{2}\right)} f_k(x_i), & \text{如果值为正或者 } j=2^s-1 \\ 0, & \text{否则} \end{cases}$$

因此, CH-CCR 模型 (3.3) 可以转换成一个新的线性规划模型:

$$\max \left\{ h_0 = \sum_{r=1}^{m} \omega_r y_{r0} \right\}$$

$$\text{s.t.} \begin{cases} \sum_{r=1}^{m} \omega_r y_{rk} - \sum_{j=1}^{2^s-1} z_{jk}\lambda_j \leqslant 0, \quad k=1,2,\cdots,n \\ \sum_{j=1}^{2^s-1} z_{j0}\lambda_j = 1 \\ 0 \leqslant \lambda(A) < \lambda(B); \quad A, B \in P(X), A \subset B \\ \omega_r \geqslant 0 \end{cases} \quad (3.4)$$

由前文提到的经典 DEA 的交叉绩效公式可以推导出 CH-CCR 模型的交叉绩效公式:

$$\vartheta_{pj} = \frac{\displaystyle\sum_{r=1}^{m} \omega_{rp} y_{rj}}{(C) \displaystyle\int f_j \mathrm{d}\lambda_p}$$

所以交叉绩效值 $\vartheta_{pj}\,(p=1,2,\cdots,n)$ 的平均值 $\overline{\vartheta_j} = \dfrac{1}{n}\sum_{p=1}^{n} \vartheta_{pj}\,(j=1,2,\cdots,n)$,

即为 CH-CCR 模型中 DMU_j 的最终绩效评价值, 然后按照交叉绩效平均值 $\overline{\vartheta_j}$ $(j=1,2,\cdots,n)$ 的大小即可对决策单元进行排序.

6.3.2 应用实例

为了验证我们提出的投入具有交互作用的 CH-CCR 绩效评价模型的有效性并与其他相关 CCR 模型进行比较, 我们给出两个应用实例.

例 3.1 为了比较河北省 14 家大型公立医院的绩效, 我们用床位数 (x_1)、人员数 (x_2)、固定资产和总支出 (x_3)(单位: 千万美元) 作为投入指标; 产出指标为: 年门诊急诊人次数 (y_1)、出院人次数 (y_2)、手术例数 (y_3)、年业务收入 (y_4). 表 6.17 给出了各项指标的具体数值.

应用 CCR 模型和 CH-CCR 模型对这 14 所医院的绩效进行评价, 结果见表 6.18 的结果.

表 6.18 中的数据结果显示 CCR 模型和 CH-CCR 模型的绩效评价结果是不一样的, 决策单元 (DMU_8) 在 CCR 模型中为 DEA 有效, 在 CH-CCR 模型中则为 DEA 无效, 而且在总体绩效评价中, 因为投入之间具有很强的交互作用, 所以决策单元 DMU_3, DMU_5, DMU_6, DMU_{13} 在 CCR 模型和 CH-CCR 模型中的总体绩效等级也是不同的. 结合 14 家医院的实际情况, 用 CH-CCR 模型计算得出的绩效评价结果更能反映医院的实际情况.

表 6.17   河北省 14 家大型公立医院的投入、产出指标的实际值

决策单元	投入指标			产出指标			
	x_1	x_2	x_3	y_1	y_2	y_3	y_4
DMU$_1$	1401	4290	87500	121000	41391	5986	295143
DMU$_2$	489	1740	37900	96000	16855	13978	333686
DMU$_3$	367	1420	29800	52150	10589	6572	357005
DMU$_4$	471	930	26800	39250	8794	2734	208135
DMU$_5$	326	460	19600	11500	3709	1892	106910
DMU$_6$	508	830	18900	68000	6674	3475	266004
DMU$_7$	408	750	20400	13250	4657	2024	180025
DMU$_8$	319	920	21400	6250	6427	4328	229674
DMU$_9$	364	760	21000	101750	6477	3236	198193
DMU$_{10}$	257	790	19000	18000	4025	1993	228491
DMU$_{11}$	445	870	21700	26250	4824	4932	224516
DMU$_{12}$	423	890	25800	23500	5110	2695	230300
DMU$_{13}$	406	550	19400	21000	2874	3494	114175
DMU$_{14}$	761	1190	32800	49750	6946	6716	333839

表 6.18   CCR 和 CH-CCR 模型的绩效和总体绩效

DMU	CCR 绩效值	CH-CCR 绩效值	CCR 总体绩效	CCR 总体绩效的等级	CH-CCR 总体绩效	CH-CCR 总体绩效的等级
1	1	1	0.42453400	14	0.42606902	14
2	1	1	0.95409002	1	0.95065273	1
3	1	1	0.88144665	2	0.87939014	3
4	1	1	0.69260936	9	0.68831656	9
5	0.9041	0.9041	0.65219188	11	0.63425237	12
6	1	1	0.87044108	3	0.90269842	2
7	0.782	0.782	0.62622685	13	0.63051068	13
8	1	0.9559	0.80659413	5	0.80263078	5
9	1	1	0.82830312	4	0.82792781	4
10	1	1	0.75864901	8	0.75450282	8
11	0.9668	0.9668	0.77649932	7	0.78369725	7
12	0.8522	0.8522	0.67645791	10	0.67244313	10
13	0.9049	0.9049	0.65138809	12	0.64092534	11
14			0.78194618	6	0.79043868	6

对于变量 (投入或产出) 较多且变量间有较强交互作用的决策单元, 为了解决变量间的交互作用, 基于主成分分析的 CCR 模型 (PCA-DEA)[5] 和基于独立成分分析的 CCR 模型 (ICA-CCR)[6] 是两种解决变量之间交互作用的绩效评价方法, 下面通过实例比较 CH-CCR 模型、PCA-CCR 模型和 ICA-CCR 模型.

例 3.2   本节选取河北省 9 家三级甲等大学附属医院作为决策单元, 分别用基于 PCA-DEA 模型和 CH-CCR 模型对其绩效进行分析, 以突出本节方法的优势. 基于医院资料取得的限制及多数学者采用的投入和产出项, 选择职工总数 (x_1)、医师数 (x_2)、护士数 (x_3)、实有床位数 (x_4)、万元以上设备台数 (x_5)、总支

出 (x_6)、总资产 (x_7)、实际占用总床日数 (x_8)、药师数 (x_9)、房屋建筑面积 (x_{10}) 作为投入指标; 总诊疗人次 (y_1)、出院人次数 (y_2)、总收入 (y_3) 为产出指标. 各项指标的具体数值见表 6.19.

表 6.19　河北省 9 家三级甲等大学附属医院的投入、产出指标的实际值

决策单元	投入指标										产出指标		
	x_1	x_2	x_3	x_4	x_5	x_6	x_7	x_8	x_9	x_{10}	y_1	y_2	y_3
DMU$_1$	2924	703	1161	1691	2860	1051875	1811845	606675	59	116365	1302870	50915	1080643
DMU$_2$	1448	442	666	1137	1357	506059	558893	335948	51	106457	512928	30305	514581
DMU$_3$	1783	500	837	1300	1503	967889	1017660	605079	62	153483	707685	52308	1032637
DMU$_4$	4705	1444	2174	2968	4086	3463684	3482528	1473850	152	165911	2171370	130974	3791307
DMU$_5$	2568	740	1092	2115	1922	1680154	1891928	896858	71	252340	651723	57393	1719611
DMU$_6$	3490	843	1340	1863	3759	2126846	2356385	1171672	110	159211	978026	95423	2328207
DMU$_7$	2060	528	993	1365	1536	1080806	1864718	522868	41	157252	732147	50975	1228065
DMU$_8$	1618	542	705	1302	1987	639381	734344	384501	58	71202	611117	37294	701454
DMU$_9$	1647	561	775	1297	1924	792500	814835	403776	47	66937	718625	28670	819191

　　鉴于投入指标较多且变量之间具有较强的交互作用, 我们首先对投入指标进行主成分分析和独立成分分析 (结果略), 然后以产生的主成分得分和独立成分值作为投入变量, 再应用经典 CCR 模型进行绩效评价, 然后与我们的 CH-CCR 模型对这 9 家三甲附属医院进行绩效评价的结果进行比较, 结果见表 6.20.

表 6.20　PCA-DEA 模型和 CH-CCR 模型的绩效和总体绩效

DMU	PCA-DEA 绩效值	PCA-DEA 总体绩效值	PCA-DEA 总体绩效的等级	ICA-DEA 绩效值	ICA-DEA 总体绩效值	ICA-DEA 总体绩效的等级	CH-CCR 绩效值	CH-CCR 总体绩效值	CH-CCR 总体绩效的等级
1	1	0.8324	3	1	08256	3	1	0.9128	3
2	0.7452	0.6449	9	07324	0.6433	9	0.6928	0.6543	9
3	1	0.7814	6	1	0.7732	7	0.8795	0.7639	7
4	1	1.0214	1	1	1.0357	1	1	0.9857	1
5	0.8972	0.7164	8	0.8042	0.7083	8	0.9035	0.6968	8
6	0.9637	0.7544	7	0.9531	0.7436	6	0.9842	0.7832	6
7	1	0.8121	5	1	0.8292	4	1	0.7995	5
8	1	0.8172	4	1	0.8037	5	1	0.8274	4
9	1	0.8663	2	1	0.8927	2	1	0.9231	2

　　由上述三个模型对这 9 家医院绩效水平的计算结果可知, 三种方法计算结果出入不大, 医院总体绩效等级排序也基本一致, 但是基于 PCA-DEA 模型和基于 ICA-DEA 模型计算的过程较为复杂, 它们把绩效评价分为两个阶段, 首先用原变量 (投入、产出) 来生成独立变量 (投入、产出), 再用新生成的变量建立 DEA 模型; 此外, 模型中使用的变量是实际变量生成的新变量, 由此得出的绩效评价结果不如 CH-CCR 计算的绩效结果和等级排序更能反映各医院的实际情况.

本章提出了决策单元绩效评价的一个新的 DEA 模型, 利用 Choquet 积分把决策单元中多个投入指标聚合成一个绩效指数, 可以对投入具有交互作用的决策单元进行绩效评价, 经典的 DEA 模型只是一种特殊情况, 该 DEA 模型可对变量 (投入、产出) 具有较强交互作用的决策单元给出更准确的评价. 在将来, 我们可进一步研究具有交互作用变量 (投入、产出) 的其他 DEA 模型.

参 考 文 献

[1] Charnes A, Cooper W W, Rhodes E. Measuring the efficiency of decision making units[J]. European Journal of Operational Research, 1978, 2(6): 429-444.

[2] Banker R, Charnes A, Cooper W W. Some models for estimating technical and scale inefficiencies in data envelopment analysis[J]. Management Science, 1984, 30(9): 1078-1092.

[3] Charnes A, Cooper W W, Golany B, et al. Foundations of data envelopment analysis for pareto-koopmans efficient empirical production functions[J]. Journal of Econometrics, 1985, 30(1-2): 91-107.

[4] Bardhan I, Bowlin W F, Cooper W W, et al. Models and measures for efficiency dominance in DEA[J]. Journal of the Operations Research, 1996, 39(3): 333-344.

[5] Varias A D, Sofianopoulou S. Efficiency evaluation of Greek commercial banks using DEA[J]. Journal of Applied Operational Research, 2012, 4(4): 183-193.

[6] Adler N, Golany B. Evaluation of deregulated airline networks using data envelopment analysis combined with principal component analysis with an application to Western Europe[J]. European Journal of Operational Research, 2001, 132(2): 260-273.

[7] Adler N, Golany B. Including principal component weights to improve discrimination in data envelopment analysis[J]. Journal of the Operational Research Society, 2002, 53(9): 985-991.

[8] Adler N, Yazhemsky E. Improving discrimination in data envelopment analysis: PCA–DEA or variable reduction[J]. European Journal of Operational Research, 2010, 202(1): 273-284.

[9] Hyvärinen A, Oja E. Independent component analysis: Algorithms and applications[J]. Neural Networks, 2000, 13(4-5): 411-430.

[10] Kao L, Lu C, Chiu C C. Efficiency measurement using independent component analysis and data envelopment analysis[J]. European Journal of Operational Research, 2011(210): 310-317.

[11] Choquet G. Theory of capacities[J]. Annales de l'Institut Fourier, 1953(5): 131-295.

[12] Wang Z Y, Yang R, Lung K. Nonlinear Integrals and Their Applications in Data Mining[M]. Singapore: World Scientific Publishing, 2010.

[13] Ji A, Liu H, Qiu H, et al. Data envelopment analysis with interactive variables[J]. Management Decision, 2015, 53(10): 2390-2406.

[14] 刘丹, 纪爱兵 (通讯). 投入具有交互作用的数据包络分析 [J]. 模糊系统与数学, 2016, 30(6): 176-183.

[15] Denneberg D F. Nonaddifive Measure and Integral[M]. Dordrecht Boston London: Kluwer Academic Publishers, 1994.

[16] Wang Z, Klir G J. Generalized Measure Theory[M]. New York: Springer, 2008.

[17] Sugeno M. Theory of fuzzy integrals and its applications[J]. PhD Thesis Tokyo Institute of Technology, 1974.

[18] Sherman H D, Gold F. Bank branch operating efficiency[J]. Journal of Banking and Finance, 1985, 9(2): 297-315.

[19] Sexton T R, Silkman R H, Hogan A J. Data envelopment analysis: critique and extensions//Silkman R H, Ed. Measuring Efficiency: An Assessment of Data Envelopment Analysis[J]. San Francisco: Jossey-Bass, 1986: 73-105.

[20] Doyle J, Green R. Efficiency and cross-efficiency in DEA: derivations, meanings and uses[J]. Journal of the Operational Research Society, 1994, 45(5): 567-578.

[21] Doyle J R, Green R H. Cross-evaluation in DEA: improving discrimination among DMUs[J]. INFOR., 1995, 33(3): 205-222.

第 7 章　具有交互作用模糊变量的数据包络分析

DEA 是评价组织、单位绩效的常用方法. DEA 是一种非参数优化数学方法, 最初由 Charnes、Cooper 和 Rhodes[1] 引入, 然后由 Banker、Charnes 和 Cooper[2] 进一步发展. 该方法首先确立由一组决策单元 (DMU) 形成的 "有效前沿面", 该组决策单元展示最佳绩效, 然后根据它们到有效前沿面的距离确定其他非前沿单元绩效水平. 自首个 DEA 模型 CCR 问世, 其基本思想在测量绩效方面产生了许多变化. 如今, 各种 DEA 绩效评价模型可用于不同类型的绩效测量的需求, 如不变规模报酬 (CRS) 模型[1]、可变规模报酬 (VRS) 模型[2]、加性模型[3] 和基于松弛的测度和自由处置船体 (FDH) 模型[4] 等, 它们已经应用于各种单位和部门的绩效评价, 如银行[5]、教育[6]、医院[7] 等.

近年来, 模糊集理论被用来量化 DEA 模型中不精确和模糊数据, 产生了模糊 DEA 模型. 有几种对具有模糊投入或模糊产出生产系统绩效评价的 DEA 模型, 模糊 DEA 方法可分为以下五类: ① 容忍度方法[8]; ② 基于 α 水平的方法[9-11]; ③ 模糊排序方法[12,13]; ④ 可能性方法[14,15]; ⑤ 其他方法[16,17].

在所有的经典 DEA(模糊 DEA) 模型中, 组合多个投入 (或产出) 的方法是使用线性加权和. 它需要一个假设, 即在每个信息源的贡献之间没有交互作用, 而联合贡献只是来自单个信息源的贡献的简单加权和. 但在实践中, 变量 (模糊变量) 通常是具有相关性的, 变量之间存在交互作用. 一些研究人员已经提出了几种模型来解决这个问题. Adler 和 Golany[18,19] 建议使用主成分分析 (PCA) 产生原始投入和产出的不相关的线性组合, 并构造基于 PCA 的 DEA 模型. Adler 和 Yazhemsky[20] 通过绩效评价的比较研究, 得出结论, 基于 PCA 的 DEA 模型的判别、识别性能优于经典 DEA 模型. 独立成分分析 (ICA) 是另一种解决变量相关性问题的信息聚合工具, 在 DEA 效率测量中使用 ICA 提取相互独立自变量 (投入或产出) 可以部分克服相关变量的影响[21]. 但基于 PCA 的 DEA 模型和基于 ICA 的 DEA 模型都具有较高的计算复杂度, 且这两个 DEA 模型中的变量 (投入、产出) 都不是 DMU 的实际变量, 效率评价结果对生产活动的指导意义较少.

考虑到变量 (投入或产出) 之间的内在相互作用, Ji 等[22] 引入了具有交互变量 (投入或产出) 的数据包络分析, 在此模型中, 利用 Choquet 积分将多个投入和产出聚合为一个单一的效率指数, 它是经典 DEA 模型的推广.

在本章中, 我们将交互变量 (投入或产出) 的 DEA 模型拓展到交互模糊变

量 (投入或产出) DEA 模型. 我们首先介绍模糊 Choquet 积分, 然后使用模糊
Choquet 积分作为聚合工具, 给出了三种具有交互作用模糊投入和模糊产出的模
糊数据包络分析模型, 最后, 将具有交互作用模糊变量的模糊数据包络分析应用
于绩效的评价, 本章工作为课题组相关工作的总结[22-24].

7.1　可能性测度模型

本节介绍 DEA 模型和 Choquet 积分的一些预备知识, 并给出基于模糊 Cho-
quet 积分的具有交互作用的模糊变量的数据包络分析方法.

7.1.1　数据包络分析模型和交叉效率评价

假设有 n 个 DMUs, 每个 DMU 从 s 个投入产生 m 个产出. DMU_0 是要
评价的 DMU. DMU_k 的投入向量为 $x_k = (x_{1k}, x_{2k}, \cdots, x_{sk})$, 产生向量为 $y_k = (y_{1k}, y_{2k}, \cdots, y_{mk})$. 用于评估 DMU_0 的经典 DEA 模型——CCR 模型[1] 为

$$\begin{cases} \max \sum_{i=1}^{m} \mu_i y_{i0} \\ \text{s.t.} \sum_{i=1}^{m} \mu_i y_{ik} - \sum_{j=1}^{s} \omega_j x_{jk} \leqslant 0 \quad (k=1,2,\cdots,n) \\ \sum_{j=1}^{s} \omega_j x_{j0} = 1 \\ \mu_i \geqslant 0, \omega_j \geqslant 0 \quad (i=1,2,\cdots,m; j=1,2,\cdots,s) \end{cases} \quad (1.1)$$

上述效率评价模型为投入导向的 CCR 模型.

为了克服 DEA 模型无法区分 DEA 有效单元的缺陷, 文献 [25, 26] 提出了交
叉效率评价. 在交叉效率评价中, 每个 DMU 单独确定投入和产出的一组权重, 这
样就得到 n 个 DMUs 有 n 组权重. 然后使用这些权重集来评价每个 DMUs 的
绩效, DMU 的总绩效值是每个 DMUs 绩效的加权平均值. 研究发现, 交叉绩效评
价可以保证 DMUs 的绩效评价的唯一排序. 具体计算方式如下.

首先, 使用经典 DEA 公式 (CCR 模型或 BCC 模型) 计算每个 DMU 的投入
和产出的最佳权重. 然后, 每个 DMU 使用以上权重计算其他 DMUs 的绩效 ϑ_{pj},
表示使用 DMU_p 获得的权重的 DMU_j 的绩效得分.

$$\vartheta_{pj} = \frac{\sum_{i=1}^{m} u_{ip} y_{ij}}{\sum_{i=1}^{s} v_{ip} x_{ij}}$$

交叉绩效可以概括为一个交叉效率矩阵. 注意 $0 \leqslant \vartheta_{pj} \leqslant 1$ 和对角线中的元素 ϑ_{pp}, 表示经典 DEA 模型的效率得分. 然后计算 DMU_j 的整体效率值

$$\vartheta_j = \frac{1}{n} \sum_{p=1}^{n} \vartheta_{pj}$$

7.1.2 模糊数和可能性测度

定义 1.1 设 X 是一个非空集合, $P(x)$ 是 X 的所有子集的全体, 即映射 Pos: $P(X) \to [0,1]$ 被称为可能性测度, 如果它满足

(1) $\mathrm{Pos}(\varnothing) = 0$; (2) $\mathrm{Pos}(X) = 1$; (3) $\mathrm{Pos}\left(\bigcup_{t \in T} A_t\right) = \sup_{t \in T} \mathrm{Pos}(A_t)$.

定义 1.2 设 $\tilde{a}$ 是一个模糊数, 其隶属度函数

$$\mu_{\tilde{a}}(x) = \begin{cases} \dfrac{x - r_1}{r_2 - r_1}, & r_1 \leqslant x < r_2 \\ 1, & x = r_2 \\ \dfrac{x - r_3}{r_2 - r_3}, & r_2 < x \leqslant r_3 \end{cases}$$

式中, $r_1 \leqslant r_2 \leqslant r_3$, 且 r_1, r_2, r_3 是实数. $\tilde{a}$ 称为三角模糊数, 用 (r_1, r_2, r_3) 表示.

所有三角模糊数的集合用 $T(R)$ 表示. 如果 $\tilde{x}_i (i = 1, 2, \cdots, n)$ 都是模糊数, 则 $\tilde{X} = (\tilde{x}_1, \tilde{x}_2, \cdots, \tilde{x}_n)$ 称为模糊数向量. 所有模糊数向量的集合用 $F^n(R)$ 表示, 特别是当 $\tilde{x}_i (i = 1, 2, \cdots, n)$ 都是三角模糊数时, 则 $\tilde{X} = (\tilde{x}_1, \tilde{x}_2, \cdots, \tilde{x}_n)$ 称为三角模糊数向量. 所有的三角模糊数向量的集合用 $T^n(R)$ 表示的.

定义 1.3 设 $\tilde{a}, \tilde{b}$ 为两个模糊数, 然后 $\tilde{a} \vee \tilde{b}$ 表示具有以下隶属函数的模糊数 $\mu_{\tilde{a} \vee \tilde{b}}(x) = \sup_{s \vee t = x} \{\mu_{\tilde{a}}(s) \wedge \mu_{\tilde{b}}(t)\}$.

定义 1.4 设 $\tilde{a}, \tilde{b}$ 为两个模糊数, 然后 $\tilde{a} \tilde{>} \tilde{b} \Leftrightarrow \tilde{a} \vee \tilde{b} = \tilde{a}$.

引理 1.1[28] 设 $\tilde{a}, \tilde{b}$ 为两个模糊数, 然后 $\tilde{a} \tilde{>} \tilde{b}$ 当且仅当 $\forall h \in [0,1]$, 两个以下陈述:

$$\inf\{s : \mu_{\tilde{a}}(s) \geqslant h\} \geqslant \inf\{t : \mu_{\tilde{b}}(t) \geqslant h\}$$

$$\sup\{s : \mu_{\tilde{a}}(s) \geqslant h\} \geqslant \sup\{t : \mu_{\tilde{b}}(t) \geqslant h\}$$

通过引理 1.1, 我们可以很容易地证明以下引理.

引理 1.2 设 $\tilde{a}, \tilde{b}$ 为两个模糊数, (1) $\lambda > 0, \lambda\tilde{a} \tilde{>} \tilde{b}$; (2) 每一个模糊数 $\tilde{c}, \tilde{a} + \tilde{c} > \tilde{b} + \tilde{c}$.

定义 1.5　设 $\tilde{a}$ 为一个模糊数, b 是实数, 然后模糊事件 $\tilde{a} < b$ 的可能性测度用 $\mathrm{Pos}(\tilde{a} \leqslant b) = \sup\{\mu_{\tilde{a}}(x)|x \in R, x \leqslant b\}$ 表示.

同样地, $\mathrm{Pos}(\tilde{a} < b) = \sup\{\mu_{\tilde{a}}(x)|x \in R, x < b\}$, $\mathrm{Pos}(\tilde{a} \geqslant b) = \sup\{\mu_{\tilde{a}}(x)|x \in R, x \geqslant b\}$, $\mathrm{Pos}(\tilde{a} = b) = \mu_{\tilde{a}}(b)$.

定理 1.1　设 $\tilde{a}, \tilde{b}$ 为两个模糊数, c 是一个实数, 一个可能性水平 $\alpha \in [0,1]$, 如果 $\tilde{a} \succsim \tilde{b}$ 和 $\mathrm{Pos}(\tilde{b} \geqslant c) \geqslant \alpha$, 然后 $\mathrm{Pos}(\tilde{a} \geqslant c) \geqslant \alpha$.

证明　因为 $\tilde{a} \succsim \tilde{b}$, 对于一个给定的 $x, t = x$, 由引理 1.1, 有 $s : s \leqslant t$, $\mu_{\tilde{a}}(s) \leqslant \mu_{\tilde{b}}(x)$, 因此 $\mu_{\tilde{a} \vee \tilde{b}}(x) = \sup\limits_{s \vee t = x}\{\mu_{\tilde{a}}(s) \wedge \mu_{\tilde{b}}(t)\} \geqslant \mu_{\tilde{a}}(s) \wedge \mu_{\tilde{b}}(x) \geqslant \mu_{\tilde{b}}(x)$, 所以 $\mathrm{Pos}(\tilde{a} \geqslant c) = \sup\{\mu_{\tilde{a} \vee \tilde{b}}(x)|x \geqslant c\} \geqslant \sup\{\mu_{\tilde{b}}(x)|x \geqslant c\} \geqslant a$.

如果 $\tilde{x}_i(i = 1, 2, \cdots, n)$ 都是模糊数, 则 $\tilde{X} = (\tilde{x}_1, \tilde{x}_2, \cdots, \tilde{x}_n)$ 称为模糊数向量. 所有模糊数向量的类表示为 $F^n(R)$, 特别是当 $\tilde{x}_i(i = 1, 2, \cdots, n)$ 是所有的三角模糊数, 则 $\tilde{X} = (\tilde{x}_1, \tilde{x}_2, \cdots, \tilde{x}_n)$ 称为三角模糊数向量. 所有的三角模糊数向量表示为 $T^n(R)$.

根据 Zadeh 的扩展原理, 然后对函数 $f : R^n \to R, \tilde{y} = f(\tilde{x}_1, \tilde{x}_2, \cdots, \tilde{x}_n)$ 是一个模糊数, 其隶属度函数:

$$\mu_{\tilde{y}}(v) = \sup_{u_1, u_2, \cdots, u_n}\left\{\min_{1 \leqslant i \leqslant n}\mu_{\tilde{x}_i}(u_i)|v = f(u_1, u_2, \cdots, u_n)\right\}$$

定理 1.2　设 $\tilde{x}_i(i = 1, 2, \cdots, n)$ 为模糊数, $\omega_i(i = 1, 2, \cdots, n)$ 是正实系数, 设 $(\ )_\alpha^U$ 和 $(\ )_\alpha^L$ 表示模糊数 α-水平集的上界和下界. 然后对于任何给定的可能性水平 $\alpha_1, \alpha_2, \alpha_3$ 且 $0 \leqslant \alpha_1, \alpha_2, \alpha_3 \leqslant 1$.

(1) $\mathrm{Pos}\{\omega_1\tilde{x}_1 + \omega_2\tilde{x}_2 + \cdots + \omega_n\tilde{x}_n \leqslant b\} \geqslant \alpha_1$ 当且仅当 $\omega_1(\tilde{x}_1)_{\alpha_1}^L + \omega_2(\tilde{x}_2)_{\alpha_1}^L + \cdots + \omega_n(\tilde{x}_n)_{\alpha_1}^L \leqslant b$;

(2) $\mathrm{Pos}\{\omega_1\tilde{x}_1 + \omega_2\tilde{x}_2 + \cdots + \omega_n\tilde{x}_n \geqslant b\} \geqslant \alpha_2$ 当且仅当 $\omega_1(\tilde{x}_1)_{\alpha_2}^U + \omega_2(\tilde{x}_2)_{\alpha_2}^U + \cdots + \omega_n(\tilde{x}_n)_{\alpha_2}^U \geqslant b$;

(3) $\mathrm{Pos}\{\omega_1\tilde{x}_1 + \omega_2\tilde{x}_2 + \cdots + \omega_n\tilde{x}_n = b\} \geqslant \alpha_3$ 当且仅当 $\omega_1(\tilde{x}_1)_{\alpha_3}^L + \omega_2(\tilde{x}_2)_{\alpha_3}^L + \cdots + \omega_n(\tilde{x}_n)_{\alpha_3}^L \leqslant b$ 且 $\omega_1(\tilde{x}_1)_{\alpha_3}^U + \omega_2(\tilde{x}_2)_{\alpha_3}^U + \cdots + \omega_n(\tilde{x}_n)_{\alpha_3}^U \geqslant b$.

证明　仅给出第一种情况的证明. 其他情况可以用类似的论证来证明.

我们假设 $(s_1^*, \cdots, s_n^*) \triangleq \arg\sup\limits_{s_1, \cdots, s_n \in R}\{\min\{\mu_{\tilde{x}_1}(s_1), \cdots, \mu_{\tilde{x}_n}(s_n)\}\omega_1 s_1 + \omega_2 s_2 + \cdots + \omega_n s_n \leqslant b\}$, 如果 $\mathrm{Pos}\{\omega_1\tilde{x}_1 + \omega_2\tilde{x}_2 + \cdots + \omega_n\tilde{x}_n \leqslant b\} \geqslant \alpha_1$, 然后 $\min\{\mu_{\tilde{x}_1}(s_1), \cdots, \mu_{\tilde{x}_n}(s_n)\} \geqslant \alpha_1$ 和 $\omega_1 s_1^* + \omega_2 s_2^* + \cdots + \omega_n s_n^* \leqslant b$. 由 $\min\{\mu_{\tilde{x}_1}(s_1), \cdots, \mu_{\tilde{x}_n}(s_n)\} \geqslant \alpha_1$, 可得 $\mu_{\tilde{x}_1}(s_1^*) \geqslant \alpha_1, \cdots, \mu_{\tilde{x}_n}(s_n^*) \geqslant \alpha_1$, 因此 $s_1^* \in \left[(\tilde{x}_1)_{\alpha_1}^L, (\tilde{x}_1)_{\alpha_1}^U\right]$, $s_n^* \in \left[(\tilde{x}_n)_{\alpha_1}^L, (\tilde{x}_n)_{\alpha_1}^U\right]$.

由 $\omega_1 s_1^* + \omega_2 s_2^* + \cdots + \omega_n s_n^* \leqslant b$ 和 $\omega_i(i=1,2,\cdots,n)$ 的非负性可得 $\omega_1\,(\tilde{x}_1)_{\alpha_1}^L + \omega_2\,(\tilde{x}_2)_{\alpha_1}^L + \cdots + \omega_n\,(\tilde{x}_n)_{\alpha_1}^L \leqslant b$.

相反, 如果 $\omega_1\,(\tilde{x}_1)_{\alpha_1}^L + \omega_2\,(\tilde{x}_2)_{\alpha_1}^L + \cdots + \omega_n\,(\tilde{x}_n)_{\alpha_1}^L \leqslant b$, 那么存在 α_1' 且 $\alpha_1 \leqslant \alpha_1' \leqslant 1$, $\omega_1\,(\tilde{x}_1)_{\alpha_1'}^L + \omega_2\,(\tilde{x}_2)_{\alpha_1'}^L + \cdots + \omega_n\,(\tilde{x}_n)_{\alpha_1'}^L \leqslant b$, 很明显, $\mu_{\tilde{x}_1}\left((\tilde{x}_1)_{\alpha_1'}^L\right) \geqslant \alpha_1, \cdots, \mu_{\tilde{x}_n}\left((\tilde{x}_n)_{\alpha_1'}^L\right) \geqslant \alpha_1$, 这等价于 $\min\left\{\mu_{\tilde{x}_1}\,(\tilde{x}_1)_{\alpha_1'}^L, \cdots, \mu_{\tilde{x}_n}\,(\tilde{x}_n)_{\alpha_1'}^L\right\} \geqslant \alpha_1$, 因此 $\min\left\{\mu_{\tilde{x}_1}\left((\tilde{x}_1)_{\alpha_1'}^L\right), \cdots, \mu_{\tilde{x}_n}\left((\tilde{x}_n)_{\alpha_1'}^L\right) \omega_1\,(\tilde{x}_1)_{\alpha_1'}^L + \omega_2\,(\tilde{x}_2)_{\alpha_1'}^L + \cdots + \omega_n\,(\tilde{x}_n)_{\alpha_1'}^L \leqslant b\right\} \geqslant \alpha_1$, 所以 $\text{Pos}\{\omega_1 \tilde{x}_1 + \omega_2 \tilde{x}_2 + \cdots + \omega_n \tilde{x}_n \leqslant b\} = \sup_{s_1,\cdots,s_n \in R} \min\{\mu_{\tilde{x}_1}\,(s_1), \cdots, \mu_{\tilde{x}_n}\,(s_n)\,|\,s_1 + \cdots + s_n \leqslant b\} \geqslant \alpha_1$.

7.1.3 模糊测度与模糊值函数的模糊 Choquet 积分

在下面, 我们总是假定 $X = \{x_1, x_2, \cdots, x_n\}$ 是一特征属性集, $(X, P(X))$ 是一个可测空间.

定义 1.6[28] 设 $(X, P(x))$ 为一个可测空间, 集函数 $\mu: P(x) \to [0, +\infty)$, 若满足以下条件

(1) $\mu(\varnothing) = 0$;

(2) 对于 $A \in P(x), B \in P(x), A \subset B$ 蕴涵 $\mu(A) \leqslant \mu(B)$.

则 μ 称为模糊测度. 如果 μ 还满足:

(3) 存在一个常数 $\lambda > -1$, 使得 $\mu(A \cup B) = \mu(A) + \mu(B) + \lambda\mu(A)\mu(B)$, 其中 $A \in P(x), B \in P(x), A \cap B = \varnothing$, 则称 μ 为一个 λ-模糊测度.

对于模糊测度 $\mu, A \in P(X), B \in P(X)$, 有以下三种情况:

情形 1 如果 $\mu(A \cup B) = \mu(A) + \mu(B)$, 这表示 A 和 B 有协同效应.

情形 2 如果 $\mu(A \cup B) > \mu(A) + \mu(B)$, 这表示 A 和 B 有加法效应.

情形 3 如果 $\mu(A \cup B) \leqslant \mu(A) + \mu(B)$, 这表示 A 和 B 具有负面的协同效应.

对于 λ-模糊测度 μ, 如果 $\lambda = 0$, 则关于 μ, A 和 B 具有加法效应; 如果 $-1 < \lambda < 0$, 则关于 μ, A 和 B 具有负面的协同效应; 如果 $\lambda > 0$, 则关于 μ, A 和 B 具有协同效应.

定义 1.7[28] 设 $(X, P(x))$ 为可测空间, μ 为 $P(x)$ 上的广义模糊测度, 实值函数 $f: X \to (-\infty, +\infty)$ 的 Choquet 积分定义为 $(C)\displaystyle\int f \mathrm{d}\mu = \int_{-\infty}^{0} \left[\mu\,(F_\alpha) - \mu(X)\right]\mathrm{d}\alpha - \int_{0}^{+\infty} \mu\,(F_\alpha)\,\mathrm{d}\alpha$, 其中, $F_\alpha = \{x | f(x) \geqslant \alpha\}, \alpha \in (-\infty, +\infty)$.

如果函数非负, f 的 Choquet 积分是 $(C)\displaystyle\int f \mathrm{d}\mu = \int_{0}^{+\infty} \mu\,(F_\alpha)\,\mathrm{d}\alpha$.

作为一个特例, 当 μ 是一个测度的时候, Choquet 积分与 Lebesgue-Like 积分重合.

当 $X = \{x_1, x_2, \cdots, x_n\}$ 是一个有限集时, f 的值, 即 $f(x_1), f(x_2), \cdots,$ $f(x_n)$, 应按非递减顺序排序 $f(x_1') \leqslant f(x_2') \leqslant \cdots \leqslant f(x_n')$, 其中 $\{x_1', x_2', \cdots, x_n'\}$ 是 X 的一个特定排列, 则 f 关于模糊测度 μ 的 Choquet 积分定义为

$$(C) \int f \mathrm{d}\mu = \sum_{i=1}^{n} \left[f(x_i') - f(x_{i-1}') \right] \mu(A_i) \tag{1.2}$$

其中, $f(x_0') = 0$ 和 $A_i = \left\{ x_i', x_{i+1}', \cdots, x_n' \right\}$.

我们可以很容易地验证公式 (1.2) 和下式是等价的

$$(C) \int f \mathrm{d}\mu = \sum_{i=1}^{n} f(x_i') [\mu(A_i) - \mu(A_{i+1})] \tag{1.3}$$

其中, $A_{n+1} = \varnothing$.

在下面, 我们将介绍模糊值属性的聚合工具, 并定义模糊值函数关于模糊测度 μ 的模糊 Choquet 积分.

给定一个模糊值函数 $\tilde{f} : X \to F(R^+)$, 如果 $\tilde{f}(x_1), \tilde{f}(x_2), \cdots, \tilde{f}(x_n)$ 可以按非递减顺序排序, 即 $\tilde{f}(x_1') \tilde{<} \tilde{f}(x_2') \tilde{<} \cdots \tilde{<} \tilde{f}(x_n')$, $\{x_1', x_2', \cdots, x_n'\}$ 是 $\{x_1, x_2, \cdots, x_n\}$ 的一个特定的排列. 对于 $\alpha \in [0, 1]$, 显然 $\left(\tilde{f}(x_1')\right)_\alpha^L \leqslant \left(\tilde{f}(x_2')\right)_\alpha^L \leqslant \cdots \leqslant \left(\tilde{f}(x_n')\right)_\alpha^L$, $\left(\tilde{f}(x_1')\right)_\alpha^U \leqslant \left(\tilde{f}(x_2')\right)_\alpha^U \leqslant \cdots \leqslant \left(\tilde{f}(x_n')\right)_\alpha^U$, 则

$$(C) \int f_\alpha \mathrm{d}\mu = \left[(C) \int f_\alpha^L \mathrm{d}\mu, (C) \int f_\alpha^U \mathrm{d}\mu \right]$$

$$= \left[\sum_{i=1}^{n} f_\alpha^L(x_i') \left(\mu(A_i) - \mu(A_{i+1})\right), \sum_{i=1}^{n} f_\alpha^U(x_i') \left(\mu(A_i) - \mu(A_{i+1})\right) \right]$$

$$= \sum_{i=1}^{n} \left[f_\alpha^L(x_i'), f_\alpha^U(x_i') \right] \left(\mu(A_i) - \mu(A_{i+1})\right)$$

其中, $A_i = \{x_i', x_{i+1}', \cdots, x_n'\}$, $A_{n+1} = \varnothing$ 和 $f_\alpha(x) = \left\{ x \left| \tilde{f}(x) \geqslant \alpha \right. \right\}$.

我们可以很容易地验证 $(C) \int f_\alpha \mathrm{d}\mu$ 满足的闭区间套定理[27], 则模糊值函数关于模糊测度的模糊 Choquet 积分可以用下式定义:

$$(C) \int \tilde{f} \mathrm{d}\mu = \bigcup_{0 \leqslant \alpha \leqslant 1} \alpha \cdot (C) \int f_\alpha \mathrm{d}\mu = \sum_{i=1}^{n} \tilde{f}(x_i') (\mu(A_i) - \mu(A_{i+1})) \tag{1.4}$$

$(C) \int \tilde{f} \mathrm{d}\mu$ 是一个模糊数, 我们可以很容易地证明以下性质:

$$(C) \int k\tilde{f} \mathrm{d}\mu = k \cdot (C) \int \tilde{f} \mathrm{d}\mu, \quad (C) \int (\tilde{f} + m) \mathrm{d}\mu = (C) \int \tilde{f} \mathrm{d}\mu + m\mu(X)$$

定理 1.3   设 μ 是 $X = \{x_1, x_2, \cdots, x_n\}$ 的一个模糊测度, $\tilde{f} : X \to F(R^+) \to F(R^+)$, $( )_\alpha^U$ 和 $( )_\alpha^L$ 表示模糊数水平集的上限和下限, 则对于任何给定的可能性水平 α_1, α_2 和 α_3, $0 \leqslant \alpha_1, \alpha_2, \alpha_3 \leqslant 1$, 有

(1) $\mathrm{Pos}\left\{ (C) \int \tilde{f} \mathrm{d}\mu \leqslant b \right\} \geqslant \alpha_1$ 当且仅当 $(C) \int f_{\alpha_1}^L \mathrm{d}\mu \leqslant b$;

(2) $\mathrm{Pos}\left\{ (C) \int \tilde{f} \mathrm{d}\mu \geqslant b \right\} \geqslant \alpha_2$ 当且仅当 $(C) \int f_{\alpha_1}^U \mathrm{d}\mu \geqslant b$;

(3) $\mathrm{Pos}\left\{ (C) \int \tilde{f} \mathrm{d}\mu = b \right\} \geqslant \alpha_3$ 当且仅当 $(C) \int f_{\alpha_1}^L \mathrm{d}\mu \leqslant b$ 且 $(C) \int f_{\alpha_1}^U \mathrm{d}\mu \geqslant b$.

证明   只给出第一种情况的证明, 其他情况可以使用类似的论证来证明.

若 $\mathrm{Pos}\left\{ (C) \int \tilde{f} \mathrm{d}\mu \leqslant b \right\} \geqslant \alpha_1$, 即 $\mathrm{Pos}\left\{ \sum_{i=1}^{n} \tilde{f}(x_i') (\mu(A_i) - \mu(A_{i+1})) \leqslant b \right\} \geqslant$

α_1, 则根据定理 1.2 可知, $\mathrm{Pos}\left\{ \sum_{i=1}^{n} \tilde{f}(x_i') (\mu(A_i) - \mu(A_{i+1})) \leqslant b \right\} \geqslant \alpha_1$ 当且仅

当 $\sum_{i=1}^{n} f_{\alpha_1}^L(x_i') (\mu(A_i) - \mu(A_{i+1})) \leqslant b$, 也即是 $(C) \int f_{\alpha_1}^L \mathrm{d}\mu \leqslant b$.

7.1.4   具有交互作用模糊变量的模糊数据包络分析

假设被评价的决策单元的集合为 $\mathrm{DMU} = \{\mathrm{DMU}_1, \mathrm{DMU}_2, \cdots, \mathrm{DMU}_N\}$, 设其投入的属性集为 $x = \{x_1, x_2, \cdots, x_s\}$, 产出的属性集为 $y = \{y_1, y_2, \cdots, y_m\}$. 考虑到多个投入之间的相互作用, 模糊测度 $\mu(\{x_i\})$ 表示投入指标 x_i 的效率测度值, 模糊测度 $\mu(A)(A$ 不是一个单点集) 表示属性集 $A \subset X$ 的联合效率测度值; $P(Y)$ 上的效率测度 v 与 μ 相似. 设 $\tilde{f}_k(x_i)$ 表示第 k 个 DMU 在投入属性 x_i 上得到的模糊数值信息, $\tilde{g}_k(y_j)$ 表示第 k 个 DMU 在产出属性 y_j 得到的模糊数值信息. 第 k 个 DMU 使用投入 $\tilde{f}_k(x) = \left(\tilde{f}_k(x_1), \tilde{f}_k(x_2), \cdots, \tilde{f}_k(x_s) \right)$, 得到产出 $\tilde{g}_k(y) = (\tilde{g}_k(y_1), \tilde{g}_k(y_2), \cdots, \tilde{g}_k(y_m))$. 我们给出的决策单元 (DMU) 的绩效测度是在限定条件下, 模糊投入聚合值与模糊产出聚合值的比值的最大值, 其中模糊投入 (或模糊产出) 的聚合值是由模糊 Choquet 积分计算. 模糊测度 μ 和 ν 可以

通过以下优化问题来确定 (CH-FDEA)^{I} 模型.

$$
\begin{cases}
\max\left((C)\displaystyle\int \tilde{g}_0(y)\mathrm{d}\nu\right) \\[2mm]
(C)\displaystyle\int \tilde{g}_k(y)\mathrm{d}\nu - (C)\int \tilde{f}_k(x)\mathrm{d}\mu\,\tilde{\lesssim}\,\tilde{0}, \quad k=1,2,\cdots,N \\[2mm]
(C)\displaystyle\int \tilde{f}_0(x)\mathrm{d}\mu\,\tilde{=}\,1 \\[2mm]
0\leqslant \nu(A)\leqslant \nu(B)\,,\text{对 } A\subseteq B,\,A,B\in P(Y) \\[1mm]
0\leqslant \mu(C)\leqslant \mu(D)\,,\text{对 } C\subseteq D,\,C,D\in P(X)
\end{cases}
\tag{1.5}
$$

针对上述模糊模型 (1.5), 我们采用可能性测度模型[12,15], 对于给定的可能性水平 $\alpha,\beta,\gamma\ (0\leqslant\alpha,\beta,\gamma\leqslant1)$, 可能性模型 (1.5) 如下:

$$
\begin{cases}
\max(h_0) \\[2mm]
\mathrm{Pos}\left\{(C)\displaystyle\int \tilde{g}_0(y)\mathrm{d}\nu\geqslant h_0\right\}\geqslant\alpha \\[2mm]
\mathrm{Pos}\left\{(C)\displaystyle\int \tilde{g}_k(y)\mathrm{d}\nu - (C)\int \tilde{f}_k(x)\mathrm{d}\mu\leqslant0\right\}\geqslant\beta, \quad k=1,2,\cdots,N \\[2mm]
\mathrm{Pos}\left\{(C)\displaystyle\int \tilde{f}_0(x)\mathrm{d}\mu=1\right\}\geqslant\gamma \\[2mm]
0\leqslant \nu(A)\leqslant \nu(B)\,,\text{对 } A\subseteq B,A,B\in P(Y) \\[1mm]
0\leqslant \mu(C)\leqslant \mu(D)\,,\text{对 } C\subseteq D,C,D\in P(X);
\end{cases}
\tag{1.6}
$$

为简单起见, 我们假设 $\alpha=\beta=\gamma$, 由定理 1.3, 优化问题等价于下面的模型:

$$
\begin{cases}
\max(h_0) \\[2mm]
(C)\displaystyle\int (\tilde{g}_0(y))^U_\alpha\,\mathrm{d}\nu\geqslant h_0 \\[2mm]
(C)\displaystyle\int (\tilde{g}_k(y))^L_\alpha\,\mathrm{d}\nu - (C)\int \left(\tilde{f}_k(x)\right)^U_\alpha\,\mathrm{d}\mu\leqslant0, \quad k=1,2,\cdots,N \\[2mm]
(C)\displaystyle\int \left(\tilde{f}_0(x)\right)^L_\alpha\,\mathrm{d}\mu\leqslant1 \\[2mm]
(C)\displaystyle\int \left(\tilde{f}_0(x)\right)^U_\alpha\,\mathrm{d}\mu\geqslant1 \\[2mm]
0\leqslant \nu(A)\leqslant \nu(B)\,,\text{对 } A\subseteq B,A,B\in P(Y) \\[1mm]
0\leqslant \mu(C)\leqslant \mu(D)\,,\text{对 } C\subseteq D,C,D\in P(X)
\end{cases}
\tag{1.7}
$$

定义 1.8　对于被评估的决策单元 DMU_0, 如果对一给定的可能性水平 $\alpha(0\leqslant$

$\alpha \leqslant 1$), 模型 (1.7) 的最优值不小于 1, 则 DMU_0 是 α-可能有效的; 否则, DMU_0 是 α-可能无效的.

在本质上, CH-FCCR 模型 (1.7) 是一个线性规划. 对于 Choquet 积分 $(C)\int \left(\tilde{f}_k(x)\right)^U_\alpha \mathrm{d}\mu$, $(C)\int \left(\tilde{f}_k(x)\right)^L_\alpha \mathrm{d}\mu$ 或 $(C)\int (\tilde{g}_k(y))^U_\alpha \mathrm{d}\nu$, 一旦被积函数给定, 它的 Choquet 积分的计算仅涉及 X (或 Y) 到空集的集合链中集合的模糊测度 μ (或 ν) 的值. 可以以未知参数 μ (或 ν) 值的显式线性形式表达

$$(C)\int \left(\tilde{f}_k(x)\right)^U_\alpha \mathrm{d}\mu \left((C)\int \left(\tilde{f}_k(x)\right)^L_\alpha \mathrm{d}\mu \text{ 或 } (C)\int (\tilde{g}_k(y))^U_\alpha \mathrm{d}\nu\right)$$

计算公式如下[28]:

$$(C)\int \left(\tilde{f}_k(x)\right)^U_\alpha \mathrm{d}\mu = \sum_{j=1}^{2^s-1} z^U_{jk}\mu_j$$

$$(C)\int \left(\tilde{f}_k(x)\right)^L_\alpha \mathrm{d}\mu = \sum_{j=1}^{2^s-1} z^L_{jk}\mu_j \quad (k=1,2,\cdots,j_0,\cdots,N)$$

其中, $\mu_j = \mu\left(\bigcup_{j_i=1}\{x_i\}\right)$, 如果 j 以二进制数字表示为 $j_s j_{s-1} \cdots j_2 j_1$, 对于任意 $j=1,2,\cdots,2^s-1$, 且

$$z^U_{jk} = \begin{cases} \min\limits_{i:\mathrm{frc}(j/2^i)\in\left[\frac{1}{2},1\right)} \left(\tilde{f}_k(x_i)\right)^U_\alpha \\ \quad - \min\limits_{i:\mathrm{frc}(j/2^i)\in\left[0,\frac{1}{2}\right)} \left(\tilde{f}_k(x_i)\right)^U_\alpha, & \text{如果值为正或 } j=2^{s-1} \\ 0 & \text{其他} \end{cases}$$

$$z^L_{jk} = \begin{cases} \min\limits_{i:\mathrm{frc}(j/2^i)\in\left[\frac{1}{2},1\right)} \left(\tilde{f}_k(x_i)\right)^L_\alpha \\ \quad - \min\limits_{i:\mathrm{frc}(j/2^i)\in\left[0,\frac{1}{2}\right)} \left(\tilde{f}_k(x_i)\right)^L_\alpha, & \text{如果值为正或 } j=2^{s-1} \\ 0 & \text{其他} \end{cases}$$

类似地, $(C)\int (\tilde{g}_k(x))^U_\alpha \mathrm{d}\nu = \sum\limits_{j=1}^{2^m-1} \eta^U_{jk}\nu_j$, $(C)\int (\tilde{g}_k(x))^L_\alpha \mathrm{d}\nu = \sum\limits_{j=1}^{2^m-1} \eta^L_{jk}\nu_j(k= 1,2,\cdots,j_0,\cdots,N)$, 其中 $\nu_j = \nu\left(\bigcup\limits_{j_i=1}\{y_i\}\right)$, 如果 j 以二进制数字表示为 $j_m j_{m-1}$

$\cdots j_2 j_1$, 对于任意 $j = 1, 2, \cdots, 2^m - 1$, 且

$$
\eta_{jk}^U = \begin{cases} \min\limits_{i:\text{frc}(j/2^i)\in\left[\frac{1}{2},1\right)} (\tilde{g}_k(x_i))_\alpha^U \\ \quad - \min\limits_{i:\text{frc}(j/2^i)\in\left[0,\frac{1}{2}\right)} (\tilde{g}_k(x_i))_\alpha^U, & \text{如果值为正或} j = 2^{m-1} \\ 0, & \text{其他} \end{cases}
$$

$$
\eta_{jk}^L = \begin{cases} \min\limits_{i:\text{frc}(j/2^i)\in\left[\frac{1}{2,1}\right)} (\tilde{g}_k(x_i))_\alpha^L \\ \quad - \min\limits_{i:\text{frc}(j/2^i)\in\left[0,\frac{1}{2}\right)} (\tilde{g}_k(x_i))_\alpha^L, & \text{如果值为正或} j = 2^{m-1} \\ 0, & \text{其他} \end{cases}
$$

因此, 通过上述变换, CH-CCR 模型 (1.7) 可以转换为决策变量 μ_j $(j = 1, 2, \cdots, 2^s - 1)$ 和 $\nu_j (j = 1, 2, \cdots, 2^m - 1)$ 的线性规划.

$$
\begin{cases}
\max(h_0) \\
\sum\limits_{j=1}^{2^m-1} \eta_{j0}^U \nu_j \geqslant h_0 \\
\sum\limits_{j=1}^{2^m-1} \eta_{jk}^L \nu_j - \sum\limits_{j=1}^{2^s-1} z_{jk}^U \mu_j \leqslant 0, & k = 1, 2, \cdots, N \\
\sum\limits_{j=1}^{2^s-1} z_{j0}^L \mu_j \leqslant 1 \\
\sum\limits_{j=1}^{2^s-1} z_{j0}^U \mu_j \geqslant 1 \\
0 \leqslant \nu(A) \leqslant \nu(B), & \text{对 } A \subseteq B, A, B \in P(Y) \\
0 \leqslant \mu(A) \leqslant \mu(B), & \text{对 } C \subseteq D, C, D \in P(X)
\end{cases} \tag{1.8}
$$

7.1.5 具有交互作用模糊变量的模糊数据包络分析的应用

在本节中, 我们使用在相关文献经常出现的两个数值例子, 来说明我们提出的模型的优越性.

例 1.1 在这一节中, 我们使用 Dia[30] 的数值例子来验证所提出的 CH-FCCR 模型的适用性和有效性. 考虑 Dia 在表 7.1 中给出的示例, 其中 10 个 DMU 消耗 3 个模糊投入以获得 2 个模糊产出. 基于表 7.1 中给出的模糊训练数据, 对于可能性水平 $\alpha = 0.95$, 求解优化问题 (1.8), 同时与经典可能性 DEA 模型 (FDEA(POS))[15] 进行比较, 结果在表 7.2 和表 7.3 中给出.

表 7.1　Dia 的数值例子[27]

DMU	投入 1	投入 2	投入 3	产出 1	产出 2
1	$(7,10,12)$	$(0.65,0.8,0.95)$	$(490,540,575)$	$(0.75,0.9,1.25)$	$(65,70,97)$
2	$(11,15,19)$	$(0.7,1,1.25)$	$(455,510,525)$	$(0.83,1,1.31)$	$(77,95,103)$
3	$(12,12,15)$	$(1.7,1,4)$	$(475,510,525)$	$(0.7,0.8,0.95)$	$(71,75,93)$
4	$(5,10,13)$	$(0.45,0.6,0.82)$	$(400,420,435)$	$(0.71,0.9,1.05)$	$(85,90,100)$
5	$(15,18,21)$	$(0.35,0.5,0.7)$	$(520,600,645)$	$(0.55,0.7,0.92)$	$(67,80,97)$
6	$(5,7,8)$	$(0.6,0.9,1.35)$	$(495,520,565)$	$(0.8,1,1.17)$	$(45,50,56)$
7	$(6,10,15)$	$(0.25,0.3,0.35)$	$(450,500,560)$	$(0.68,0.8,0.97)$	$(63,70,81)$
8	$(9,12,17)$	$(1.1,1.5,1.75)$	$(515,550,605)$	$(0.63,0.75,0.83)$	$(69,75,87)$
9	$(10,14,18)$	$(0.65,0.8,1.15)$	$(540,570,585)$	$(0.6,0.65,0.71)$	$(52,55,69)$
10	$(7,8,9)$	$(0.75,0.9,1.27)$	$(420,450,470)$	$(0.7,0.85,0.9)$	$(85,90,113)$

表 7.2　投入和产出属性集的模糊测度的结果

		DMU$_1$	DMU$_2$	DMU$_3$	DMU$_4$	DMU$_5$	DMU$_6$	DMU$_7$	DMU$_8$	DMU$_9$	DMU$_{10}$
投	$\{x_1\}$	0	0	0	0	0	0	0	0	0	0
入	$\{x_2\}$	0	0	0	0	0	0	0	0	0	0
属	$\{x_3\}$	0	0.00192	0.00151	0	0.00091	0	0	0.00111	0.001	0
性	$\{x_1,x_2\}$	0	0	0	0	0	0	0	0	0	0
集	$\{x_1,x_3\}$	0.06462	0.0034	0.02093	0.07165	0.00091	0.06173	0.08395	0.03408	0.00101	0.0712
	$\{x_2,x_3\}$	0	0.00192	0.00151	0	0.00091	0	0	0.00111	0.00101	0
	$\{x_1,x_2,x_3\}$	0.52331	0.0037	0.02093	0.5803	0.93354	0.71039	0.67987	0.03408	0.5358	0.55744
产出	$\{y_1\}$	0	0	0	0	0	0	0	0	0	0
属性	$\{y_2\}$	0.00324	0	0	0.00359	0.0106	0	0.00421	0.00158	0	0.01136
集	$\{y_1,y_2\}$	0.72806	0.92722	0.93434	0.80734	0.0106	1.04402	0.94588	0.7433	0.84581	0.01136

表 7.3　FDEA(POS) 和 CH-FDEA 效率比较

DMU	FDEA(POS) 效率值	FDEA(POS) 效率排序	CH-FDEA 效率值	CH-FDEA 效率排序
1	0.7242239	6	0.8961088	6
2	0.8780241	4	1.029683	5
3	0.6971788	7	0.7544829	8
4	1.008357	3	1.054429	2
5	0.8438200	5	0.8571753	7
6	0.6457309	9	1.052899	3
7	1.012923	2	1.058198	1
8	0.6566554	8	0.6775412	9
9	0.4613400	10	0.5523110	10
10	1.015599	1	1.035669	4

　　如表 7.2 和表 7.3 所示, FDEA(POS) 和 CH-FDEA 模型的效率评价略有不同. FDEA 和 CH-FDEA 模型 DMU$_4$, DMU$_7$ 和 DMU$_{10}$ 都是有效的, DMU$_2$ 和 DMU$_6$ 在 CH-FDEA 模型中是有效的, 但在 FDEA 模型中效率很低. 这些差异可能是由于变量 (模糊投入或模糊产出) 的相互作用引起的. 另一方面, 从表 7.2 可

以看出, 投入 x_1, x_2 和产出 y_1 没有对效率评价作出贡献, 但是它们与其他指标的联合贡献不能被忽略. 从表 7.3 可以看出, 由于变量之间的相互作用足够大, 因此 DMU 之间的效率差异也足够大.

例 1.2　为评价河北省 14 家三级甲等医院的绩效, 我们选择投入指标为: 医院床位总数 (x_1), 职工数 (x_2), 固定资产和总支出数 (x_3); 产出指标为: 医院年门诊和急诊病人数 (y_1), 年出院患者数 (y_2), 年外科手术病例数 (y_3) 和年服务收入数 (y_4). 投入、产出指标数值见表 7.4 和表 7.5.

表 7.4　河北省 14 家三级甲等医院投入、产出数据

DMU	x_1	x_2	x_3	y_1	y_2	y_3	y_4
DMU$_1$	(1401, 30)	4290	(875, 12)	(121, 15)	(41391, 75)	(5986, 32)	(295, 8)
DMU$_2$	(489, 13)	1740	(379, 10)	(96, 10)	(16855, 61)	(2498, 26)	(333, 9)
DMU$_3$	(367, 10)	1420	(298, 9)	(51, 9)	(10589, 52)	(2572, 22)	(357, 6)
DMU$_4$	(471, 11)	1821	(268, 10)	(39.3, 6)	(8794, 30)	(1734, 18)	(208, 6)
DMU$_5$	(326, 9)	1286	(196, 8)	(11.5, 5)	(3709, 22)	(892, 10)	(106,)
DMU$_6$	(508, 12)	2018	(189, 6)	(68, 8)	(6674 32)	(1475, 19)	(266, 4)
DMU$_7$	(408, 9)	1592	(204, 5)	(13.25, 6)	(4657, 18)	(1024, 12)	(180, 1)
DMU$_8$	(319, 8)	1254	(214, 5)	(6.25, 4)	(6427, 20)	(2328, 12)	(229, 2)
DMU$_9$	(364, 8)	1426	(210, 6)	(101.8, 6)	(6477, 28)	(1236, 16)	(198, 3)
DMU$_{10}$	(257, 6)	1082	(190, 5)	(18, 8)	(4025, 18)	(1993, 18)	(228, 5)
DMU$_{11}$	(445, 12)	1932	(217, 8)	(26.3, 5)	(4824, 25)	(1932, 15)	(224, 6)
DMU$_{12}$	(423, 8)	1624	(258, 8)	(23.5, 3)	(5110, 24)	(1695, 17)	(230, 6)
DMU$_{13}$	(406, 8)	1598	(194, 6)	(21, 4)	(4874 16)	(1494, 21)	(114,)
DMU$_{14}$	(761, 15)	1978	(328, 8)	(49.8, 8)	(29468, 46)	(5716, 34)	(333, 6)

表 7.5　FDEA(POS) 和 CH-FDEA 模型绩效评价结果比较

DMU	FDEA(POS) 绩效值	FDEA(POS) 绩效值排序	CH-FDEA 绩效值	CH-FDEA 绩效值排序
1	0.7975596	9	0.7946927	9
2	1.005729	5	1.008402	4
3	1.006474	2	1.009306	2
4	0.6757783	11	0.6730674	12
5	0.4506199	14	0.4509546	14
6	1.006432	3	1.009706	1
7	0.6748790	12	0.6768587	11
8	0.9503132	7	0.9463722	7
9	1.005838	4	1.008789	3
10	1.005033	6	1.007310	5
11	0.8324934	8	0.8327882	8
12	0.7146712	10	0.7203720	10
13	0.5588331	13	0.5498313	13
14	1.125066	1	1.006647	6

我们应用提出的 CH-FDEA 模型对这 14 所医院绩效进行评价, 同时与其他几种模糊 DEA 模型的结果进行比较, 结果见表 7.5, 由绩效评价结果可见, 由于变量间的交互作用较小, 用 FDEA 和 CH-FDEA 模型绩效评价结果是相同的, DMU_2、DMU_3、DMU_6、DMU_9、DMU_{10} 和 DMU_{14} 都为有效, 其余的都为无效. 但各模糊变量间还是有点交互作用的, 导致用两种绩效评价模型得到的绩效排列是不同的.

7.2 基于 α-截集的模型

在上一节中, 利用可能性测度作为模糊变量的一种度量工具, 给出了具有交互作用模糊变量的模糊数据包络分析模型、具体的求解方法和应用. 此具有交互作用模糊变量的模糊数据包络分析模型, 是在一定信任水平下, 将具有交互作用模糊变量的模糊数据包络分析模型转化为经典的优化模型, 得到的绩效值是一实数. 但因为多投入和多产出都是模糊变量, 其绩效值应该是一个模糊数值, 本节给出基于 α-截集的具有交互作用模糊变量的模糊数据包络分析模型及其求解方法, 此模型的绩效值是模糊数. 为了比较模糊绩效值, 我们同时给出了一种模糊绩效值的排序方法.

7.2.1 具有交互模糊变量的数据包络分析的模糊效率模型

假设被评价的决策单元的集合为 $\mathrm{DMU} = \{\mathrm{DMU}_1, \mathrm{DMU}_2, \cdots, \mathrm{DMU}_N\}$, 投入的属性集是 $x = \{x_1, x_2, \cdots, x_s\}$, 产出的属性集是 $y = \{y_1, y_2, \cdots, y_m\}$. 考虑到多个投入之间的相互作用, 模糊测度 $\mu(\{x_i\})$ 表示投入指标 x_i 的权重, 模糊测度 $\mu(A)$ (不是一个单点集) 表示属性集 $A \subset X$ 的联合权重; 并且类似于 $P(Y)$ 上的模糊测度 ν. DMU_k 的投入集合为 $f_k(x) = (f_k(x_1), f_k(x_2), \cdots, f_k(x_s))$; 产出集合为 $g_k(y) = (g_k(y_1), g_k(y_2), \cdots, g_k(y_m))$, 则由第 6 章的 CH-CCR 模型, 被评价决策单元 DMU_0 的绩效评价模型为

$$\begin{cases} E_0(f_k, g_k) = \max \left\{ (C) \int g_0 \mathrm{d}\nu \right\} \\ \text{s.t.} \quad (C) \int g_k(y) \mathrm{d}\nu - (C) \int f_k(x) \mathrm{d}\mu < 0, k = 1, 2, \cdots, N \\ (C) \int f_0(x) \mathrm{d}\mu = 1 \\ 0 \leqslant \nu(A) \leqslant \nu(B), \quad \text{对 } A \subseteq B, A, B \in P(Y) \\ 0 \leqslant \mu(C) \leqslant \mu(D), \quad \text{对 } C \subseteq D, C, D \in P(X) \end{cases} \quad (2.1)$$

对于模糊投入、模糊产出的生产系统, 设 $\tilde{F}_k(x_i)$ 表示从投入属性 x_i 得到的第 k

个 DMU 的模糊数值信息, $\tilde{G}_k(y_j)$ 表示从产出属性 y_j 得到的第 k 个 DMU 的模糊数值信息. 第 k 个 DMU 使用投入 $\tilde{F}_k(x) = \left(\tilde{F}_k(x_1), \tilde{F}_k(x_2), \cdots, \tilde{F}_k(x_s) \right)$, 得到产生 $\tilde{G}_k(y) = \left(\tilde{G}_k(y_1), \tilde{G}_k(y_2), \cdots, \tilde{G}_k(y_m) \right)$. 我们所给出的 DMU_{k_0} 模糊绩效测度是模糊产出的聚合值与其模糊投入聚合值之比的最大值, 其中模糊投入 (或产出) 聚合值由模糊 Choquet 积分计算. 模糊测度 μ 和 ν 可通过以下优化问题确定 ((CH-FDEA) 模型).

$$
\begin{cases}
\tilde{E}_0\left(\tilde{F}_k, \tilde{G}_k\right) = \max \left((C)\int \tilde{G}_0(y)\mathrm{d}\nu \right) \\
\quad \text{s.t.} \quad (C)\int \tilde{G}_k(y)\mathrm{d}\nu - (C)\int \tilde{F}_k(x)\mathrm{d}\mu \, \tilde{\lesssim} \, \tilde{0}, \quad k = 1,2,\cdots,N \\
(C)\int \tilde{F}_0(x)\mathrm{d}\mu \, \tilde{=} \, 1 \\
0 \leqslant \nu(A) \leqslant \nu(B), \quad \text{对 } A \subseteq B,\, A,B \in P(Y) \\
0 \leqslant \mu(C) \leqslant \mu(D), \quad \text{对 } C \subseteq D,\, C,D \in P(X)
\end{cases}
\tag{2.2}
$$

对于给定的水平 $\alpha(0 \leqslant \alpha \leqslant 1)$, $\tilde{F}_k(x_i)$ 和 $\tilde{G}_k(y_j)$ 的截集被定义为

$$
\left(\tilde{F}_k(x_i) \right)_\alpha = \left\{ f_k(x_i) \,\middle|\, \mu_{\tilde{F}_k(x_i)}(f_k(x_i)) \geqslant \alpha \right\}
$$
$$
= \left[f_k^{\alpha L}(x_i), f_k^{\alpha U}(x_i) \right], \quad \left(\tilde{G}_k(y_j) \right)_\alpha = \left\{ g_k(y_j) \,\middle|\, \mu_{\tilde{G}_k(y_j)}(g_k(y_j)) \geqslant \alpha \right\}
$$
$$
= \left[g_k^{\alpha L}(y_j), g_k^{\alpha U}(y_j) \right]
$$

基于 Zadeh 的扩展原理[29], 将 DMU_0 模糊效率的隶属函数定义为

$$
\mu_{\tilde{E}_0}(z) = \sup_{f_k(x), g_k(y)} \min \left\{ \mu_{\tilde{F}_k(x_i)}(f_k(x_i)), \mu_{\tilde{G}_k(y_j)}(g_k(y_j)), \forall i,j,k \,|\, z = E_0(f_k, g_k) \right\}
$$

其中, $E_0(f_k, g_k)$ 由模型 (2.1) 定义. 我们可以通过求 $\tilde{E}_0$ 的 α-截集的上下界, 构建模糊效率 $\tilde{E}_0$ 的隶属函数. 通过求解以下优化, 可以得到 $\tilde{E}_0$ 的 α-截集的上界和下界.

$$
\left(\tilde{E}_0 \right)_\alpha^L = \min_{\substack{f_k^{\alpha L}(x) \leqslant f_k(x) \leqslant f_k^{\alpha U}(x) \\ g_k^{\alpha L}(y) \leqslant g_k(y) \leqslant g_k^{\alpha U}(y) \\ \forall k}}
$$

$$
\left\{
\begin{aligned}
& E_0(f_k, g_k) = \max\left\{(C)\int g_0(y)\,\mathrm{d}\nu\right\} \\
& \text{s.t.}\quad (C)\int g_k(y)\mathrm{d}\nu - (C)\int f_k(x)\mathrm{d}\mu < 0, \quad k = 1, 2, \cdots, N \\
& (C)\int f_0(x)\mathrm{d}\mu = 1 \\
& 0 \leqslant \nu(A) \leqslant \nu(B), \quad \text{对 } A \subseteq B, A, B \in P(Y) \\
& 0 \leqslant \mu(C) \leqslant \mu(D), \quad \text{对 } C \subseteq D, C, D \in P(X)
\end{aligned}
\right.
\tag{2.3a}
$$

$$
\left(\tilde{E}_0\right)_\alpha^U = \max_{\substack{f_k^{\alpha L}(x) \leqslant f_k(x) \leqslant f_k^{\alpha U}(x) \\ g_k^{\alpha L}(y) \leqslant g_k(y) \leqslant g_k^{\alpha U}(y) \\ \forall k}}
$$

$$
\left\{
\begin{aligned}
& E_0(f_k, g_k) = \max\left\{(C)\int g_0(y)\mathrm{d}\nu\right\} \\
& \text{s.t.}\quad (C)\int g_k(y)\mathrm{d}\nu - (C)\int f_k(x)\mathrm{d}\mu < 0, \quad k = 1, 2, \cdots, N \\
& (C)\int f_0(x)\mathrm{d}\mu = 1 \\
& 0 \leqslant \nu(A) \leqslant \nu(B), \quad \text{对 } A \subseteq B, A, B \in P(Y) \\
& 0 \leqslant \mu(C) \leqslant \mu(D), \quad \text{对 } C \subseteq D, C, D \in P(X)
\end{aligned}
\right.
\tag{2.3b}
$$

很明显, 模型 (2.3a) 和 (2.3b) 可以转化为以下等价形式.

$$
\left\{
\begin{aligned}
& \left(\tilde{E}_0\right)_\alpha^L = \max\left\{(C)\int g_0^{\alpha L}(y)\mathrm{d}\nu\right\} \\
& \text{s.t.}\quad (C)\int g_k^{\alpha U}(y)\,\mathrm{d}\nu - (C)\int f_k^{\alpha L}(x)\,\mathrm{d}\mu \leqslant 0 \\
& (C)\int f_0^{\alpha L}(x)\,\mathrm{d}\mu \leqslant 1 \\
& (C)\int f_0^{\alpha U}(x)\,\mathrm{d}\mu \geqslant 1 \\
& 0 \leqslant \nu(A) \leqslant \nu(B), \quad \text{对 } A \subseteq B, A, B \in P(Y) \\
& 0 \leqslant \mu(C) \leqslant \mu(D), \quad \text{对 } C \subseteq D, C, D \in P(X)
\end{aligned}
\right.
\tag{2.4a}
$$

$$
\begin{cases}
\left(\tilde{E}_0\right)_\alpha^U = \max\left\{(C)\int g_0^{\alpha U}(y)\mathrm{d}\nu\right\} \\
\text{s.t.}\quad (C)\int g_k^{\alpha L}(y)\,\mathrm{d}\nu - (C)\int f_k^{\alpha U}(x)\,\mathrm{d}\mu \leqslant 0 \\
(C)\int f_0^{\alpha L}(x)\,\mathrm{d}\mu \leqslant 1 \\
(C)\int f_0^{\alpha U}(x)\,\mathrm{d}\mu \geqslant 1 \\
0 \leqslant \nu(A) \leqslant \nu(B),\quad \text{对 } A \subseteq B,\, A, B \in P(Y) \\
0 \leqslant \mu(C) \leqslant \mu(D),\quad \text{对 } C \subseteq D,\, C, D \in P(X)
\end{cases} \tag{2.4b}
$$

定理 2.1　$\left(\tilde{E}_0\right)_\alpha^L$ 和 $\left(\tilde{E}_0\right)_\alpha^U$ 满足下列条件 (1) $\left(\tilde{E}_0\right)_\alpha^L \leqslant \left(\tilde{E}_0\right)_\alpha^U$; (2) 对于任意水平的 $\alpha(0 \leqslant \alpha \leqslant 1)$, $\left(\tilde{E}_0\right)_\alpha^L \uparrow \alpha$; $\left(\tilde{E}_0\right)_\alpha^U \downarrow \alpha$.

证明　(1) 为了简单起见, 优化问题 (2.4a) 的可行解集表示为 D_α^L, 优化问题 (2.4b) 的可行解集表示为 D_α^U. 由 Choquet 积分[28] 的单调性, 对于任意 $\alpha(0 \leqslant \alpha \leqslant 1)$, $k(k = 1, 2, \cdots, N)$, $(C)\int g_k^{aL}(y)\mathrm{d}\nu \leqslant (C)\int g_k^{\alpha U}(y)\mathrm{d}\nu$ 和 $(C)\int f_k^{\alpha L}(y)\mathrm{d}\mu \leqslant (C)\int f_k^{\alpha U}(y)\mathrm{d}\mu$, 我们可以很容易地证明若 $D_\alpha^L \subset D_\alpha^U$, 则 $\left(\tilde{E}_0\right)_\alpha^L \leqslant \left(\tilde{E}_0\right)_\alpha^U$.

(2) 首先证明 $\left(\tilde{E}_0\right)_\alpha^L \uparrow \alpha$. 对于任意 $\alpha_1, \alpha_2, 0 \leqslant \alpha_1 \leqslant \alpha_2 \leqslant 1$, $f_k^{\alpha_1 L}(x) \leqslant f_k^{\alpha_2 L}(x)$, $g_k^{\alpha_1 L}(x) \leqslant g_k^{\alpha_2 L}(x)$, $f_k^{\alpha_1 U}(y) \geqslant f_k^{\alpha_2 U}(y)$, $g_k^{\alpha_1 U}(y) \geqslant g_k^{\alpha_2 U}(y)$.

那么

$$
\int g_k^{\alpha_1 U}(y)\mathrm{d}\mu \geqslant \int g_k^{\alpha_2 U}(y)\mathrm{d}\mu, \quad \int f_k^{\alpha_1 L}(x)\mathrm{d}\nu \leqslant \int f_k^{\alpha_2 L}(x)\mathrm{d}\nu
$$

因为任意 $(\nu, \mu) \in D_{\alpha_1}^L$,

$$
(C)\int g_k^{\alpha_2 U}(y)\mathrm{d}\nu - (C)\int f_k^{\alpha_2 L}(x)\mathrm{d}\mu(C) \leqslant \int g_k^{\alpha_1 U}(y)\mathrm{d}\nu - (C)\int f_k^{\alpha_1 L}(x)\mathrm{d}\mu \leqslant 0
$$

$$
(C)\int f_0^{\alpha_2 L}(x)\mathrm{d}\mu \leqslant (C)\int f_0^{\alpha L}(x)\mathrm{d}\mu \leqslant 1, (C)\int f_0^{\alpha_2 U}(y)\mathrm{d}\nu \geqslant (C)\int f_0^{\alpha_1 U}(y)\mathrm{d}\nu \geqslant 1
$$

然后 $(\nu, \mu) \in D_{\alpha_2}^L$, 因此 $D_{\alpha_1}^L \subset D_{\alpha_2}^L$,

$$
\left(\tilde{E}_0\right)_{\alpha_1}^L = \max_{D_{\alpha_1}^L}\left\{g_0^{\alpha_1 L}(x)\mathrm{d}\nu\right\} \leqslant \max_{D_{\alpha_2}^L}\left\{g_0^{\alpha_2 L}(x)\mathrm{d}\nu\right\} = \left(\tilde{E}_0\right)_{\alpha_2}^L
$$

即 $\left(\tilde{E}_0\right)_\alpha^L \uparrow \alpha$.

$\left(\tilde{E}_0\right)_\alpha^U \downarrow \alpha$ 的证明过程, 与上文相同.

根据定理 2.1, $\left(\tilde{E}_0\right)_\alpha^L$ 和 $\left(\tilde{E}_0\right)_\alpha^U$ 可以形成一个闭区间 $\left[\left(\tilde{E}_0\right)_\alpha^L, \left(\tilde{E}_0\right)_\alpha^U\right]$, 并且 $\left[\left(\tilde{E}_0\right)_\alpha^L, \left(\tilde{E}_0\right)_\alpha^U\right]$ 是一个关于 $\alpha(0 \leqslant \alpha \leqslant 1)$ 的集合套结构[27]. 所以 $\tilde{E}_0 = \bigcup_{0 \leqslant \alpha \leqslant 1} \alpha \cdot \left[\left(\tilde{E}_0\right)_\alpha^L, \left(\tilde{E}_0\right)_\alpha^U\right]$ 是一个模糊数.

如果所有投入和产出都是三角模糊数, 对于 $\alpha = 1$, 则模型 (2.3a) 和 (2.3b) 退化为 CH-CCR 模型 (2.1). 很明显, 效率测度小于 1, 即模糊效率测度 $\tilde{E}_i$ 满足 $\mu_{\tilde{E}_i}(1) \leqslant 1$.

对于评价的 DMU_0, 如果 $\mu_{\tilde{E}_0}(1) = 1$, 那么 DMU_0 是有效的; 如果 $\mu_{\tilde{E}_0}(1) < 1$, 那么 DMU_0 是无效的.

7.2.2 具有交互模糊变量的数据包络分析的模糊效率模型的应用

在第一部分, 我们得到每个 DMU_s 的模糊效率测度, 后续任务是确定模糊效率测度的完整排序. 现 $i = 1, 2, \cdots, N$ 有模糊数排序的几种方法[32,33]. 然而, 他们中的大多数需要对模糊数的隶属函数进行排序. Chen 和 Klein[33] 基于 α-截集的方法给出的模糊效率测度排序, 但该排序不是总排序. 在本节中, 我们利用基于模糊效率测度的 α-截集的总排序[32] 对 DMU_s 进行排序, 我们给出的具有交互模糊变量的数据包络分析的模糊效率模型具体应用的流程图如图 7.1 所示.

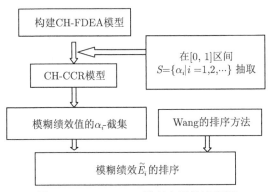

图 7.1 CH-FDEA 模型应用的流程图

根据 Wang[34] 的排序方法, 我们在 $[0, 1]$ 中选择上稠密序列 $S = \{a_i | i = 1, 2, \cdots\}$, 并用它们作为 α 水平来求解优化问题 (2.4a) 和 (2.4b), 我们得到模糊效率测度 $\tilde{E}_i$ 的 α-截集 $\left(\tilde{E}_i\right)_{\alpha_i} = [l_i, r_i]$. 设 $c_{2i-1} = l_i + r_i, c_{2i} = r_i - l_i, \tilde{E}_i$ 的排

序使用文献 [34] 提出的一种全序. 但实际上, 我们只能选择一个子集来计算 c_i 并根据 c_i 确定排序 $\tilde{E}_i$.

在下文中, 我们提供了一个数值例子, 以说明所提出的模型的性能.

例 2.1　在本节中, 我们使用 Dia[30] 的数值例子来验证我们所提出的 CH-FCCR 模型的适用性和有效性. 考虑 Dia[30] 给出的例子, 在表 7.6 中, 10 个 DMU 消耗 3 个模糊投入以获得 2 个模糊产出.

表 7.6　Dia 的数值例子

DMU	投入 1	投入 2	投入 3	产出 1	产出 2
1	(7, 10, 12)	(0.65, 0.8, 0.95)	(490, 540, 575)	(0.75, 0.9, 1.25)	(65, 70, 97)
2	(11, 15, 19)	(0.7, 1, 1.25)	(455, 510, 525)	(0.83, 1, 1.31)	(77, 95, 103)
3	(12, 12, 15)	(1.7, 1, 4)	(475, 510, 525)	(0.7, 0.8, 0.95)	(71, 75, 93)
4	(5, 10, 13)	(0.45, 0.6, 0.82)	(400, 420, 435)	(0.71, 0.9, 1.05)	(85, 90, 100)
5	(15, 18, 21)	(0.35, 0.5, 0.7)	(520, 600, 645)	(0.55, 0.7, 0.92)	(67, 80, 97)
6	(5, 7, 8)	(0.6, 0.9, 1.35)	(495, 520, 565)	(0.8, 1, 1.17)	(45, 50, 56)
7	(6, 10, 15)	(0.25, 0.3, 0.35)	(450, 500, 560)	(0.68, 0.8, 0.97)	(63, 70, 81)
8	(9, 12, 17)	(1.1, 1.5, 1.75)	(515, 550, 605)	(0.63, 0.75, 0.83)	(69, 75, 87)
9	(10, 14, 18)	(0.65, 0.8, 1.15)	(540, 570, 585)	(0.6, 0.65, 0.71)	(52, 55, 69)
10	(7, 8, 9)	(0.75, 0.9, 1.27)	(420, 450, 470)	(0.7, 0.85, 0.9)	(85, 90, 113)

基于表 7.6 中给出的模糊训练数据, 我们在 $[0,1]$ 中选择上稠密序列 $S = \left\{1, \frac{1}{2}, \frac{1}{3}, \frac{2}{3}, \frac{1}{4}, \frac{3}{4}, \frac{1}{5}, \frac{2}{5}, \frac{3}{5}, \frac{4}{5}, \frac{1}{6}, \frac{5}{6}, \cdots \right\}$, 并利用 S 中 a 水平作为求解优化问题 (2.4a) 和 (2.4b), 我们可以导出模糊效率测度 α-截集. 为简单起见, 我们只列出了模糊的有效测度 $(\alpha \in \{\alpha | \alpha = 0, 0.1, 0.2, 0.3, \cdots, 0.9, 1\})$ 的 α-截集, 结果在表 7.7 中给出.

如表 7.7 所示, DMU_4, DMU_6 和 DMU_7 都是有效的, 其他的 DMU 无效. 接下来, 我们根据 Wang[34] 的排序方法对它们进行排序, 模糊效率 $\tilde{E}_i(i = 1, 2, \cdots, 10)$ 的排序如下: $\tilde{E}_4 \succ \tilde{E}_7 \succ \tilde{E}_6 \succ \tilde{E}_{10} \succ \tilde{E}_1 \succ \tilde{E}_2 \succ \tilde{E}_5 \succ \tilde{E}_3 \succ \tilde{E}_8 \succ \tilde{E}_9$.

经典 DEA 模型评价 DMU 的性能需要确定的或清晰的投入产出数据. 近年来, 模糊集理论已被用来量化 DEA 模型中不精确和模糊的数据.

在经典的模糊 DEA 模型, 组合多个模糊变量的方法 (模糊投入、模糊产出) 是使用线性加权求和, 它要求所有的模糊变量 (模糊投入、模糊产出) 是独立的. 但实际中, 模糊变量 (模糊投入、模糊产出) 通常是强相关的, 模糊变量之间存在交互作用.

为了聚集相关的模糊变量, 我们先给出一个非线性聚合工具: 模糊 Choquet 积分, 然后利用模糊 Choquet 积分作为聚合工具, 我们开发了一种新的模糊 DEA 模型 (CH-FDEA) 来评价具有交互模糊变量的 DMUs 的效率、模糊效率测度等, 即 CH-FDEA 模型的解决方案, 是一个模糊数. 经典模糊 DEA 模型是 CH-FDEA

模型的一种特殊形式.

表 7.7　模糊效率测度

α	$(\tilde{E}_1)_\alpha$	$(\tilde{E}_2)_\alpha$	$(\tilde{E}_3)_\alpha$	$(\tilde{E}_4)_\alpha$	$(\tilde{E}_5)_\alpha$
0	[0.5753, 5547]	[0.6934, 0456]	[0.5943, 1.2882]	[0.8518, 3.1723]	[0.671, 1.6166]
0.1	[0.5965, 2909]	[0.7125, 1.8536]	[0.6048, 1.2241]	[0.8653, 7896]	[0.685, 1.515]
0.2	[0.6158, 0239]	[0.7328, 1.6808]	[0.6152, 1.1601]	[0.8791, 4628]	[0.6995, 1.4329]
0.3	[0.6428, 1.8428]	[0.7542, 1.5204]	[0.6253, 1.0761]	[0.8931, 1821]	[0.7146, 1.3283]
0.4	[0.6686, 1.6513]	[0.7767, 1.3763]	[0.6349, 1.043]	[0.9074, 1.9394]	[0.7301, 1.2439]
0.5	[0.6938, 1.4798]	[0.8009, 1.272]	[0.6443, 0.9897]	[0.922, 1.7283]	[0.7462, 1.1648]
0.6	[0.7187, 1.3254]	[0.8264, 1.1922]	[0.6608, 0.9394]	[0.937, 1.5437]	[0.7627, 1.0905]
0.7	[0.7435, 1.1864]	[0.8489, 1.1206]	[0.6778, 0.8928]	[0.9523, 1.3815]	[0.7798, 1.0211]
0.8	[0.778, 1.0611]	[0.872, 1.048]	[0.6984, 0.8468]	[0.9678, 1.2386]	[0.7975, 0.9553]
0.9	[0.8118, 0.9483]	[0.8958, 0.9813]	[0.7307, 0.804]	[0.9837, 1.1122]	[0.8157, 0.8936]
1	[0.8466, 0.8466]	[0.9203, 0.9203]	[0.7633, 0.7633]	[1, 1]	[0.8344, 0.8344]

α	$(\tilde{E}_6)_\alpha$	$(\tilde{E}_7)_\alpha$	$(\tilde{E}_8)_\alpha$	$(\tilde{E}_9)_\alpha$	$(\tilde{E}_{10})_\alpha$
0	[0.7022, 8651]	[0.7787, 3.0956]	[0.5169, 1.2332]	[0.4167, 1.2238]	[0.5753, 5547]
0.1	[0.7365, 5683]	[0.7981, 753]	[0.5298, 1.1307]	[0.4286, 1.1174]	[0.5965, 2909]
0.2	[0.7694, 3055]	[0.818, 4527]	[0.5429, 1.0384]	[0.4403, 1.0208]	[0.6158, 0239]
0.3	[0.8011, 072]	[0.83854, 1884]	[0.5562, 0.9551]	[0.4519, 0.933]	[0.6428, 1.8428]
0.4	[0.8318, 1.864]	[0.8596, 1.9552]	[0.5696, 0.9044]	[0.4634, 0.8531]	[0.6686, 1.6513]
0.5	[0.8575, 1.6784]	[0.8813, 1.7483]	[0.583, 0.8621]	[0.4747, 0.7801]	[0.6938, 1.4798]
0.6	[0.8833, 1.5122]	[0.9037, 1.5641]	[0.5952, 0.8216]	[0.4859, 0.7135]	[0.7187, 1.3254]
0.7	[0.9104, 1.3631]	[0.9267, 1.3982]	[0.6088, 0.7831]	[0.497, 0.6609]	[0.7435, 1.1864]
0.8	[0.9436, 1.2292]	[0.9504, 1.252]	[0.6305, 0.7451]	[0.5089, 0.6133]	[0.778, 1.0611]
0.9	[0.9687, 1.1086]	[0.9748, 1.1195]	[0.6523, 0.7089]	[0.5225, 0.5693]	[0.8118, 0.9483]
1	[1, 1]	[1, 1]	[0.6737, 0.6737]	[0.5365, 0.5365]	[0.8466, 0.8466]

　　解决方案是将提出的 CH-FDEA 模型转化为 CH-DEA 模型[22], 并获得 $\alpha(0 \leqslant \alpha \leqslant 1)$ 水平的模糊效率测度的 α-截集.

　　我们使用在模糊数集上定义的全序 [34] 来对 DMU_s 进行排序, 其中排序的 DMU_s 仅给出给定 α-截集的模糊效率测度.

　　这项研究为交互作用模糊变量提供了理论 FDEA 框架, 在未来, 该模型可以扩展到其他 FDEA 模型, 并将开发 CH-FDEA 模型的智能算法.

参 考 文 献

[1] Charnes A, Cooper W W, Rhodes E. Measuring the efficiency of decision making units[J]. European Journal of Operational Research, 1978, 2(6): 429-444.

[2] Banker R, Charnes A, Cooper W W. Some models for estimating technical and scale inefficiencies in data envelopment analysis[J]. Management Science, 1984(30): 1078-1092.

[3] Charnes A, Cooper W W, Golany B, et al. Foundations of data envelopment analysis for Pareto-Koopmans efficient empirical production functions[J]. Journal of Econometrics, 1985, 30(1-2): 91-107.

[4] Bardhan I, Bowlin W F, Cooper W W, et al. Models and measures for efficiency dominance in DEA[J]. Journal of the Operations Research, 1996, 39(3): 333-344.

[5] Cooper W W, Ruefli T W, Deng H, et al. Are state-owned banks less efficient? A long-vs short-run data envelopment analysis of Chinese banks[J]. International Journal of Operational Research, 2008, 3(5): 533-556.

[6] Ray S C, Jeon Y. Reputation and efficiency: a non-parametric assessment of America's top-rated MBA programs[J]. European Journal of Operational Research, 2008, 189(1): 245-268.

[7] Ancarani A, Di Mauro C, Giammanco M D. The impact of managerial and organizational aspects on hospital wards'efficiency: evidence from a case study[J]. European Journal of Operational Research, 2009, 194(1): 280-293.

[8] Sengupta J K. A fuzzy systems approach in data envelopment analysis[J]. Computers and Mathematics with Applications, 1992, 24(8-9): 259-266.

[9] Hatami-Marbini A, Saati S, Tavana M. An ideal-seeking fuzzy data envelopment analysis framework[J]. Applied Soft Computing, 2010, 10(4): 1062-1070.

[10] Kao C, Liu S T. A mathematical programming approach to fuzzy efficiency ranking[J]. International Journal of Production Economics, 2003, 86(2): 145-154.

[11] Puri J, Yadav S P. A concept of fuzzy input mix-efficiency in fuzzy DEA and its application in banking sector[J]. Expert Systems with Applications, 2013, 40(5): 1437-1450.

[12] Guo P, Tanaka H. Fuzzy DEA: a perceptual evaluation method[J]. Fuzzy Sets and Systems, 2001, 119(1): 149-160.

[13] León T, Liern V, Ruiz J L, et al. A fuzzy mathematical programming approach to the assessment of efficiency with DEA models[J]. Fuzzy Sets and Systems, 2003(139): 407-419.

[14] Guo P, Tanaka H, Inuiguchi M. Self-organizing fuzzy aggregation models to rank the objects with multiple attributes[J]. IEEE Transactions on Systems, Man and Cybernetics, Part A-Systems and Humans, 2000, 30(5): 573-580.

[15] Lertworasirikul S, Fang S C, Joines J A, et al. Fuzzy data envelopment analysis(DEA): a possibility approach[J]. Fuzzy Sets and Systems, 2003, 139(2): 379-394.

[16] Muren, Ma Z, Cui W. Generalized fuzzy data envelopment analysis methods[J]. Applied Soft Computing, 2014(19): 215-225.

[17] Tavana M, Shiraz R K, Hatami-Marbini A, et al. Chance-constrained DEA models with random fuzzy inputs and outputs[J]. Knowledge-Based Systems, 2013(52): 32-52.

[18] Adler N, Golany B. Evaluation of deregulated airline networks using data envelopment analysis combined with principal component analysis with an application to Western Europe[J]. European Journal of Operational Research, 2001, 132(2): 18-31.

[19] Adler N, Golany B. Including principal component weights to improve discrimination in-data envelopment analysis[J]. Journal of the Operational Research Society, 2002, 53(9): 985-991.

[20] Adler N, Yazhemsky E. Improving discrimination in data envelopment analysis: PCA–DEA or variable reduction[J]. European Journal of Operational Research, 2010, 202(1): 273-284.

[21] Kao L, Lu C, Chiu C C. Efficiency measurement Using independent component analysis and data envelopment analysis[J]. European Journal of Operational Research, 2011(210): 310-317.

[22] Ji A, Liu H, Qiu H, et al. Data envelopment analysis with interactive variables[J]. Management Decision, 2015, 53(10): 2390-2406.

[23] Ji A, Liu F G, Zhao P, et al. Fuzzy efficiency measures in data envelopment analysis with interactive fuzzy variables[J]. Journal of Intelligent & Fuzzy Systems, 2018(34): 4093-4101.

[24] Ji A, Chen H, Qiao Y, et al. Data envelopment analysis with interactive fuzzy variables[J]. Journal of the Operational Research Society, 2019, 70(9): 1502-1510.

[25] Sexton T R, Silkman R H, Hogan A J. Data envelopment analysis:critique and extensions[J] // Silkman R H (Ed) Measuring Efficiency: An Assessment of Data Envelopment Analysis. Jossey-Bass, San Francisco, 1986, CA: 73-105.

[26] Doyle J, Green R. Efficiency and cross-efficiency in DEA: derivations, meanings and uses[J]. Journal of the Operational Research Society, 1994, 45(5): 567-578.

[27] Ramik J, Rimanek J. Inequality relation between fuzzy numbers and its use in fuzzy-optimization[J]. Fuzzy Sets and Systems, 1985(16): 123-138.

[28] Wang Z, Klir G J. Generalized Measure Theory[M]. New York: Springer, 2008.

[29] Dubois D, Prade H. Fundamentals of Fuzzy Sets. The Handbooks of Fuzzy Sets Series[M]. Dordrecht, The Netherlands: Kluwer Academic Publishers, 2000.

[30] Dia M. A model of fuzzy data envelopment analysis[J]. INFOR, 2004, 42(4): 267-279.

[31] Yager R R. A characterization of the extension principle[J]. Fuzzy Sets and Systems, 1986, 18(3): 205-217.

[32] Chen S H. Ranking fuzzy numbers with maximizing set and minimizing set[J]. Fuzzy Sets and Systems, 1985(17): 113-129.

[33] Chen C B, Klein C M. A simple approach to ranking a group of aggregated fuzzy utilities[J]. IEEE Trans Systems Man Cybernet Part B: Cybemet, 1997(27): 26-35.

[34] Wang W, Wang Z Y. Total orderings defined on the set of all fuzzy numbers[J]. Fuzzy Sets and Systems, 2014, 214(16): 131-141.

第 8 章　不显含投入的具有交互作用产出的数据包络分析

经典的数据包络分析 (DEA) 是对具有多投入 (输入)、多产出 (输出) 的决策单元进行绩效评价的一种方法, 它是根据决策单元的 "产出" 数据和 "投入" 数据来对决策单元绩效进行评价. 产出数据是决策单元在生产活动中, 利用一定的投入, 产生的表明该生产活动成效的某些信息量, 例如生产活动产生的不同类型的产品数量、产品的质量、经济效益等等; 而投入数据是指决策单元在某种生产活动中需要消耗的某些量, 例如投入的人力资源量、占地面积、投入的资金总额等. 数据包络分析利用产出数据和投入数据, 对决策单元 (DMU) 绩效的优劣进行评价, 即所谓评价部门 (或单位) 间绩效的相对有效性.

近年来, DEA 理论研究和应用的一个新课题是研究没有明确投入的生产系统的绩效评价问题[1-4] 和含有不期望的投入 (或产出) 的生产系统的绩效评价问题[5,6]. 本章我们主要关注没有明确投入的生产系统的绩效评价问题, 这一问题已经引起了人们的广泛关注. 在生产理论的一些实际应用中, 有一类问题, 于决策者而言, 生产活动的投入消耗并不是主要问题, 重点是生产系统的产出; 在绩效评价过程中, 有一类生产问题, 它没有明显的投入或者投入因素对生产系统的绩效影响不大, 再有就是生产系统非常复杂, 生产系统的投入的复杂性不具有同质性, 但在同基础的条件下, 生产系统的产出评价却是一样的. 例如, 在国家 "世界一流大学" 和 "世界一流学科" 的建设绩效评价过程中, 学校的管理部门、资金来源、专业、规模性质等都千差万别, 致使其绩效评价的投入数据也差别很大, 而国家对高等学校的产出要求都是一样的, 即人才培养、科学研究、社会服务、文化传承与创新、国际交流合作等指标. 因此对 "世界一流大学" 及 "世界一流学科" 的建设绩效的评价, 再应用经典 DEA 模型来评价, 会存在评价结果偏差, 不能给出准确高效的评价, 在此情况下, 研究不显含投入的数据包络分析方法具有非常重要的现实意义.

本章首先给出已有的不显含投入的数据包络分析方法, 然后对已有的不显含投入的数据包络分析进行扩展. ① 给出具有交互作用的不显含投入的数据包络分析模型及其应用. ② 给出不显含投入的区间值数据包络分析模型和模糊值数据包络分析模型及其应用.

8.1 不显含投入的数据包络分析模型 (DEA-WEI)

前面我们详细介绍了数据包络分析 (DEA) 理论基础和 DEA 模型中的 CCR[7]、BCC[8] 和加法模型 (CCGSS)[9], 本节将探索不显含投入的数据包络分析模型 (DEA-WEI)[1-4]. 不显含投入数据包络分析是数据包络分析的特殊形式, 它主要是考虑到在实际绩效评价中, 投入相对于产出变量的难以获得性、数据的不精准性, 以及各决策单元自身的投入差异的复杂性, 因此我们以下仅研究不显含投入的数据包络分析模型.

我们回顾一下相关的 DEA 模型, 首先介绍基于产出导向的 CCR 模型[7], 以产出为导向的 CCR 模型是指在投入为 X_0 时, 注重产出的增加, 即产出 y_0 增大为 $zy_0, z \geqslant 1$. 下面给出以产出为导向的 CCR 模型 $\left(P_{C^2R}^O\right)$ 和 $\left(D_{C^2R}^O\right)$:

$$
\left(P_{C^2R}^O\right)
\begin{cases}
\min \omega^{\mathrm{T}} x_0 = h_{j_0}, \\
\omega^{\mathrm{T}} x_j - \mu^{\mathrm{T}} y_j \geqslant 0, j = 1, \cdots, n, \\
\mu^{\mathrm{T}} y_0 = 1, \\
\omega \geqslant 0, \\
\mu \geqslant 0,
\end{cases}
\qquad
\left(D_{C^2R}^O\right)
\begin{cases}
\max z = h_{j0} \\
\displaystyle\sum_{j=1}^{n} x_j \lambda_j \leqslant x_0 \\
\displaystyle\sum_{j=1}^{n} y_j \lambda_j \geqslant z y_0 \\
\lambda_j \geqslant 0, j = 1, \cdots, n
\end{cases}
$$

从公式中不难发现, 产出导向模型是基于给定的投入产出数据, 在投入数据确定的基础上尽可能求得较大绩效的产出值. 而下面的研究中, 将不再给出投入数据, 而是以产出数据为基础, 构建新的不显含投入的数据包络分析模型 (DEA-WEI), 主要用来解决仅运用产出数据对决策单元绩效进行评价.

假设有 n 个决策单元, 每个决策单元有 s 个产出 (没有明显的投入), 第 j 个决策单元的第 r 种产出为 $y_{rj} (r = 1, \cdots, s; j = 1, \cdots, n)$, 记 $\Psi = \{y_{rj} | r = 1, \cdots, s; j = 1, \cdots, n\}$; 用 μ_r 表示产出权重. 将被评价决策单元表示为 DMU_{j_0}, 则经典不显含投入的数据包络分析模型 (DEA-WEI) 如下:

$$
(\text{DEA-WEI})
\begin{cases}
\max \mu^{\mathrm{T}} y_0 = E_0 \\
\mu^{\mathrm{T}} y_j \leqslant 1, \quad j = 1, \cdots, n \\
\mu \geqslant 0
\end{cases}
\tag{1.1}
$$

定义 1.1 若公式 (1.1) 的最优解, 满足 $E_0 = 1$, 则称 DMU_{j_0} 为弱 DEA 有效.

定义 1.2　若公式 (1.1) 的最优解, 满足 $E_0 = 1$, 且 $\mu > 0$, 则称 DMU_{j_0} 为 DEA 有效.

定义 1.3　若公式 (1.1) 的最优解, 满足 $E_0 < 1$, 则称 DMU_{j_0} 为 DEA 无效.

优化问题 (1.1) 的对偶规划模型如下:

$$\begin{cases} \min h_{j_0} = \sum_{j=1}^{n} \lambda_j \\ \sum_{j=1}^{n} \lambda_j y_j \geqslant y_0 \\ \lambda_j \geqslant 0, \quad j = 1, \cdots, n \end{cases} \tag{1.2}$$

为了更有效求解, 引入松弛变量 $s^+ \in R^s, s^+ \geqslant 0$, 则

$$\begin{cases} \min \theta \\ \sum_{j=1}^{n} \lambda_j y_j - s^+ = y_0 \\ \lambda_j \geqslant 0, \quad j = 1, \cdots, n \\ s^+ \geqslant 0 \end{cases} \tag{1.3}$$

由运筹学理论[10] 和数据包络分析知识[11,12], 易得下列性质定理.

性质 1.1　经典不显含投入的数据包络分析 (DEA-WEI) 模型 (1.1) 和其对偶规划 (1.2) 都存在可行解.

性质 1.2　经典不显含投入的数据包络分析 (DEA-WEI) 模型 (1.1) 和其对偶规划 (1.2) 都存在最优解, 且二者的最优值相等, 分别为 μ^0 和 $\lambda^0, \theta^0, s^{0+}$, 并且有 $E_0 = \mu^0$, $y_0 = \theta^0 \leqslant 1$.

定义 1.4　若优化问题 (1.2) 的最优解, 满足 $E_0 = 1$, 则称 DMU_{j_0} 为弱 DEA 有效.

定义 1.5　若公式 (1.2) 的任意最优解, 在满足 $E_0 = 1$ 的同时, 也满足 $\sum_{j=1}^{n} y_j \lambda_j = y_0$, 则称 DMU_{j_0} 为 DEA 有效.

定义 1.6　若公式 (1.2) 的最优解存在, $h_{j_0} < 1$, 则称 DMU_{j_0} 为 DEA 无效.

我们用例 1.1 来探析不显含投入 DEA-WEI 模型的应用价值.

例 1.1　考虑由表 8.1 给出的产出数据的例子, 其中 $n = 5, s = 5$.

表 8.1 DEA-WEI 模型数据值

1	2	3	4	5
8	6	3	2	3
3	6	1	1	6
1	3	1	5	8
8	5	4	3	4
4	3	8	7	9

将表 8.1 数值代入公式 (1.1), 应用 DEA 软件 LINGO10 求解如下:

```
max=3*y1+6*y2+8*y3+4*y4+9*y5;
8*y1+3*y2+1*y3+8*y4+4*y5<=1;
6*y1+6*y2+3*y3+5*y4+3*y5<=1;
3*y1+1*y2+1*y3+4*y4+8*y5<=1;
2*y1+1*y2+5*y3+3*y4+7*y5<=1;
3*y1+6*y2+8*y3+4*y4+9*y5<=1;
y1>=0;
y2>=0;
y3>=0;
y4>=0;
y5>=0;
```

得到各决策单元绩效如表 8.2.

表 8.2 例 1.1 的 DEA-WEI 模型的绩效值

DMU	DMU_1	DMU_2	DMU_3	DMU_4	DMU_5
绩效值	1.0	1.0	0.9286	0.7778	1.0

可以看出, DMU_1, DMU_2, DMU_5 为有效决策单元, DMU_3, DMU_4 为无效决策单元.

本节内容介绍不显含投入 DEA 模型, 给出不显含投入 DEA 的数学模型、模型的性质定理, 并通过实例说明该模型合理性和实用性, 它是对经典 DEA 模型的进一步拓展和补充.

8.2 不显含投入的具有交互作用的 DEA 模型

上一节讨论了不显含投入的 DEA 模型, 但在实际生产活动中, 各个投入 (产出) 之间并不是相互独立的, 投入 (或产出) 间的相互影响是不容忽视的, 例如学科评价中科研成果包括优秀毕业论文数和年论文发表篇数, 二者之间存在强的交互作用, 如果没有加以考虑其交互作用, 就会出现评价结果出现偏差. Ji 对具有交互作用的产出 (或投入) 的生产系统的绩效评价考虑到投入 (或产出) 交互作用,即考虑不同产出指标值之间存在相互作用的影响, 本节介绍具有交互作用的不显含投入的 DEA 模型.

我们用前文提到的模糊测度 (效益测度) 表示指标 (集) 的重要性的权重, 用 Choquet 积分作为融合算子. Choquet 积分是一种非线性积分[12], 它可以根据模糊测度 μ 的值来聚合特征属性值, 考虑到决策单元 (DMU) 指标值间的交互作用, 我们可以用 Choquet 积分作为数据聚合的工具. 在 Y 上的模糊测度 μ 是一个集函数 $\mu : p(Y) \to [0,\infty)$, 满足 $\mu(\varnothing) = 0$ (其中 $p(Y)$ 表示 Y 的幂集); 当 μ 满足 $\mu(\phi) = 0$ 和 $\mu(A) \leqslant \mu(B) \, (A \subset B)$ 时, 称 μ 为模糊测度, 其中 A, B 是 $p(Y)$ 中的任意集合.

在决策单元 (DMU) 中, 设产出属性变量为 $Y = \{y_1, y_2, \cdots, y_m\}$, 用 $\mu(\{y_r\})$ 表示产出变量 y_r 的模糊测度 (效率测度), $\mu(A)$ 表示 (A 不是一个单点集) 代表属性集 $A \subset Y$ 的模糊测度 (效率测度), $g_k(y_r)$ 表示第 k 个 DMU 的产出属性变量 y_r 的数据信息, 第 k 个决策单元的产出集合为 $g_k(y) = (g_k(y_1), g_k(y_2), \cdots, g_k(y_m))$, 而模糊测度 (效率测度) μ 可以通过求解以下问题的最优化模型来得到

$$\max E_{j0} = (C) \int g_0 \mathrm{d}\mu \ \text{s.t.} \begin{cases} (C) \displaystyle\int g_k \mathrm{d}\mu \leqslant 1, j = 1, \cdots, n \\ 0 \leqslant \mu(A) \leqslant \mu(B), A \subset B; A, B \in P(Y) \end{cases} \tag{2.1}$$

可以看出, 决策单元绩效取值在 0 和 1 之间, 优化问题 (2.1) 即是具有交互作用的不显含投入的 DEA 模型, 它是对不显含投入的 DEA 模型的推广, 当模糊测度 μ 具有可加性时, 该模型退化为不显含投入的 DEA 模型.

定义 2.1　若优化问题 (2.1) 存在最优解 $\mu_r \, (r = 1, \cdots, s)$, 使得决策单元的效益值等于 1, 则称 DMU_{j_0} 为 DEA 有效.

定义 2.2　若存在优化问题 (2.1) 的最优解 $\mu_r \, (r = 1, \cdots, s)$, 使得决策单元的效益值小于 1, 则称 DMU_{j_0} 为 DEA 无效.

下面我们将应用具有交互作用的不显含投入 DEA 模型对一流学科建设绩效进行评价.

例 2.1　为了更加科学地评价一流学科——公共卫生与预防医学学科建设绩效, 我们给出公共卫生与预防医学学科建设绩效评价的具有交互作用的不显含投入 DEA 模型. 这里, 我们采用国家对一流学科审核评定的指标作为产出指标, 产出指标如下.

人才培养 (y_1)、科研成果 (y_2)、科研获奖 (y_3) 和学科声誉 (y_4), 表 8.3 给出了开设公共卫生与预防医学学科的 14 所高校产出指标的具体数值. 出于维护学校声誉的考虑, 我们用 $\mathrm{DMU}_k \, (k = 1, \cdots, 14)$ 来代替.

表 8.3　14 所高校公共卫生与预防医学学科的产出指标

DMU	产出指标			
	y_1	y_2	y_3	y_4
1	550	18	11	8
2	634	23	15	10
3	619	16	11	7
4	480	22	17	6
5	556	19	10	6
6	618	25	9	7
7	610	17	10	5
8	543	19	13	8
9	567	21	5	7
10	498	18	8	6
11	601	23	16	7
12	516	21	6	5
13	489	23	9	3
14	580	17	2	3

　　为了更加直观具体地表现不同模型的性能, 应用不显含投入的 DEA 模型、具有交互作用的不显含投入的 DEA 模型对 14 所高校的学科绩效进行评价.

　　利用 LINGO10.0, 求解经典不显含投入的 DEA 模型 (1.1) 和具有交互作用变量的不显含投入的 DEA 模型 (2.1), 给出 14 所高校公共卫生与预防医学学科建设绩效评价结果, 结果见表 8.4.

表 8.4　14 所高校公共卫生与预防医学学科建设绩效评价结果

DMU	经典不显含投入的 DEA	具有交互作用变量的不显含投入的 DEA
1	0.8675	0.8708
2	1.0000	1.0000
3	0.9763	0.9869
4	1.0000	1.0000
5	0.8770	0.8899
6	1.0000	1.0000
7	0.9621	0.9724
8	0.8609	0.8666
9	0.8985	0.9181
10	0.7855	0.7989
11	1.0000	1.0000
12	0.8400	0.9375
13	0.9275	1.0000
14	0.9148	0.9452

　　由表 8.4 可知, 利用经典不显含投入的 DEA 模型和具有交互作用变量的不

显含投入的 DEA 模型对 14 所高校公共卫生与预防医学学科建设绩效进行评价, DMU_2, DMU_4, DMU_6, DMU_{11} 属于学科建设绩效有效的高校, 而利用具有交互作用变量的不显含投入的 DEA 模型的绩效评价, 除 DMU_2, DMU_4, DMU_6, DMU_{11} 之外, DMU_{13} 同样属于有效决策单元, 差别的产生原因是决策单元产出指标间的较强的交互作用.

在本节, 我们将进一步研究了不显含投入的 DEA 模型, 给出了具有交互作用变量的不显含投入的 DEA 模型, 并通过实际应用验证了我们提出的具有交互作用变量的不显含投入的 DEA 模型的有效性, 从而扩展了经典不显含投入的 DEA 模型的应用范围.

8.3　不显含投入的模糊数据包络分析

在绩效评价过程中, 考虑到在实际生产活动中所得数据并非都是精确值, 有时会是一种估计值或者是语言值, 即是区间值和模糊值数据, 对这种不显含投入的区间值或模糊值的生产系统, 如何去评价其绩效? 将是我们本节重点研究的内容. 我们将给出不显含投入的区间值模糊数据包络分析和不显含投入的模糊值模糊数据包络分析.

学习本节内容之前, 首先引出模糊数及模糊数排序的概念.

8.3.1　模糊数及模糊数排序

设 $\tilde{a}$ 为模糊数, 它的隶属函数为

$$\mu_{\tilde{a}}(x) = \begin{cases} \dfrac{x - r_1}{a - r_1}, & r_1 \leqslant x < a \\ 1, & x = a \\ \dfrac{x - r_2}{a - r_2}, & a < x \leqslant r_2 \end{cases}$$

其中, $r_1 \leqslant a \leqslant r_2, r_1, r_2, a$ 为实数, 则称 $\tilde{a}$ 为三角模糊数, 记为 (r_1, a, r_2). 当 $r_1 = r_2 = c$ 时, 则称 $\tilde{a}$ 为对称三角模糊数, 记为 $\tilde{a} = (a, c)$.

记 $I(R) = \{[a, b] \,|\, a \leqslant b, a \in R, b \in R\}$ 为区间数的全体, $F(R)$ 为模糊数全体, 对三角模糊数 $\tilde{a} = (r_1, a, r_2), \tilde{b} = (t_1, b, t_2)$ 和实数 ρ, 则

(1) $\tilde{a} + \tilde{b} = (r_1 + t_1, a + b, r_2 + t_2)$;

(2) $\rho \tilde{a} = \begin{cases} (\rho r_1, \rho a, \rho r_2), & \rho \geqslant 0, \\ (\rho r_2, \rho a, \rho r_1), & \rho < 0. \end{cases}$

在不确定决策中, 经常要用到排序, 在 $I(R)$ 定义全序 (满足自反性、对称性和传递性) "$\prec$": $[a, b] \prec [c, d] \Leftrightarrow a + b \leqslant c + d$ 或者 $a + b = c + d, b - a \leqslant d - c$.

在 $F(R)$ 上, 文献 [13] 利用模糊数在 $(0, 1]$ 区间上的上稠密集的截集定义了一种全序, 对任何 $\tilde{e} \in F(R)$ 及 $(0, 1]$ 区间上的上稠密集 $S = \{\alpha_i | i = 1, 2, \cdots\}$, $e_{\alpha_i} = [a_i, b_i]$. 令 $c_{2i-1} = a_i + b_i, c_{2i} = b_i - a_i$, 统一记为 $c_j(\tilde{e})$. 对任何 $\tilde{e}, \tilde{f} \in F(R)$, 我们定义 $\tilde{e} \prec \tilde{f}$ 如下:

如果存在正整数 j, 使得 $c_j(\tilde{e}) < c_j\left(\tilde{f}\right)$ 且对所有 $i < j$ 都有 $c_j(\tilde{e}) = c_j\left(\tilde{f}\right)$. $\tilde{e} \prec \tilde{f}$ 也记为 $\tilde{f} \succ \tilde{e}$.

8.3.2 不显含投入的区间值 DEA 模型 (IDEA-WEI)

设有 n 个决策单元, 每个决策单元有 s 个产出 (没有明显的投入), 第 j 个决策单元的第 r 种产出为区间数 $Y_{rj} = [y_{rj}^L, y_{rj}^U](r = 1, \cdots, s; j = 1, \cdots, n)$, 则对应的不显含投入的区间值 DEA 模型 (IDEA-WEI) 为

$$E_0 = \max \sum_{r=1}^{s} \mu_r Y_{r0}$$

$$\text{s.t.} \begin{cases} \sum_{r=1}^{s} \mu_r Y_{rj} \leqslant 1, j = 1, \cdots, n \\ \mu_r \geqslant 0, \quad r = 1, \cdots, s \end{cases} \quad (3.1)$$

其中, μ_r 表示产出权重. 因为产出 $Y_{rj} = [y_{rj}^L, y_{rj}^U]$ 是区间数, 所以优化问题 (3.1) 的绩效值 E_0 也是一区间数, 其左右端点由以下优化问题确定:

$$E_0^L = \min_{\substack{y_{rj}^L \leqslant y_{rj} \leqslant y_{rj}^U \\ 1 \leqslant r \leqslant s, 1 \leqslant j \leqslant n}} \begin{cases} E_0 = \max \sum_{r=1}^{s} \mu_r y_{r0} \\ \text{s.t.} \quad \sum_{r=1}^{s} \mu_r y_{rj} \leqslant 1, \quad j = 1, \cdots, n \\ \mu_r \geqslant 0, \quad r = 1, \cdots, s \end{cases} \quad (3.2a)$$

$$E_0^U = \max_{\substack{f_k^{\alpha L}(x) \leqslant f_k(x) \leqslant f_k^{\alpha U}(x) \\ g_k^{\alpha L}(y) \leqslant g_k(y) \leqslant g_k^{\alpha U}(y) \\ \forall k}} \begin{cases} E_0 = \max \sum_{r=1}^{s} \mu_r y_{r0} \\ \text{s.t.} \quad \sum_{r=1}^{s} \mu_r y_{rj} \leqslant 1, \quad j = 1, \cdots, n \\ \mu_r \geqslant 0, \quad r = 1, \cdots, s \end{cases} \quad (3.2b)$$

显然 (3.2a) 和 (3.2b) 式分别等价于下面的线性规划

$$
E_0^L = \max \sum_{r=1}^s \mu_r y_{r0}^L
$$
$$
\text{s.t.} \begin{cases} \sum_{r=1}^s \mu_r y_{rj}^U \leqslant 1, & j = 1, \cdots, n \\ \mu_r \geqslant 0, & r = 1, \cdots, s \end{cases} \tag{3.3a}
$$

$$
E_0^U = \max \sum_{r=1}^s \mu_r y_{r0}^U
$$
$$
\text{s.t.} \begin{cases} \sum_{r=1}^s \mu_r y_{rj}^U \leqslant 1 & , j = 1, \cdots, n \\ \mu_r \geqslant 0, & r = 1, \cdots, s \end{cases} \tag{3.3b}
$$

由线性规划的性质, 易得 $E_0^L \leqslant E_0^U \leqslant 1$, 所以由 (3.3a) 和 (3.3b) 式可得 IDEA-WEI 模型的绩效值 $E_0 = [E_0^L, E_0^U]$.

定义 3.1　若优化问题 (3.1) 或 (3.3a) 和 (3.3b) 的最优解 μ_r, 使得 $E_0 = [E_0^L, E_0^U]$ 中 $E_0^U = 1$, 则称 DMU_{j_0} 为 DEA 有效; $E_0^L = 1$, 则称 DMU_{j_0} 为 DEA 强有效; $E_0^U < 1$, 则称 DMU_{j_0} 为 DEA 无效.

例 3.1　某省 2015 年管理学一级学科绩效排名: 在国家 "双一流" 建设大背景下, 各省也启动了 "双一流" 建设, 某省欲在各学科选拔 1—2 个学科作为省 "双一流" 建设学科, 但考虑到各个学校管理体制和投资渠道的复杂性, 我们仅考虑产出的绩效评价, 这里以管理学一级学科绩效评价作为实例[14-17].

产出 (近四年) 指标包括:

(1) **人才培养** (Y_1)　人才培养指标主要反映高校为社会培养合格的人才的情况, 人才培养指标主要体现在学生的数量和质量上, 由于各学校学生层次不同, 主要包括本科生数量、硕士生数量以及博士生数量. 许多研究是以本科生作为标准 "1" 统一折合, 这里我们用区间数表示更为精确, 把各类毕业学生人数作为区间的左端点, 以折合 (硕士生为 1.5, 博士生为 2) 后的数为右端点.

科学研究　科学研究主要可以从科研成果和科研立项来度量. 科研成果指标主要可以从科研成果的数量和科研的质量两个方面来度量. 各高校所取得的科研成果数量主要包括下面几方面: 科研项目数、专著出版数、论文发表数和专利数; 科研质量指标主要是通过承担的科研项目 (国家级项目、省级项目、校级项目等) 级别和科研获奖来评价的.

(2) **论文和论著数** (Y_2)　因种类和层次 (一般刊物、核心期刊、三大检索和高被引论文等) 不同可折合, 这里用区间数表示.

(3) **项目数** (Y_3) 包括省级项目、国家级项目等项目, 考虑到级别不同需折合为一个数, 也用区间数表示.

(4) **专利数** (Y_4).

(5) **社会服务** (Y_5) 主要考察方面包括: 技术转让情况、政策咨询、成人教育或者继续教育情况、委托培养情况和科研攻关等, 也是一个复杂的指标, 统一折合用区间数表示.

数据如表 8.5 所示.

表 8.5 某省近 4 年管理学科产出数据

DMU	Y_1	Y_2	Y_3	Y_4	Y_5
DMU$_1$	[260, 274]	[288, 301]	[8, 10]	5	[71, 78]
DMU$_2$	[256, 272]	[263, 271]	[7, 10]	10	[98, 113]
DMU$_3$	[252, 260]	[260, 269]	[6, 8]	1	[47, 50]
DMU$_4$	[248, 253]	[254, 260]	[6, 7]	6	[76, 81]
DMU$_5$	[246, 250]	[248, 252]	[5, 7]	12	[105, 121]
DMU$_6$	248	[242, 249]	[3, 4]	3	[64, 71]
DMU$_7$	245	[168, 198]	[2, 4]	4	[56, 58]
DMU$_8$	243	[135, 139]	1	8	[87, 92]
DMU$_9$	238	[128, 130]	1	1	[33, 35]

从表 8.6 可知, DMU$_5$ 是学科建设绩效评价强有效单位, DMU$_1$ 和 DMU$_2$ 为学科建设绩效评价有效单位, DMU$_3$, DMU$_4$, DMU$_6$, DMU$_7$, DMU$_8$ 和 DMU$_9$ 为学科建设绩效评价无效单位. 利用区间数的排序, 这九所高校学科建设绩效评价排名情况如下: DMU$_5$ ≻ DMU$_2$ ≻ DMU$_1$ ≻ DMU$_3$ ≻ DMU$_4$ ≻ DMU$_6$ ≻ DMU$_7$ ≻ DMU$_8$ ≻ DMU$_9$.

表 8.6 各高校管理学科建设区间值绩效

DMU	区间值绩效
DMU$_1$	[0.9607, 1]
DMU$_2$	[0.9781, 1]
DMU$_3$	[0.9197, 0.9489]
DMU$_4$	[0.9072, 0.9254]
DMU$_5$	[1, 1]
DMU$_6$	[0.9051, 0.9051]
DMU$_7$	[0.8942, 0.8942]
DMU$_8$	[0.892, 0.892]
DMU$_9$	[0.8686, 0.8686]

8.3.3 不显含投入的模糊 DEA 模型 (FDEA-WEI)

上面研究了产出数据是区间数的 DEA-WEI 模型, 其不确定性体现在数据有一定的变化幅度, 在实际应用中由于人们认识的主观性, 还有另一种不确定数据,数据的前沿是模糊的, 对这种不确定性数据的最好的表示方法是模糊数, 以下研究不显含投入的模糊 DEA(FDEA-WEI).

设有 n 个决策单元, 每个决策单元有 s 个产出 (没有明显的投入), 第 j 个决策单元的第 r 种产出为模糊数 $\tilde{Y}_{rj}$ $(r = 1, \cdots, s; j = 1, \cdots, n)$, 为简单起见, 设 $\tilde{Y}_{rj} = (y_{rj}, \alpha_{rj})$ 为对称三角模糊数, 则对应的 FDEA-WEI 模型为

$$\tilde{E}_0 = \max \sum_{r=1}^{s} \mu_r \tilde{Y}_{r0}$$

$$\text{s.t.} \quad \begin{cases} \sum_{r=1}^{s} \mu_r \tilde{Y}_{rj} \lessgtr 1, & j = 1, \cdots, n \\ \mu_r \geqslant 0, & r = 1, \cdots, s \end{cases} \tag{3.4}$$

对给定 $\alpha \, (0 \leqslant \alpha \leqslant 1)$, $\tilde{Y}_{rj} = (y_{rj}, \alpha_{rj})$ 的 α-截集为 $(\tilde{Y}_{rj})_\alpha = \{y_{rj} | \mu_{\tilde{Y}_{rj}}(y_{rj}) \geqslant \alpha\} = [Y_{rj}^{\alpha L}, Y_{rj}^{\alpha U}]$. 根据扩展原则, FDEA-WEI 模型 (3.4) 确定的 DMU$_0$ 的模糊绩效值 $\tilde{E}_0$ 由下式确定

$$\mu_{\tilde{E}_0}(z) = \sup_{y_{rj} \in \Psi} \left\{ \mu_{\tilde{Y}_{rj}}(y_{rj}) | z = E_0(\Psi), y_{rj} \in \Psi \right\}$$

其中, $E_0(\Psi)$ 由优化问题 (1.1) 确定. $\tilde{E}_0$ 为模糊数, 其 α-截集的左右端点 $\left(\tilde{E}_0\right)_\alpha^L$, $\left(\tilde{E}_0\right)_\alpha^U$ 可由下列优化问题确定:

$$\left(\tilde{E}_0\right)_\alpha^L = \min_{\substack{y_{rj}^{\alpha L} \leqslant y_{rj} \leqslant y_{rj}^{\alpha U} \\ 1 \leqslant r \leqslant s, 1 \leqslant j \leqslant n}} \begin{cases} E_0(\Psi) = \max \sum_{r=1}^{s} \mu_r y_{r0} \\ \text{s.t.} \begin{cases} \sum_{r=1}^{s} \mu_r y_{rj} \leqslant 1, & j = 1, \cdots, n \\ \mu_r \geqslant 0, & r = 1, \cdots, s \end{cases} \end{cases} \tag{3.5a}$$

$$\left(\tilde{E}_0\right)_\alpha^U = \max_{\substack{y_{rj}^{\alpha L} \leqslant y_{rj} \leqslant y_{rj}^{\alpha U} \\ 1 \leqslant r \leqslant s, 1 \leqslant j \leqslant n}} \begin{cases} E_0(\Psi) = \max \sum_{r=1}^{s} \mu_r y_{r0} \\ \text{s.t.} \begin{cases} \sum_{r=1}^{s} \mu_r y_{rj} \leqslant 1, & j = 1, \cdots, n \\ \mu_r \geqslant 0, & r = 1, \cdots, s \end{cases} \end{cases} \tag{3.5b}$$

显然 (3.5a) 和 (3.5b) 等价于以下优化问题:

$$\left(\tilde{E}_0\right)_\alpha^L = \max \sum_{r=1}^s \mu_r y_{r0}^{\alpha L}$$
$$\text{s.t.} \begin{cases} \sum_{i=1}^s \mu_r y_{rj}^{\alpha U} \leqslant 1, j = 1, \cdots, n \\ \mu_r \geqslant 0, r = 1, \cdots, s \end{cases} \tag{3.6a}$$

$$\left(\tilde{E}_0\right)_\alpha^U = \max \sum_{r=1}^s \mu_r y_{r0}^{\alpha U}$$
$$\text{s.t.} \begin{cases} \sum_{i=1}^s \mu_r y_{rj}^{\alpha U} \leqslant 1, j = 1, \cdots, n \\ \mu_r \geqslant 0, r = 1, \cdots, s \end{cases} \tag{3.6b}$$

性质 3.1 $\left(\tilde{E}_0\right)_\alpha^L, \left(\tilde{E}_0\right)_\alpha^U$ 满足 (1) 对任何 $\alpha\,(0 \leqslant \alpha \leqslant 1), \left(\tilde{E}_0\right)_\alpha^L \leqslant \left(\tilde{E}_0\right)_\alpha^U$;
(2) $\left(\tilde{E}_0\right)_\alpha^L \uparrow \alpha, \left(\tilde{E}_0\right)_\alpha^U \downarrow \alpha$.

证明 (1) 线性规划 (3.6a) 和 (3.6b) 的可行解集相同, 设为 D, 因为对任何 $\alpha\,(0 \leqslant \alpha \leqslant 1)$ 和 $(\mu_1, \mu_2, \cdots, \mu_s) \in D_\alpha^L$, 目标函数 $\sum_{i=1}^s \mu_r y_{r0}^{\alpha L} \leqslant \sum_{i=1}^s \mu_r y_{r0}^{\alpha U} \leqslant 1$, 易得 $\left(\tilde{E}_0\right)_\alpha^L \leqslant \left(\tilde{E}_0\right)_\alpha^U$.

(2) 对任何 $\alpha\,(0 \leqslant \alpha \leqslant 1)$ 和 $(\mu_1, \mu_2, \cdots, \mu_s) \in D_\alpha^L$, 由模糊数截集性质, 对任何 $r\,(1 \leqslant r \leqslant s), y_{r0}^{\alpha L} \uparrow \alpha, y_{r0}^{\alpha U} \downarrow \alpha$, 则 $\sum_{r=1}^s \mu_r y_{r0}^{\alpha U} \downarrow \alpha, \sum_{r=1}^s \mu_r y_{r0}^{\alpha L} = \left(\tilde{E}_0\right)_\alpha^U \uparrow \alpha$, 所以 $\max \sum_{r=1}^s \mu_r y_{r0}^{\alpha U} = \left(\tilde{E}_0\right)_\alpha^U \downarrow \alpha \max \sum_{r=1}^s \mu_r y_{r0}^{\alpha L} = \left(\tilde{E}_0\right)_\alpha^L \uparrow \alpha$.

由性质 3.1 可知, $\left(\tilde{E}_0\right)_\alpha^L, \left(\tilde{E}_0\right)_\alpha^U$ 可构成一闭区间 $\left[\left(\tilde{E}_0\right)_\alpha^L, \left(\tilde{E}_0\right)_\alpha^U\right]$, 且 $\left[\left(\tilde{E}_0\right)_\alpha^L, \left(\tilde{E}_0\right)_\alpha^U\right]$ 满足区间套定理[14], 因而 $\tilde{E}_0 = \bigcup_{0 \leqslant \alpha \leqslant 1} \alpha \cdot \left[\left(\tilde{E}_0\right)_\alpha^L, \left(\tilde{E}_0\right)_\alpha^U\right]$ 为一模糊数.

如果产出是模糊数, 则对 $\alpha = 1$, 模型 (3.5a), (3.5b) 都退化为 DEA-WEI(1.1). 显然模糊绩效值 $\tilde{E}_i$ 满足 $\mu_{\tilde{E}_i}(1) \leqslant 1\,(i = 1, 2, \cdots, N)$.

定义 3.2 对被评价的决策单元 DMU_0, 如果 $\mu_{\tilde{E}_0}(1) = 1$, 则 DMU_0 有效; 若 $\mu_{\tilde{E}_0}(1) < 1$, 则称 DMU_0 无效.

例 3.2 某省 2013—2017 年公共卫生与预防医学一流学科建设周期绩效评

价, 产出指标 Y_1, Y_2, Y_3, Y_4 与例 3.1 相同, 本应用中再增加一评价指标 Y_5: 学科声誉. 数据是四年的数据, 考虑到数据统计的误差和数据的复杂性, 有的产出数据是一个估算值, 有的数据是定性评价, 这种情况用模糊数表示更为客观、准确. 数据见表 8.7.

表 8.7　某省 2013—2017 年公共卫生与预防医学一流学科建设产出数据

DMU	Y_1	Y_2	Y_3	Y_4	Y_5
DMU$_1$	(484, 6)	(413, 12)	(59, 3)	6	(9, 0.8)
DMU$_2$	(384, 5)	(168, 6)	(24, 2)	9	(8, 0.6)
DMU$_3$	(60, 2)	(46, 2)	(10, 1)	4	(2,0.1)
DMU$_4$	(160, 2)	(87, 3)	(17, 1)	4	(3, 0.2)
DMU$_5$	(50, 1)	(37, 2)	(8, 1)	2	(1, 0.1)
DMU$_6$	(272, 5)	(66, 3)	(14, 2)	5	(6, 0.5)
DMU$_7$	(210, 3)	(105, 5)	(25, 2)	7	(10, 1)
DMU$_8$	(45, 1)	(64, 2)	(23, 1)	5	(5, 0.4)
DMU$_9$	(405, 6)	(78, 2)	(12, 1)	4	(7, 0.5)
DMU$_{10}$	(78, 2)	(40, 1)	(19, 2)	4	(4, 0.3)

取 $(0,1]$ 区间上的上稠密集 $S = \{\alpha_i | i = 1, 2, \cdots\}$, 以 $\alpha_i \in S$ 为水平, 求解线性规划 (3.6a) 和 (3.6b) 的解, 得模糊绩效的 α_i-截集, 为简单起见, 表 8.8 仅列出 $\alpha_i = \dfrac{i}{10}(i = 0, 1, 2, \cdots, 10)$ 的截集.

从表 8.8 可见, DMU$_1$、DMU$_2$ 和 DMU$_7$ 一流学科建设绩效评价为有效, 且在各个水平 $\alpha_i = \dfrac{i}{10}(i = 0, 1, 2, \cdots, 10)$, DMU$_7$ 都是一流学科建设绩效强有效的, DMU$_1$, DMU$_2$ 一流学科建设绩效评价都是有效; 其他单位一流学科建设绩效评价都为无效. 不论一流学科建设绩效评价为有效或无效, 我们利用模糊数的排序方法[13], 可以给出这 10 个公共卫生与预防医学一流学科建设绩效评价排名:

$$\text{DMU}_7 \succ \text{DMU}_1 \succ \text{DMU}_2 \succ \text{DMU}_9 \succ \text{DMU}_6$$

$$\succ \text{DMU}_8 \succ \text{DMU}_{10} \succ \text{DMU}_4 \succ \text{DMU}_3 \succ \text{DMU}_5$$

上一小节我们讨论了不确定环境下不显含投入的生产系统的绩效评价问题, 首先给出了不显含投入的区间值数据包络分析模型, 并将该绩效评价模型应用于某省管理学一级学科建设的绩效评价和绩效排名; 然后给出不显含投入的模糊值数据包络分析模型 (FDEA-WEI), 讨论模型的一些性质, 并将 FDEA-WEI 应用于一流学科一周期建设绩效的评价与排名. 以上研究将不显含投入的 DEA(DEA-WEI) 模型推广到产出数据为区间值和模糊值的情况, 经典 DEA-WEI 模型是本研究的一种特殊情况.

表 8.8　10 个公共卫生与预防医学一流学科建设模糊绩效的 α-截集

α	$\left(\tilde{E}_1\right)_\alpha$	$\left(\tilde{E}_2\right)_\alpha$	$\left(\tilde{E}_3\right)_\alpha$	$\left(\tilde{E}_4\right)_\alpha$	$\left(\tilde{E}_5\right)_\alpha$
0	[0.9992, 1.0000]	[0.9973, 1.0000]	[0.5042, 0.5042]	[0.5979, 0.5993]	[0.3019, 0.3028]
0.1	[0.9993, 1.0000]	[0.9976, 1.0000]	[0.5042, 0.5042]	[0.5980, 0.5992]	[0.3020, 0.3028]
0.2	[0.9994, 1.0000]	[0.9978, 1.0000]	[0.5042, 0.5042]	[0.5982, 0.5992]	[0.3021, 0.3028]
0.3	[0.9994, 1.0000]	[0.9981, 1.0000]	[0.5042, 0.5042]	[0.5983, 0.5992]	[0.3022, 0.3028]
0.4	[0.9995, 1.0000]	[0.9984, 1.0000]	[0.5042, 0.5042]	[0.5984, 0.5992]	[0.3022, 0.3028]
0.5	[0.9996, 1.0000]	[0.9986, 1.0000]	[0.5042, 0.5042]	[0.5986, 0.5992]	[0.3023, 0.3028]
0.6	[0.9997, 1.0000]	[0.9989, 1.0000]	[0.5042, 0.5042]	[0.5987, 0.5992]	[0.3024, 0.3027]
0.7	[0.9998, 1.0000]	[0.9992, 1.0000]	[0.5042, 0.5042]	[0.5988, 0.5992]	[0.3025, 0.3027]
0.8	[0.9998, 1.0000]	[0.9995, 1.0000]	[0.5042, 0.5042]	[0.5990, 0.5992]	[0.3025, 0.3027]
0.9	[0.9999, 1.0000]	[0.9997, 1.0000]	[0.5042, 0.5042]	[0.5991, 0.5992]	[0.3026, 0.3027]
1	[1.0000, 1.0000]	[1.0000, 1.0000]	[0.5042, 0.5042]	[0.5992, 0.5992]	[0.3027, 0.3027]

α	$\left(\tilde{E}_6\right)_\alpha$	$\left(\tilde{E}_7\right)_\alpha$	$\left(\tilde{E}_8\right)_\alpha$	$\left(\tilde{E}_9\right)_\alpha$	$\left(\tilde{E}_{10}\right)_\alpha$
0	[0.7834, 0.7871]	[1.0000, 1.0000]	[0.6707, 0.6718]	[0.8147, 0.8473]	[0.6529, 0.6545]
0.1	[0.7837, 0.7870]	[1.0000, 1.0000]	[0.6708, 0.6718]	[0.8173, 0.8468]	[0.6531, 0.6545]
0.2	[0.7840, 0.7870]	[1.0000, 1.0000]	[0.6709, 0.6718]	[0.8200, 0.8462]	[0.6532, 0.6545]
0.3	[0.7843, 0.7869]	[1.0000, 1.0000]	[0.6711, 0.6718]	[0.8226, 0.8456]	[0.6534, 0.6545]
0.4	[0.7846, 0.7868]	[1.0000, 1.0000]	[0.6712, 0.6719]	[0.8253, 0.8450]	[0.6535, 0.6545]
0.5	[0.7849, 0.7868]	[1.0000, 1.0000]	[0.6713, 0.6719]	[0.8279, 0.8444]	[0.6537, 0.6545]
0.6	[0.7853, 0.7867]	[1.0000, 1.0000]	[0.6715, 0.6719]	[0.8306, 0.8438]	[0.6538, 0.6545]
0.7	[0.7856, 0.7867]	[1.0000, 1.0000]	[0.6716, 0.6719]	[0.8333, 0.8431]	[0.6540, 0.6545]
0.8	[0.7859, 0.7866]	[1.0000, 1.0000]	[0.6717, 0.6719]	[0.8359, 0.8425]	[0.6541, 0.6544]
0.9	[0.7862, 0.7865]	[1.0000, 1.0000]	[0.6718, 0.6719]	[0.8386, 0.8419]	[0.6543, 0.6544]
1	[0.7865, 0.7865]	[1.0000, 1.0000]	[0.6720, 0.6720]	[0.8413, 0.8413]	[0.6544, 0.6544]

DEA 是对具有多投入多产出的 DMU 生产效率相对有效性进行评价的方法, 其基本原理是利用 DMU 产出或投入数据, 借助于数学规划方法, 首先确定相对有效的生产前沿面, 然后再将各个 DMU 投影到 DEA 的生产前沿面, 最后, 依据计算得到决策单元偏离 DEA 前沿面的程度来确定 DMU 的相对有效性. 该方法可用于评价同类型的生产决策单元, 近年来广泛应用于管理学、医学、军事、教育学, 是应用价值较高的绩效评价方法. 本章内容在前几章介绍了经典 DEA 模型 (CCR, BCC, CCGSS) 的基础上, 给出不显含投入的 DEA 模型, 不显含投入的具有交互作用变量的 DEA 模型和不显含投入的区间值 (模糊值) DEA 模型.

参 考 文 献

[1] Amirteimoori A, Daneshian B, Kordrostami S, et al. Production planning in data envelopment analysis without explicit inputs[J]. RAIRO–Operations Research, 2013(48): 123-134.

[2] Liu W B, Zhang D Q, Meng W, et al. A study of DEA models without explicit inputs[J]. Omega, 2011(39): 472-480.

[3] Lovell C A, Pastor J. Radial DEA models without inputs or without outputs[J]. Eur. J. Oper. Res., 1999(118): 46-51.

[4] Masoumzadeh A, Toloo M, Amirteimoori A. Performance assessment in production

systems without explicit inputs: an application to basketball players[J]. IMA Journal of Management Mathematics, 2016(27): 143-156.

[5] Liu W B, Meng W, Li X X, et al. DEA models with undesirable inputs and outputs[J]. Annals of Operations Research, 2010(1): 177-194.

[6] You S, Yan H. A new approach in modelling undesirable output in DEA model[J]. Journal of the Operational Research Society, 2011(12): 2146-2156.

[7] Charnes A, Cooper W W, Rhodes E. Measuring the efficiency of decision making units[J]. European Journal of Operational Research, 1978, 2(6): 429-444.

[8] Banker R, Charnes A, Cooper W W. Some models for estimating technical and scale inefficiencies in data envelopment analysis[J]. Management Science, 1984(30): 1078-1092.

[9] Charnes A, Cooper W W, Golany B, et al. Foundations of data envelopment analysis for pareto-koopmans efficient empirical production functions[J]. Journal of Econometrics, 1985(30): 91-107.

[10] 胡运权. 运筹学教程 [M]. 4 版. 北京: 清华大学出版社, 2012.

[11] 魏权龄. 评价相对有效性的数据包络分析模型: DEA 和网络 DEA [M]. 北京: 中国人民大学出版社, 2012.

[12] Wang Z, Yang R, Lung K. Nonlinear Integrals and Their Applications in Data Mining[M]. Beijing: World Scientific Publishing, 2010.

[13] Wang W, Wang Z. Total orderings defined on the set of all fuzzy numbers[J]. Fuzzy Sets and Systems, 2014, 243: 131-141.

[14] Dubois D, Prade H. Fundamentals of Fuzzy Sets[M]. Dordrecht, The Netherlands: Kluwer Academic Publishers, 2000.

[15] 谢梅, 李强. 教育部直属高校绩效评价研究: 基于产出滞后效应的分析 [J]. 教育与经济, 2015(5): 46-54.

[16] 姜凡, 眭依凡. 世界一流大学建设须以一流学科建设为基础 [J]. 教育发展研究, 2016(19): 3.

[17] 易开刚. 人文社会科学一级学科评价指标体系研究 [J]. 科技进步与对策, 2008(1): 142-145.

第 9 章 数据包络分析分类机的拓展

数据挖掘是计算机及其应用领域中极为重要的且发展十分迅速的研究方向之一, 它是从海量的数据中寻找隐含的、潜在的数量关系, 提取有价值的、潜在的知识, 数据挖掘中的一个非常重要应用领域是分类问题[11]. 所谓的分类问题, 就比如我们用机器学习算法, 将病人的检查结果分为有病和健康, 这是一个医学方面的二分类问题 (将要区分的数据分为两个类别). 再如在电子邮箱邮件分类中, 收到邮件之后, 电子邮箱会将我们的邮件分为广告邮件、垃圾邮件和正常邮件, 这就是一个多分类的问题 (将要区分的数据分为多个类别).

分类问题是机器学习中最基础的算法, 其他的很多应用都可以从分类的问题演变而来, 同时很多问题都可以转化成分类的问题, 比如图像识别中的图像分割, 最简单的实现方法就是对每一个像素进行分类, 在自然场景的分割中, 我们就判断这个像素点是不是房子的一部分, 如果是的话, 那么它的标签就是房子.

在机器学习中, 能够完成分类任务的算法, 我们通常把它叫做一个分类器 (classifier). 评价一个分类器的好坏, 我们就要有评价指标, 最常见的就是准确率 (accuracy), 准确率是指被分类器分类正确的数据的数量占所有数据数量的百分比.

要得到一个分类器, 就要用数据来训练分类器, 通常将我们处理的数据叫做数据集 (data set), 一个数据集通常来说包括三个部分: ① 训练数据 (training data) 及其标签. ② 验证数据 (validation data) 及其标签. ③ 测试数据 (testing data). 需要特别强调的是, 这三部分都是各自独立的, 也就是说训练数据中的数据不能再出现在验证数据以及测试数据中, 验证数据最好也不要出现在测试数据中.

单一的分类方法主要包括: 人工神经网络 (artificial neural networks, ANN)、贝叶斯分类算法、支持向量机、决策树 (decision tree)、K-近邻和基于关联规则的分类算法等; 另外一种就是集成分类器, 它是由单一分类方法组合而成的集成分类算法, 主要有如提升/推进 (boosting) 方法和装袋 (bagging) 方法等.

下面介绍几种主要分类学习算法.

(1) **人工神经网络** 人工神经网络[1] 是一种应用类似于大脑神经突触连接网状结构的信息处理的数学模型. 此模型是由大量的节点 (或 "神经元") 相互连接, 形成 "神经网络" 来处理信息. 神经网络首先需要对样本进行训练, 这是神经网络学习的过程. 通过训练改变网络节点的连接权值, 使其具有更好的分类的功能. 最后, 用训练好的人工神经网络对分类目标进行分类.

目前, 神经网络型很多, 如 BP 网络[2]、Hopfield 网络[2]、径向基 RBF 网络[2]、随机神经网络 (Boltzmann 机) 等. 目前的神经网络向更高层次发展, 深度神经网络是人工智能领域的研究热点, 已广泛地应用到各个领域.

(2) **贝叶斯分类算法**　贝叶斯 (Bayes) 分类算法[3,4] 是一种应用概率统计方法进行分类的算法, 它主要利用 Bayes 定理, 来预测一个未知类别的样本隶属于每一类别的可能性, 按照概率的大小, 选择其中可能性最大的类别作为该样本的最终类别.

(3) **决策树**　决策树是一种常用的分类和预测的方法, 决策树算法是以样本实例为基础的归纳学习算法, 它利用某种算法, 通过对实例的训练、学习, 得到一组以决策树形式表示的分类规则. 决策树构建的目的是找出属性和类别间的关系, 训练得到决策树可以用来预测将来未知类别的样本的类别.

常用的决策树算法有 C4.5(C5.0)[5], ID3[6], CART[7] 和 SPRINT 算法[8] 等. 它们在测试属性选择方法、生成的决策树的结构、剪枝的方法等方面都有各自的特点.

(4) **支持向量机**　基于统计学习理论, Vapnik[9] 在提出的一种新的机器学习方法: 支持向量机 (SVM) 是利用结构风险最小化准则建立的具有稀疏性的分类器, 支持向量机分类方法通过最大化分类间隔的算法, 来构建最优分类超平面. 这样构建的分类器具有很多优点, 它能较好地解决非线性、高维度等问题. 在分类问题中, 支持向量机算法具有稀疏性, 它可以仅利用区域中的支持向量样本来构造决策分类面, 并根据构建的决策分类面来确定该区域中未知样本的类别.

(5) **K-近邻**　K-近邻 (KNN) 算法是一种分类算法. K-近邻方法就是找出最接近未知样本 x 的 k 个训练样本, 然后根据这 k 个样本最大部分样本属于的类别, 确定未知类别样本的类属. K-近邻算法是一种延迟学习方法, 其存储的样本, 只有需要分类时, 才分类样本. K-近邻算法计算量较大, 因此不适合实时性较强的分类问题.

(6) **基于关联规则的分类**　关联规则挖掘[10] 是数据挖掘中一个重要的研究领域. 近年来, 关联规则挖掘广泛地应用于分类问题.

关联规则分类方法一般要先进行两步工作: 第一步, 按照指定支持度和置信度要求, 用关联规则算法从训练数据集把所有满足要求的类关联规则挖掘出来; 第二步, 通过启发式算法, 从挖掘出的类关联规则中找出符合要求的分类规则, 最后, 利用这组规则对未知样本进行分类.

比较著名的关联规则分类算法有 CBA、ADT、CMAR 等算法.

(7) **集成学习**　鉴于实际问题的多样性和数据的复杂性, 某一种分类方法有时分类效果不理想. 因此, 学者们开始考虑将多种分类算法进行融合而给出一种集成学习 (ensemble learning) 的算法. 目前, 集成学习是机器学习四个主要研究方向之一.

集成学习模式是通过调用单一分类算法, 得到基学习器, 然后根据某一融合规则, 组合这些单一的基学习器为一个分类器, 并用来解决同一分类问题, 集成学习可以使学习系统的泛化能力显著提高. 多个基学习器组合方式主要可以由以下方法来确定: Boosting 方法、(加权) 投票的方法, 如 Bagging 方法等.

(加权) 投票的方法采用投票平均的方法组合多个分类器, 这样可以降低单个分类器的误差, 可以更准确地表示问题空间模型, 进而提高分类器的分类精度.

以上各种常用的分类算法, 它们都有各自不同的特点及优缺点. 对于一个具体的分类问题, 比如, 对于心电图像的自动识别, 应该如何选择分类方法. 具体评价和比较分类方法的标准主要有①预测的准确率　即分类模型正确地预测新样本的类标的能力; ② 计算速度　包括构建分类模型以及使用分类模型进行分类所耗费的时间; ③ 模型描述的可解释性和简洁性　模型描述越简洁、容易理解, 则越受欢迎; ④ 鲁棒性　是指分类模型对噪声数据或空缺值数据正确预测的能力; ⑤ 可伸缩性　是指对于数据量巨大的数据集, 其有效构造模型的能力.

9.1　经典数据包络分析分类机

数据挖掘是计算机及其应用领域中极为重要的, 发展迅速的研究方向之一, 它是从海量的数据中发现隐含的数据关系, 提取有价值的、潜在的知识. 数据挖掘的一个非常重要的应用领域是分类问题. 1996 年, Troutt, Rai 等[11] 为了建立 “申请接受系统” 提出了一个基于 DEA 模型的分类模型, 根据这个模型, 可以作出接受或拒绝的决策. 其后, 文献 [12] 又给出了基于 DEA 的两类分类器. Yan 和 Wei[13] 在他们工作的基础上, 利用交形式的 “可接受域”, 给出了 “DEA 分类机”, 即使用 DEA 方法和模型进行分类. 这里的 “机” 在机器学习中指的是算法. 本节内容将详细介绍 DEA 分类机及其应用.

首先介绍 DEA 分类方法, 包括 4 个基本部分: ① 根据实际问题, 确定一个属性的集合 (即指标体系), 一般来说是多种属性. ② 给定一个 “训练集”. 它是由具有典型特征, 最具代表性的样本所组成. ③ 构造一个 “可接受域”, 它是利用训练集按照一定的原则确定的. ④ 定义一个在 “被分类集” 上的分类函数.

设 DEA 分类机训练集为 $\widehat{T} = \{x_j | j = 1, \cdots, n\}$, 其中 $x_j \in R^m, x_j > 0, j = 1, \cdots, n$ 称 x_j 为决策单元 DMU-$x_j, j = 1, \cdots, n$. DMU-x_j 具有 m 项属性特征, 其分量值越大, 表示越具有典型特征. 我们一般认为训练集 $\widehat{T}$ 中的 n 个决策单元都是最具典型特征和代表性的样本点. 利用一定的公理体系 (我们将在下节内容中学习) 可以得到一个 “可接受域” T. 一般来说, 根据公理体系得到的 T 是一个 “和形式” 的凸多面体. 利用 Wei 和 Yan[33] 将 “和形式” 的凸多面体与 “交形式” 的凸多面体相互转换的方法可以得到交形式的 “可接受

域" T, 这里指的 "交形式" 是 T 可以表示成有多个半平面的交集, 即具有形式 $T = \left\{ x \mid (\omega^k)^{\mathrm{T}} x - \mu_0^k \geqslant 0, k = 1, 2, \cdots, l, x \geqslant 0 \right\}$. 其中, $\omega^k \in R^m, \omega^k \geqslant 0, \omega^k \neq 0, \mu_0^k \in R^l, \mu_0^k \geqslant 0, \mu_0^k \neq 0$.

DEA 分类的目的是将具有海量的 "被分类集" $\bar{T}$, 按照是否属于 "可接受域" T 进行分类. 设 $\hat{x} \in \bar{T}$, 若 $\hat{x} \in T, \hat{x}$ 被接受; 若 $\hat{x} \in T$, 则被拒绝. 由于 T 是交形式, 因此判别 $\hat{x} \in T$ 与否, 只需检验是否满足下面的不等式组 $(\omega^i)^{\mathrm{T}} x - \mu_0^i \geqslant 0, i = 1, 2, \cdots, l$.

以此证明, DEA 分类机能够简单、快速地对海量多的决策单元进行分类.

9.1.1 分类机中 "可接受域" 的公理体系

上文中提到训练集的元素是最具有典型特征, 最具代表性的样本点. 我们的目的是利用训练集 $\hat{T}$ 构造一个 "可接受域", 凡是属于可接受域的, 都可被认为已具有典型特征. "可接受域" 的构造是由一定的公理体系唯一确定的, 记为 T.

下面我们介绍 "可接受域" T 的公理体系.

(1) **平凡性公理** $x_j \in T, j = 1, \cdots, n$, 因为训练集 $\hat{T}$ 中的决策单元 x_j, $j = 1, \cdots, n$, 都是数具有典型特征, 最具代表性的.

(2) **凸性公理** 若 $x \in T, \hat{x} \in T$, 则对于任意的 $\lambda \in [0,1]$, 有 $\lambda x + (1-\lambda)\hat{x} \in T$. 这表明具有可接受属性特征的 x 和 $\hat{x}$ 之间的特征 (x 属性特征的 λ 倍与 $\hat{x}$ 属性特征的 $1 - \lambda$ 倍之和), 也是可接受的, 即 $\lambda x + (1 - \lambda)\hat{x} \in T$.

(3) **无效性公理** 若 $x \in T, \hat{x} \geqslant x$, 则 $\hat{x} \in T$. 此公理同 DEA 中的生产可能集公理体系中的无效性公理. 它表明若 x 具有可接受的属性特征, 那么各项属性特征均比 x 明显的 $\hat{x}$ 也是可接受的.

(4) **最小性公理** 可接受域 T 是满足所有性质 (1)—性质 (3) 的集合的最小者.

最小性公理决定了 "可接受域" T 是唯一的. 那么, 不难得到, 唯一确定的可接受域 $T = \left\{ x \middle| \sum_{j=1}^{n} x_j \lambda_j \leqslant x, \sum_{j=1}^{n} \lambda_j \geqslant 1, \lambda_j \geqslant 0, j = 1, \cdots, n \right\}$.

可以把可接受域 T 看作投入为 x_j, 产出均为 1 的 DEA 中的决策单元 $(x_j, 1)$ $j = 1, \cdots, n$. 不难看出其所对应的生产可能集为 $\mathrm{T_{CCR}}$. 我们用例 1.1 进一步阐述可接受域 T.

例 1.1 设 $m = 2, n = 4$, 训练集为 $\hat{T} = \{x_j \mid j = 1, 2, 3, 4\}$, 其中 $x_1 = (1,4)^{\mathrm{T}}$, $x_2 = (2,2)^{\mathrm{T}}, x_3 = (4,1)^{\mathrm{T}}, x_4 = (4,4)^{\mathrm{T}}$.

$$可接受域\ T = \left\{ x \middle| \begin{array}{l} \begin{pmatrix} 1 \\ 4 \end{pmatrix} \lambda_1 + \begin{pmatrix} 2 \\ 2 \end{pmatrix} \lambda_2 + \begin{pmatrix} 4 \\ 1 \end{pmatrix} \lambda_3 + \begin{pmatrix} 4 \\ 4 \end{pmatrix} \lambda_4 \leqslant x \\ \lambda_1 + \lambda_2 + \lambda_3 + \lambda_4 \geqslant 1, \lambda_j \geqslant 0, j = 1,2,3,4 \end{array} \right\}$$

由图 9.1 表示.

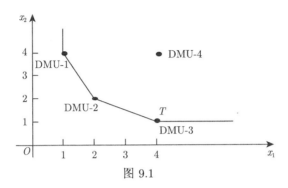

图 9.1

可接受域 T 的前沿面具有 CCR 模型的性质.

设 $\widehat{x} \in T$. 由于 T 相当于决策单元 $(x_j, 1)$ 对应的生产可能集 $\mathrm{T_{CCR}}$, $j = 1, \cdots, n$, 因此评价 DMU-x 的投入型 DEA 模型为

$$
\left(P_{C^2R}^I\right)
\begin{cases}
\max \mu \\
\omega^{\mathrm{T}} x_j - \mu_0 \geqslant 0, \quad j = 1, \cdots, n \\
\omega^{\mathrm{T}} \widehat{x} = 1 \\
\omega \geqslant 0, \mu_0 \geqslant 0, \mu_0 \in E^I
\end{cases}
\tag{1.1}
$$

优化问题 (1.1) 的对偶规划为

$$
\left(D_{C^2R}^I\right)
\begin{cases}
\min \theta = \widehat{\theta} \\
\displaystyle\sum_{j=1}^{n} x_j \lambda_j \leqslant \theta \widehat{x} \\
\displaystyle\sum_{j=1}^{n} \lambda_j \geqslant 1 \\
\lambda_j \geqslant 0, j = 1, \cdots, n
\end{cases}
\tag{1.2}
$$

定义 1.1 若 $\left(P_{C^2R}^I\right), \left(D_{C^2R}^I\right)$ 的最优值为 1, 称 DMU-$\widehat{x}$ 为弱 DEA 有效.

定义 1.2 设 $\widehat{x} \in T$, 若不存在 $x \in T$, 有 $x < \widehat{x}$, 称 $\widehat{x}$ 为下面多目标问题的弱 Pareto 解

$$
(VP)
\begin{cases}
V - \min x \\
x \in T
\end{cases}
$$

9.1.2　交形式的可接受域和 DEA 分类机

由上文可知, 可接受域 $T = \left\{ x \left| \sum_{j=1}^{n} x_j \lambda_j \leqslant x, \sum_{j=1}^{n} \lambda_j \geqslant 1, \lambda_j \geqslant 0, j = 1, \cdots, n \right. \right\}$.

以下给出基于 DEA 模型的分类机——DEA 分类机.

设 $\bar{T} = \{ x | x \in R^m, x > 0, x$ 具有 m 项属性特征$\}$, 称 $\bar{T}$ 为被分类集. 在这里假设 $\bar{T}$ 中的决策单元与训练集 $\widehat{T}$ 中的 DMU-$x_j, j = 1, \cdots, n$ 具有可比性, DEA 分类机目的是将被分类集 $\bar{T}$ 中的对象进行分类.

定义决策函数 $d(x) = \begin{cases} 1, & x \in T, \\ -1, & x \notin T. \end{cases}$

一般来说, $\bar{T}$ 中的被分类的对象数量是很多的. 当可接受域 T 由和形式给出时, 若 $x \in \bar{T}$, 判断 x 是否属于 T, 这就需要使用线性规划计算, 这时不能快速地对海量被分类对象进行分类, 但是当可接受域 T 为交形式时, 即有如下表示:

$$T = \left\{ x | \omega^{k\mathrm{T}} x - \mu_0^k \geqslant 0, k = 1, \cdots, l, x \geqslant 0 \right\}$$

很容易判断 x 是否属于可接受域 T. 此时的决策函数为

$$d(x) = \mathrm{sign} \left(\min_{1 \leqslant k \leqslant 1} \left(\omega^{k\mathrm{T}} x - \mu_0^k \right) \right)$$

为了分类, 需要将和形式的可接受域 T 转化为交形式, 为此令 $(\omega \in R^m, \mu_0 \in R^I)$, 有如下表示:

$$Q = \left\{ (\omega, \mu) | \omega^{\mathrm{T}} x_j - \mu_0 \geqslant 0, j = 1, \cdots, n, \omega \geqslant 0, \mu_0 \geqslant 0 \right\}$$

Q 是一个交形式的凸多面锥.

利用交形式的多面体锥转化为和形式的方法, 可以求得 Q 的极方向 (ω^k, μ_0^k), $k = 1, \cdots, l$ 可知, 有 $Q = \left\{ \sum_{k=1}^{n} (\omega^k, \mu_0^k) \alpha_k | \alpha_k \geqslant 0, k = 1, \cdots, l \right\}$ 其中, $\omega^k \in R^m, \mu_0^k \in R^I$, 满足 $\begin{cases} \omega^{k\mathrm{T}} x_j - \mu_0^k \geqslant 0, k = 1, \cdots, l, j = 1, \cdots, n. \\ \omega^k \geqslant 0, \omega^k \neq 0, \mu_0^k \geqslant 0, \mu_0^k \neq 0, k = 1, \cdots, l. \end{cases}$

我们用例 1.2 给出求解交形式的可接受域的方法.

例 1.2　设 $m = 2, n = 4$, 训练集为 $\widehat{T} = \{ x_j | j = 1, 2, 3, 4 \}$, 其中 $x_1 = (1, 4)^{\mathrm{T}}, x_2 = (2, 2)^{\mathrm{T}}, x_3 = (4, 1)^{\mathrm{T}}, x_4 = (4, 4)^{\mathrm{T}}$.

可接受域 $T = \left\{ x \left| \begin{array}{l} \begin{pmatrix} 1 \\ 4 \end{pmatrix} \lambda_1 + \begin{pmatrix} 2 \\ 2 \end{pmatrix} \lambda_2 + \begin{pmatrix} 4 \\ 1 \end{pmatrix} \lambda_3 + \begin{pmatrix} 4 \\ 4 \end{pmatrix} \lambda_4 \leqslant x \\ \lambda_1 + \lambda_2 + \lambda_3 + \lambda_4 \geqslant 1, \lambda_j \geqslant 0, j = 1, 2, 3, 4 \end{array} \right. \right\}$

令

$$Q = \left\{ (\omega, \mu_0) \left| \begin{array}{l} \omega_1 + 4\omega_2 - \mu_0 \geqslant 0, 2\omega_1 + 2\omega_2 - \mu_0 \geqslant 0 \\ 4\omega_1 + \omega_2 - \mu_0 \geqslant 0, 4\omega_1 + 4\omega_2 - \mu_0 \geqslant 0 \\ \omega_1 \geqslant 0, \omega_2 \geqslant 0 \\ \mu_0 \in E^I, \mu_0 \geqslant 0 \end{array} \right. \right\}$$

Q 的极方向为 $(l = 4)$

$$\left(\omega_1^1, \omega_2^1, \mu_0^1\right) = (1, 0, 1), \quad \left(\omega_1^2, \omega_2^2, \mu_0^2\right) = (2, 1, 6)$$

$$\left(\omega_1^3, \omega_2^3, \mu_0^3\right) = (1, 2, 6), \quad \left(\omega_1^4, \omega_2^4, \mu_0^4\right) = (0, 1, 1)$$

因此得到交形式的可接受域为 $T = \left\{ x \left| \begin{array}{l} x_1 - 1 \geqslant 0, 2x_1 + x_2 - 6 \geqslant 0, \\ x_1 2x_2 - 6 \geqslant 0 \\ x_2 - 1 \geqslant 0, x_1 \geqslant 0, x_2 \geqslant 0 \end{array} \right. \right\}$.

取被分类集 $\bar{T}$ 中的三个被分类对象 $\widehat{x}_1 = (0.5, 5)^{\mathrm{T}}, \widehat{x}_2 = (1, 3)^{\mathrm{T}}, \widehat{x}_3 = (5, 0.5)^{\mathrm{T}}$,
那么

$$d\left(\widehat{x}_1\right) = \mathrm{sign}\left(\min_{1 \leqslant k \leqslant 4}\left(\omega^{k\mathrm{T}}\widehat{x}_1 - \mu_0^k\right)\right) = \mathrm{sign}(-0.5) = -1$$

$$d\left(\widehat{x}_2\right) = \mathrm{sign}\left(\min_{1 \leqslant k \leqslant 4}\left(\omega^{k\mathrm{T}}\widehat{x}_2 - \mu_0^k\right)\right) = \mathrm{sign}(-1) = -1$$

$$d\left(\widehat{x}_3\right) = \mathrm{sign}\left(\min_{1 \leqslant k \leqslant 4}\left(\omega^{k\mathrm{T}}\widehat{x}_3 - \mu_0^k\right)\right) = \mathrm{sign}(-0.5) = -1$$

因此 $\widehat{x}_1 \notin T, \widehat{x}_2 \notin T, \widehat{x}_3 \notin T$.

9.1.3 具有偏好结构的 DEA 分类机

在实际运用中, 属性特征之间的重要性往往是不同的. 这就要求, 为体现多种属性特征重要性的程度引进偏好锥. 在前文的基础上, 本节给出了具有偏好结构的 "可接受域", 并利用交形式定义了决策函数, 同样能够简单快速地对 "被分类集" 中的海量决策单元进行分类. 具有偏好的投入 DEA 模型如下:

$$\left(\widehat{P}_{C^2R}^I\right) \begin{cases} \max \mu_0 \\ \omega^{\mathrm{T}} x_j - \mu_0 \geqslant 0, \quad j = 1, \cdots, n \\ \omega^{\mathrm{T}} \widehat{x} = 1 \\ \omega \in W, \quad \mu_0 \geqslant 0 \end{cases} \tag{1.3}$$

优化问题 (1.3) 的对偶规划为

$$
\left(\widehat{D}_{C^2R}^I\right)
\begin{cases}
\min \theta \\
\displaystyle\sum_{j=1}^{n} x_j \lambda_j - \theta \widehat{x} \in W^* \\
\displaystyle\sum_{j=1}^{n} \lambda_j \geqslant 1 \\
\lambda_j \geqslant 0, \quad j = 1, \cdots, n
\end{cases}
\tag{1.4}
$$

其中, $W \subset R_+^m$ 为凸锥, W^* 为 W 的负极锥. 在一般的应用中. 取 W 为多面凸锥, 特别是交形式的多面锥. 这是因为交形式的多面锥更能直接反映 "权" 所表示的重要程度. 我们可以使用将交形式的多面锥转化为和形式的多面锥的方法, 得到和形式的多面锥. 设 $a_1^T, a_2^T, \cdots, a_{m'}^T, a_i^T \in R^m, i = 1, \cdots, m'$ 为 W 的极方向,

记 $A = \left\{\begin{array}{c} a_1 \\ a_2 \\ \vdots \\ a_{m'} \end{array}\right\}$ 则 $W = \left\{A^T \omega' | \omega' \geqslant 0, \omega' \in E^{m'}\right\}$ 可知 $W^* = \{\beta | A\beta \leqslant 0\}$, 于

是

$$
\begin{cases}
\omega^T x_j - \mu_0 \geqslant 0, \ j = 1, \cdots, n \\
\omega^T \widehat{x} = 1 \\
\omega \in W
\end{cases}
$$

即 $\begin{cases} \omega'^T (Ax_j) - \mu_0 \geqslant 0, \\ \omega'^T (A\widehat{x}) = 1. \end{cases}$ 并且由 $\displaystyle\sum_{j=1}^{n} x_j \lambda_j - \theta \widehat{x} \in W^*$, 得到 $A\left(\displaystyle\sum_{j=1}^{n} x_j \lambda_j - \theta \widehat{x}\right)$

$\leqslant 0$. 即为 $\displaystyle\sum_{j=1}^{n} (Ax_j) \lambda_j \leqslant \theta(A\widehat{x})$, 由此可知, 具有由多面锥形式给出的投入 DEA

模型为

$$
\left(\widehat{P}_{C^2R}^I\right)
\begin{cases}
\max \mu_0 \\
\omega'^T (Ax_j) - \mu_0 \geqslant 0, \quad j = 1, \cdots, n \\
\omega'^T (A\bar{x}) = 1 \\
\omega' \geqslant 0, \quad \omega \in R^{m'}, \quad \mu_0 \geqslant 0
\end{cases}
\tag{1.5}
$$

(1.1) 式的对偶规划为

$$
\left(\widehat{D}_{C^2R}^{I}\right)
\begin{cases}
\min \theta \\
\displaystyle\sum_{j=1}^{n} (Ax_j)\,\lambda_j \leqslant \theta(A\bar{x}) \\
\displaystyle\sum_{j=1}^{n} \lambda_j \geqslant 1 \\
\lambda_j \geqslant 0, \quad j = 1, \cdots, n
\end{cases}
\tag{1.6}
$$

由以上分析可知, 具有和形式偏好锥 W 给出的训练集为 $\widehat{T}^W = \{Ax_j | j = 1, \cdots, n\}$ 被分类集为 $\bar{T}^W = \{Ax | x \in \bar{T}\}$, 为了求出和形式偏好锥 W 表示的可接受域 T^W, 令

$$
Q^W = \{(\omega', \mu') \,|\, \omega'(Ax_j) - \mu' \geqslant 0, j = 1, \cdots, n, \omega' \geqslant 0, \mu \geqslant 0\}
$$

若 Q^W 的极方向为 $\left(\omega'^k \in R^{m'}, \mu'^k \in R^I\right)$ 有 $(\omega'^k, \mu'^k), k = 1, \cdots, l'$, 则得到可接受域为

$$
T^W = \left\{ y' \in E^{m'} | \omega'^{k\mathrm{T}} y' - \mu'^k \geqslant 0, k = 1, \cdots, l', y \geqslant 0 \right\}
$$

若 $x \in \bar{T}$, 则决策函数如下表示: $d^W(x) = \mathrm{sign}\left(\min\limits_{1 \leqslant k \leqslant l'} \left(\omega'^{k\mathrm{T}}(Ax) - \mu'^k\right)\right)$.

例 1.3 设 $m = 2, n = 4$, 训练集为 $\widehat{T} = \{x_j | j = 1, 2, 3, 4\}$, 其中, $x_1 = (1, 4)^{\mathrm{T}}, x_2 = (2, 2)^{\mathrm{T}}, x_3 = (4, 1)^{\mathrm{T}}, x_4 = (4, 4)^{\mathrm{T}}$. 取被分类集 $\bar{T}$ 中的三个被分类对象 $\widehat{x}_1 = (0.5, 5)^{\mathrm{T}}, \widehat{x}_2 = (1, 3)^{\mathrm{T}}, \widehat{x}_3 = (5, 0.5)^{\mathrm{T}}$, 令偏好锥为 $W = \{(\omega_1, \omega_2)^{\mathrm{T}} | \omega_2 \geqslant 4\omega_1, \omega_1 \geqslant 0, \omega_2 \geqslant 0\}$, 这是表明第二个属性的重要性是第一个属性的 4 倍以上, 由图 9.2 可知 W 的极方向为 $a_1^{\mathrm{T}} = (0, 1)^{\mathrm{T}}, a_2^{\mathrm{T}} = (0.1, 0.4)^{\mathrm{T}}$, 故存在 $A = \left(a_1^{\mathrm{T}}, a_2^{\mathrm{T}}\right)^{\mathrm{T}} = \begin{pmatrix} a_1 \\ a_2 \end{pmatrix} = \begin{pmatrix} 0 & 1 \\ 0.1 & 0.4 \end{pmatrix}$.

由训练集 $\widehat{T} = \{x_1, x_2, x_3, x_4\} = \left\{(1, 4)^{\mathrm{T}}, (2, 2)^{\mathrm{T}}, (4, 1)^{\mathrm{T}}, (4, 4)^{\mathrm{T}}\right\}$, 得到 $Ax_1 = (4, 1.7)^{\mathrm{T}}, Ax_2 = (2, 1)^{\mathrm{T}}, Ax_3 = (1, 0.8)^{\mathrm{T}}, Ax_4 = (4, 2)^{\mathrm{T}}$. 并且

$$
Q^W = \left\{ (\omega', \mu') \,\middle|\,
\begin{array}{l}
\omega'(Ax_j) - \mu' \geqslant 0, j = 1, \cdots, n \\
\omega' \geqslant 0, \mu \geqslant 0
\end{array}
\right\}
$$

$$
= \left\{ (\omega'_1, \omega'_2, \mu') \,\middle|\,
\begin{array}{l}
4\omega'_1 + \omega'_2 - \mu' \geqslant 0 \\
2\omega'_1 + 1.7\omega'_2 - \mu' \geqslant 0 \\
\omega'_1 + 0.8\omega'_2 - \mu' \geqslant 0 \\
4\omega'_1 + 2\omega'_2 - \mu' \geqslant 0 \\
\omega'_1 \geqslant 0, \omega'_2 \geqslant 0, \mu' \geqslant 0
\end{array}
\right\}
$$

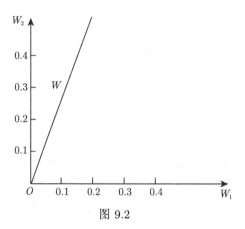

图 9.2

可知 Q^W 的极方向 $(l' = 2)$ 为

$$\left(\omega_1'^1, \omega_2'^1, \mu'^1\right) = (1, 0, 1), \quad \left(\omega_1'^2, \omega_2'^2, \mu'^2\right) = (0, 1, 0.8)$$

因此交形式的特征集 T^W 为

$$T^W = \left\{ (y_1^i, y_2')^{\mathrm{T}} \,\middle|\, \begin{array}{l} y_1' - 1 \geqslant 0, y_2' - 0.8 \geqslant 0 \\ y_1' \geqslant 0, y_2' \geqslant 0 \end{array} \right\}$$

由 $\widehat{x}_1 = (0.5, 5)^{\mathrm{T}}, \widehat{x}_2 = (1, 3)^{\mathrm{T}}, \widehat{x}_3 = (5, 0.5)^{\mathrm{T}}$, 得到 $A\widehat{x}_1 = (5, 2.05), A\widehat{x}_2 = (3, 1.3), A\widehat{x}_3 = (0.5, 0.7)$.

可知

$$d^W\left(\widehat{x}_1\right) = \mathrm{sign}\left(\min_{1 \leqslant k \leqslant 2} \left(\omega'^{k\mathrm{T}}\left(A\bar{x}_1\right) - \mu_0'^k\right)\right) = \mathrm{sign}(1.25) = 1$$

$$d^W\left(\widehat{x}_2\right) = \mathrm{sign}\left(\min_{1 \leqslant k \leqslant 2} \left(\omega'^{k\mathrm{T}}\left(A\hat{x}_2\right) - \mu_0'^k\right)\right) = \mathrm{sign}(0.5) = 1$$

$$d^W\left(\widehat{x}_3\right) = \mathrm{sign}\left(\min_{1 \leqslant k \leqslant 2} \left(\omega'^{k\mathrm{T}}\left(A\bar{x}_3\right) - \mu_0'^k\right)\right) = \mathrm{sign}(-0.5) = -1$$

因此, $\widehat{x}_1 \in T, \widehat{x}_2 \in T, \widehat{x}_3 \in T$.

本例中, 因为取偏好锥为 $W = \left\{ (\omega_1, \omega_2)^{\mathrm{T}} \,\middle|\, \omega_2 \geqslant 4\omega_1, \omega_1 \geqslant 0, \omega_2 \geqslant 0 \right\}$, 它表明第一个属性的重要性是第一个属性的 4 倍以上.

9.2 基于广义 DEA 模型分段线性判别分析模型

本节利用数据包络分析算法和 DEA 分类机方法, 介绍具有交互作用的变量的 DEA 分类机, 这是具有交互作用变量 DEA 方法的扩展研究[14].

分类是一种重要的广泛应用于各学科的方法, 包括统计学、决策学、人工智能、数据挖掘和知识发现等. 分类的目的是通过评价一组属性值来判断某一数据是否属于某一特定的组, 传统分类机的技术和方法可参见文献 [15] 和 [16]. Yi 等[17] 在对多值属性和多标记数据进行分析的基础上, 提出了一种多值数据决策树算法中的分类器. 在分类问题上, 利用了多种分类技术, 如决策树[18]、支持向量机[19,20] 和神经网络[21] 等, Peng 等[22] 进一步讨论了一种基于数据分析的分类方法, 尽管其原理和步骤各不相同, 这些方法的目的都是根据训练集构造分类函数.

判别分析 (DA) 是一种广泛应用的分类方法. 它根据已知的分类属性将样本分成两个或多个给定的类别. 线性判别分析是 Fisher (费希尔) 提出的一种经典的分类方法, 理论上, 它在最优的情况下, 潜在的总体是多元正态分布和所有不同的群体具有相等的协方差结构. 对于具有不等协方差结构的多元正态总体, 可以采用二次判别分析[23]. 然而, 当正态假设不能保证时, 这些著名的 DA 方法通常无法提供好的、令人满意的分类结果. 为了克服这些困难, 发展了数学规划方法. 在许多应用中, 这些方法的性能都优于统计方法, 并得到了极大的关注. 在分类问题的研究中, 许多有效的数学规划技术已经被应用于分类器的构建[24-30].

DEA 是通过求解每个决策单元的线性规划问题来评价具有多投入、多产出决策单元相对效益的. 著名的 DEA 模型包括 Charnes 等提出的 CCR 模型, Banker 等提出的 BCC 模型[31,32].

作为 DEA 的一种特殊形式和应用, Toloo 等[33,34] 将 DEA 方法推广到考虑无显含投入 (产出) 的数据集有效单元评价. 在分类问题中应用 DEA 的开创性工作是由 Troutt 等[11] 开展的. 在其工作中, 构造了接受域, 提出了一个基于样本的决策系统, 根据专家预先确定的样本来决定是否接受或拒绝信用风险. 文献 [35] 基于 DEA 模型, 使用偏差最小化标准, 给出了两种新的数学规划方法. Yan 和 Wei[13] 建立了 DEA 分类机与 DEA 模型的等价关系, 并构建了基于 DEA 的分类机, 在这种情况下, 对数据分类就相当于检验 DMU 是否在生产可能集中. Wei[36] 利用分位数和 DEA 的思想与技术, 研制了用于处理区间数据的二分类问题的分类器. Toloo[37] 基于 DEA 的判别分析, 给出了 DMU 的类隶属度预测.

上述基于 DEA 的分类器, 接受域由多个超平面决定, 超平面的法向量由 DEA 模型计算, 法向量为正. 但在许多分类问题中, 这些条件都是不真实的, 严重限制了它们的应用领域, 同时, 它只使用某一类的信息, 其他类的信息丢失, 这可能导致分类性能不佳.

为了克服基于 DEA 的分类器的缺点, 本节给出一种基于广义 DEA 的分类器, 该分类器不再限制权重的非负条件, 且充分利用了分类信息.

9.2.1　数学模型

我们以数据包络分析的前沿面作为分类面, 可构造 "接受域" 和 "拒绝域", 从而达到对样本的分类的目的, 这就是数据包络分析分类机. 基于 DEA 的分类是 DEA 的重要应用, Troutt 等[11] 开展了将 DEA 应用于分类的开拓性工作. 在他们的工作中, 构造了接受域, 提出了基于样本的决策系统. 魏权龄等[13] 构建了基于 DEA 的分类机, 在此分类模型中, 对样本的分类等价于测试 DMU 是否处于生产可能集.

经典数据包络分析分类机具有一些局限性, 因为接受域由多个超平面确定, 超平面的法向量由 DEA 模型计算, 即法向量为正. 但是, 在许多分类问题中, 并不满足此条件, 这严重限制了经典数据包络分析分类机的应用领域, 同时, 它只使用一个类的信息, 而另一个类的信息丢失. 所有这些可能导致不好的分类性能.

为了克服 DEA 分类机的缺点, 我们提出了一种新的 DEA 分类模型: 基于广义 DEA 模型的分段线性判别分析模型.

对于样本集 D, 我们将重点讨论两类分类问题.

设训练样本集为 $(x_1, y_1), (x_2, y_2), \cdots, (x_N, y_N) \in R^n \times \{\pm 1\}$, $y_i = +1, -1$ 分别代表着正分类和负分类. $D^+ = \{(x_i, y_i) | (x_i, y_i) \in D, y_i = 1\}$, 我们将样本集 D 随机地划分为训练样本集 T_1 和测试样本集 T_2. 对于训练样本集 T_1, $T_1^+ = \{(x_i, y_i) | (x_i, y_i) \in T_1, y_i = 1\}$ 表示正分类集, $T_1^- = \{(x_i, y_i) | (x_i, y_i) \in T_1, y_i = -1\}$ 表示负分类集.

对于两类分类问题, 分类边界由两类边界域上的点决定, 而为了找到分类函数, 我们首先选择可能的分类边界域点.

定义 2.1　对于任意点 $(x_j, 1) \in T_1^+$ 和一个给定的参数 $\varepsilon > 0$, 有 $D_j = \{x | D(x_j, x) < \varepsilon, x \in T_1\}$, 如果 $D_j \subset T_1^+$, 那么 x_j 称为不可行分类点, 其他 x_j 称为可行分类点.

T_1^+ 的可行分类点的集合由 F_ε^+ 表示.

对于任意的可行分类点 $x_j \in F_\varepsilon^+$, $D_j \cap T_1^-$ 的点也是可行分类点, 表示为 $D_j^- = \{x_i | (x_i, y_i) \in D_j \cap T_1^-\} = \{(x_{j_i}, -1) | i = 1, 2, \cdots, k_j\}$.

对于训练集 $X = (x_1, x_2, \cdots, x_n) \in R^n, Y = (y_1, y_2, \cdots, y_n) \in R^n$, 我们在 R^n 上定义了个顺序关系. ① $X \leqslant Y$ 当且仅当对任意 $i: 1 \leqslant i \leqslant n, x_i \leqslant y_i$; ② $X \nleqslant Y$, 当且仅当下述至少一种情况成立, $x_i \leqslant y_i, i(1 \leqslant i \leqslant n)$ 或者 $x_j \geqslant y_j, j(1 \leqslant j \leqslant n, j \neq i)$. 我们将 F_ε^+ 的一个可行分类点作为 DMU, 它具有多个投

入和一个值为 1 的单产出, 同时考虑负可行分类点的情况.

对于任意的可行分类点 $x_0 \in F_\varepsilon^+$, 集合 $F_\varepsilon^+ \cup \{(x_{0_i}, -1)|i = 1, 2, \cdots, k_0\}$ 用作评估可行点 x_0 的训练集, 模型如下:

$$(\text{P-C}): \begin{cases} \max \mu_0 \\ \omega x_i - \mu_0 \geqslant 0, & x_i \in F_\varepsilon^+ \\ \omega \cdot x_0 = 1 \\ \omega x_i - \mu_0 \leqslant 0, & x_i \in D_0^- \end{cases} \tag{2.1}$$

定义 2.2 对于任意的可行分类点 $(x_j, 1) \in T_1^+$, 如果 (P-C) 的最优值是 1, 那么 x_j 被称为 T_1^+ 上的有效分类点.

考虑到一些数据点可能被错误分类的情况, 我们引入了一个松弛变量 $\xi_i \geqslant 0$, 它用于测量违反约束的个数. 线性规划模型 (2.1) 可以改进为如下形式:

$$(\text{P-C})^+ \begin{cases} \max \left(\mu_0 - \sum_{x_i \in D_{j_0}^-} \xi_i \right) \\ \omega x_i - \mu_0 \geqslant 0, & x_i \in F_1^+ \\ \omega \cdot x_0 = 1 \\ \omega x_i - \mu_0 \leqslant \xi_i, & \xi_i \geqslant 0, \quad x_i \in D_{j_0}^- \end{cases} \tag{2.2}$$

定义 2.3 对于任意的可行分类点 $(x_j, 1) \in F_\varepsilon^+$,

(1) 如果优化问题 (2.2) 的最优值为 1 并且至少存在一个 $l(x_l \in D_0^-)$, 使得 $\xi_l > 0$, 那么 x_j 被称为 T_1^+ 上的一个无效分类点.

(2) 如果优化问题 (2.2) 的最优值为 1 并且所有的 $i(x_i \in D_0^-)$ 使得 $\xi_i > 0$, 那么 x_j 被称为 T_1^+ 上的一个有效分类点.

定理 2.1 对于一个可行分类点 $x_j \in F_\varepsilon^+$, 如果任意 $x_i \in D_0^-, x_i \leqslant x_0$, 那么优化问题 (2.2) 具有正可行解.

证明 对于一个可行分类点 $x_0 \in F_\varepsilon^+$, 设 $\bar{\omega} = (\bar{\omega}_1, 0, \cdots, 0)^{\text{T}}$, 其中 $\bar{\omega}_1 > 0, \bar{\omega}_1 x_{10} = 1$, 令 $\mu_0 = \min_{1 \leqslant j \leqslant n} \{\bar{\omega}_1 x_{1j}\} > 0$ 和 $\hat{\omega} = \bar{\omega}$. 那么 $\hat{\omega}, \mu_0$ 是优化问题 $(P-C)^+$ 的正可行解. 事实上, $\hat{\omega}^{\text{T}} x_j - \mu_0 = \bar{\omega}^{\text{T}} x_j - \min_{1 \leqslant j \leqslant n} \{\bar{\omega}_1 x_{1j}\} = \bar{\omega}_1 x_j - \min_{1 \leqslant j \leqslant n} \{\bar{\omega}_1 x_{1j}\} \geqslant 0, \hat{\omega}^{\text{T}} x_0 = \bar{\omega}_1 x_{10} = 1$. 对于 $x_i \in D_0^-$, 因为 $x_i \leqslant x_0$, 所以 $\hat{\omega}^{\text{T}} x_i - \mu_0 \leqslant \hat{\omega}^{\text{T}} x_0 - \mu_0 = \bar{\omega}_1 x_{10} - \mu_0$, 我们取 $\xi_i: \max\{0, \hat{\omega}^{\text{T}} x_i - \mu_0\} \leqslant \xi_i \leqslant \bar{\omega}_1 x_{10} - \mu_0$, 那么 $\hat{\omega}^{\text{T}} x_j - \mu_0 \leqslant \xi_i$, 所以优化问题 $(P-C)^+$ 有正可行解 $\hat{\omega}, \mu_0, \xi_i$.

对于每个有效的分类点, 规划问题 $(P-C)$ 或 $(P-C)^+$ 的最优解给出了分段超平面的法线方向.

假设分段超平面的法线方向为：$\omega^k, k = 1, 2, \cdots, l$，那么我们可给出正的分段线性判别函数：$f^+(x) = \omega^k \cdot x - 1, k = 1, 2, \cdots, l$，分类的正接受域为：$A^+ = \{x|f_k^+(x) = \omega^k x - 1 > 0, k = 1, 2, \cdots, l\}$。

如果对于可行分类点 $x_0 \in F_\varepsilon^+$，优化问题 $(P\text{-}C)^+$ 没有最优解，那么可行解的集合是空集。在这种情况下，我们可以如下解决优化问题 $(P\text{-}C)^-$：

$$(P\text{-}C)^- \begin{cases} \min \left(\mu_0 + \sum_{x_i \in D_0^-} \xi_i \right) \\ \omega x_i - \mu_0 \leqslant 0, \quad x_i \in F_\varepsilon^+ \\ \omega \cdot x_0 = 1 \\ \omega x_i - \mu_0 + \xi_i \geqslant 0, \quad \xi_i \geqslant 0, \quad x_i \in D_0^- \end{cases} \tag{2.3}$$

定理 2.2 对于可行分类点 $x_0 \in F_\varepsilon^+$，如果每个 $x_i \in D_0^-$，$x_i \nleqslant x_0$ 和所有的 $x_i \in D_0^-$，$x_{j_0 i} > x_{j_0 0}$，那么优化问题 (2.3) 有可行解。

证明 对于可行分类点 $x_j \in F_\varepsilon^+$，设 $\bar{\omega} = (0, \cdots, 0, \bar{\omega}_{j_0}, 0, \cdots, 0)^{\mathrm{T}}$，其中 $\bar{\omega}_{j_0} > 0, \bar{\omega}_{j_0} x_{j_0 0} = 1$，设 $\mu_0 = \max\limits_{1 \leqslant i \leqslant n} \{\bar{\omega}_{j_0} x_{j_0 i}\} > 0, \hat{\omega} = \bar{\omega}, \xi_i = \mu_0 - \bar{\omega}_{j_0} x_{j_0 0} \geqslant 0$。那么 $\hat{\omega}, \mu_0$ 是优化问题 (2.3) 的可行解。事实上，$\hat{\omega}^{\mathrm{T}} x_i - \mu_0 = \bar{\omega}_{j_0} x_{j_0 i} - \max\limits_{1 \leqslant i \leqslant n} \{\bar{\omega}_{j_0} x_{j_0 i}\} \leqslant 0, \hat{\omega}^{\mathrm{T}} x_0 = \bar{\omega}_1 x_{1_0} = 1$。对于 $x_i \in D_{j_0}^-$，因为对所有的 $x_i \in D_0^-, x_{j_0 i} > x_{j_0 0}$，那么 $\hat{\omega}^{\mathrm{T}} x_i - \mu_0 = \bar{\omega}_{j_0} x_{j_0 i} - \mu_0 \geqslant \bar{\omega}_{j_0} x_{j_0 0} - \mu_0$，我们取 ξ_i：$\max\{0, \mu_0 - \bar{\omega}_{j_0} x_{j_0 i}\} \leqslant \xi_i \leqslant \mu_0 - \bar{\omega}_{j_0} x_{j_0 0}$，那么 $\hat{\omega}^{\mathrm{T}} x_i - \mu_0 + \xi_i \geqslant 0$。所以优化问题 (2.3) 有可行解 $\hat{\omega}, \mu_0, \xi_i$。

类似地，如果优化问题 (2.3) 的最优值为 1，并且所有的 $i \, (x_i \in D_0^-), \xi_i = 0$，那么 x_j 称为 T_1^+ 上的一个有效分类点。

求解优化问题 (2.3)，我们可得到所有有效的分类点和分段超平面的法线方向：$\omega^k, k = 1, 2, \cdots, r$，那么我们可得到负类分段线性判别函数：$f^-(x) = \omega^k \cdot x - 1, k = 1, 2, \cdots, r$，负类的接受域为：$A^- = \{x|\omega^k x - 1 < 0, k = 1, 2, \cdots, r\}$。

对于一个样本 x，给出分类函数：

$$d(x) = \mathrm{sign}\left\{ \min_{1 \leqslant k \leqslant l} (\omega^k x - 1) \wedge \min_{1 \leqslant k \leqslant r} (-\omega^k x + 1) \right\}$$

如果 $d(x) > 0$，那么 x 属于正类，否则 x 属于负类。

基于分段线性判别分析的广义 DEA 模型的算法如下：

步骤 1 对于一个给定的 $\varepsilon > 0$，从 T^+ 上找到可行分类点，从 T_1^- 上找到 $(x_{j_0}^i, -1)$ 的 ε-最近邻；

步骤 2 建立模型来确定 $(x_{j_0}, 1)$ 是否为有效的分类点;

步骤 3 构建可接受域和分类函数;

步骤 4 应用测试样本集 T_2 来验证模型的可行性和调整参数.

例 2.1 考虑两类分类问题的样本训练数据集, 数据如下:

正分类数据: $D^+ = \{(0.7, 0.4), (0.65, 0.45), (0.65, 0.5), (0.6, 0.55), (0.59,$ $0.58), (0.5, 0.6), (0.53, 0.63), (0.49, 0.68), (0.45, 0.8), (0.43, 0.85), (0.4, 0.9),$ $(0.42, 0.88), (0.45, 0.95), (0.46, 0.96), (0.5, 1), (0.55, 1.05), (0.5, 1.1), (0.6, 1.06),$ $(0.65, 1.15), (0.7, 1.2), (0.75, 1.25), (0.8, 1.3)\}.$

负分类数据: $D^- = \{(0.55, 0.4), (0.6, 0.45), (0.55, 0.5), (0.45, 0.55), (0.44,$ $0.6), (0.4, 0.65), (0.41, 0.7), (0.35, 0.75), (0.4, 0.8), (0.35, 0.85), (0.38, 0.9), (0.42,$ $1), (0.45, 1.05), (0.4, 1.1), (0.45, 1.15), (0.5, 1.2), (0.6, 1.19), (0.65, 1.25), (0.7,$ $1.3), (0.38, 1.08), (0.55, 0.45)\}.$

用训练数据 $D^+ \cup D^-$ 取求解优化问题 (2.2) 和 (2.3), 我们有如下分类函数:

$$d(x) = \text{sign} \left\{ f_1^+ (x_1, x_2) \wedge f_2^+ (x_1, x_2) \wedge f_3^+ (x_1, x_2) \wedge f^- (x_1, x_2) \right\} \qquad (2.4)$$

其中

$$f_1^+ (x_1, x_2) = 0.9090909x_1 + 0.9090909x_2 - 1$$

$$f_2^+ (x_1, x_2) = 1.25x_1 + 0.625x_2 - 1$$

$$f_3^+ (x_1, x_2) = 4.54545455x_1 - 0.9090909x_2 - 1$$

$$f^- (x_1, x_2) = -(-1.666667x_1 + 1.666667x_2 - 1)$$

分类函数 (2.4) 可以有效地对样本训练数据进行分类, 如图 9.3 所示.

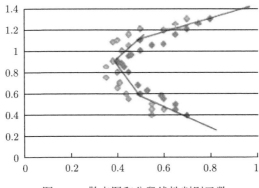

图 9.3 散点图和分段线性判别函数

9.2.2 基于广义 DEA 模型的分段线性判别分析模型的应用

为了证明基于分段线性判别分析的广义 DEA 模型的准确性和有效性, 我们将所提方法与四种其他的分类方法进行比较: DEA 分类机[13]、Fisher 判别分析 (FDA) 和 SVM[9]. 我们在加州大学欧文分校的 UCI 机器学习库进行了数据集实验.

例 2.2   在这个例子中, 我们选择 UCI 数据库中的数据集: 威斯康星州乳腺癌预后的数据集 (Bennett 和 Mangasarian,1992), 该数据集有 699 个样本和 9 个变量, 其中包含 16 个数据缺失和 683 个数据完整的样本. 这些样本属于良性或恶性类, 其中 239 个样本属于正类 (我们将阳性样本定义为正类), 443 个样本属于负类 (我们将阴性样本定义为负类). 为了测试所提出的基于广义 DEA 模型分段线性判别分析模型的有效性, 我们随机选取 150 个正类样本和 300 个负类样本作为训练样本, 其余作为测试样本. 表 9.1 给出了所提算法与其他方法的对比结果.

表 9.1   四种算法二分类能力的对比结果

DCM		FDA		SVM		我们的算法	
训练精度	测试精度	训练精度	测试精度	训练精度	测试精度	训练精度	测试精度
78.3	76.5	82.6	78.9	96.7	95.3	95.1	92

例 2.3   在本例中, 我们从 UCI 存储库中选择数据集: 鸢尾数据集 (Fisher, 1936). 该数据集包含来自三种鸢尾 (山鸢尾、维吉尼亚鸢尾和变色鸢尾) 的 50 个样本. 每个样品测量四个特征: 萼片、花瓣的长度和宽度, 以厘米为单位. 我们使用 10 倍交叉验证. 对于多类分类, 我们应用一对一算法. 在我们的算法中, 参数是 $C = 0.5$. 表 9.2 给出了对比结果.

表 9.2   四种算法多分类能力的对比结果

数据集对比	DCM		FDA		SVM		我们的算法	
	训练精度	测试精度	训练精度	测试精度	训练精度	测试精度	训练精度	测试精度
山鸢尾和变色鸢尾	97.5	90.37	97.5	100	100	100	98.75	100
变色鸢尾和维吉民亚鸢尾	96.25	80.86	95.25	90	98.56	100	98.18	98.65
山鸢尾和维吉尼亚鸢尾	100	100	100	100	100	100	100	100

表 9.1 和表 9.2 中给出的结果表明, 比起经典的 Fisher 判别分析和 DEA 分类机, 我们所提的方法有更好的效果, 特别是在测试样本数据时. 虽然比起 SVM 略差, 但算法简单, 具有一定的直观意义. 另一方面, 所提出的分类器可以通过有效的分类点来训练, 从而可以应用于大数据的挖掘.

本章提出的基于 DEA 的分段线性判别分析方法, 改进了 DEA 分类机, 对模型的非负性条件进行了分析, 并对分类信息进行了补充. 我们只能用可行的分类点来训练分类器, 而提出的分类器可以用于大数据问题的分类. 在未来的研究中, 我们可以讨论基于 DEA 的多分类问题的分段线性判别分析.

9.3 模糊数据包络分类机

本节作者[38] 在 Yan 和 Wei[13] 的数据包络分类机的基础上, 给出模糊数据包络分类机, 是 Yan 和 Wei[13] 工作的扩展.

数据挖掘是知识管理的重要方法, 传统的数据挖掘算法假设数据是准确的, 但在某些应用中, 很少精确地确定要处理的数据. 在它们的结构中或多或少隐藏的不确定性可能是不同类型的: 不精确或近似、随机性, 以及模糊性. 最后一类不确定性常常与在数据采集过程中使用的自然语言的性质有关. 在人与人之间的交流中, 某种程度的模糊性不仅是可以接受的, 而且是有用的. 世界似乎比国家的结果更不确定. 因此, 发展模糊数学的数学工具变得十分迫切.

模糊集理论自 Zadeh 引入以来, 在许多领域得到了广泛的应用. 数据挖掘是应用的重要领域之一. 在数据挖掘出现之后, 已有几部著作提出了将模糊集理论应用于这一领域.

模糊集在数据挖掘中的贡献是多方面的: 增加了可解释性, 增强了过程的鲁棒性, 以及管理了模糊信息. 两者都是通过引入模糊集理论来建立模糊数据挖掘模型, 为该过程提供了在经典环境下挖掘难于处理的复杂信息的能力. 该过程的健壮性使其能够在仅面对数据的小变化 (例如, 在存在噪声的情况下) 时产生类似的结果.

数据挖掘的目的是从一组提供背景知识的数据中建立模型, 该模型可以看作是学习过程中产生的新知识, 它可以有多种形式: 例如数学函数、神经网络、规则库、模式、关联规则. 模糊数据挖掘是数据挖掘的一种扩展, 引入了模糊集建模.

许多经典的数据挖掘算法已经被推广到模糊案例[39-42]. 扩展经典算法来建立模糊学习算法是一项有趣的任务. 关于模糊决策树[43-45]、模糊规则库构造[46-48] 和模糊核方法[49-54] 已经发表了很多论文.

分类是基于相似性和差异性的组织系统, 是一种重要的预测 (决策) 方法. 分类的目的是通过评价一组属性值来判断一个数据是否属于一个特定的组, 传统的分类机的技术和方法可以在文献 [55] 中找到.

数据包络分析 (DEA) 通过求解每个决策单元的线性规划问题, 来评价给定数量的多投入多产出决策单元之间的相对效率. 著名的 DEA 模型包括 Charnes 等[31] 的 CCR 模型和 Cooper 等[32] 的 BCC 模型.

DEA 在分类问题中的应用是由 Trutt 等[11] 首先给出的. 在他们的工作中, 构造了接受域, 并且提出了一个基于样本的决策系统, 该系统基于专家预先确定的样本, 对接受或拒绝信用风险作出决策. 基于 DEA 模型, 发展了两种新的数学规划方法, 使偏差之和最小, 以及 DEA 在解决两组分类问题时的相对效率概念[12]. Yan 和 Wei[13] 建立了 DEA 分类机与 DEA 模型之间的等价关系, 然后创建了基于 DEA 的分类机, 其中数据的分类等价于测试特定 DMU 是否在生产可能性集中. 在以上基于 DEA 的分类器中, 数据都是准确的, 魏权龄开发了用于处理区间数据二值分类问题的分类器, 虽然它具有一些不确定性, 但是它也是明确的, 因此建立基于模糊 DEA 的分类器是非常必要的. 用于模糊训练数据的 DEA[36].

本节首先介绍了条件单调性模糊训练数据的模糊数据包络分析分类器, 然后对实际模糊数据集和受干扰 UCI 数据集进行了实验, 证明了模型的正确性和有效性.

9.3.1　DEA 分类机 (DCM)

Yan 和 Wei[13] 将 DEA 方法推广到大数据分类问题. 他们将每个数据视为评估的 DMU, 以属性值作为投入, 值为 1 的单产出. Toloo[33,34] 扩展了 DEA 方法, 考虑了没有显含投入 (产出) 的数据集的数据包络分析.

考虑一个示例训练数据集 $\hat{T}$ (具有单个类): $\hat{T} = \{x_k | k = 1, 2, \cdots, n\}$.

在这里 $x_k \in E^m, x_k > 0, k = 1, 2, \cdots, n$, 使用 DEA 模型中的术语, x_k 是具有由 $x_k = (x_{1k}, x_{2k}, \cdots, x_{sk})^{\mathrm{T}}$ 描述的某些特征的 DMUs, 其中 x_{ik} 是 DMU_k 的第 i 个特征值. 此问题可以用 CCR 模型[54] 来描述, DMU_k 的投入为 $x_k = (x_{1k}, x_{2k}, \cdots, x_{sk})^{\mathrm{T}}$, 产出为 $y_k = 1(k = 1, 2, \cdots, n)$. 就是说, DEA 模型中的样本训练数据集是由 $\{(x_k, 1) | k = 1, 2, \cdots, n\}$ 给出的. 下面我们可给出 $\mathrm{DMU}_k(k = 1, 2, \cdots, n)$ 的投入产出值为 $(x_k, 1)$ 的 CCR 模型:

$$(P) \begin{cases} \max \mu_0 \\ \omega x_k - \mu_0 \geqslant 0, k = 1, 2, \cdots, n \\ \omega x_0 = 1 \\ \omega \geqslant 0, \mu_0 \geqslant 0 \end{cases} \tag{3.1}$$

其中, DMU_{j_0} 是被评估单元和 $x_0 = x_{j_0}, 1 \leqslant j_0 \leqslant n$.

下面给出以上优化问题 (3.1) 的对偶规划问题:

$$(D) \begin{cases} \max \theta \\ \sum_{i=1}^{n} \lambda_k x_k \leqslant \theta x_0 \\ \sum_{i=1}^{n} \lambda_k \geqslant 1 \\ \lambda_k \geqslant 0, k = 1, 2, \cdots, n, \theta \in R \end{cases} \tag{3.2}$$

定义 3.1[36] 如果优化问题 (3.1) (或优化问题 (3.2)) 的最佳值是 1, 则称 DMU$_0$ 为弱 DEA 有效.

弱 DEA 有效为 DMU$_0$, x_0 满足 (注意, $\omega^0 x_0 = 1, \mu_0^0 = 1$) $L: \omega^0 x - 1 = 0$.

L 是接受域的支撑平面, 被称为分类超平面, x_0 在这个平面上.

接受域 T 可由以 $T = \left\{ x | \omega^k x - 1 \geqslant 0, k = 1, 2, \cdots, n \right\}$ 的交集形式给出. 其中 $\omega^k, \mu_0^k = 1 \ (k = 1, 2, \cdots, n)$ 是 (3.1) 的最优解. 然后, 对于任一 $x \in \hat{T}$, 分类函数 为 $d(x) = \text{sign}\left(\min_{1 \leqslant k \leqslant n} \left(\omega^k x - \mu_0^k \right) \right)$. 如果 $d(x) = 1$, 那么 $x \in T, d(x) = -1$, 则 $x \notin T$.

9.3.2 可能性测度与模糊机会约束规划

定义 3.2 设 X 为非空集, $P(X)$ 为 X 的所有子集的类, 映射 Pos: $P(X) \to [0,1]$, 如果满足 (1) $\text{Pos}(\varnothing) = 0$; (2) $\text{Pos}(X) = 1$; (3) $\text{Pos}\left(\bigcup_{t \in T} A_t \right) = \sup_{t \in T} \{\text{Pos}(A_t)\}$, 则称 Pos 为 $P(X)$ 上的可能性测度.

定义 3.3 设 $\tilde{a}$ 是一个模糊数, 它的隶属函数是

$$\mu_a(x) = \begin{cases} \dfrac{x - r_1}{r_2 - r_1}, & r_1 \leqslant x < r_2 \\ 1, & x = r_2 \\ \dfrac{x - r_3}{r_2 - r_3}, & r_2 < x \leqslant r_3 \end{cases}$$

其中, $r_1 \leqslant r_2 \leqslant r_3$ 且 r_1, r_2, r_3 都是实数, 则称 $\tilde{a}$ 称为三角模糊数, 可表示为 (r_1, r_2, r_3).

所有的三角模糊数的集合用 $T(R)$ 表示, 如果 $\tilde{x}_i(i = 1, 2, \cdots, n)$ 都是模糊数, 则 $\tilde{X} = (\tilde{x}_1, \tilde{x}_2, \cdots, \tilde{x}_n)$ 称为模糊数向量, 所有模糊数向量的集合用 $F^n(R)$ 表示, 特别地, 当 $\tilde{x}_i(i = 1, 2, \cdots, n)$ 均为三角模糊数, 则 $\tilde{X} = (\tilde{x}_1, \tilde{x}_2, \cdots, \tilde{x}_n)$ 称为三角 模糊数向量, 所有的三角模糊数向量的集合由 $T^n(R)$ 表示.

定义 3.4 设 $\tilde{a}, \tilde{b}$ 为两个模糊数, 定义模糊数 $\tilde{a}, \tilde{b}$ 的取 "大" 运算 $\tilde{a} \vee \tilde{b}$, 其隶 属函数为 $\mu_{\tilde{a} \vee \tilde{b}}(x) = \sup_{s \vee t = x} \{\mu_{\tilde{a}}(s) \vee \mu_{\tilde{b}}(t)\}$.

定义 3.5 设 $\tilde{a}, \tilde{b}$ 为两个模糊数, 则 $\tilde{a} \tilde{\succ} \tilde{b} \Leftrightarrow \tilde{a} \vee \tilde{b} = \tilde{a}$.

引理 3.1[56] 设 $\tilde{a}, \tilde{b}$ 为两个模糊数, 则 $\tilde{a} \tilde{\succ} \tilde{b}$ 当且仅当对 $\forall h \in [0,1]$, 以下两 个结论都成立:

$$\inf \{s : \mu_{\tilde{a}}(s) \geqslant h\} \geqslant \inf \{t : \mu_{\tilde{b}}(t) \geqslant h\}$$

$$\sup\{s : \mu_{\tilde{a}}(s) \geqslant h\} \geqslant \sup\{t : \mu_{\tilde{b}}(t) \geqslant h\}$$

通过引理 3.1, 我们可以很容易地证明以下引理.

引理 3.2　假设 $\tilde{a}, \tilde{b}$ 为两个模糊数, 则 (1) 对任何 $\lambda > 0, \lambda\tilde{a} \tilde{>} \lambda\tilde{b}$; (2) 对于每个模糊数 $\tilde{c}, \tilde{a} + \tilde{c} > \tilde{b} + \tilde{c}$.

定义 3.6　设 $\tilde{a}$ 是一个模糊数, b 是一实数, 则模糊事件 $\tilde{a} < b$ 的可能性测度定义为

$$\mathrm{Pos}(\tilde{a} \leqslant b) = \sup\{\mu_{\tilde{a}}(x)|x \in R, x \leqslant b\}.$$

类似地,

$$\mathrm{Pos}(\tilde{a} < b) = \sup\{\mu_{\tilde{a}}(x)|x \in R, x < b\}$$

$$\mathrm{Pos}(\tilde{a} \geqslant b) = \sup\{\mu_{\tilde{a}}(x)|x \in R, x \geqslant b\}, \quad \mathrm{Pos}(\tilde{a} = b) = \mu_a(b)$$

定理 3.1　设 $\tilde{a}, \tilde{b}$ 是两个模糊数, C 是实数, 对于可能 $\alpha \in [0, 1]$, 如果是 $\tilde{a} \tilde{>} \tilde{b}$ 和 $\mathrm{Pos}(\tilde{b} \geqslant c) \geqslant \alpha$, 那么 $\mathrm{Pos}(\tilde{a} \geqslant c) \geqslant \alpha$.

证明　因为 $\tilde{a} \tilde{>} \tilde{b}$, 对于给定的 $x, t = x$, 由引理 3.1, 有 $s : s \leqslant t$, 使得 $\mu_{\tilde{a}}(s) \leqslant \mu_{\tilde{b}}(x)$, 因此

$$\mu_{\tilde{a} \vee \tilde{b}}(x) = \sup_{s \vee t = x}\{\mu_{\tilde{a}}(s) \wedge \mu_{\tilde{b}}(t)\} \geqslant \mu_{\tilde{a}}(s) \wedge \mu_{\tilde{b}}(x) \geqslant \mu_{\tilde{b}}(x)$$

所以

$$\mathrm{Pos}(\tilde{a} \geqslant c) = \sup\{\mu_{\tilde{a} \vee \tilde{b}}(x)|x \geqslant c\} \geqslant \sup\{\mu_{\tilde{b}}(x)|x \geqslant c\} \geqslant \alpha$$

由 Zadeh 扩展原理, 对于函数 $f : R^n \to R, \tilde{y} = f(\tilde{x}_1, \tilde{x}_2, \cdots, \tilde{x}_n)$ 是一个模糊数, 其隶属函数是

$$\mu_{\tilde{y}}(v) = \sup_{u_1, u_2, \cdots, u_n}\left\{\min_{1 \leqslant i \leqslant n} \mu_{\tilde{x}_i}(u_i)|v = f(u_1, u_2, \cdots, u_n)\right\}$$

9.3.3　模糊数据包络分析分类机模型及应用 (FDEACM)

样本数据分类是根据某些观察到的特征来决定样本是否属于指定的类. 换言之, 数据分类是使用预先选定的数据集 (称为样本训练集), 构造判别函数, 然后测试新样本的类标签.

模糊 DEA 分类机是利用模糊 DEA 模型的方法, 构造模糊样本数据判别函数一种统计方法.

1. 增量式模糊数据包络分析分类机

在经济管理活动中, 给定的特征属性集常常是一个增量的模糊数据集, 即它满足 "越大越好" 的规则. 这意味着特征属性值越大, 则具有更大可能性属于此类. 考虑模糊训练样本集 $S = \left\{ \left(\tilde{X}_1, y_1 \right), \left(\tilde{X}_2, y_2 \right), \cdots, \left(\tilde{X}_l, y_l \right) \right\}$, 其中 $\tilde{X}_j \in T^n(R)$, $y_j \in \{-1, 1\}$, $j = 1, 2, \cdots, l$. 如果 $y_i = 1$, 则 $\left(\tilde{X}_i, y_i \right)$ 称为正类; 如果 $y_i = -1$, 则 $\left(\tilde{X}_i, y_i \right)$ 称为负类. 不失一般性, 正模糊训练样本集表示为 $S^+ = \left\{ \left(\tilde{X}_1, y_1 \right), \left(\tilde{X}_2, y_2 \right), \cdots, \left(\tilde{X}_{l_1}, y_{l_1} \right) \right\}$, 负模糊训练样本集表示为 $S^- = \left\{ \left(\tilde{X}_{l_1+1}, y_{l_1+1} \right), \left(\tilde{X}_{l_1+2}, y_{l_1+2} \right), \cdots, \left(\tilde{X}_l, y_l \right) \right\}$.

基于模糊训练集 $S = \left\{ \left(\tilde{X}_1, y_1 \right), \left(\tilde{X}_2, y_2 \right), \cdots, \left(\tilde{X}_l, y_l \right) \right\}$ 的分类问题就是寻找决策函数 $g(\tilde{X})$, 使正类和负类可以以较低的分类误差和良好的泛化性分离开来.

为了简单起见, 我们假设模糊训练数据 $\tilde{X}_k = (\tilde{x}_{1k}, \tilde{x}_{2k}, \cdots, \tilde{x}_{nk})$ $(k = 1, 2, \cdots, n)$ 是三角模糊数向量, $\tilde{x}_{ik} = (l_{ik}, m_{ik}, r_{ik})$, $i = 1, 2, \cdots, n; k = 1, 2, \cdots, l$.

定义 3.7 对于模糊训练集 $S = S^+ \cup S^-$ 和给定的可能性水平 $\alpha(0 \leqslant \alpha \leqslant 1)$, 如果存在正向量 $\omega \geqslant 0$ 和正数 μ, 使得对任何 $\tilde{x}_i \in S^+$, 都有 $\text{Pos}\{\omega \cdot \tilde{x}_i - \mu > 0\} \geqslant \alpha$, 则称该模糊训练集在可能性水平 α 下为增量可分的; $\omega \cdot \tilde{x}_i - \mu \cong \tilde{0}$ 称为在 α 水平上的模糊分类超平面.

对于增量可分的模糊训练集 $S = S^+ \cup S^-$, 接受域可以表示如下:

$$\Theta = \left\{ \tilde{x} \,\middle|\, \sum_{i=1}^{t_1} \lambda_i \tilde{x}_i \,\tilde{<}\, \tilde{x}, \tilde{x}_i \in S^+, \sum_{i=1}^{t_1} \lambda_i \geqslant 1, \lambda_i \geqslant 0 \right\}$$

用 $\left(\tilde{X}_i, 1 \right)$ 作为 DMU_j 的投入-产出 $(j = 1, 2, \cdots, l_1)$, 被评价的决策单元为 DMU_{j_0} 的模糊 CCR 模型为

$$\begin{cases} \max \mu_0 \\ \omega \tilde{x}_i - \mu_0 \tilde{>} 0, \quad i = 1, 2, \cdots, l_1 \\ \omega \tilde{x}_0 \cong 1 \\ \omega \geqslant 0, \mu_0 \geqslant 0 \end{cases} \tag{3.3}$$

为了求解上述模糊模型 (3.3), 我们应用求解模糊 DEA 的可能性方法[57] 来求解对于给定的可能性水平 $\alpha, \beta(0 \leqslant \alpha, \beta \leqslant 1)$, 优化问题 (3.3) 的可能性模型如

下：

$$
\begin{cases}
\max \mu_0 \\
\text{Pos}\{\omega \tilde{x}_i - \mu_0 \geqslant 0\} \geqslant \alpha, \quad i = 1, 2, \cdots, l_1 \\
\text{Pos}\{\omega \tilde{x}_0 = 1\} \geqslant \beta \\
\omega \geqslant 0, \mu_0 \geqslant 0
\end{cases}
\tag{3.4}
$$

为了简单起见, 令 $\tilde{x}_{j_0} = \tilde{x}_0$ 且假设 $\alpha = \beta$. 由引理 3.1, 优化问题 (3.4) 等价于以下模型

$$
\begin{cases}
\max \mu_0 \\
\omega\, (\tilde{x}_i)_\alpha^U - \mu_0 \geqslant 0, \quad i = 1, 2, \cdots, l_1 \\
\omega\, (\tilde{x}_0)_\alpha^L \leqslant 1, \quad \omega\, (\tilde{x}_0)_\alpha^U \geqslant 1 \\
\omega \geqslant 0, \mu_0 \geqslant 0
\end{cases}
\tag{3.5}
$$

定义 3.8　对于评估的 $\text{DMU}_{j_0} : (\tilde{x}_{j_0}, 1) \in S^+$, 如果优化问题 (3.4) 的最优值不小于 1, 则 $(\tilde{x}_{j_0}, 1)$ 称为 S^+ 的有效分类点.

对于给定的可能性水平 $\alpha, \beta (0 \leqslant \alpha, \beta \leqslant 1)$ 和 S^+ 的有效分类点, 利用模型 (3.5) (或 $\alpha = \beta$ 条件下的模型 (3.4)), 可以得到模糊接受域 Θ 的有效前沿面的法向量.

如果训练样本集 $S = \left\{ \left(\tilde{X}_1, y_1\right), \left(\tilde{X}_2, y_2\right), \cdots, \left(\tilde{X}_l, y_l\right) \right\}$ 是经典的训练样本集, 即 $\tilde{X}_j \in R^n, j = 1, 2, \cdots, l$, 则模糊数据包络分类机退化为经典数据包络分类机[22].

定理 3.3　如果 $(\tilde{x}_{j_0}, 1)$ 是 S^+ 的一个有效分类点, $\omega = \omega_0, \mu_0$ 为优化问题 (3.4) 的最优解, 那么, 对于每个 $\tilde{x} \in \Theta$, 都有 $\text{Pos}\{\omega_0 \tilde{x} - \mu_0 \geqslant 0\} \geqslant \alpha$.

证明　因为 $\omega_0 > 0, \mu_0$ 是优化问题 (3.4) 的最优解, 所以 $\text{Pos}\{\omega_0 \tilde{x}_i - \mu_0 \geqslant 0\} \geqslant \alpha, i = 1, 2, \cdots, l_1, \text{Pos}\{\omega \tilde{x}_0 = 1\} \geqslant \alpha$; 由引理 3.2, 对于每个 $\tilde{x} \in \Theta$,

$$
\omega_0 \tilde{x} - \mu_0 \succsim \omega_0 \sum_{i=1}^{l_1} \lambda_i \tilde{x}_i - \mu_0 = \sum_{i=1}^{l_1} \lambda_i (\omega_0 \tilde{x}_i - \mu_0) + \mu_0 \left(\sum_{i=1}^{l_1} \lambda_i - 1\right) \succsim \sum_{i=1}^{l_1} \lambda_i (\omega_0 \tilde{x}_i - \mu_0)
$$

根据 7.1 节定理 3.2, $\text{Pos}\{\omega_0 \tilde{x}_i - \mu_0 \geqslant 0\} \geqslant \alpha$ 当且仅当 $\omega_0 (\tilde{x}_i)_\alpha^U - \mu_0 \geqslant 0, i = 1, 2, \cdots, l_1$. 因此 $\sum_{i=1}^{l_1} \lambda_i \left[\omega_0 (\tilde{x}_i)_\alpha^U - \mu_0\right] \geqslant 0$, 也就是说, $\omega_0 \sum_{i=1}^{l_1} \lambda_i (\tilde{x}_i)_\alpha^U - \mu_0 \sum_{i=1}^{l_1} \lambda_i \geqslant 0$, 从而, 对每一个 $\tilde{x} \in \Theta$, 都有

$$
(\omega_0 \tilde{x} - \mu_0)_\alpha^U = \omega_0 (\tilde{x})_\alpha^U - \mu_0 \geqslant \omega_0 \sum_{i=1}^{l_1} \lambda_i (\tilde{x}_i)_\alpha^U - \mu_0
$$

$$\geqslant \omega_0 \sum_{i=1}^{l_1} \lambda_i \left(\tilde{x}_i\right)_\alpha^U - \mu_0 \sum_{i=1}^{l_1} \lambda_i = \sum_{i=1}^{l_1} \lambda_i \left[\omega_0 \left(\tilde{x}_i\right)_\alpha^U - \mu_0\right]$$

同样根据定理 3.2 可证, $\mathrm{Pos}\{\omega_0\tilde{x} - \mu_0 \geqslant 0\} \geqslant \alpha$.

为了考虑训练数据的噪声或一些数据点可能被误分类的事实, 我们引入松弛变量向量 $\xi = (\xi_1, \cdots, \xi_{l_1})^{\mathrm{T}}$ 作为度量违反约束的数量, 相应的模糊 CCR 模型 (3.3) 有如下形式:

$$\begin{cases} \max \mu_0 - C \sum_{i=1}^{l_1} \xi_i \\ \omega \tilde{x}_i - \mu_0 \tilde{>} 0 + \xi_i, \quad i = 1, 2, \cdots, l_1 \\ \omega \tilde{x}_0 \cong 1 \\ \xi_i \geqslant 0 \\ \omega \geqslant 0, \mu_0 \geqslant 0 \end{cases} \tag{3.6}$$

$C > 0$ 为预先指定的常数. 优化问题 (3.6) 的可能性模型如下:

$$\begin{cases} \max \mu_0 - C \sum_{i=1}^{l_1} \xi_i \\ \mathrm{Pos}\{\omega\tilde{x}_i - \mu_0 \geqslant 0 + \xi_i\} \geqslant \alpha, \quad i = 1, 2, \cdots, l_1 \\ \mathrm{Pos}\{\omega\tilde{x}_0 = 1\} \geqslant \beta \\ \xi_i \geqslant 0 \\ \omega \geqslant 0, \mu_0 \geqslant 0 \end{cases} \tag{3.7}$$

所以从引理 3.1, 优化问题 (3.7) 等价于以下经典优化模型

$$\begin{cases} \max \mu_0 - C \sum_{i=1}^{l_1} \xi_i \\ \omega \left(\tilde{x}_i\right)_\alpha^U - \mu_0 \geqslant 0 + \xi_i, \quad i = 1, 2, \cdots, l_1 \\ \omega \left(\tilde{x}_0\right)_\alpha^L \leqslant 1, \quad \omega \left(\tilde{x}_0\right)_\alpha^U \geqslant 1 \\ \xi_i \geqslant 0 \\ \omega \geqslant 0, \mu_0 \geqslant 0 \end{cases} \tag{3.8}$$

如果 $\omega_0 > 0, \mu_0 = 1$ 是优化问题 (3.5) (或 (3.8)) 的最优解, $\tilde{x}_0$ 满足 $\mathrm{Pos}\{\omega\tilde{x}_0 = 1\} \geqslant \alpha$. 记 $L : \omega_0\tilde{x} - 1 \cong 0$.

超平面 L 是接受域的支撑平面, ω_0 是超平面 L 的法向量, $\tilde{x}_0$ 在这个平面上.

假设模糊训练集 $S = S^+ \cup S^-$ 的所有支撑平面表示为：$\omega_0^j \tilde{x} - 1 \cong 0, j = 1, 2, \cdots, l_0 \, (l_0 < l_1)$，则分类模糊函数可用 $d(\tilde{x}) = \min\limits_{1 \leqslant i \leqslant l_0} \mathrm{Pos}\left(\omega_0^i \tilde{x} - 1 \geqslant 0\right)$ 表示.

判断给定的模糊样本数据 $\tilde{X} = (\tilde{x}_1, \tilde{x}_2, \cdots, \tilde{x}_n)$ 是否属于模糊接受域 Θ, 等价于识别 $\tilde{X} = (\tilde{x}_1, \tilde{x}_2, \cdots, \tilde{x}_n)$ 是否处于所有的模糊超平面之上 (对于给定的置信水平).

对于未知类 $\tilde{X} = (\tilde{x}_1, \tilde{x}_2, \cdots, \tilde{x}_n)$ 的模糊样例, 决策规则是: 对于给定的置信水平 $\alpha (0 < \alpha \leqslant 1)$, 如果 $d(\tilde{x}) \geqslant \alpha$, 则 $\tilde{X} = (\tilde{x}_1, \tilde{x}_2, \cdots, \tilde{x}_n)$ 是正例, 否则 $\tilde{X} = (\tilde{x}_1, \tilde{x}_2, \cdots, \tilde{x}_n)$ 是负例.

2. 数值实验

为了证明我们所提出的模糊 DEA 分类器的准确性和有效性, 我们将提出的算法应用于具有模糊训练数据的两类分类问题.

例 3.1 (冠状动脉的诊断)[58]　30 例样本被随机分成两组: 24 例训练样本和 16 例测试样本, 表 9.3 中的训练数据是 24 人的舒张压 $(\tilde{x}_{i1})$ 和血浆胆固醇 $(\tilde{x}_{i2})$, 其中一半是健康人 $(y_i = 1)$, 另一半是冠心病患者 $(y_i = -1)$, 并且 $\tilde{x}_{i1}$ 和 $\tilde{x}_{i2}$ 是三角模糊数据.

表 9.3　冠心病和健康人舒张压和血浆胆固醇水平

i	$\tilde{x}_{i1}$/kPa	$\tilde{x}_{i2}$/(mmol/L)	y_i	i	$\tilde{x}_{i1}$/kPa	$\tilde{x}_{i2}$/(mmol/L)	y_i
1	(9.84, 9.86, 9.88)	(5.17, 5.18, 5.19)	1	16	(10.62, 10.66, 10.70)	(2.06, 2.07, 2.08)	-1
2	(13.31, 13.33, 13.35)	(3.72, 3.73, 3.74)	1	17	(12.51, 12.53, 12.55)	(4.44, 4.45, 4.46)	-1
3	(14.63, 14.66, 14.69)	(3.87, 3.89, 3.91)	1	18	(13.30, 13.33, 13.36)	(3.04, 3.06, 3.08)	-1
4	(9.32, 9.33, 9.34)	(7.08, 7.10, 7.12)	1	19	(9.32, 9.33, 9.34)	(3.90, 3.94, 3.98)	-1
5	(12.87, 12.80, 12.83)	(5.47, 5.49, 5.51)	1	20	(10.64, 10.66, 10.68)	(4.43, 4.45, 4.47)	-1
6	(10.64, 10.66, 10.68)	(4.06, 4.09, 4.12)	1	21	(10.64, 10.66, 10.68)	(4.89, 4.92, 4.95)	-1
7	(10.65, 10.66, 10.67)	(4.43, 4.45, 4.47)	1	22	(9.31, 9.33, 9.35)	(3.66, 3.68, 3.70)	-1
8	(13.31, 13.33, 13.35)	(3.60, 3.63, 3.66)	1	23	(10.64, 10.66, 10.68)	(3.20, 3.21, 3.22)	-1
9	(13.32, 13.33, 13.34)	(5.68, 5.70, 5.72)	1	24	(10.37, 10.40, 10.43)	(3.92, 3.94, 3.96)	-1
10	(11.97, 12.00, 12.03)	(6.17, 6.19, 6.21)	1	25	(9.31, 9.33, 9.35)	(4.90, 4.92, 4.94)	-1
11	(14.64, 14.66, 14.68)	(4.00, 4.01, 4.02)	1	26	(11.19, 11.20, 11.21)	(3.40, 3.42, 3.44)	-1
12	(13.31, 13.33, 13.35)	(3.99, 4.01, 4.03)	1	27	(9.31, 9.33, 9.35)	(3.62, 3.63, 3.64)	-1
13	(12.72, 12.80, 12.88)	(5.93, 5.96, 5.99)	1	28	(10.64, 10.66, 10.68)	(4.43, 4.45, 4.47)	-1
14	(13.3, 13.33, 13.36)	(5.88, 5.96, 6.04)	1	29	(10.64, 10.66, 10.68)	(2.65, 2.69, 2.73)	-1
15	(10.63, 10.66, 10.69)	(5, 5.02, 5.04)	-1	30	(10.61, 10.66, 10.71)	(2.71, 2.77, 2.83)	-1

我们将样本随机分为训练数据 (24 个样本) 和测试数据 (6 个样本). 基于模糊训练数据, 对于参数 $C = 0.1, \alpha = 0.95$, 求解优化问题 (3.8), 可以得到四个有效的分类点及其相应的模糊支撑超平面.

$$L_1 : f_1(\tilde{x}) = 0.0886786\tilde{x}_1 + 0.02450144\tilde{x}_2 - 1 \cong 0$$

$$L_2 : f_2(\tilde{x}) = 0.08856158\tilde{x}_1 + 0.02496741\tilde{x}_2 - 1 \cong 0$$

$$L_3 : f_3(\tilde{x}) = 0.02909458\tilde{x}_1 + 0.1688751\tilde{x}_2 - 1 \cong 0$$

$$L_4 : f_4(\tilde{x}) = 0.275824\tilde{x}_2 - 1 \cong 0$$

然后给出模糊判别函数如下:

$$d(\tilde{x}) = \min_{1 \leqslant i \leqslant l_0} \text{Pos}\left(f_i(\tilde{x}) - 1 \geqslant 0\right)$$

决策规则是: 对于给定的置信水平 $\alpha = 0.95$, 如果 $d(\tilde{x}) = \min\limits_{1 \leqslant i \leqslant l_0} \text{Pos}(f_i(\tilde{x}) - 1 \geqslant 0) \geqslant 0.95$, 则 $\tilde{X} = (\tilde{x}_1, \tilde{x}_2)$ 属于正类 (即健康人), 否则 $\tilde{X} = (\tilde{x}_1, \tilde{x}_2)$ 属于负类 (冠心病患者).

对于相同的模糊数据集和可信度, 我们与线性模糊支持向量机 (LFSVM)[52] 进行比较, 实验结果在表 9.4 中给出.

表 9.4　我们建议的分类器与 LFSVM 性能比较

分类器	参数	训练精度/%	预测精度/%	训练时间/s
FDEACM	$C = 0.1, \alpha = 0.95$	95.8	100	240
LFSVM	$C = 0.1, \alpha = 0.95$	91.7	83.3	27

与 LFSVM 相比, 本节提出的模糊 DEA 分类器具有更好的训练精度和测试训练, 但计算时间较长, 因为模糊数据集不是线性可分的, 所以 LFSVM 的训练精度和预测精度较差.

例 3.2　在这个例子中, 我们从 UCI 的数据库中选择数据集: 威斯康星州乳腺癌预后数据集[59]. 数据集包含 16 个具有缺失值的属性的样本, 683 个样本具有完整的数据, 这些记录分别属于良性或恶性类. 为了验证本节提出的模糊 DEA 分类器的鲁棒性, 我们对每个属性值随机加入一个模糊扰动, 从而得到模糊样本集.

以恶性类为阳性类, 从 239 个阳性样本中随机抽取 180 例样本作为训练样本, 其余的样本作为测试样本. 当参数 $C = 0.1$ 时, $\alpha = 0.85$, 求解优化问题 (3.8). 我们可以得到 37 个有效的分类点和它们的相应模糊支持超平面, 然后我们具有判别函数:

$$d(\tilde{x}) = \min_{1 \leqslant i \leqslant 37} \text{Pos}\left(\omega_0^i \tilde{x} - 1 \geqslant 0\right)$$

基于上述模糊干扰数据集训练得到的模糊分类模型与利用原始威斯康星州乳腺癌数据集[59] 训练的支持向量机进行比较, 结果在表 9.5 中给出.

表 9.5 鲁棒 FDEACM 与 SVM 的比较结果

分类器	参数	训练精度/%	预测精度/%	训练时间/s
FDEACM	$C = 0.1, \alpha = 0.85$	97.8	96.8	12
SVM	$C = 0.1$	98.7	96.3	2.3

实验证明, 该模型虽然具有较低的训练精度和较长的训练时间, 但比 SVM 具有更好的预测精度, 该模型是在数据集受到模糊干扰的情况下得到的. 数值实验表明, 所提出的模糊 DEA 分类机具有较强的鲁棒性.

本节基于模糊 DEA 提出了一种新的模糊样本分类方法, 该分类方法采用分段线性模糊判别函数逼近非线性模糊判别函数. 实验表明, 该模型具有良好的性能. 但该模型存在一些不足, 今后可以向以下方向推广我们的分类模型. ① 超平面的法向量是正的, 它只使用一个类的信息, 其他类的信息丢失. 所有这些可能会导致不良的分类性能. 我们可以构造一个基于广义模糊 DEA 的新型分类器, 其中非负条件被放松, 分类信息被充分利用. ② 所提出的模型考虑了所有具有相同重要性的特征, 但在某些情况下, 一些特征更重要. ③ 该模型的训练数据为模糊数据, 可以构造基于随机数据包络分析的随机数据包络分类器[60,61]. 建立具有随机模糊训练样本的数据包络分类机.

参 考 文 献

[1] Hopfield J J. Artificial neural networks[J]. IEEE Circuits and Devices Magazine, 1988, 4(5): 3-10.

[2] Han J W, Kamber M, 等. 数据挖掘: 概念与技术 [M]. 范明, 孟小峰, 译. 北京: 机械工业出版社, 2012.

[3] Calders T, Verwer S. Three naive Bayes approaches for discrimination-free classification[J]. Data Mining and Knowledge Discovery, 2010, 21(2): 277-292.

[4] Friedman N, Geiger D, Goldszmidt M. Bayesian network classifiers[J]. Machine Learning, 1997, 29: 113-163.

[5] Quinlan J R. C4.5: Programs for Machine Leaming[M]. San Francisco: Morgan Kaufmann, 1993.

[6] Quinlan J R. Induction of decision trees[J]. Machine Learning, 1986, 1(1): 81-106.

[7] Breiman L, Friedman J H, et al. Classification and Regression Trees[J]. Encyclopedia of Ecology, 1984, 40(3): 582-588.

[8] 黎鑫. 关于生物医学数据的聚类与分类算法研究及应用 [D]. 武汉: 武汉科技大学, 2012.

[9] Vapnik V N. Statistical Learning Theory[M]. New York: John Wiley & Sons Inc., 1998.

[10] Agrawal R, Imieliński T, Swami A. Mining association rules between sets of items in large databases[J]. Acm Sigmod Rec., 1993, 22(2), 207-216.

[11] Troutt M D, Rai A, Zhang A. The potential use of DEA for credit applicant acceptance systems[J]. Computers and Operations Research, 1996, 23(4): 405-408.

[12] Hasan B, Hasan O. Data envelopment analysis approach to two-group classification problem and experimental comparison with some classification models[J]. Hacettepe Journal of Mathematics and Statistics, 2007, 36(2): 169-180.

[13] Yan H, Wei Q. Data envelopment analysis classification machine[J]. Information Sciences, 2011, 181(22): 5029-5041.

[14] Ji A, Ji Y, Qiao Y. DEA-based piecewise linear discriminant analysis[J]. Comput. Econ, 2018(51): 809-820.

[15] Han J, Kamber M. Data Mining: Concepts and Techniques[M]. San Francisco: Morgan Kaufman Publishers Inc., 2001.

[16] Burges C J C. A tutorial on support vector machines for pattern recognition[J]. Data and Knowledge Discovery, 1998, 2(2): 121-167.

[17] Yi W G, Lu M Y, Liu Z. Multi-valued attribute and multi-labeled data decision tree algorithm[J]. International Journal of Machine Learning and Cybernetics, 2011(2): 67-74.

[18] Cohen S, Rokach L, Maimon O. Decision-tree instance-space decomposition with grouped gain-ratio[J]. Information Sciences, 2007(177): 3557-3573.

[19] Vapnik V N. The Nature of Statistical Learning Theory[M]. New York: Springer-Verlag, 1995.

[20] Zhou B, Chen B, Hu J. Quasi-linear support vector machine for nonlinear classification[J]. ICICE Trans. Fundamental, 2014, E97-A(7): 1587-1594.

[21] Lu H, Setiono R, Liu H. Effective data mining using neural networks[J]. IEEE Transactions on Knowledge and Data Engineering, 1996, 8(6): 957-961.

[22] Peng L Z, Yang B, Chen Y H, et al. Data gravitation based classification[J]. Information Sciences, 2009(179): 809-819.

[23] Anderson T W. An Introduction to Multivariate Statistical Analysis[M]. New York: Wiley, 1984.

[24] Bajgier S M, Hill A V. An experimental comparison of statistical and linear programming approaches to the discriminant problem[J]. Decision Sciences, 1982(13): 604-618.

[25] Freed N, Glover F. A linear programming approach to the discriminant problem[J]. Decision Sciences, 1981(12): 68-74.

[26] Freed N, Glover F. Evaluating alternative linear programming models to solve the two-group discriminant problem[J]. Decision Sciences, 1986, (17): 589-585.

[27] Lam K F, Choo E U, Moy J W. Minimizing deviations from the group mean: a new linear programming approach for The two-group classification problem[J]. European Journal of Operational Research, 1996(88): 358-367.

[28] Lam K F, Moy J W. Combining discriminant methods in solving classification problems in two-group discriminant analysis[J]. European Journal of Operational Research, 2002(138): 294-301.

[29] Glen J J. Mathematical programming models for piecewise-linear discriminant analysis[J]. Journal of the Operational Research Society, 2005(56): 331-341.

[30] Chen X, Yang J, Zhang D, et al. Complete large margin linear discriminant analysis using mathematical programming approach[J]. Pattern Recognition, 2013(46): 1579-1594.

[31] Charnes A, Cooper W W, Rhodes E. Measuring the efficiency of decision making units[J]. European Journal of Operational Research, 1978, 2(6): 429-444.

[32] Banker R D, Charnes A, Cooper W W. Some models for estimating technical and scale inefficiencies in data envelopment analysis[J]. Management Science, 1984, 30(9): 1078-1092.

[33] Toloo M, Kresta A. Finding the best asset financing alternative: a DEA-WEO approach[J]. Measurement, 2014(55): 288-294.

[34] Toloo M. The most efficient unit without explicit inputs: an extended MILP-DEA model[J] Measurement, 2013(46): 3628-3634.

[35] Hassan B, Hasan O. Data envelopment analysis approach to two-group classification problem and experimental comparison with some classification models[J]. Hacettepe Journal of Mathematics and Statistics, 2007, 36(2): 169-180.

[36] Wei Q, Chang T S, Han S. Quantile–DEA classifiers with interval data[J]. Annals of Operations Research, 2014(217): 535-563.

[37] Toloo M, Farzipoor Saen R, Azadi M. Obviating some of the theoretical barriers of data envelopment analysis discriminant analysis: an application in predicting cluster membership of customers[J]. Journal of the Operational Research Society, 2015(66): 674-683.

[38] Ji A, Qiao Y. Fuzzy DEA-based classifier and its applications in healthcare management[J]. Health Care Management Science, 2019, 22(3): 560-568.

[39] Turksen I. Fuzzy data mining and expert system development[J] // Proc. of the IEEE International Conference on Systems, Man, and Cyber-netics, San Diego, CA, USA1998(2): 2057-2062.

[40] Ishibuchi H, Yamamoto T, Nakashima T. Fuzzy data mining: effect of fuzzy discretization[J] // Proc. of the IEEE International Conference on Data Mining, ICDM, San Jose, CA, USA, 2001: 241-248.

[41] Guillaume S. Designing fuzzy inference systems from data: an interpretability-oriented review[J]. IEEE Trans. Fuzzy Syst., 2001, 9(3): 426-443.

[42] Wu K, Yap K H. Fuzzy SVM for content-based image retrieval[J]. IEEE Comput. Intell. Mag. 2006, 1(2): 10-16.

[43] Yuan Y, Shaw M. Induction of fuzzy decision trees[J]. Fuzzy Sets Syst., 1995(69): 125-139.

[44] Boyen X, Wehenkel L. Automatic induction of fuzzy decision trees and its application to power system security assessment[J]. Fuzzy Sets Syst., 1999, 102(1): 3-19.

[45] Olaru C, Wehenkel L. A complete fuzzy decision tree technique[J]. Fuzzy Sets Syst., 2003, 138(2): 221-254.

[46] Wang L X, Mendel J. Generating fuzzy rules by learning from examples[J]. IEEE Trans.

Syst. Man Cybern., 1992, 22(6): 1414-1427.

[47] Hong T P, Chen J B. Processing individual fuzzy attributes for fuzzy rule induction[J]. Fuzzy Sets Syst., 2000, 112(1): 127-140.

[48] Hühn J, Hüllermeier E. FR3: a fuzzy rule learner for inducing reliable classifiers[J]. IEEE Trans. Fuzzy Syst., 2009, 17(1): 138-149.

[49] Wu X H, Zhou J J. Fuzzy discriminant analysis with kernel methods[J]. Pattern Recognition, 2006, 39(11): 2236-2239.

[50] Heo G, Gader P, Frigui H. RKF-PCA: Robust kernel fuzzy PCA[J]. Neural Networks, 2009, 22(5-6): 642-650.

[51] Graves D, Pedrycz W. Kernel-based fuzzy clustering and fuzzy clustering: a comparative experimental study[J]. Fuzzy Sets and Systems, 2010, 161(4): 522-543.

[52] Ji A, Pang J, Qiu H. Support vector machine for classification based on fuzzy training data[J]. Expert Systems with Applications, 2010, 37(4): 3495-3498.

[53] Heo G, Gader P. Robust kernel discriminant analysis using fuzzy memberships[J]. Pattern Recognition, 2011, 44(3): 716-723.

[54] Baklouti R, Mansouri M, Nounou M, et al. Iterated robust kernel fuzzy principal component analysis and application to fault detection[J]. Journal of Computational Science, 2016(15): 34-49.

[55] Han J, Kamber M. Data Mining: Concepts and Techniques[M]. IncSan Francisco: Morgan Kaufman Publishers, 2001.

[56] Ramik J, Rímánek J. Inequality relation between fuzzy numbers and its use in fuzzy optimization[J]. Fuzzy Sets and Systems, 1985(16): 123-138.

[57] León T, Liern V, Ruiz J L, et al. A fuzzy mathematical programming approach to the assessment of efficiency with DEA models[J]. Fuzzy Sets and Systems, 2003, 139(2): 407-419.

[58] Ji A, Pang J, Qiu H. Support vector machine for classification based on fuzzy training data[J]. Expert Systems with Applications, 2010(37): 3495-3498.

[59] http://archive.ics.uci.edu/ml/datasets/Breast+Cancer+Wisconsin+%28O riginal%29.

[60] Olesen O B, Petersen N C. Stochastic data envelopment analysis: a review[J]. European Journal of Operational Research, 2016, 251(1): 2-21.

[61] Dotoli M, Epicoco N, Falagario M, et al. A stochastic cross-efficiency data envelopment analysis approach for supplier selection under uncertainty[J]. International Transactions in Operational Research, 2016, 23(4): 725-748.